大数据技术丛书

Flink 入门与实战

汪明 著

清華大学出版社
北京

内 容 简 介

Apache Flink 是一个框架和分布式处理引擎，用于对无界和有界数据流进行有状态的计算，广泛应用于大数据相关的实际业务场景中。本书是一本从零开始讲解 Flink 的入门教材，学习本书需要有 Java 编程基础。

本书共分 10 章，内容包括 Flink 开发环境搭建、Flink 架构和原理、时间和窗口、状态管理和容错机制、数据类型与序列化、DataStream API 和 DataSet API、Table API 和 SQL、Flink 并行、Flink 部署与应用，最后以一个 Flink 实战项目为例，对 Flink 相关知识进行综合实践，其中涉及 Web 页面展示、WebSocket 协议和 Node.js 服务等技术。

本书内容详尽、示例丰富，适合作为 Flink 初学者必备的参考书，也非常适合作为高等院校和培训机构大数据及相关专业的师生教学参考。

图书在版编目（CIP）数据

Flink 入门与实战/汪明著. —北京：清华大学出版社，2021.7（2024.8重印）

（大数据技术丛书）

ISBN 978-7-302-58381-3

Ⅰ. ①F… Ⅱ. ①汪… Ⅲ. ①数据处理软件 Ⅳ. ①TP274

中国版本图书馆 CIP 数据核字（2021）第 117388 号

责任编辑： 夏毓彦
封面设计： 王　翔
责任校对： 闫秀华
责任印制： 宋　林

出版发行： 清华大学出版社
　　网　　址： https://www.tup.com.cn,https://www.wqxuetang.con
　　地　　址： 北京清华大学学研大厦 A 座　　**邮　　编：** 100084
　　社 总 机： 010-83470000　　**邮　　购：** 010-62786544
　　投稿与读者服务： 010-62776969，c-service@tup.tsinghua.edu.cn
　　质量反馈： 010-62772015，zhiliang@tup.tsinghua.edu.cn
印 装 者： 三河市人民印务有限公司
经　　销： 全国新华书店
开　　本： 190mm×260mm　　**印　　张：** 23.25　　**字　　数：** 614 千字
版　　次： 2021 年 8 月第 1 版　　**印　　次：** 2024 年 8 月第 3 次印刷
定　　价： 89.00 元

产品编号：088869-01

前　言

随着物联网、5G以及大数据技术的发展，人类已经进入大数据时代，毫不夸张地说，未来IT相关的职位，一项必备技能就是大数据处理能力。当前，人类基于大数据和人工智能等技术，在特定领域中可以大大提升业务系统的智能化水平。

人类对于计算速度的追求从未停止，即使面对海量的数据，我们也希望大数据框架可以在非常低的延迟下进行响应，从而提升用户的体验。

主流的分布式大数据计算框架有Storm、Spark和Flink，由于阿里对Flink的收购以及改进，目前Flink社区非常活跃，社区一直致力于统一流处理和批处理API，并逐步增强Flink SQL相关功能，即期望通过SQL来满足大部分的大数据ETL处理场景。另外，随着Flink SQL功能的增强和发展，也大大降低了Flink学习的难度。

目前，Flink在百度、阿里、字节跳动、小米和腾讯等商业巨头中有成熟的应用，每日可以处理万亿的事件，且可以维护TB级别的状态信息。Flink支持多种编程语言，可以用Java、Scala以及Python进行大数据业务处理。与此同时，Flink支持灵活的窗口计算以及乱序数据处理，这相对于其他大数据计算框架来说，有比较强的优势。

如果你对实时大数据处理感兴趣，致力于构建分布式大数据处理应用程序，并且有一点Java编程基础，那么本书适合你。本书作为Flink的入门教材，由浅入深地对Flink大数据处理方法进行介绍，特别对常用的DataStream API和DataSet API、Table API和SQL进行了详细的说明，最后结合实战项目，将各个知识点有机整合，做到理论联系实际。

本书涉及的技术和框架

本书涉及的技术和框架包括Flink、IntelliJ IDEA、Java、Kafka、jQuery、HTML5、Node.js、Maven。

本书特点

（1）理论联系实际。本书先对Flink基本的安装过程进行说明，并对Flink分布式架构、内部数据处理过程等进行详细分析，最后结合示例代码进行说明，做到理论联系实际。

（2）深入浅出、轻松易学。本书以实例为主线，激发读者的阅读兴趣，让读者能够真正学习到Flink 最实用、最前沿的技术。

（3）技术新颖、与时俱进。本书结合当前最热门的技术，如 Node.js 和 HTML5 等，让读者在学习 Flink 的同时，了解更多相关的先进技术。

（4）贴心提醒。本书根据需要在各章使用了很多“注意”小栏目，让读者可以在学习过程中更轻松地理解相关知识点及概念。

本书读者

- 有一点 Java 编程基础的初学者
- 大数据处理与分析人员
- 从事后端开发，对大数据开发有兴趣的人员
- 想用 Flink 构建大数据应用的人员
- 想从事大数据技术工作的大中专院校学生
- Java 开发和 Java 架构人员
- 大数据技术培训机构的师生

源码下载

源码下载，请用微信扫描右边二维码，可按页面提示，把下载链接转到自己邮箱下载。如果学习本书过程中发现问题，请联系 booksaga@163.com，邮件主题为“Flink 入门与实战”。

作　者

2021 年 3 月

目　　录

第1章 Flink环境搭建

本章作为全书的开篇，不涉及太多的 Flink 语法，将重点讲解 Flink 开发环境的搭建过程。首先，简单介绍 Flink 框架，读者需了解 Flink 是什么，以及它具有哪些优点；其次，介绍 Flink 集成开发工具 IntelliJ IDEA 的安装和基本配置，后续将基于 IDEA 工具开发和调试 Flink 应用程序；最后，介绍 Flink 程序的编译和运行模式。

Flink 程序可以在多种平台上运行，如 Linux、Unix、Mac OS 和 Windows 操作系统上。一般来说，开发环境常基于 Windows 或者 Mac OS X 操作系统进行搭建，并借助 IDEA 工具开发和编译 Flink 程序，最终打包后进行部署；生产环境常基于 Linux 操作系统构建的集群环境进行部署，从而发挥 Flink 分布式计算的优势。

本章主要涉及的知识点有：

- Flink开发环境搭建：其中涉及Java、Scala和Python前置组件的安装和配置。
- IDEA开发工具安装：掌握如何安装IDEA开发工具，并掌握如何编译Flink程序。
- Flink应用运行模式：掌握Flink应用程序如何部署以及常见的运行模式。

1.1 下载安装

没有开发环境，一切都无从学起。本节从零开始搭建 Flink 的开发环境，帮助读者迈出第一步。

1.1.1 什么是 Flink

根据官方（https://flink.apache.org）的说法，所谓的 Flink 是一个开源的大数据框架和分布式处理引擎，它由 Apache 软件基金会开源，用于在无界（有数据流的开始点，但没有数据流的结束点）和有界（有数据流的开始点，且有数据流的结束点）流数据上进行有状态的计算。

图 1.1 所示是官方网站首页的一幅图，用来说明 Flink 常见的应用架构。

从图中可以看出，Flink 应用架构一般由多个 Flink 计算节点构成集群，在资源调度方面可以基于 K8s（Kubernetes，简称 K8s）、Yarn 和 Mesos 等组件。在存储方面，可以支持 HDFS、S3 和 NFS 等文件系统。

在集群内部，不同节点可以进行数据交互，并可维护相关的状态数据，这样在计算过程中，如果发送异常，可以借助容错机制从中间状态进行数据恢复，这一点对于一个分布式应用程序来说至关重要。

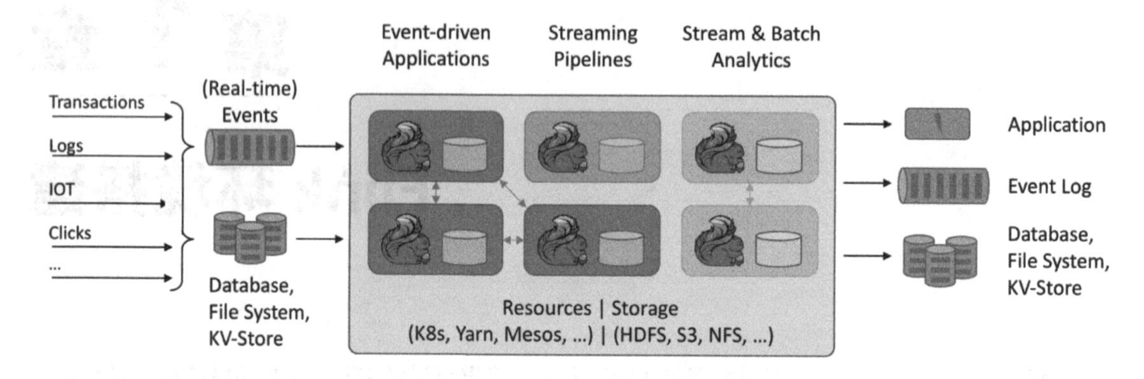

图 1.1　Flink 应用架构（来自官方网站）

Flink 框架将复杂的分布式计算框架进行抽象，内部复杂的调度、计算过程对用户来说是透明的，用户只需关注具体的计算逻辑即可。如果将 Fink 应用集群看作是一个函数的话，它可以接收多种流数据输入作为参数，比如实时事件数据、传统数据库数据、文件系统数据以及键值对存储系统。这些各种类型的数据可以来自事务系统、日志、物联网设备以及网页点击流等。

另外，Fink可以将处理后的数据，输出到第三方应用系统、事件日志、数据库系统、文件系统以及键值对存储系统中。

Flink 程序主要由 Java 语言或 Scala 语言开发，另外还支持 Python 语言。但其底层组件和 Flink 运行时（runtime）运行在 JVM 上，因此，Flink 程序可以运行在多种平台上，如 Linux、Unix、Mac OS X 和 Windows 操作系统上。Flink 能在计算机内存中进行分布式数据处理，因此计算速度非常快，且计算的延迟低。

官方给出了 Flink 用户在生产环境下得出的一些让人惊叹的数据：

- Flink应用每天可以处理数万亿的事件。
- Flink应用可以维护TB级别的状态信息。
- Flink应用可以在数千个内核上运行。
- Flink应用具有高吞吐、低延迟的特性。

Flink 官方网站也给出了一些优点，具体罗列如下：

- 适用于所有的流应用场景，如事件驱动应用、数据管道和ETL处理。
- 高级别的计算正确性保证，支持精确的一次语义，保证数据只被消费一次且无遗漏，这个一般是非常难实现的。另外，基于事件时间（Event time）和延迟机制可以处理延迟导致的乱序数据计算。

- 大规模集群计算能力，支持水平横向扩展、大规模状态存储以及增量检查点机制。当计算能力不足时，可以通过增加计算节点来提升总体计算能力。
- 应用运维成本低，支持多种部署模式，可以灵活部署。另外，高可用机制可以最大程度保证服务的稳定性，即使某个节点宕机，也不影响其他节点对外提供服务。
- 卓越的计算性能。通过在内存中进行数据计算，实现高吞吐和低延迟的数据处理能力，这点对于实时处理程序来说非常重要。
- 分层次的API。对于不同的开发用户而言，对API使用的偏好是不同的，Flink SQL API可以基于SQL语法来实现对流批数据的一体化处理，这个也更加友好。另外，还提供专门的DataStream API来处理流数据计算，DataSet API来处理批数据计算。对于上层不提供的功能，用户可以基于底层的API定制数据计算逻辑。

1.1.2 Flink 用户

Flink 目前在大数据技术栈中，占有非常重要的位置，特别在流数据处理领域，更是很多大厂的不二选择。在国内，阿里通过各种途径积极完善和推广 Flink 技术，并从源码层面做出了非常重要的贡献。

Flink 在国内外的众多大厂中被广泛使用，其中部分典型的用户（排名不分先后）如图 1.2 所示。

图 1.2 Flink 部分典型的用户列表

可以说，这些大厂的业务复杂度和数据存有量都是世界级的，经过他们在生产环境下的实践检验，事实证明 Flink 确实是一款非常优秀的大数据分布式处理框架。其中：

- 阿里巴巴用Flink来实现商品的实时搜索排名。
- Bouygues公司的30多个Flink应用程序，每天处理约100亿个事件。

- Capital One是一家财富500强金融服务公司，它用Flink进行实时的活动监控和预警服务。
- 滴滴出行用Flink实现了实时监控、实时特征抽取和实时ETL等业务，大大提升了产品的满意度。
- 华为基于Flink打造相关云服务。
- OPPO公司用Flink构建实时数据仓库，用于实时数据分析，为提升营销活动效果相关决策服务。

一般来说，Flink 应用程序会运行在 Linux 操作集群上，而开发环境可以是 Windows 操作、Mac OS 操作系统或者 Linux 操作系统。其中 Deepin 操作系统则是国产的一款非常好用的 Linux 操作系统，界面也非常美观。

1.1.3 JDK 安装

下面首先以 Windows 10 操作系统为例，介绍如何安装 JDK。目前 Flink 的开发需要 Java 版本必须为 JDK 8 及以上，推荐 JDK 8。

（1）Flink 应用程序必须运行在 JVM 上，因此需要在计算机上安装 JDK，这里可以访问官方网站 https://www.oracle.com/java/technologies/javase/javase-jdk8-downloads.html，从此页面中下载 JDK 8 相关版本，如图 1.3 所示。

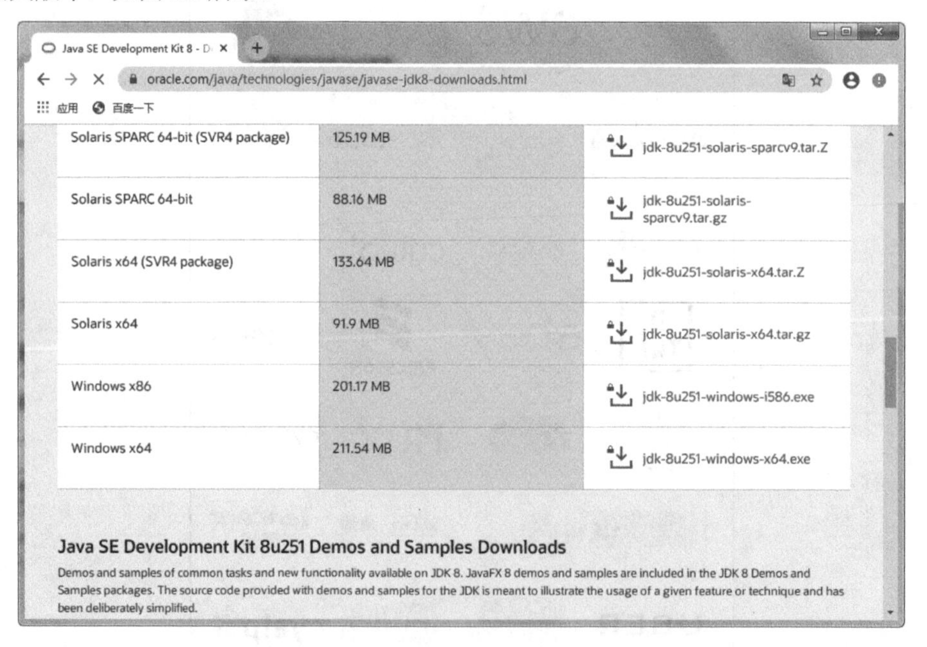

图 1.3　JDK 8 安装文件下载界面

Oracle JDK 8 下载时，可能需要进行登录后才能下载。当然，安装 OpenJDK 8 也是可以的。

（2）选择 Windows x64 版本对应的 JDK 安装包进行下载，在下载之前需要接受相关协议。这里安装的 JDK 版本是之前下载的 jdk-8u191-windows-x64.exe 文件。JDK 只要大版本是 8 即可。

在 Windows 操作系统上安装软件相对比较容易，双击可执行安装文件即可，基本按照向导一直单击【下一步】即可完成安装，如图 1.4 所示。

（3）成功安装 JDK 后，需要配置环境变量。右击桌面上的【计算机】图标，在弹出的菜单中选择【属性】，并依次单击【高级系统设置】→【环境变量】，在系统变量中进行配置，单击【新建】按钮，在变量名文本框中输入 JAVA_HOME，变量值文本框输入 JDK 安装路径，如 C:\Program Files\Java\jdk1.8.0_191，单击【确定】按钮，如图 1.5 所示。

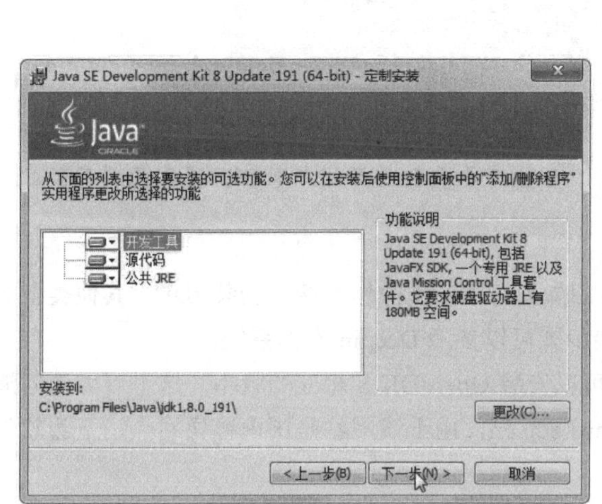

图 1.4　JDK 1.8 安装界面

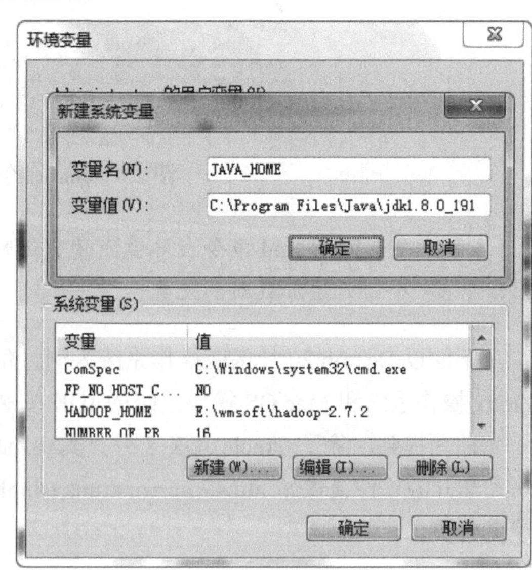

图 1.5　JAVA_HOME 环境变量配置

（4）同样地，继续单击【新建】按钮，配置 CLASSPATH。变量名 CLASSPATH，变量值为.;%JAVA_HOME%\lib;%JAVA_HOME%\lib\tools.jar（注意：第一个分号前有一个点），如图 1.6 所示。

（5）配置 Path 系统变量。打开 Path 变量，在变量值最前加入如下路径，并单击【确定】按钮。

```
%JAVA_HOME%\bin;%JAVA_HOME%\jre\bin;
```

如图 1.7 所示。

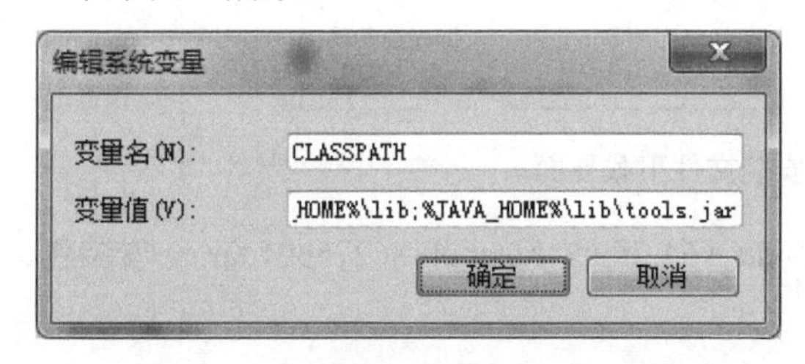

图 1.6　CLASSPATH 环境变量配置

图 1.7　PATH 环境变量配置

（6）运行 cmd 命令打开窗口，输入 java –version 和 javac 命令，若显示 Java 版本信息，则说明安装成功，如图 1.8 所示。

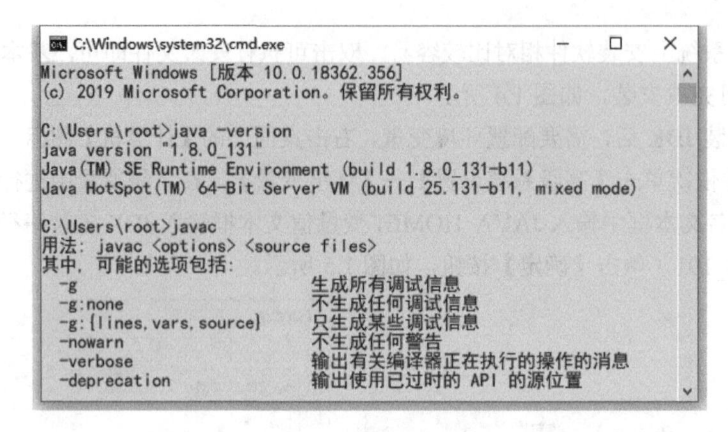

图 1.8　cmd 命令行验证 java 版本界面

Windows cmd 命令在环境变量变化时，可能需要重新打开进行验证，否则已打开的命令行无法加载新的配置。

下面以 Deepin 20 社区版操作系统为例，介绍如何在 Linux 操作系统上安装 JDK。其他类型的 Linux 操作系统和 Mac OS 操作系统的 JDK 安装步骤可以参考 Deepin 操作系统。

前面提到，除了 Oracle JDK 8 外，其实还可以安装 OpenJDK 8 相应的版本。这里可以访问清华大学开源软件镜像站 https://mirrors.tuna.tsinghua.edu.cn，由于该网站是国内镜像站点，下载软件速度更快。

（1）从网址 https://mirrors.tuna.tsinghua.edu.cn/AdoptOpenJDK/8/jdk/x64/linux/ 页面中下载 AdoptOpenJDK 8 相应版本，如图 1.9 所示。

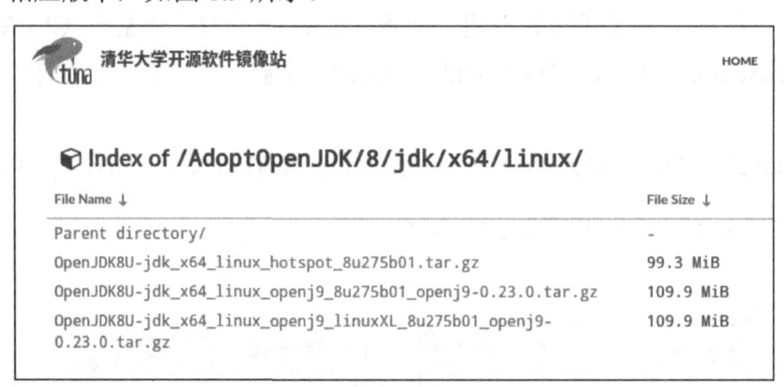

图 1.9　OpenJDK 8 安装文件下载界面

（2）选择 Linux x64 版本对应的 OpenJDK8U-jdk_x64_linux_hotspot_8u275b01.tar.gz 安装包。下载完成后，进行如下操作进行安装。

```
#创建一个目录 wmsoft
jack@jack-PC:~$ mkdir wmsoft
#切换到目录 wmsoft 下，并将下载的 OpenJDK 8 安装包移动到此处
jack@jack-PC:~$ cd wmsoft
#解压
```

```
jack@jack-PC:~/wmsoft$ tar -zxvf OpenJDK8U-jdk_x64_linux_hotspot_8u275b01.tar.gz
#列出子目录或文件，解压的目录为 jdk8u275-b01
jack@jack-PC:~/wmsoft$ ls
#切换到目录 jdk8u275-b01 下
jack@jack-PC:~/wmsoft$ cd jdk8u275-b01/
#查看当前目录路径，备用
jack@jack-PC:~/wmsoft/jdk8u275-b01$ pwd
/home/jack/wmsoft/jdk8u275-b01
```

（3）成功安装 JDK 后，需要配置环境变量。

```
#编辑环境变量
sudo vim /etc/profile
#在文件中 export PATH 下设置 JDK 环境变量信息
export JAVA_HOME=/home/jack/wmsoft/jdk8u275-b01
export PATH=$JAVA_HOME/bin:$PATH
export CLASSPATH=:$JAVA_HOME/lib/dt.jar:$JAVA_HOME/lib/tools.jar
#让设置生效
source /etc/profile
```

（4）打开终端命令窗口，输入 java –version 和 javac 命令，若显示 Java 版本信息，则说明安装成功，如图 1.10 所示。

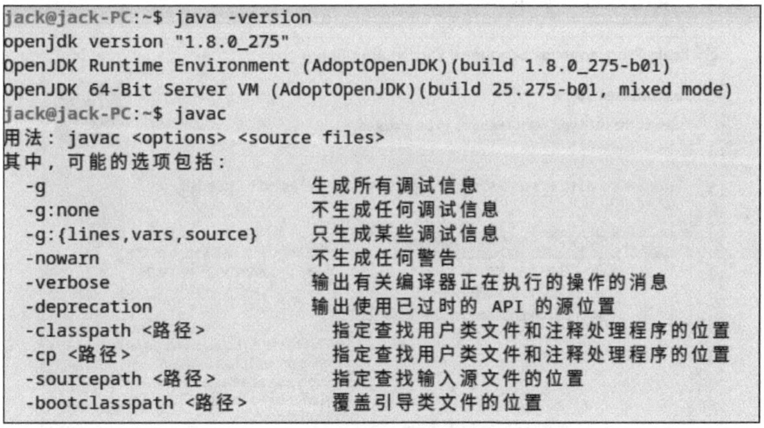

```
jack@jack-PC:~$ java -version
openjdk version "1.8.0_275"
OpenJDK Runtime Environment (AdoptOpenJDK)(build 1.8.0_275-b01)
OpenJDK 64-Bit Server VM (AdoptOpenJDK)(build 25.275-b01, mixed mode)
jack@jack-PC:~$ javac
用法: javac <options> <source files>
其中, 可能的选项包括:
  -g                         生成所有调试信息
  -g:none                    不生成任何调试信息
  -g:{lines,vars,source}     只生成某些调试信息
  -nowarn                    不生成任何警告
  -verbose                   输出有关编译器正在执行的操作的消息
  -deprecation               输出使用已过时的 API 的源位置
  -classpath <路径>            指定查找用户类文件和注释处理程序的位置
  -cp <路径>                   指定查找用户类文件和注释处理程序的位置
  -sourcepath <路径>           指定查找输入源文件的位置
  -bootclasspath <路径>        覆盖引导类文件的位置
```

图 1.10　Deepin 终端验证 Java 版本界面

1.1.4　Scala 安装

开发 Flink 程序可以使用 Java 语言，也可以使用 Scala 语言。由于 Scala 语言编写的 Flink 程序代码更加简洁，因此很多 Flink 程序都是用 Scala 语言编写的。下面首先以 Windows 10 操作系统为例，介绍 Scala 安装基本步骤。

步骤 01　Scala 安装的前提是当前计算机已经安装了 JDK8 或 JDK11。首先访问官方网站 https://www.scala-lang.org/download/2.11.12.html，从此页面中下载 scala-2.11.12.msi 文件，如图 1.11 所示。

Other resources

You can find the installer download links for other operating systems, as well as documentation and source code archives for Scala 2.11.12 below.

Archive	System	Size
scala-2.11.12.tgz	Mac OS X, Unix, Cygwin	27.77M
scala-2.11.12.msi	Windows (msi installer)	109.82M
scala-2.11.12.zip	Windows	27.82M
scala-2.11.12.deb	Debian	76.44M
scala-2.11.12.rpm	RPM package	108.60M
scala-docs-2.11.12.txz	API docs	46.17M
scala-docs-2.11.12.zip	API docs	84.26M
scala-sources-2.11.12.tar.gz	Sources	

图 1.11　Scala2.11.12 安装文件下载界面

虽然最新的Scala安装包版本为2.13.3，但是目前Flink安装包对应的Scala版本为Scala 2.11 和 Scala 2.12。由于 Maven 创建的 Flink 项目默认版本为 Scala 2.11，因此这里选择 Scala 2.11.12 版本进行安装。

步骤 02　双击 scala-2.11.12.msi 文件进行 Scala 安装。安装过程按照向导一直单击【Next】按钮即可完成安装，如图 1.12 所示。

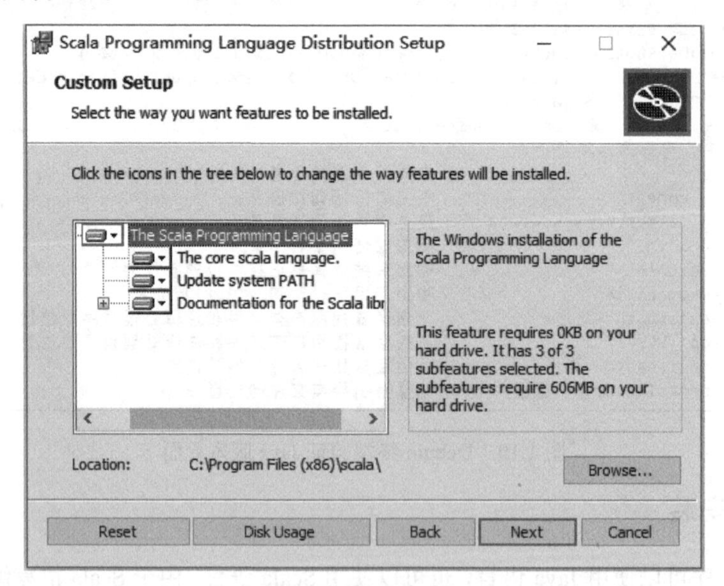

图 1.12　Scala 安装界面

步骤 03　成功安装 Scala 后，需要配置环境变量。右击桌面上的【计算机】图标，在弹出的菜单中选择【属性】，并依次单击【高级系统设置】→【环境变量】，在系统变量中进行配置，单击【新建】按钮，在变量名文本框中输入 SCALA_HOME，变量值文本框输入 Scala 安装路径，如 C:\Program Files (x86)\scala，单击【确定】按钮。

下一步再配置 Path 系统变量。打开 Path 变量，在变量值最前面加入如下路径，并单击【确定】按钮。

```
%SCALA_HOME%\bin;
```

步骤 04 运行 cmd 命令打开窗口，输入 scala –version 和 scalac 命令，若显示如下信息，则说明安装成功，如图 1.13 所示。

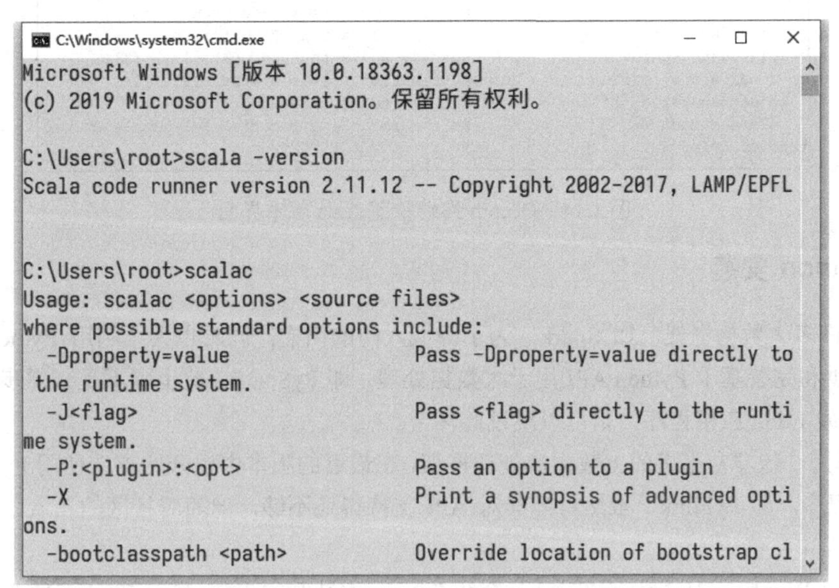

图 1.13　cmd 命令行验证 scala 安装界面

下面以 Deepin 20 社区版操作系统为例，介绍如何在 Linux 操作系统上安装 Scala。

（1）首先从官方网站 https://www.scala-lang.org/download/2.11.12.html 页面中下载 scala-2.11.12.tgz 安装包。下载完成后，执行如下命令解压。

```
#解压
jack@jack-PC:~/wmsoft$ tar -zxvf scala-2.11.12.tgz
```

（2）配置 Scala 环境变量。

```
#编辑环境变量
sudo vim /etc/profile
#在文件中 export PATH 下设置 JDK 环境变量信息
export SCALA_HOME=/home/jack/wmsoft/scala-2.11.12
export PATH=$SCALA_HOME/bin:$PATH
#让设置生效
source /etc/profile
```

（3）打开终端命令窗口，输入 scala–version 和 scalac 命令，若显示 Scala 版本信息，则说明安装成功，如图 1.14 所示。

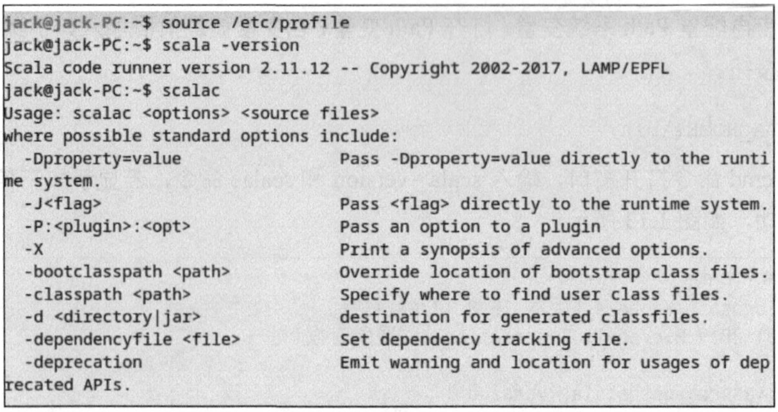

```
jack@jack-PC:~$ source /etc/profile
jack@jack-PC:~$ scala -version
Scala code runner version 2.11.12 -- Copyright 2002-2017, LAMP/EPFL
jack@jack-PC:~$ scalac
Usage: scalac <options> <source files>
where possible standard options include:
  -Dproperty=value                Pass -Dproperty=value directly to the runti
me system.
  -J<flag>                        Pass <flag> directly to the runtime system.
  -P:<plugin>:<opt>               Pass an option to a plugin
  -X                              Print a synopsis of advanced options.
  -bootclasspath <path>           Override location of bootstrap class files.
  -classpath <path>               Specify where to find user class files.
  -d <directory|jar>              destination for generated classfiles.
  -dependencyfile <file>          Set dependency tracking file.
  -deprecation                    Emit warning and location for usages of dep
recated APIs.
```

图 1.14 Deepin 终端验证 scala 版本界面

1.1.5 Python 安装

当前的许多大数据框架，如 Spark，为了降低入门的门槛，同时也为了利用 Python 强大的生态，逐渐提供和完善基于 Python API 用于大数据处理，即 PySpark。此步骤不是必需步骤，如果不用 Python 开发 Flink 应用程序，则可以跳过此环节。

Flink 作为一款非常火爆的大数据流处理框架，在最近的版本中也开始支持使用 Python 语言来开发 Flink 程序，即 PyFlink。虽然目前其对 API 支持得还不够，但随着社区的发展，相信后续功能会逐步增强和完善。

下面先以 Windows 10 操作系统为例，介绍 Python 安装基本步骤。目前 Flink 1.12.0 需要 Python 3.5、3.6 或 3.7 版本。

步骤 01 首先从 Python 官方网站下载 Python 3.7 相应的版本。访问官方网站 https://www.python.org/downloads/release/python-379，从此页面中下载 Windows x86-64 executable installer 所对应的文件，如图 1.15 所示。

Python Release Python 3.7.9 |
python.org/downloads/release/python-379/

Version	Operating System	Description	MD5 Sum	File Size	GPG
Gzipped source tarball	Source release		bcd9f22cf531efc6f06ca6b9b2919bd4	23277790	SIG
XZ compressed source tarball	Source release		389d3ed26b4d97c741d9e5423da1f43b	17389636	SIG
macOS 64-bit installer	Mac OS X	for OS X 10.9 and later	4b544fc0ac8c3cffdb67dede23ddb79e	29305353	SIG
Windows help file	Windows		1094c8d9438ad1adc263ca57ceb3b927	8186795	SIG
Windows x86-64 embeddable zip file	Windows	for AMD64/EM64T/x64	60f77740b30030b22699dbd14883a4a3	7502379	SIG
Windows x86-64 executable installer	Windows	for AMD64/EM64T/x64	7083fed513c3c9a4ea655211df9ade27	26940592	SIG
Windows x86-64 web-based installer	Windows	for AMD64/EM64T/x64	da0b17ae84d6579f8df3eb24927fd825	1348904	SIG
Windows x86 embeddable zip file	Windows		97c6558d479dc53bf448580b66ad7c1e	6659999	SIG
Windows x86 executable installer	Windows		1e6d31c98c68c723541f0821b3c15d52	25875560	SIG
Windows x86 web-based installer	Windows		22f68f09e533c4940fc006e035f08aa2	1319904	SIG

图 1.15 Python 3.7.9 安装文件下载界面

PyFlink 是通过 Python API 调用 Flink 的 Java API，因此除了安装 Python 3.7 外，还必须安装 JDK8。

步骤 02　双击 python-3.7.9-amd64.exe 文件安装 Python。安装过程比较简单，按照向导一直点击【Next】即可完成安装，这里勾选 Add Python 3.7 to PATH 选项，这样可以将 Python 可执行目录自动注册到 PATH 环境变量下。如图 1.16 所示。

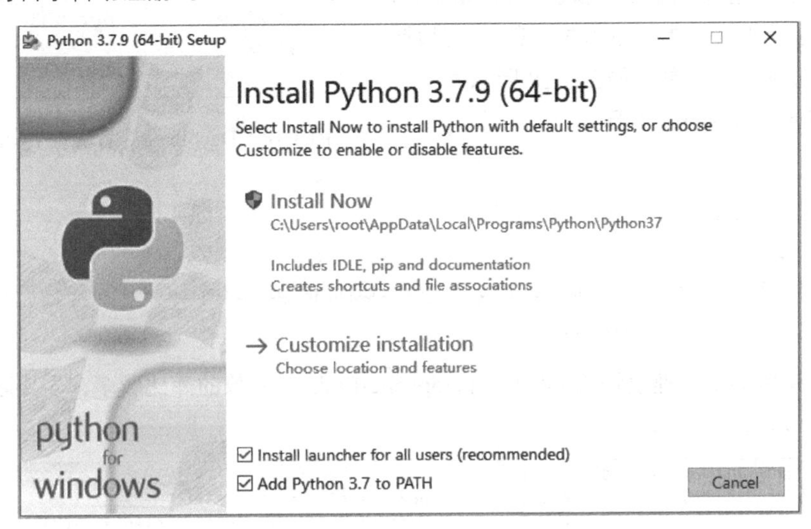

图 1.16　Python 3.7.9 安装界面

另外，在安装过程中，需要勾选 pip 工具，这样方便使用 pip install 安装相关的依赖包。

步骤 03　成功安装 Python 后，打开命令窗口，输入 python --version 和 pip --version 命令，若显示如图 1.17 所示信息，则说明安装成功了。

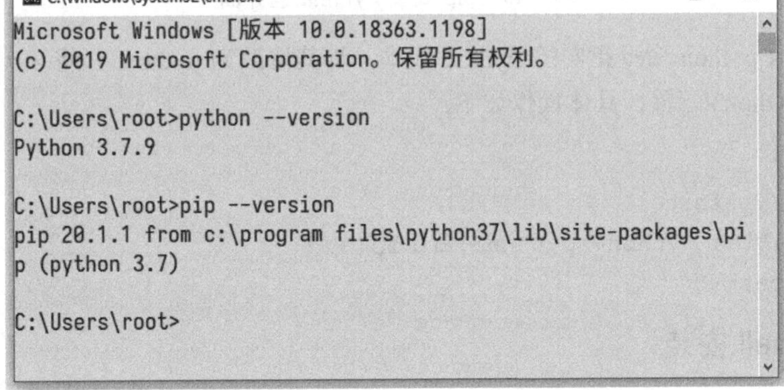

图 1.17　cmd 命令行验证 Python 安装界面

步骤 04　使用 Python Table API 需要安装 PyFlink，这里可以通过 pip install 方式安装，命令如下：

```
#安装 PyFlink 包
python -m pip install apache-flink
```

如果下载速度很慢，可以通过阿里国内镜像进行下载，命令如下：

```
#指定阿里国内镜像，提高下载速度
pip install -i http://mirrors.aliyun.com/pypi/simple --trusted-host
mirrors.aliyun.com apache-flink
```

下面以 Deepin 20 社区版操作系统为例，介绍如何在 Linux 操作系统上安装 Python。一般来说，Deepin 20 社区版自带 Python 2.7 和 Python 3.7。

如果在终端中输入 python，则默认为 Python 2.7，而输入 python3，则显示 Python 3.7 信息。但是默认情况下，并未安装 pip 工具，如图 1.18 所示。

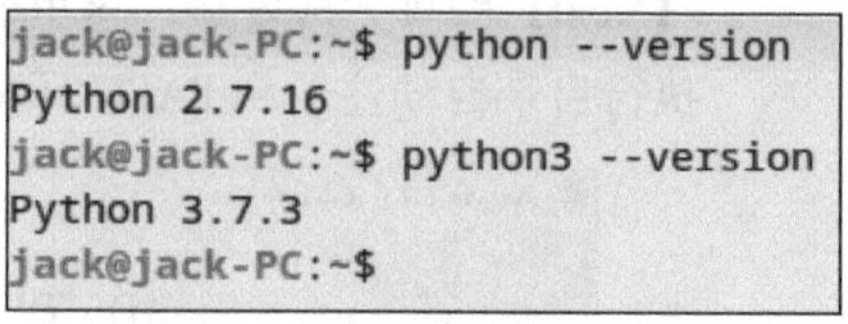

```
jack@jack-PC:~$ python --version
Python 2.7.16
jack@jack-PC:~$ python3 --version
Python 3.7.3
jack@jack-PC:~$
```

图 1.18 Deepin 命令行验证 Python 安装界面

执行如下命令安装 pip 工具：

```
#安装 pip 工具
sudo apt install python3-pip
#安装 PyFlink 包
pip3 install -i http://mirrors.aliyun.com/pypi/simple --trusted-host
mirrors.aliyun.com apache-flink
```

国内阿里镜像的下载速度还是非常快的。apache-flink 包依赖的库比较多，需要耐心等待，安装过程如图 1.19 所示。

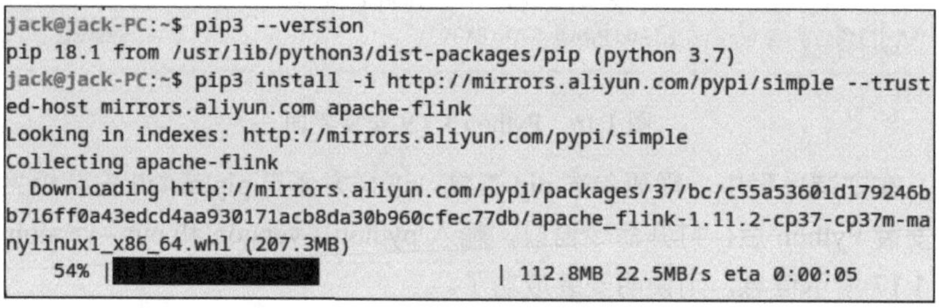

```
jack@jack-PC:~$ pip3 --version
pip 18.1 from /usr/lib/python3/dist-packages/pip (python 3.7)
jack@jack-PC:~$ pip3 install -i http://mirrors.aliyun.com/pypi/simple --trust
ed-host mirrors.aliyun.com apache-flink
Looking in indexes: http://mirrors.aliyun.com/pypi/simple
Collecting apache-flink
  Downloading http://mirrors.aliyun.com/pypi/packages/37/bc/c55a53601d179246b
b716ff0a43edcd4aa930171acb8da30b960cfec77db/apache_flink-1.11.2-cp37-cp37m-ma
nylinux1_x86_64.whl (207.3MB)
    54% |                              | 112.8MB 22.5MB/s eta 0:00:05
```

图 1.19 pip 安装 PyFlink 包界面

最后修改默认 python 命令指向的 Python 版本，将其修改为 python3。将~/.bashrc 文件末尾追加 alias python='python3'配置，具体操作如下：

```
#vim 编辑文件
sudo vim ~/.bashrc
#在末尾追加 alias python='python3'后让配置生效
source ~/.bashrc
```

1.1.6 FinalShell 安装

一般来说，Flink 应用程序构建后，会部署到服务器上运行。而 Flink 正式运行环境一般为 Linux 操作系统，如 CentOS 8。在运行过程中，往往需要对 Linux 操作系统进行各种远程管理和配置，此时可以借助 SSH 工具。

下面介绍一款开发工具——FinalShell。它是一款功能强大的运维工具，采用 Java 语言编写，因此可以很好地运行在不同的操作系统上，支持 Windows、Linux 和 Mac OS X 等平台。它具备 SSH 客户端软件的功能，可以在 Windows 操作系统上远程管理 Linux 操作系统的文件。

FinalShell 同时支持多个标签，这样对于运维多个服务器更加方便。它不仅支持语法高亮显示，还支持多个主题（配色方案），可以根据个人喜好进行设置。

对于 Windows 操作系统而言，可以从地址 http://www.hostbuf.com/downloads/finalshell_install.exe 中下载。下载完成后，双击 finalshell_install.exe 文件进行安装，如图 1.20 所示。

首先单击【我接受（I）】按钮表示同意许可证协议。然后单击【下一步】按钮直至安装成功即可。在此过程中，可以自行指定安装目录等信息。安装完成界面如图 1.21 所示。

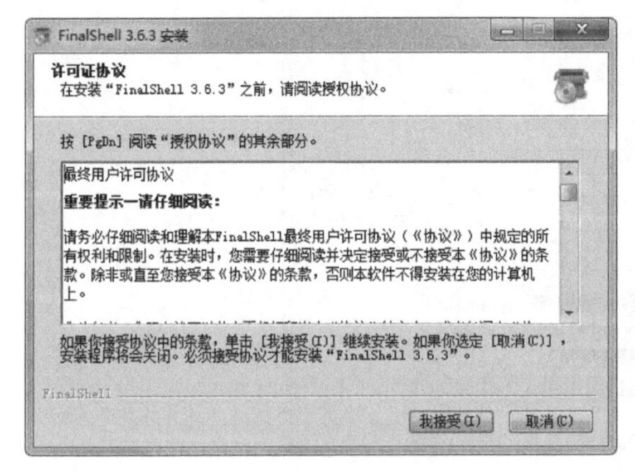

图 1.20　FinalShell 安装界面

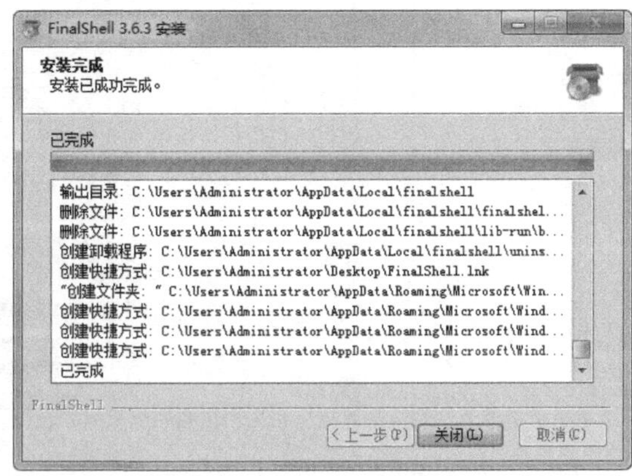

图 1.21　FinalShell 安装完成界面

FinalShell 可以通过 SSH 非常方便地连接到 Linux 操作系统上，这样就可以对 Linux 操作系统进行操作，包括进行文件的 FTP 传输。双击桌面上的 FinalShell 程序快捷方式，可以打开程序主界面，单击文件夹图标，打开【连接管理器】界面，再单击【SSH 连接（Linux）】菜单项，如图 1.22 所示。

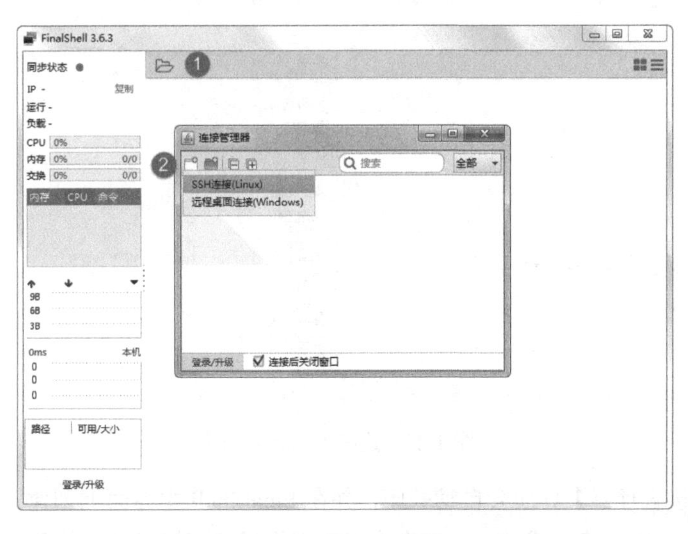

图 1.22　FinalShell 连接管理器界面

此时会弹出一个【新建连接】界面，在名称文本框中输入 centos01 用作连接的显示名称，在主机文本框中输入 IP 地址 192.168.1.70，也就是 CentOS01 虚拟机中的 IP 地址，这里的端口文本框输入 22。

认证方法选择密码认证，用户名文本框中输入 Linux 登录用户名 root，密码文本框中输入 Linux 登录用户名 root 对应的密码，最后单击【确定】按钮，如图 1.23 所示。

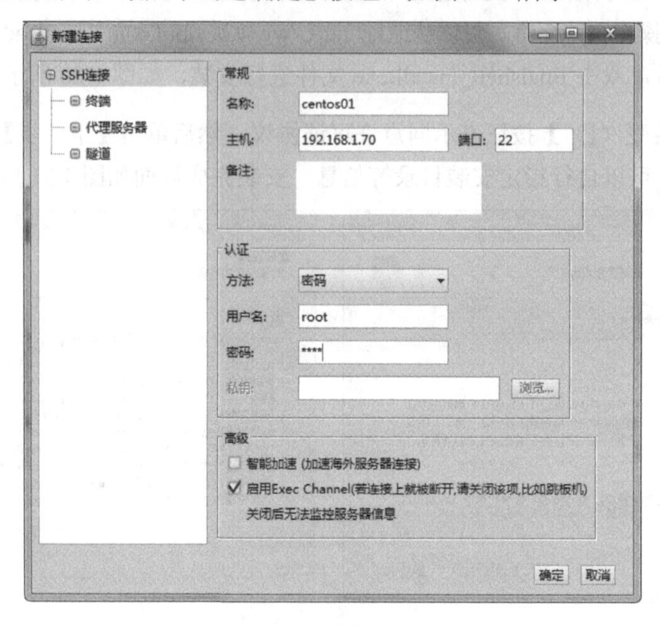

图 1.23　新建连接界面

此时【连接管理器】中就会新增一条名为 centos01 的连接信息，在此记录上右击，在弹出的菜单中单击【连接】即可与 Linux 操作系统进行连接，如图 1.24 所示。

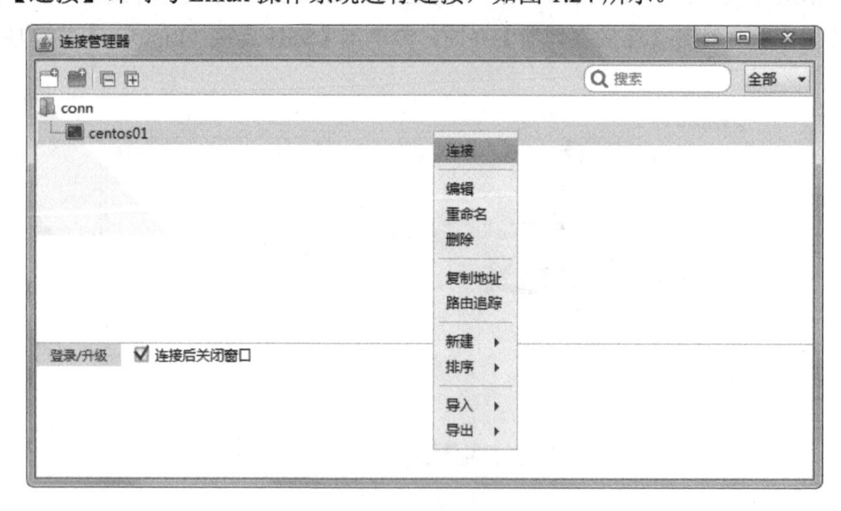

图 1.24　连接 Linux 界面

连接时，【连接管理器】界面会自动关闭，并在 FinalShell 主界面上创建一个新的标签，标签名称为【centos01】。如果连接成功，会在命令行终端提示“连接成功”信息，并等待用户输入命令，同时在【文件】页签中，显示 Linux 根目录结构，如图 1.25 所示。

Flink 的安装过程会在 1.4.1 小节中详细说明。

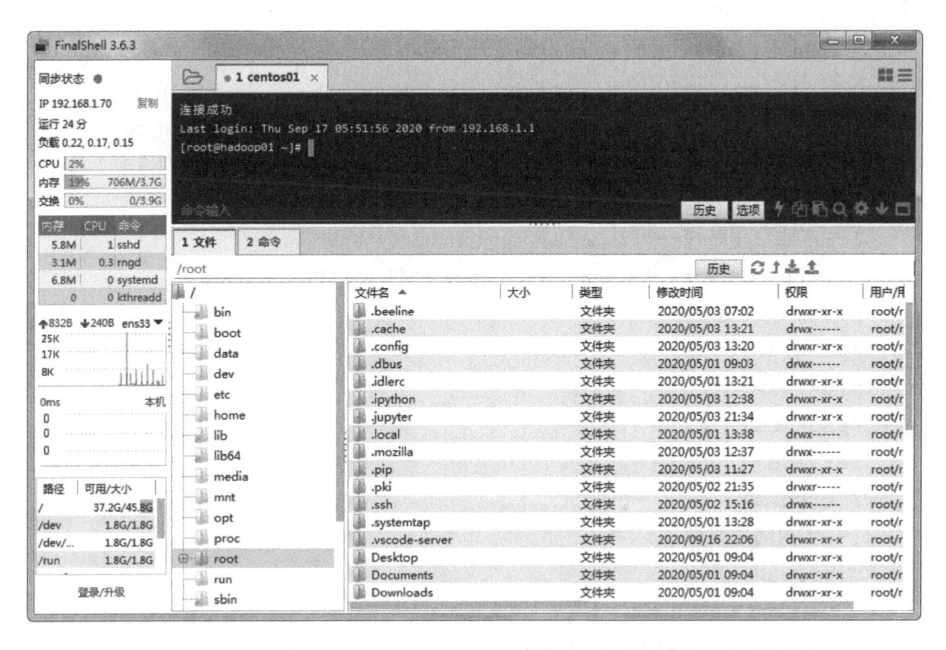

图 1.25　FinalShell 成功连接 Linux 界面

1.2　配置与开发工具

一般来说，Flink 程序的开发会引入相关的依赖包，为了方便依赖包的统一管理，这里使用 Maven 工具。对于 Maven 工具的安装非常简单，但是为了提高依赖包的下载速度，往往需要将默认的镜像地址修改为国内地址，下面将详细说明。

1.2.1　基础配置

（1）Maven 工具通过定义项目中的 pom.xml 文件描述来管理项目的构建，它可以方便管理项目的依赖库引用和进行项目的编译和发布等。

首先访问官方网站 http://maven.apache.org/download.cgi，选择 apache-maven-3.6.3-bin.zip 文件进行下载，如图 1.26 所示。

	Link
Binary tar.gz archive	apache-maven-3.6.3-bin.tar.gz
Binary zip archive	apache-maven-3.6.3-bin.zip
Source tar.gz archive	apache-maven-3.6.3-src.tar.gz
Source zip archive	apache-maven-3.6.3-src.zip

图 1.26　Maven 安装文件下载界面

（2）解压文件到目录，并修改配置文件 C:\apache-maven-3.6.3\conf\settings.xml，具体内容如下：

```
01    <?xml version="1.0" encoding="UTF-8"?>
02    <settings xmlns="http://maven.apache.org/SETTINGS/1.0.0"
03       xmlns:xsi="http://www.w3.org/2001/XMLSchema-instance"
04       xsi:schemaLocation="http://maven.apache.org/SETTINGS/1.0.0
05       http://maven.apache.org/xsd/settings-1.0.0.xsd">
06      <!--本地仓库路径-->
07     <localRepository>C:/m2/repository</localRepository>
08      <pluginGroups>
09      </pluginGroups>
10      <proxies>
11      </proxies>
12      <servers>
13      </servers>
14      <!--国内阿里镜像-->
15      <mirrors>
16         <mirror>
17           <id>nexus-aliyun</id>
18           <mirrorOf>*</mirrorOf>
19           <name>Nexus aliyun</name>
20           <url>http://maven.aliyun.com/nexus/content/groups/public</url>
21        </mirror>
22      </mirrors>
23      <profiles>
24      </profiles>
25    </settings>
```

其中 localRepository 为本地仓库路径配置，这里的值 C:/m2/repository 可以自行根据实际情况修改。当然，国内的 Maven 镜像除了阿里镜像外，还有其他的镜像，这里不再赘述。

另外，为了可以在命令行中直接使用 mvn 命令，这里需要配置一下 Path 系统环境变量，追加路径 C:\apache-maven-3.6.3\bin 至 Path 路径中，具体操作不再赘述。

下面给出 Maven 常用命令及其作用：

- maven clean：清理项目，删除target目录下编译的内容。
- maven compile：对项目源代码进行编译。
- maven test：运行项目中的测试。
- maven package：打包文件并存放到项目的target目录下，打包好的文件通常都是编译后的class文件。
- maven install：在本地仓库生成仓库的安装包，可供其他项目引用，另外打包后的文件放到项目的target目录下。

Maven 项目的默认镜像可以修改安装目录下的 settings.xml 文件，或者单独配置每个项目下的 pom.xml 文件。

1.2.2　IDEA 开发工具

IntelliJ IDEA 是一个多语言支持的集成开发环境，功能非常强大。它在业界被公认为是最好的 Java 开发工具之一，尤其在智能代码助手、代码自动提示、重构、代码版本工具、测试、调试和代码分析等方面的功能异常突出。

（1）访问 IntelliJ IDEA 官方网站下载地址 https://www.jetbrains.com/idea/download/，从此页面中下载 IntelliJ IDEA Community 版即可。Community 社区版是开源免费的版本，对于一般的 Java 开发来说，应该够用。如图 1.27 所示。

图 1.27　IntelliJ IDEA 安装文件下载界面

IntelliJ IDEA Community 对于一些高级功能是不支持的，如缺少 Profiling tools 和 Java EE 的一些特征，对于 JavaScript 和 TypeScript 的支持也不够。

（2）双击 ideaIC-2020.2.3.exe 文件进行 IntelliJ IDEA Community 安装。安装过程按照向导一直单击【Next】按钮即可完成安装，如图 1.28 所示。

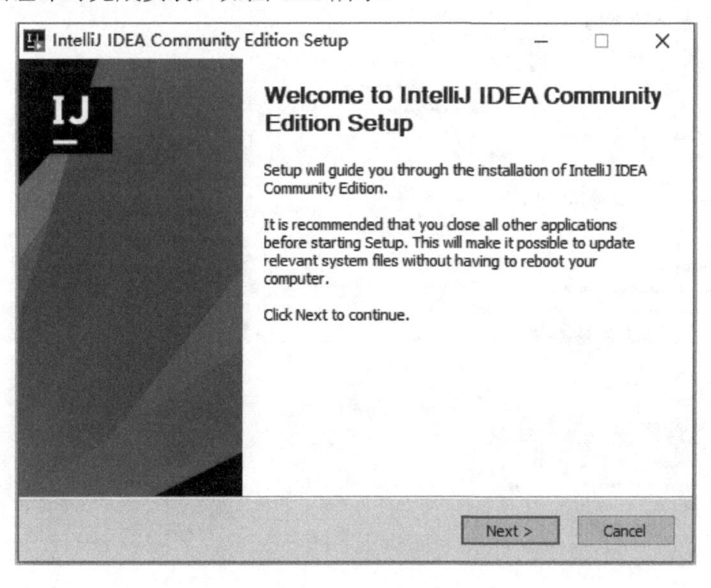

图 1.28　IDEA 安装界面

（3）在安装完成后，打开IDEA主界面，可以安装IDEA Scala插件用于支持Scala的开发。依次单击【File】→【Settings...】，打开设置界面，选择【Plugins】页签用于插件管理。具体如图1.29所示。

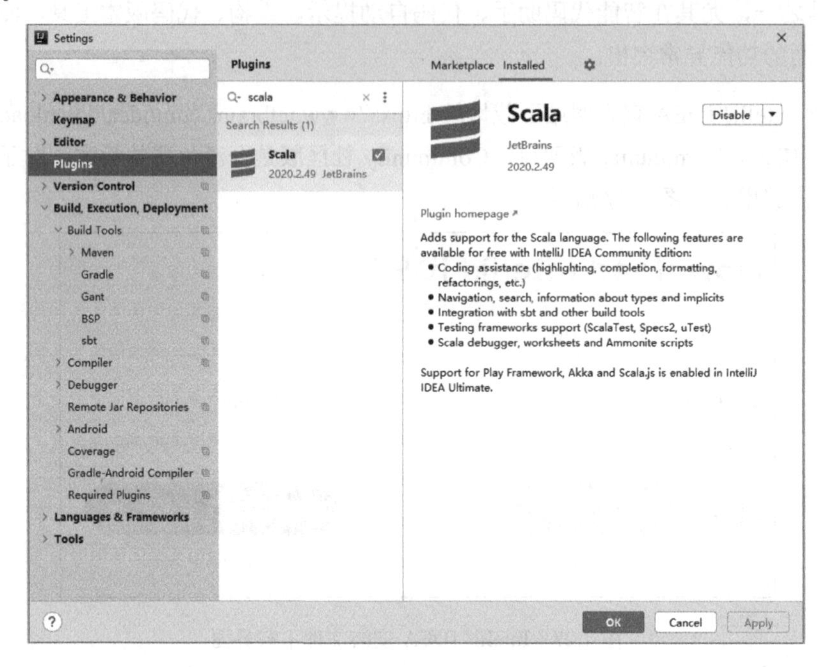

图1.29 IDEAScala插件安装界面

打开IDEA主界面，依次单击【File】→【Settings...】，打开设置界面，设置Maven配置项，选择之前配置的Maven目录，这样默认利用阿里镜像，提高依赖库下载速度。具体如图1.30所示。

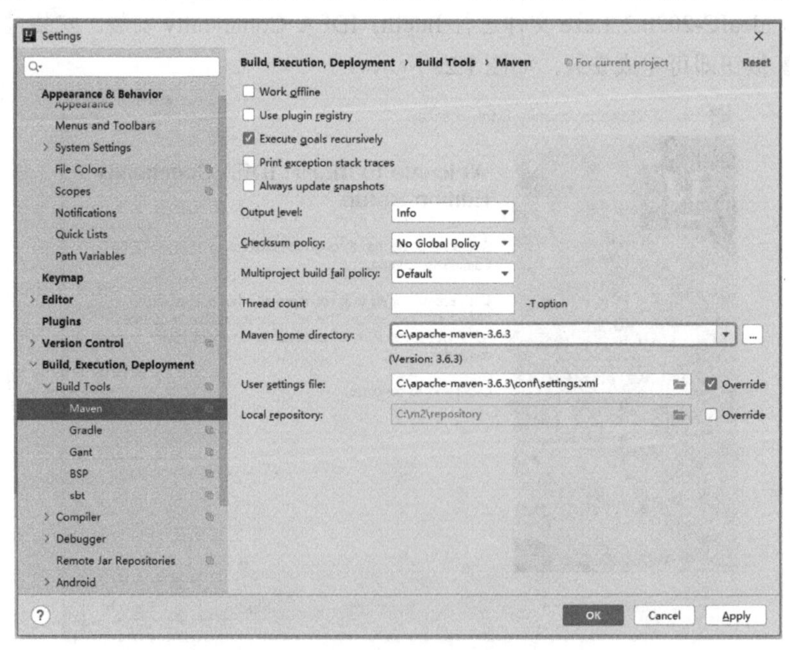

图1.30 IDEA Maven构建工具配置界面

另外，IDEA 配置的 Maven 设置在每次打开新项目时，都需要重新设置，此时需要选择【File】→【New Projects Settings】→【Settings for New Projects ...】，打开设置新项目界面，按上述 Maven 配置即可，最后单击【Apply】按钮应用。

IDEA 安装完成后，可能无法定位到自行安装的 JDK 和 Scala SDK 位置，此时则无法编译相应的代码，因此需要手动设置 SDK 位置。另外，Maven 3.6.3 与 IDEA 2019 不兼容，因此需要安装 IDEA 2020 版本。

对于 Deepin 操作系统，也可以安装 IDEA 开发工具，这里下载 ideaIC-2020.2.4.tar.gz 安装，解压后，在 bin 目录下执行如下命令启动程序：

```
jack@jack-PC:~/wmsoft/idea-IC-202.8194.7/bin$ sudo ./idea.sh
```

1.3　编译

当前的很多构建工具，可以提供项目模板来让开发人员快速初始化项目文件。这对于降低学习难度，提高项目开发效率来说，起到积极的作用。

Flink 项目的初始化，可以借助 Maven 工具来构建。在之前 JDK 和 Maven 环境搭建完成，并正确设置环境变量后，即可以用 mvn archetype:generate 快速生成项目文件。当前支持 Scala 和 Java 两种项目模板。下面分别进行介绍。

1.3.1　Scala 项目模板

首先打开命令行 CMD 窗体，并切换到项目的根目录中，执行如下命令：

```
mvn archetype:generate                                    ^
    -DarchetypeGroupId=org.apache.flink                       ^
    -DarchetypeArtifactId=flink-quickstart-scala                ^
    -DarchetypeVersion=1.12.0                             ^
    -DgroupId=com.myflink                                ^
    -DartifactId=flink-scala                                ^
    -Dpackage=com.example                              ^
    -DinteractiveMode=false
```

上述脚本每行的“^”符号为 Windows 操作系统命令行的换行符，而 Linux 操作系统下为“\”符号。当前这里换行是为了更加清晰，即也可以写成一行。其中：

- -DarchetypeArtifactId=flink-quickstart-scala：表示基于的项目模板为 flink-quickstart-scala，即表示为Scala版本的Flink项目。
- -DarchetypeVersion=1.12.0：表示Flink版本为1.12.0。
- -DgroupId=com.myflink：代表组织和整个项目的唯一标志。
- -DartifactId=flink-scala：具体项目的名称，也是生成项目文件夹的名称。

- -Dpackage=com.example：项目源码的包名。
- -DinteractiveMode=false：表示不启用交互模式，这样提示信息更少。

成功创建项目文件，则提示如图 1.31 所示。

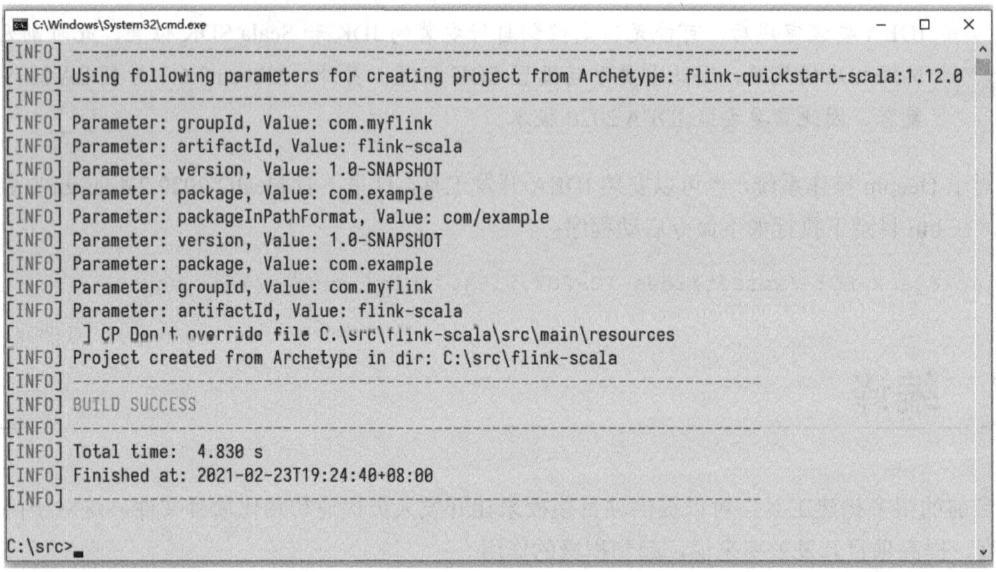

```
C:\Windows\System32\cmd.exe
[INFO] ------------------------------------------------------------------------
[INFO] Using following parameters for creating project from Archetype: flink-quickstart-scala:1.12.0
[INFO] ------------------------------------------------------------------------
[INFO] Parameter: groupId, Value: com.myflink
[INFO] Parameter: artifactId, Value: flink-scala
[INFO] Parameter: version, Value: 1.0-SNAPSHOT
[INFO] Parameter: package, Value: com.example
[INFO] Parameter: packageInPathFormat, Value: com/example
[INFO] Parameter: version, Value: 1.0-SNAPSHOT
[INFO] Parameter: package, Value: com.example
[INFO] Parameter: groupId, Value: com.myflink
[INFO] Parameter: artifactId, Value: flink-scala
[     ] CP Don't override file C.\src\flink-scala\src\main\resources
[INFO] Project created from Archetype in dir: C:\src\flink-scala
[INFO] ------------------------------------------------------------------------
[INFO] BUILD SUCCESS
[INFO] ------------------------------------------------------------------------
[INFO] Total time:  4.830 s
[INFO] Finished at: 2021-02-23T19:24:40+08:00
[INFO] ------------------------------------------------------------------------

C:\src>
```

图 1.31　Maven 创建 scala 模板项目界面

在命令行执行 tree flink-scala /F，则可以显示 flink-scala 目录的项目结构，如下所示：

```
C:\src\flink-scala
│ -pom.xml
│
└─src
    └─main
        ├─resources
        │       └─log4j2.properties
        │
        └─scala
            └─com
                └─example
                      └ BatchJob.scala
                      └ StreamingJob.scala
```

其中 BatchJob.scala 是批处理示例文件，而 StreamingJob.scala 是流处理示例文件。此处修改 BatchJob.scala 文件，给出一个用 scala 语言编写统计单词个数的示例，如代码 1-1 所示。

【代码 1-1】　BatchJob　文件：ch01\BatchJob.scala

```
01    package com.example
02    import org.apache.flink.api.java.utils.ParameterTool
03    import org.apache.flink.api.scala._
```

```
04    import org.apache.flink.core.fs.FileSystem.WriteMode
05    //object 可以直接运行
06    object BatchJob {
07        //启动函数
08        def main(args: Array[String]) {
09            //参数处理，如 --参数名 参数值
10            val params: ParameterTool = ParameterTool.fromArgs(args)
11            //获取批处理执行环境
12            val env = ExecutionEnvironment.getExecutionEnvironment
13            //演示数据
14            val mytxt = env.fromElements(
15              "Hello Word",
16              "Hello Flink",
17              "Apache Flink")
18            //单词统计
19            val wc = mytxt.flatMap(line => line.split("\\s"))
20              .map { (_, 1) }
21              .groupBy(0)
22              .sum(1)
23            //可以写入一个文件，便于查看
24            wc.setParallelism(1)
25            //--output xxx
26            if (params.has("output")) {
27                //WriteMode.OVERWRITE 覆盖模式
28                wc.writeAsCsv(params.get("output"), "\n", ",",WriteMode.
  OVERWRITE)
29                env.execute("Scala WordCount Demo")
30            } else {
31                //便于 IDEA 调试，实际部署一般不用
32                wc.print()
33            }
34        }
35    }
```

关于代码 1-1，我们先不需太过关注具体 API 的意义，这个后面会慢慢分章节详细说明。默认情况下，resources 目录下的 log4j2.properties 配置文件给出的日志级别为 INFO，则打印的信息比较多，这里可以将日志级别修改为 ERROR，具体如代码 1-2 所示。

【代码 1-2】　log4j2 配置　文件：resources\log4j2.properties

```
01    rootLogger.level = ERROR
02    rootLogger.appenderRef.console.ref = ConsoleAppender
03    appender.console.name = ConsoleAppender
04    appender.console.type = CONSOLE
```

```
05    appender.console.layout.type = PatternLayout
06    appender.console.layout.pattern = %d{HH:mm:ss,SSS} %-5p %-60c %x - %m%n
```

在创建的 scala 项目模板中，pom.xml 给出了一些核心依赖库，其中${flink.version}是一个变量，表示 Flink 版本，这样在升级时，只需要在定义${flink.version}时进行一处修改即可，即<flink.version>1.12.0</flink.version>。

同理，${scala.binary.version}变量代表了编译 Flink Scala 库时，依赖的 Scala SDK 版本，如“2.11”。下面摘抄 pom.xml 核心库对应的依赖配置，具体如下：

```
01    <dependency>
02        <groupId>org.apache.flink</groupId>
03        <artifactId>flink-scala_${scala.binary.version}</artifactId>
04        <version>${flink.version}</version>
05        <scope>provided</scope>
06    </dependency>
07    <dependency>
08        <groupId>org.apache.flink</groupId>
09        <artifactId>flink-streaming-scala_${scala.binary.version}
</artifactId>
10        <version>${flink.version}</version>
11        <scope>provided</scope>
12    </dependency>
13    <dependency>
14        <groupId>org.apache.flink</groupId>
15        <artifactId>flink-clients_${scala.binary.version}</artifactId>
16        <version>${flink.version}</version>
17        <scope>provided</scope>
18    </dependency>
19    <!-- Scala Library, provided by Flink as well. -->
20    <dependency>
21        <groupId>org.scala-lang</groupId>
22        <artifactId>scala-library</artifactId>
23        <version>${scala.version}</version>
24        <scope>provided</scope>
25    </dependency>
```

其中，默认的<scope>provided</scope>代表依赖的库范围是 provided，即表示打包的时候并不将其一同打包到 jar 包中。但这个在开发的时候也带来了一些不便，后面会提到。在 IDEA 工具中调试 Flink 程序时，需要在项目配置处开启 Include dependencies with “Provided” scope 选项，否则会出现找不到相关类的错误。

当正确配置后，IDEA 工具会自动在 BatchJob.scala 文件中识别出可执行的入口函数，这个功能非常实用，我们可以选择运行 BatchJob 或者调试 BatchJob 程序。这里选择 Debug ‘BatchJob’进行程序调试，具体如图 1.32 所示。

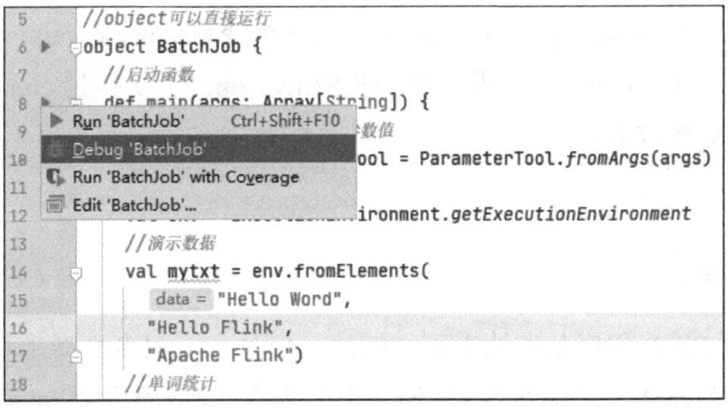

```
5     //object可以直接运行
6  ▶ object BatchJob {
7       //启动函数
8  ▶    def main(args: Array[String]) {
      ▶ Run 'BatchJob'          Ctrl+Shift+F10   数值
9       Debug 'BatchJob'
10      Run 'BatchJob' with Coverage           ool = ParameterTool.fromArgs(args)
11      Edit 'BatchJob'...
12                                        ironment.getExecutionEnvironment
13        //演示数据
14        val mytxt = env.fromElements(
15          data = "Hello Word",
16          "Hello Flink",
17          "Apache Flink")
18        //单词统计
```

图 1.32　IDEA 调试 BatchJob 界面

如果正确运行的话，会在 IDEA Console 控制台输出如下信息，如图 1.33 所示。

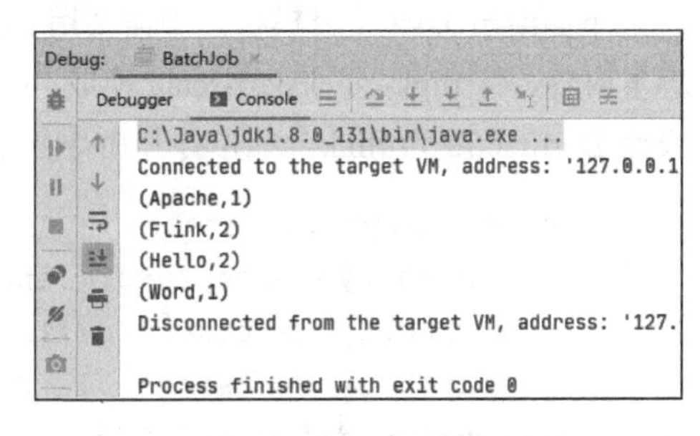

图 1.33　IDEA 调试 BatchJob 程序输出界面

从图 1.33 可知，Flink 应用程序统计了输入数据中各个单词的个数，当程序运行后，给出计算结果时程序会自动退出。这和之前很多批处理 Java 程序是类似的。即批应用由于处理的数据是有界的，因此，当所有数据计算完成后，Flink 程序会自动退出。

IDEA 导入模板构建的 Flink 项目，在默认情况下，直接调试可能会提示类找不到的错误，这可能是由于 pom.xml 中关于多个 Flink 核心依赖库配置为<scope>provided</scope>，可将该行注释后再试。或者可以在项目的运行和调试配置处开启 Include dependencies with “Provided” scope 选项。这个具体配置界面如图 1.34 所示。

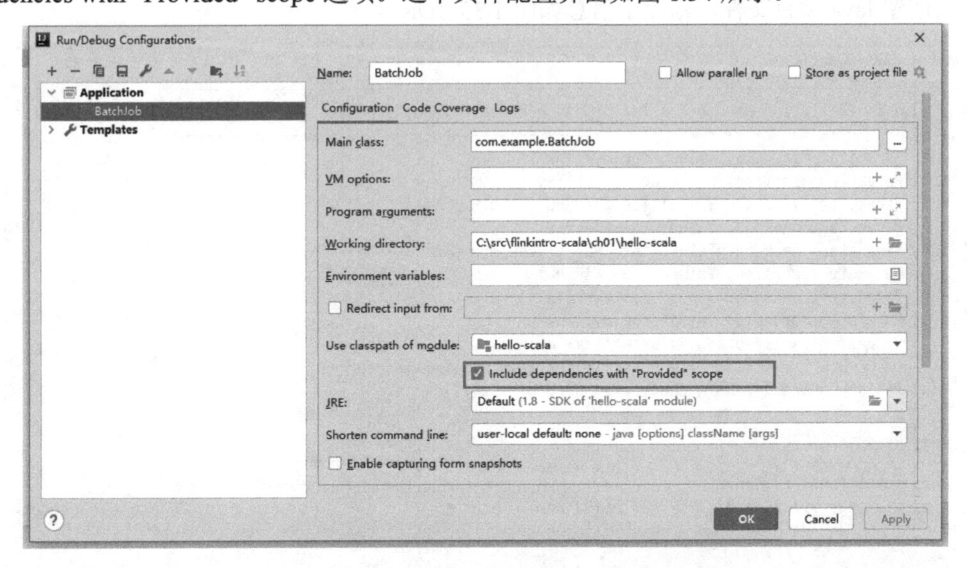

图 1.34　IDEA 配置 BatchJob 启动时依赖选项界面

IDEA中配置的Include dependencies with "Provided" scope选项只针对某一个具体的主类，因此当运行其他主类时，需要重新配置。

为了更好地解决此问题，可以在 pom.xml 中定义一个变量${myscope}，而 Flink 依赖库的范围配置为<scope>${myscope}</scope>，开发时将变量${myscope}值切换到 compile，打包时再切换到 provided。并将入口函数修改为：

```
<mainClass>com.example.BatchJob</mainClass>
```

1.3.2 Java 项目模板

虽然 Scala 编写的 Flink 程序从语法上更加简洁，但是由于很多类型是隐性转换的，因此往往不是太明确，而且有些 Java API 可能在 Scala 语言上并未实现，考虑到会 Java 语言的人往往比 Scala 语言的人要多。因此，不少公司会选择 Java 语言进行 Flink 程序的开发。

下面给出 Java 项目模板，当需要用 Java 进行 Flink 程序开发时，只需要稍微修改上述 Maven 脚本内容，将 flink-quickstart-scala 换成 flink-quickstart-java 即可。另外，为了区分项目语言，需要修改-DartifactId 为 flink-java，打开命令行 CMD 窗体，执行如下命令：

```
mvn archetype:generate                              ^
    -DarchetypeGroupId=org.apache.flink               ^
    -DarchetypeArtifactId=flink-quickstart-java          ^
    -DarchetypeVersion=1.12.0                       ^
    -DgroupId=com.myflink                           ^
    -DartifactId=flink-java                             ^
    -Dpackage=com.example                         ^
    -DinteractiveMode=false
```

成功创建 Java 项目文件，则提示信息如图 1.35 所示。

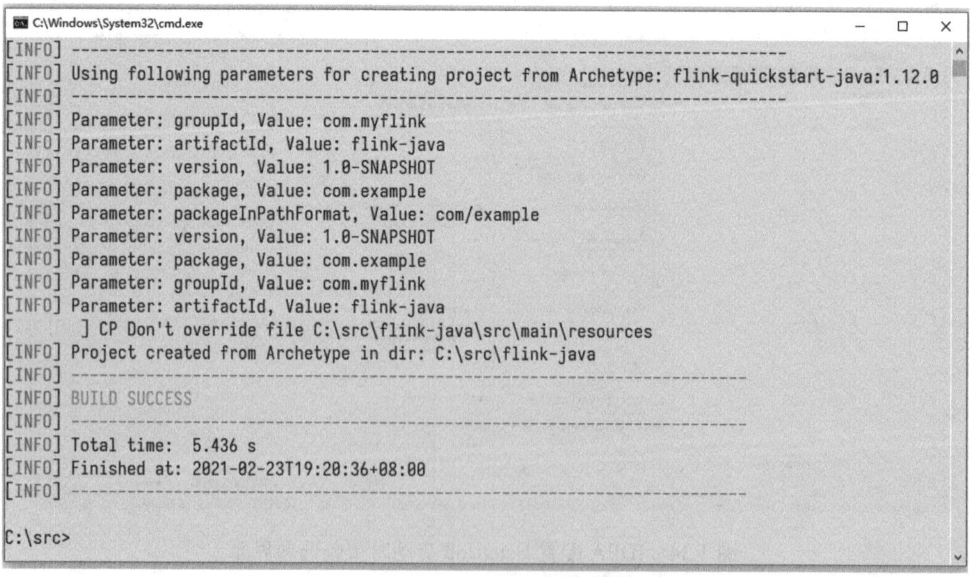

```
C:\Windows\System32\cmd.exe
[INFO] ------------------------------------------------------------------------
[INFO] Using following parameters for creating project from Archetype: flink-quickstart-java:1.12.0
[INFO] ------------------------------------------------------------------------
[INFO] Parameter: groupId, Value: com.myflink
[INFO] Parameter: artifactId, Value: flink-java
[INFO] Parameter: version, Value: 1.0-SNAPSHOT
[INFO] Parameter: package, Value: com.example
[INFO] Parameter: packageInPathFormat, Value: com/example
[INFO] Parameter: version, Value: 1.0-SNAPSHOT
[INFO] Parameter: package, Value: com.example
[INFO] Parameter: groupId, Value: com.myflink
[INFO] Parameter: artifactId, Value: flink-java
[       ] CP Don't override file C:\src\flink-java\src\main\resources
[INFO] Project created from Archetype in dir: C:\src\flink-java
[INFO] ------------------------------------------------------------------------
[INFO] BUILD SUCCESS
[INFO] ------------------------------------------------------------------------
[INFO] Total time:  5.436 s
[INFO] Finished at: 2021-02-23T19:20:36+08:00
[INFO] ------------------------------------------------------------------------

C:\src>
```

图 1.35　Maven 创建 Java 模板项目界面

在命令行执行 tree flink-java /F，可以显示 flink-java 目录的项目结构，如下所示：

```
C:\src\flink-java
|-pom.xml
|
└─src
   └─main
      ├─java
      │  └─com
      │     └─example
      │         └─ BatchJob.java
      │         └─ StreamingJob.java
      │
      └─resources
           └─log4j2.properties
```

其中 BatchJob.java 是批处理示例文件，而 StreamingJob.java 是流处理示例文件。无论是 Scala 版本的 Flink 项目，还是 Java 版本的 Flink 项目，都可以用 IDEA 开发工具导入项目，并进行二次开发。

首先给出 Java 项目模板中，pom.xml 中给出的 Flink 核心 Java 语言依赖库配置，具体如下：

```
01    <dependency>
02       <groupId>org.apache.flink</groupId>
03       <artifactId>flink-java</artifactId>
04       <version>${flink.version}</version>
05       <scope>provided</scope>
06    </dependency>
07    <dependency>
08       <groupId>org.apache.flink</groupId>
09       <artifactId>flink-streaming-java_${scala.binary.version}
</artifactId>
10       <version>${flink.version}</version>
11       <scope>provided</scope>
12    </dependency>
13    <dependency>
14       <groupId>org.apache.flink</groupId>
15       <artifactId>flink-clients_${scala.binary.version}</artifactId>
16       <version>${flink.version}</version>
17       <scope>provided</scope>
18    </dependency>
```

关于${flink.version}和${scala.binary.version}变量代表的意义与 Scala 版本一致，这里不再赘述。修改 StreamingJob.java 文件，具体内容如代码 1-3 所示。

【代码 1-3】 StreamingJob 文件：ch01\StreamingJob.java

```
01    package com.example;
02    import org.apache.flink.api.common.functions.FlatMapFunction;
03    import org.apache.flink.api.common.typeinfo.Types;
04    import org.apache.flink.api.java.tuple.Tuple2;
05    import org.apache.flink.api.java.utils.ParameterTool;
06    import org.apache.flink.core.fs.FileSystem.WriteMode;
07    import org.apache.flink.streaming.api.datastream.DataStreamSource;
08    import org.apache.flink.streaming.api.datastream.
  SingleOutputStreamOperator;
09    import org.apache.flink.streaming.api.environment.
  StreamExecutionEnvironment;
10    public class StreamingJob {
11        //入口函数，一般来说 Fink 异常在方法中用 throws Exception 抛出，
12        //而不自行用 try..catch 捕获，否则 Flink 重启策略可能无效
13        public static void main(String[] args) throws Exception {
14            //参数处理，如 --参数名 参数值
15            ParameterTool params = ParameterTool.fromArgs(args);
16            //获取流计算执行环境
17            final StreamExecutionEnvironment env =
18                    StreamExecutionEnvironment.getExecutionEnvironment();
19            //--ip 127.0.0.1
20            String ip ="127.0.0.1";
21            int port = 7777;
22            if (params.has("ip")) {
23                ip = params.get("ip");
24            }
25            //--port
26            if (params.has("port")) {
27                port = Integer.parseInt(params.get("port"));
28            }
29            final DataStreamSource<String> ds = env.socketTextStream(ip, port);
30            final SingleOutputStreamOperator<Tuple2<String, Integer>> wc = ds
31                .flatMap((FlatMapFunction<String, Tuple2<String, Integer>>)
  (value, out) -> {
32                        String[] words = value.split("\\s");
33                        for (String word : words) {
34                            out.collect(new Tuple2<>(word, 1));
35                        }
36                })
37                .returns(Types.TUPLE(Types.STRING, Types.INT))
38                .keyBy(tp -> tp.f0)
```

```
39              .sum(1);
40          //--output xxx
41          if (params.has("output")) {
42              //WriteMode.OVERWRITE 覆盖模式
43              wc.writeAsCsv(params.get("output"), WriteMode.OVERWRITE, "\n",
  ",");
44          } else {
45              //便于 IDEA 调试，实际部署一般不用
46              wc.print();
47          }
48          env.execute("Java StreamingWordCount Demo");
49      }
50  }
```

代码 1-3 中具体的 API 意义，先不必过多理会，后面会详细介绍。这里给出的是一个流处理应用示例，它默认监听 IP 地址为 127.0.0.1，端口号为 7777 的 socket 流。当然可以通过外部传参的方式进行覆盖。

在 IDEA 调试过程中，可以设置 StreamingJob 主类上的程序参数（Program arguments）为--ip 127.0.0.1 --port 7777。具体如图 1.36 所示。

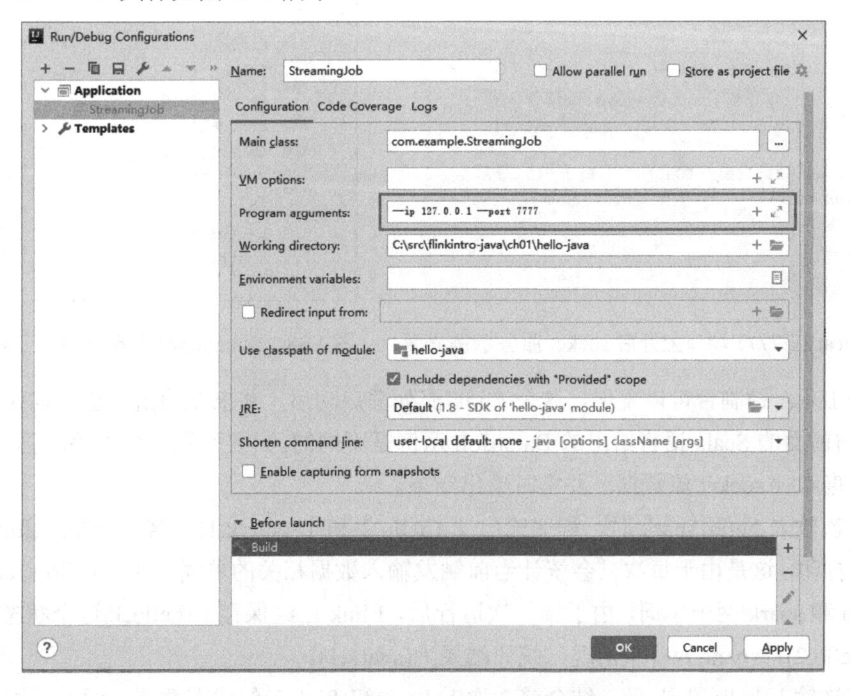

图 1.36　IDEA 指定程序参数界面

代码 1-3 中给出的监听 socket 流上的输入数据，并统计单词个数示例，是一个 socket 客户端程序，因此在运行此程序前，首先需要开启一个 socket 服务端程序。如果在 Windows 操作系统上，可以利用 netcat 工具，在命令行输入如下命令即可在本地端口号为 7777 上开启一个 socket 服务：

```
#Windows 操作系统上
nc64.exe -L -p 7777
#Linux 操作系统上
nc -lk 7777
```

下面给出一个基于 netcat 工具启动 socket 服务的示例，如图 1.37 所示。

当我们成功开启 socket 服务后，可以依次输入空格分隔的单词，并按回车键进行换行，当每次换行后，Flink 单词统计程序就会统计一下当前的单词个数情况，并在未指定--output 参数的情况下，打印到控制台。

当第一次输入 hello flink flink 时，程序输出 4>(flink,1)、2>(hello,1)和 4>(flink,2)，这里会发现 flink 这个单词打印了 2 次，这是迭代计算的过程，当第一次统计 flink 时，结果为(flink,1)，但是后续程序发现还有一个 flink 单词，那么会累积单词个数，即(flink,2)再次输出。

另外，输出结果之前的 4>、2>表示当前的 taskId 编号。这个和当前计算机上的 CPU 线程数相关。不同的计算机 CPU 核数配置，或同一个计算机在不同的运行过程中，这个输出结果中的编号都可能不一致。

当然如果将输出的并行度设置为 1，则默认这个编号是不显示的。上述的 StreamingJob 示例的输出结果如图 1.38 所示。

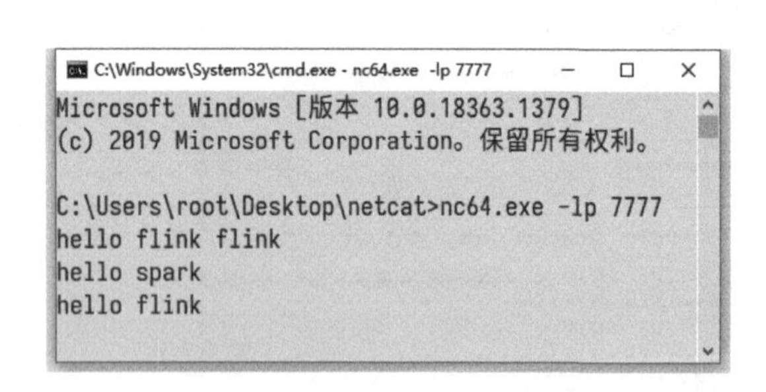

图 1.37 netcat 在 7777 端口上开启 socket 服务示例界面

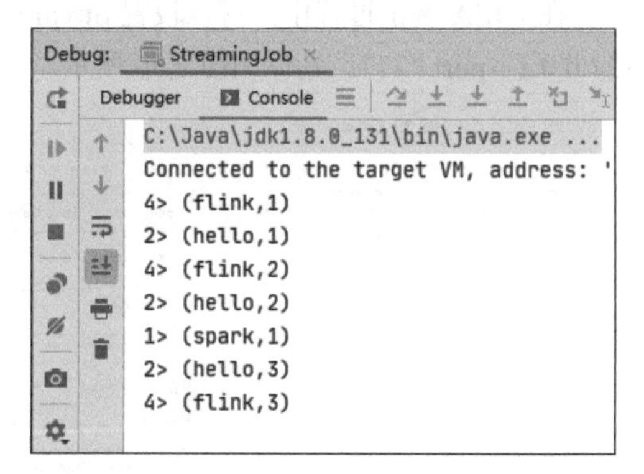

图 1.38 StreamingJob 单词统计示例输出界面

从这个 IDEA 控制台可以发现，这个 Flink 流处理启动后，并未在输出一些单词统计结果后自动退出，这与前面的 Scala 语言给出的 BatchJob 示例是不同的。只要开发人员不手动强制退出程序，那么它会一直监听 socket 流数据，并实时给出结果。

当第二次输入 hello spark 时，程序输出 4>(hello,2)和 1>(spark,1)，这里会发现 flink 这个单词的结果并未打印，这是由于每次只会统计当前触发输入数据相关的单词，例如 hello spark 按照空格拆分为 hello 和 spark 两个单词，由于第一次运行后，Flink 已经保存了(hello,1)这个状态数据，因此累积后为(hello,2)，spark 为首次出现，统计结果为(spark,1)。

当第三次输入 hello flink 后，结合前 2 次(hello,2)和(flink,2)的状态数据，通过分别统计后，输出结果为(hello,3)和(flink,3)。

1.3.3 Python 项目

当前在大数据领域，不少框架都逐渐提供 Python 接口来进行编程，一方面是由于 Python 的灵活性和动态性，它可以作为一种脚本语言使用；另一方面是 Python 的生态非常好，社区存在大量优秀的开源库可以直接使用。

类似于 Spark 当中的 PySpark，Fink 也提供了 Python 编程接口 PyFlink。下面给出一个 Python 语言开发的单词统计示例程序，如代码 1-4 所示。

【代码 1-4】　python 语言单词统计　文件：ch01\word_count.py

```
01    import os
02    import time
03    from pyflink.dataset import ExecutionEnvironment
04    from pyflink.table import TableConfig, DataTypes, BatchTableEnvironment
05    from pyflink.table.descriptors import Schema, OldCsv, FileSystem
06    def wordcount():
07        #获取批处理执行环境
08        e_env = ExecutionEnvironment.get_execution_environment()
09        t_config = TableConfig()
10        env = BatchTableEnvironment.create(e_env, t_config)
11        e_env.set_parallelism(1)
12        table = env.from_elements([
13            ('Flink',2),
14            ('Flink',3),
15            ('myFlink',5),
16            ('myFlink',7)],
17            schema=DataTypes.ROW([
18                DataTypes.FIELD('word', DataTypes.STRING()),
19                DataTypes.FIELD('count', DataTypes.INT())
20            ]))
21        #构建动态文件名
22        fmt='%Y%m%d%H%M%S'
23        strTime=time.strftime(fmt,time.localtime(time.time()))
24        sink_path = './out_'+strTime
25        #创建一个临时 table 作为 sink，并指定数据格式
26        env.connect(FileSystem().path(sink_path)) \
27            .with_format(OldCsv()
28                        .field_delimiter(',') \
29                        .field('word', DataTypes.STRING())
30                        .field('sum', DataTypes.INT())) \
31            .with_schema(Schema()
32                        .field('word', DataTypes.STRING())
33                        .field('sum', DataTypes.INT())) \
34            .create_temporary_table('mySinkTable')
35        #输入字段类型和输出字段类型要一致，否则报错
36        table.group_by('word') \
37            .select('word,sum(count)') \
```

```
38          .insert_into('mySinkTable')
39      env.execute("Python WordCount Demo")
40      #在 local 模式下输出结果
41      with open(sink_path, 'r') as f:
42          print("====PyFlink 计算结果======")
43          print(f.read())
44  if __name__ == '__main__':
45      wordcount()
```

Python 语言最大的好处就是不需要进行预编译，在命令行通过 Python SDK 提供的 python 命令即可运行.py 文件。代码 1-4 运行结果如图 1.39 所示。

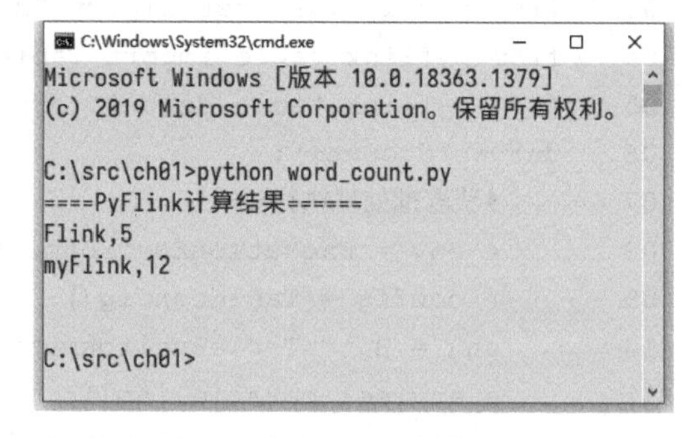

图 1.39 python 单词统计示例运行结果界面

Python 目前支持的 API 与 Java 或者 Scala 相比，还存在一些差异。因此，有些 API 在 Java 或者 Scala 语言上是可用的，但在 Python 语言上是不支持的。

1.3.4 项目编译

前面介绍了 Scala 语言、Java 语言和 Python 语言开发的 Flink 应用程序。除了 Python 外，Scala 语言和 Java 语言生成的项目文件，如果要运行，则需要进行源码编译。

源码编译有多种方式，比如可以在 IDEA 中进行源码编译，或者可以用 maven 命令进行源码编译。这里以编译 flink-scala 项目文件为例进行说明。首先切换到 flink-scala 目录下，然后在命令行中执行如下命令：

```
#maven 编译打包
mvn clean package -Dmaven.test.skip=true
```

成功执行此编译命令，则输出信息如图 1.40 所示。

```
C:\Windows\System32\cmd.exe
[INFO]
[INFO] --- maven-jar-plugin:2.4:jar (default-jar) @ flink-scala ---
[INFO] Building jar: C:\src\flink-scala\target\flink-scala-1.0-SNAPSHOT.jar
[INFO]
[INFO] --- maven-shade-plugin:3.1.1:shade (default) @ flink-scala ---
[INFO] Excluding org.slf4j:slf4j-api:jar:1.7.15 from the shaded jar.
[INFO] Excluding org.apache.logging.log4j:log4j-slf4j-impl:jar:2.12.1 from the shaded jar.
[INFO] Excluding org.apache.logging.log4j:log4j-api:jar:2.12.1 from the shaded jar.
[INFO] Excluding org.apache.logging.log4j:log4j-core:jar:2.12.1 from the shaded jar.
[INFO] Replacing original artifact with shaded artifact.
[INFO] Replacing C:\src\flink-scala\target\flink-scala-1.0-SNAPSHOT.jar with C:\src\flink-s
cala\target\flink-scala-1.0-SNAPSHOT-shaded.jar
[INFO] ------------------------------------------------------------------------
[INFO] BUILD SUCCESS
[INFO] ------------------------------------------------------------------------
[INFO] Total time:  7.843 s
[INFO] Finished at: 2021-02-23T20:18:02+08:00
[INFO] ------------------------------------------------------------------------

C:\src\flink-scala>
```

图 1.40 Maven 编译项目界面

编译成功后，会在项目目录中生成 target 目录，并打包生成 flink-scala-1.0-SNAPSHOT.jar 文件。当然，这个 jar 文件当中包含了我们编写的 Flink 计算逻辑代码。在项目配置文件 pom.xml 中，默认的入口函数 mainClass 配置为 com.example.StreamingJob。如果需要修改，可以根据实际情况进行修改。

另外，如果需要修改最终生成的包名，可以在 pom.xml 文件中的<build>节点下添加<finalName>包名</finalName>即可。

一般来说，创建的 Flink 应用项目，会导入 IDEA 中进行编码和调试，最终进行项目构建和发布。换句话说，可以在 IDEA 的 Maven 视图中双击 package 即可对项目进行打包，如图 1.41 所示。

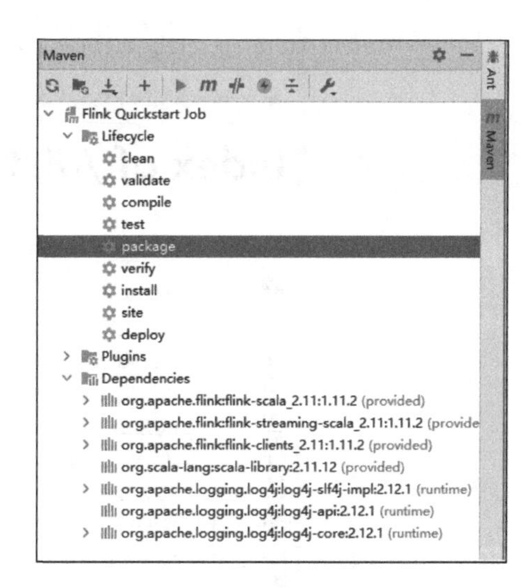

图 1.41　IDEA 编译项目界面

1.4　运行 Flink 应用

前面介绍的 Flink 应用程序都是在本地的 IDEA 工具中调试运行的，这个适用于开发阶段。但是，当 Flink 应用程序开发完成后，则需要进行正式的打包和部署，在集群环境下运行。

Flink 应用的运行支持多种模式，本节将重点介绍 3 种：单机 Standalone 模式、多机 Standalone 模式和 On Yarn 集群模式。

1.4.1　单机 Standalone 模式

Flink 单机 Standalone 模式最简单，也是多机 Standalone 运行模式的基础。该模式的安装非常简单，下面给出主要安装步骤。

步骤 01　首先到官方网站 https://archive.apache.org/dist/flink/flink-1.12.0 上下载压缩包，这里下载 Apache Flink 1.12.0 for Scala 2.11 对应的文件。该文件为 flink-1.12.0-bin-scala_2.11.tgz，如图 1.42 所示。

> !!! 注意　Flink 除了此安装包外，还有一些可选组件和额外组件可以选择安装，如 Pre-bundled Hadoop 2.8.3，可以根据需要选择下载和安装。

步骤 02　通过 FinalShell 工具将 flink-1.12.0-bin-scala_2.11.tgz 文件上传到 Linux 操作系统上，具体路径为/wmsoft。在 Linux 操作系统终端中执行如下命令进行解压：

```
tar -zxf flink-1.12.0-bin-scala_2.11.tgz
```

执行完成后，wmsoft 目录如图 1.43 所示。

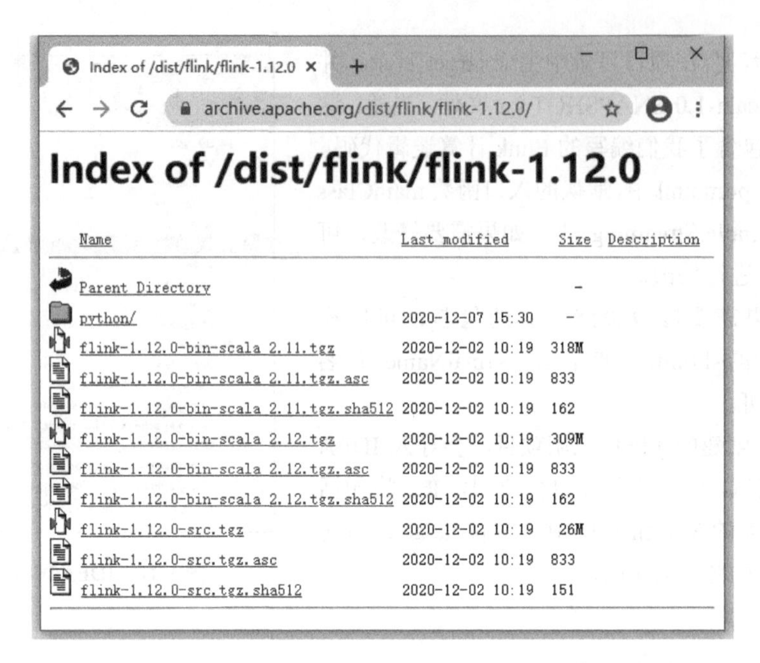

图 1.42 Apache Flink 1.12.0 for Scala 2.11 文件下载界面

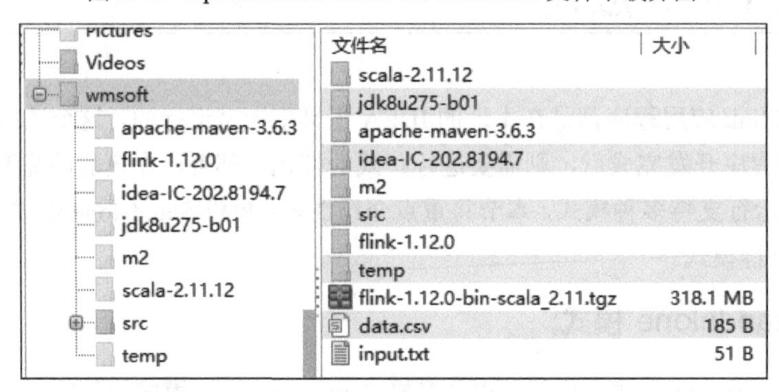

图 1.43 Flink 安装目录界面

步骤 03 启动 Flink 单机 Standalone 模式，执行如下命令：

```
cd flink-1.12.0/bin/
./start-cluster.sh
```

成功启动后，可以在浏览器中输入具体的网址，默认端口号为 8081，具体如图 1.44 所示。在此界面中，注意一下可用的 Task Slots 数量为 1，默认情况下一般为 1，如果为 0，则说明没有资源可以用于任务计算，此时非常可能无法执行计算任务。

步骤 04 上传 Flink 应用并运行。这里的应用一般以 jar 包形式存在，比如前面 Scala 项目编译后生成的 flink-scala-1.0-SNAPSHOT.jar。另外，Flink 安装目录下的 examples 也给出了一些官方打包好的示例 jar 包，如 examples\batch\WordCount.jar。

单击 Flink Dashboard 网页上的【Sumbit New Job】菜单，在详细界面中，首先单击【Add New】并选择 flink-scala-1.0-SNAPSHOT.jar 文件进行上传。然后单击该记录，展开后填写 Job 相关信息并单击【Sumbit】提交，这里主要需要指定一下输入参数，具体参数如下：

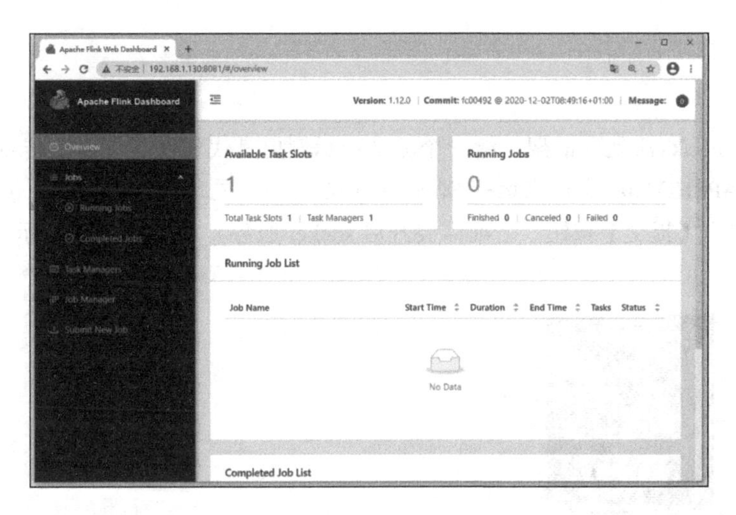

图 1.44　Flink Dashboard 网页

第一个是入口类，com.example.BatchJob，如果 pom.xml 进行了指定，则它会自动识别。当然，如果不是预期的类，可以进行手动维护。

第二个参数为并行度，这里填写 1，生成环境则根据集群情况进行优化配置。

第三个参数为入口函数中可以解析的参数，这个一般由开发人员给定，这里示例为--output file:////home/jack/wmsoft/out.txt，表示输出的文件为 out.txt 文件。这里用的本地文件系统，当然你可以选择分布式文件系统，比如 hdfs:///demo/input。

第四个参数为保存点路径，这里不设置，为空即可。

下面给出提交 com.example.BatchJob 这个 Job 对应的 Web 界面，如图 1.45 所示。

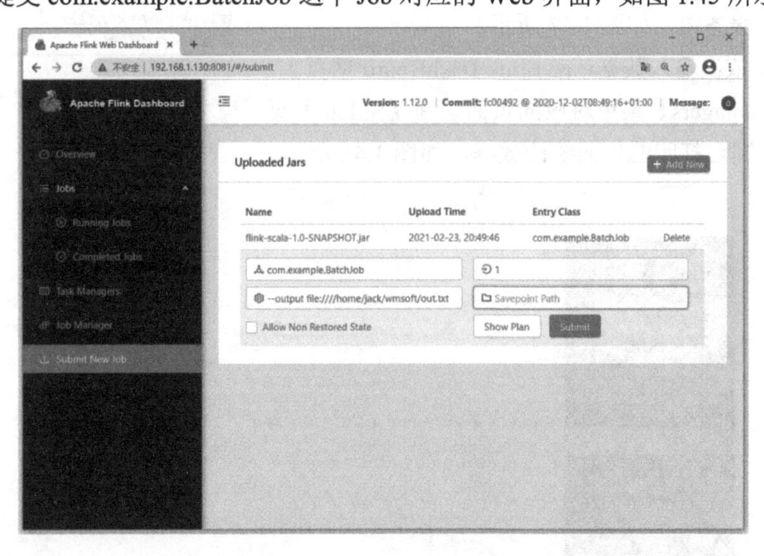

图 1.45　Flink 提交 BatchJob 网页

当正确运行此 Job 后，可以查看 file:////home/jack/wmsoft/out.txt 文件的输出结果：

```
Apache,1
Flink,2
```

```
Hello,2
Word,1
```

当然，作为 Flink 流处理框架，给一个流处理示例更具代表性。下面上传 Java 项目打包的 flink-java-1.0-SNAPSHOT.jar 文件来运行 StreamingJob 任务。同理，首先将其上传，然后填写这个 Job 的信息，并单击【提交】按钮（之前需要开启 socket 服务），如图 1.46 所示。

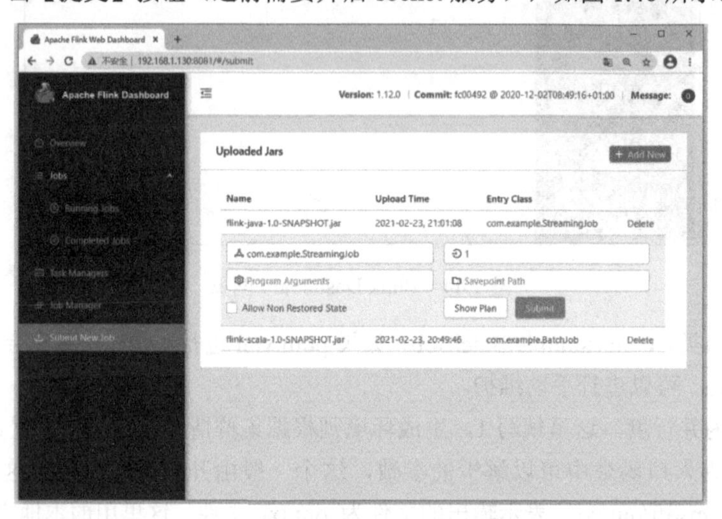

图 1.46 Flink 提交 StreamingJob 网页

前面提到 StreamingJob 这个程序会监听 socket 数据，默认端口是 7777。在 Linux 操作系统上打开终端，用自带的 nc 工具开启 socket 服务端，如图 1.47 所示。

图 1.47 nc 开启 socket 服务

图 1.47 中，依次输入数据，在 Flink DashBoard 网页上，切换到【Task Managers】菜单对应的页面，在【Stdout】页签中可以看到控制台打印的单词统计数据，如图 1.48 所示。

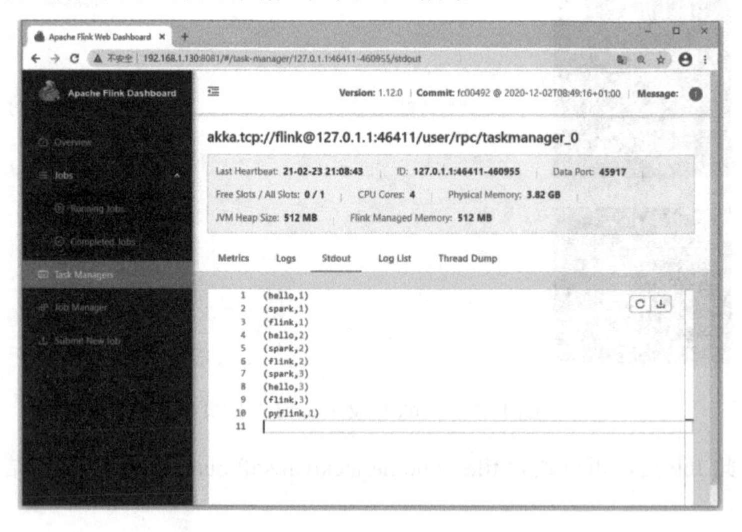

图 1.48 StreamingJob 单词统计结果

在运行过程中，如果有错误，或者想看一下中间的运行日志，可以单击【Job Manager】菜单，在详细页面中单击【Log】页签进行日志查看，这个对于锁定相关错误信息是非常有用的。

对应 Flink 流处理应用，一旦 Job 提交，如果不手动取消，那么它会一直运行，且占用一定的计算资源。此时如果切换到概览（Overview）页面下，可以看到 Running Jobs 任务数为 1，而可用的 Task Slots 个数为 0，此时则不能再提交其他 Job 运行。如图 1.49 所示。

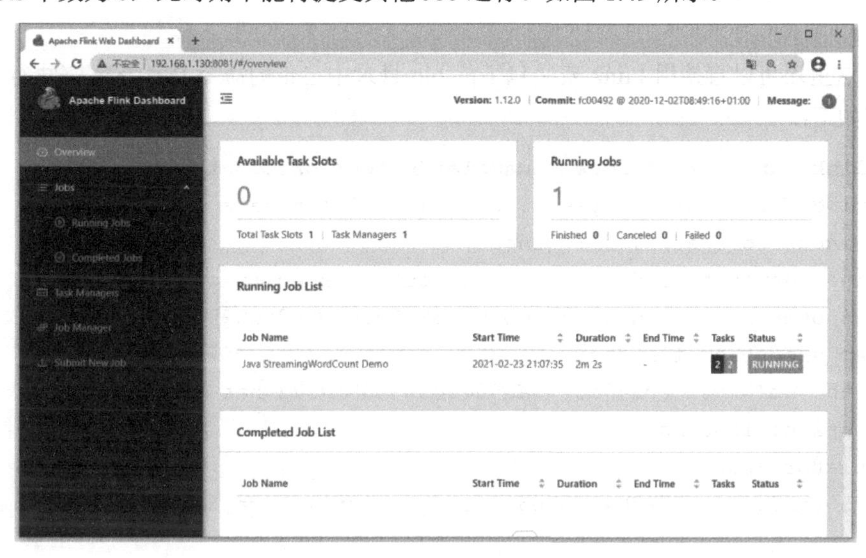

图 1.49　可用 Task Slots 个数为 0 时的 Flink 概览

如果需要查看当前运行的具体 Job 信息，在 Job Overview 页签下可以看到一个 Dataflow 数据流图，如图 1.50 所示。

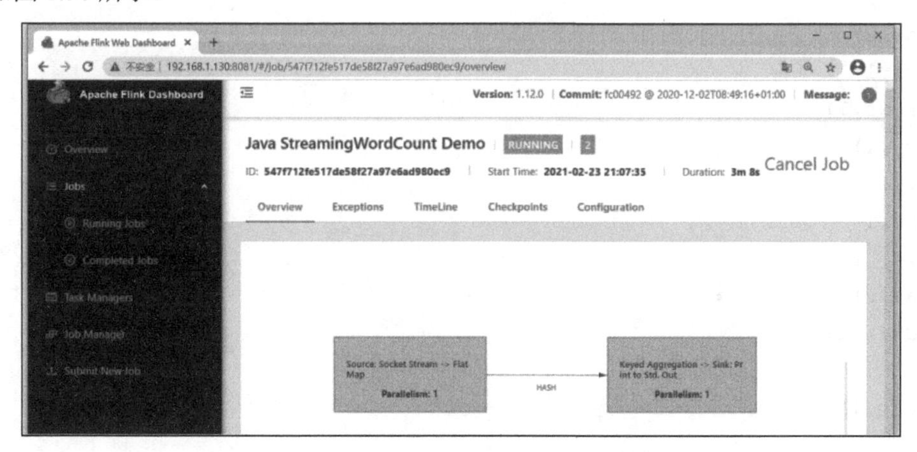

图 1.50　StreamingJob 对应的数据流图

图 1.50 中，右上角有一个【Cancel Job】按钮，单击后可以取消当前运行的 Job，并释放相关的计算资源。

如果需要停止 Flink 计算环境，则可以在终端执行如下命令：

```
#停止 Flink 计算环境
./stop-cluster.sh
```

停止 Flink 集群后，则上传的 jar 包都会丢失，如果有需要，则需要重新上传文件。另外，在多个 jar 应用程序执行时，如果资源不够，则要视情况而定，看是否需要将之前的正在执行的 job 取消掉。

一般在测试时，一个 Flink 程序测试完成后，如果 Flink 程序是流处理应用，可能一直处于运行状态，会一直占用集群资源，因此，需要手动进行 Cancel Job 处理，从而释放资源，供下一个测试示例使用。

当然，这里还可以直接用 Flink 安装包下的 bin 目录中自带的命令 flink run 来执行 Flink 应用程序，示例如下：

```
bin/flink run -target local examples/batch/WordCount.jar
Executing WordCount example with default input data set.
Use --input to specify file input.
Printing result to stdout. Use --output to specify output path.
Job has been submitted with JobID 53228c140b5c75a890c4b5b9b35f7573
Program execution finished
Job with JobID 53228c140b5c75a890c4b5b9b35f7573 has finished.
Job Runtime: 1560 ms
Accumulator Results:
- ee17506a5faf66f177a7b42c87b5f66e (java.util.ArrayList) [170 elements]
(a,5)
(action,1)
(after,1)
(against,1)
(all,2)
(and,12)
(arms,1)
(arrows,1)
(awry,1)
(ay,1)
(bare,1)
(be,4)
(bear,3)
(bodkin,1)
...
(bourn,1)
```

flink run 命令支持多种参数，比如可以用-c 指定启动入口类，-p 指定平行度等，具体可以参考官方网站。

其中，--target local 代表本地模式运行，内部由 MiniCluster 实现。

如果要运行.py 文件，则可以执行如下命令：

```
./bin/flink run -py examples/python/table/batch/word_count.py
```

Flink 单机 Standalone 模式一般用于测试，在生产环境下不建议使用。

1.4.2　多机 Standalone 模式

一般来说，Flink 多机 Standalone 模式会涉及多个服务器，基础起步服务器个数为 3 台。其中一台作为 Master 节点，主要运行 JobManager 进程；其他 2 台服务器作为 Slave 节点，运行 TaskManager，负责执行具体的计算任务。

与单机 Standalone 模式启动相同，启动多机 Standalone 模式命令如下：

```
./start-cluster.sh
```

Flink UI 界面 http://192.168.1.130:8081。在 TaskManager 页签界面中，可以查看到当前 Flink 集群中有多少个 TaskManager，以及每个 TaskManager 的 Data Port、All Slots、Free Slots 和 CPU Cores 等信息，如图 1.51 所示。

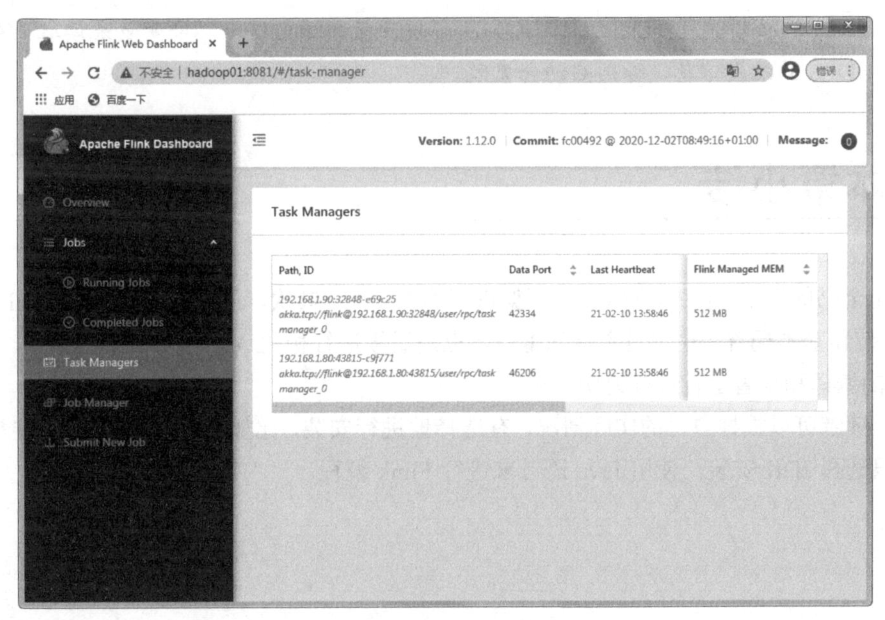

图 1.51　Flink UI 多个 TaskManager

在多机 Flink 集群上远程提交作业方法的命令如下：

```
#hadoop01:8081 是远程 Flink 集群 IP 和端口
bin/flink run -m hadoop01:8081 examples/batch/WordCount.jar
```

1.4.3　On Yarn 集群模式

由于不少大数据架构中，都涉及多台服务器，其中很多都已经搭建好了 Hadoop 集群，此时 Yarn 资源管理器已经在集群中工作了。为了提高资源的利用率，可以基于 Hadoop 集群来搭建 Flink On Yarn 集群。

相对于 Standalone 模式，On Yarn 集群模式的好处有：

- 资源按需使用，提高集群的资源利用率。
- 任务有优先级，根据优先级运行作业。
- 基于Yarn资源管理器，能够自动化地处理各个角色的 Fail-over。

On Yarn 集群有两种工作模式：

- Session Cluster模式。启动一个On Yarn模式的Flink集群，并提交作业：

```
./bin/yarn-session.sh -n 4 -jm 1024m -tm 4096m
./bin/flink run examples/streaming/WordCount.jar --input hdfs:///flink/input \
--output hdfs:///flink/output
```

- Job Cluster 模式。该模式在Yarn上运行单个Flink Job，一旦Job运行完成，则退出。

```
./bin/flink run -m yarn-cluster -yn 2 examples/streaming/WordCount.jar \--input
hdfs:///flink/input --output hdfs:///flink/output
```

client 端必须设置 HADOOP_HOME 环境变量，通过这个环境变量来读取 YARN 和 HDFS 的配置信息，否则启动会失败。

1.5 本章小结

本章是全书的开篇，首先，对 Flink 框架进行简单介绍。其次，介绍 Flink 集成开发工具 IntelliJ IDEA 的安装和基本配置，这也是本章的重点，也是后续进行相关 API 学习的前提条件。最后，对 Flink 程序的编译和部署运行进行说明。

当然，读者可以根据自己的实际情况，有选择地进行安装，比如 Python 组件的安装是可选的，读者可以只选择 JDK 安装，使用 Java 语言来进行 Flink 编程。

第 2 章 定义、架构与原理

上一章主要围绕 Flink 开发环境的搭建过程、项目的创建以及编译过程进行介绍，并对 Flink 程序的几种运行模式进行了概述。本章将重点对 Flink 中的一些基本概念、架构和原理进行阐述。

本章主要涉及的知识点有：

- 流处理的应用场景：了解流处理常见的应用场景有哪些？
- 流处理的原理：掌握流处理的基本原理。
- Flink架构分析：掌握Flink的架构以及核心组件。
- Flink核心语义：掌握Flink框架中的几个语义——Streams、State、Time和API。
- Flink组件：掌握Flink内部的组件及其作用。

2.1 流处理的应用场景

流处理可以看作是一种实时的流数据处理技术，相对于批处理而言，其延迟低，往往在几毫秒到几秒不等。流数据是一种连续不断产生的数据，就像水和电一样，只要打开开关，就可以连续地供应。

当前人类已经进入大数据时代，数据呈现爆发式增长，现实生活中有不少流数据的场景，比如居民家中的用电量数据可以看作是一种流数据；企事业单位中的安全生产和环保监控设备采集的数据，也可以看作是一种流数据。

概括而言，流数据是一个随时间属性变化而无限产生的动态数据集。数据流中的事件可以表示多种业务场景数据，如各类传感器检测到的数据和银行交易流水数据等。

流数据处理常应用于物联网数据分析、环保监控检测、智能商品推荐、网络入侵检测和金融服务等领域。本节即将介绍流处理的几种应用场景模式。

2.1.1 数据预处理场景

数据预处理可以对输入数据流进行逻辑处理，比如过滤一些数据而产生新的数据流。其中的逻辑处理包括但不限于：

- 过滤部分流数据。
- 剔除部分流数据。
- 向流添加新属性。
- 流数据拆分和合并。
- 流数据中属性变换。

举例来说，从京东商城的用户购买数据流中，可以按照用户性别进行流数据拆分，从而分别统计男士和女士的购买行为。

2.1.2 预警场景

对于实时性要求高的应用来说，流数据处理是非常合适的计算选型。此场景模式可以对数据流实时按照设定的预警阈值进行检测，并根据条件生成预警消息。

而预警规则可以基于某一个简单的数值属性，如可燃气体浓度，当高于某个阈值后即触发预警机制，进行消息预警；也可以基于更复杂的组合条件，如基于可燃气体浓度、温度和湿度的组合等，当这些值都满足特定条件后，触发预警机制，进行消息预警。

2.1.3 实时数量统计场景

在不少场景下，只需要能实时统计一些数值即可，比如获得最小值、最大值、百分位数等聚合函数，可以在不存储任何数据的情况下对其进行计数和求和。

一般来说，由于流数据只有开始时间戳，而没有终止时间戳，因此，数据的聚合计算通常和时间窗口一起使用。如统计双十一当天的所有用户交易额，统计上一个月的用电量等。时间和窗口在流处理当中是非常重要的概念，后面会详细说明。

2.1.4 数据库交互场景

一般情况下，对于特定数据流，我们需要将实时数据与存储在数据库中的历史数据进行组合操作，以实现一些复杂的逻辑处理。比如银行发生交易时，从交易的实时数据流中获取客户 ID，并根据客户 ID 从数据库中查找其他属性，用来评估是否存在异常交易。

2.1.5 跟踪场景

此模式可在空间和时间上跟踪某些物理实体并检测特定的一些条件。如在车辆上安装 GPS 定位系统，则可以基于空间定位的数据流实时对车辆进行跟踪，从而发现车辆行驶是否偏离路线。

同时，在此过程中也可以实时计算车辆速度，以评估是否超速行驶。另外，基于设备（如工程机械）上安装的 GPS 定位，则可以实时查看到设备的物理空间分布。如果设备的特定零件上也安装传感器，则可以实时监控到设备的运行情况。

2.1.6 基于数据流的机器学习场景

电商平台的智能实时推荐算法，可以实时根据用户当前的浏览数据流和数据库的历史数据，用构建好的机器学习模型来预测该用户当前感兴趣的商品，并推送到页面上，从而提高成单率。

2.1.7 实时自动控制场景

在不少从事加工和制造的工厂中，都有 SCADA（Supervisory Control And Data Acquisition）系统，即数据采集与监视控制系统。基于传感器采集的各种数据流，需要在线监测各个设备的运行情况，如果检测到异常，一方面进行预警，另一方面可以在线对设备进行控制，比如关闭阀门等。

2.2 流处理的原理

2.2.1 流数据特征

随着信息技术的快速发展，计算机的存储、网络数据传递速度和计算能力都得到了长足的进步。在大数据、5G 和物联网等高新技术的加持下，逐步兴起了一种新的密集型流数据应用。

流数据一般具有如下特点：

- 数据连续，实时产生，无结束边界。
- 数据本身可以携带时间标签。
- 数据到达顺序可能和产生时间不一致。
- 数据量大，数据规模可以达亿级别。
- 数据二次处理代价高昂，不存储全量数据。

由于流数据的以上特征，基于传统的批数据处理模式不太适合流计算场景。如果将传感器的数据先保存到数据库中，再利用 SQL 进行数据分析，这个时效性就比较差。另外，如果将全部数据都进行持久化存储，那么需要的存储空间将非常大，成本也会非常高。

一般来说，流处理应用使用延迟和吞吐量这两个指标来表示性能水平。其中延迟表示处理事件所需的时间。而吞吐量是衡量流处理应用计算能力的指标，它代表每个单位时间里，流处理应用最大可以处理事件的数量。

在流处理应用中，通过分布式并行计算，来完成低延迟和高吞吐二者之间的平衡。对于一个流计算系统来说，一般具备如下的特征：

- 延迟低，几毫秒到几秒之间。
- 高吞吐，可以处理大量的事件数据。
- 分布式，可以动态扩容。
- 可靠性，计算过程状态可保存，可从故障中恢复。

2.2.2 Dataflow 模型

为了解决流数据计算的若干问题，必须提出一套可行的流处理模型。业界中，把 Google 公司的 Dataflow 模型比作现代流数据计算的基石。Google 公司在 2015 年发表了一篇关于 Dataflow 模型的论文“The dataflow model: a practical approach to balancing correctness,latency,and cost in massive-scale, unbounded, out-of-order data processing”，它提供了一种统一流处理和批处理的系统框架。

Dataflow 模型对于无序的流数据，提供了一套基于事件时间（Event Time）、水位线（Watermark）和延迟处理的机制，从而实现窗口（Window）聚合计算的能力，以实现流数据计算的正确性、高吞吐和延迟这三者之间的平衡。

由于很多系统都是分布式部署的，各个系统之间的数据通过网络进行传输，那么数据在采集和传输过程中，不可避免会产生数据乱序和延迟到达的情况。换句话说，流处理系统在对数据流进行处理时，其接收到的数据次序很有可能与数据产生的原始次序不同。

举例来说，假设张三、李四和王五，这 3 人从徐州出差到北京，张三早上 7 点 50 分从公司出发，坐 K 打头的火车去北京；李四 8 点 30 分从公司出发，坐 G 打头的高铁去北京；而王五 9 点 15 分从公司出发，坐飞机去北京。那么实际到达北京的可能为顺序为：王五、李四、张三。

因此，正确和高效地对乱序流数据进行处理，才能保证整个流数据计算的正确性。在流数据计算领域，关于时间有两个非常重要的概念：

- 事件时间（Event Time）
  数据产生时从原设备获取的时间戳，比如传感器产生的气体浓度数据，事件时间则是传感器记录某一个数据瞬间的时间戳。用事件时间作为时间属性的好处是同样的数据输入，多次运行的结果是一致的。
- 处理时间（Processing Time）
  流数据中某个事件被流处理程序处理时所记录的时间戳。由于流数据场景下，产生数据的设备和处理数据的设备可能是分布式的，因此不同设备的时间应该进行同步。通常情况下，处理时间比事件时间晚一些，用处理时间作为时间属性会导致同样的数据输入，多次运行的结果是不一致的。

Dataflow 模型在无界流数据处理过程中，对重点考虑的 4 个难题给出了有效的解决思路：

- 需要产出什么结果
  这个要根据实际业务需求，用户自行进行设计和实现。由于这部分流处理框架不能提前预置，但需要提供良好的编程接口，以实现灵活的数据处理自定义功能。
- 计算什么时间的数据
  窗口模型（Window Model）实现基于时间属性对数据进行窗口操作的目的。它可以将无界的数据按照时间属性划分为一个一个有限的数据集合，从而实现在窗口中对有限数据进行分组和聚合等操作。
- 在什么时候触发计算
  触发模型（Trigger Model）能够将数据结果与事件的时间属性或事件数量进行关联，解决了作业应该在什么时候触发的问题。另外，可以结合水位线来解决事件数据乱序到达带来的计算问题。

水位线从本质上来说，也是一个时间戳。按照约定，水位线 T 就表示窗口已经接收到所有 t <= T 的数据。其他 t > T 的数据都将被视为迟到，而对于迟到数据的处理，则需要采用增量更新模型。

水位线 T 的确定是一个难题，另外单靠水位线机制也不能确保 100%可靠。

增量更新模型支持不同的策略：

- 丢弃
  当窗口已经触发计算后，就不会继续存储窗口当中的数据，所有超过水位线T的迟到数据将直接丢弃。
- 累积
  当窗口已经触发计算后，会在一定时间内继续存储窗口当中的数据，超过水位线T的迟到数据在该时间内仍然可以进入窗口进行处理。这个额外的等待时间就是允许迟到时间（Allowed Lateness）。
- 累积与回撤
  在累积策略的基础上，可以对上一次窗口操作的结果进行回撤修改，再输出新的计算结果。对于某些下游操作而言，如果不进行撤回修正的话，当前窗口的计算结果可能就不正确。

2.2.3 数据流图

在流处理应用系统中，一个流计算作业的内部计算过程可以用数据流图进行描述。它给出了流数据如何在不同算子之间进行流转的示意，通常表示为一个具有流转方向的有向无环图（DAG）。

数据流图中，有数据源、数据处理算子和数据输出。其中图中的节点称为算子，连接不同节点的线代表数据之间的依赖性，也给出了数据流转的方向。算子是流处理应用当中最基本的功能单元，代表相关的业务处理逻辑。

数据流图有逻辑数据流图和物理数据流图之分。以大数据领域常见的单词计数（Word Count）为例，下面给出一个逻辑数据流图示意图，如图 2.1 所示。

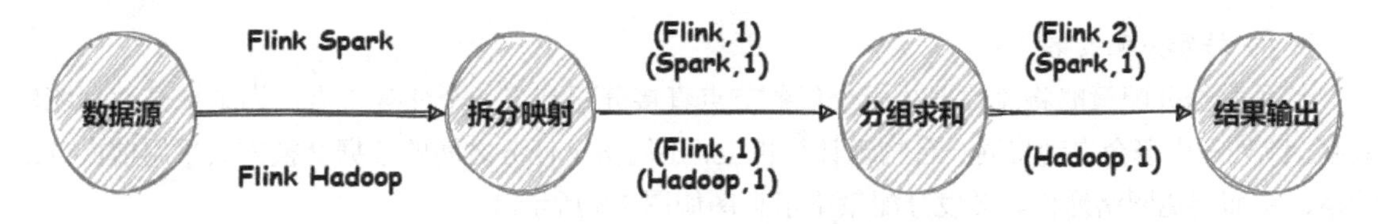

图 2.1　逻辑数据流示意图

逻辑数据流图一般以一种更加简练和宏观的角度来对流数据处理过程进行描述。它往往并不完全代表实际的物理执行情况。对于一个分布式流处理引擎来说，它会将逻辑数据流图转换为物理数据流图，来调度内部任务的执行。

图 2.2 给出了图 2.1 逻辑数据流图的物理数据流示意图。在逻辑数据流图中节点表示算子，同一个算子可以有多个并行实例来实现并发计算。在物理数据流图中，节点是任务。其中的拆分、映射和分组求和算子有两个并行算子实例（任务），每个算子实例对输入数据的部分数据进行处理。

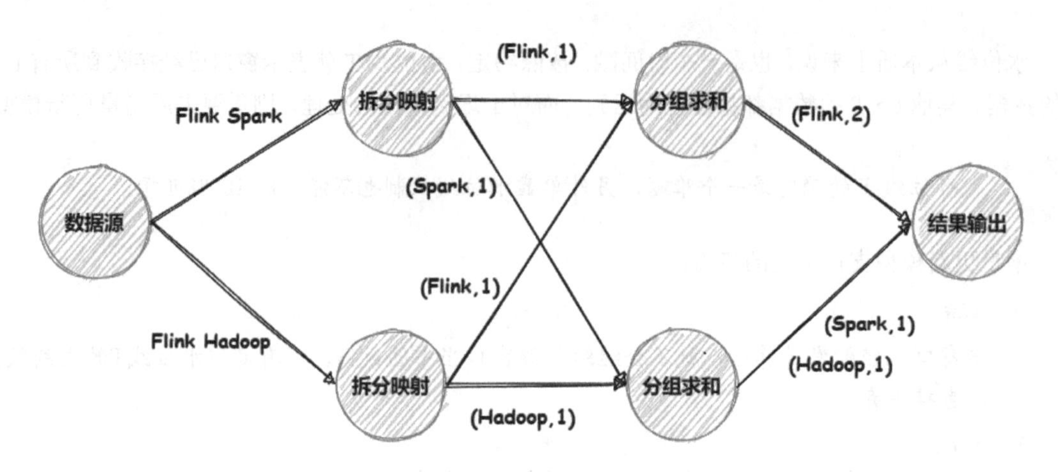

图 2.2 物理数据流示意图

分布式流处理引擎为了实现低延迟和高吞吐计算，会在数据并行和计算并行这两个维度进行优化。其中的数据并行需要将数据按照一定的规则拆分成不同的分区数据，不同分区的数据可以在不同的计算机上进行处理，这样就可以实现高吞吐量。

另外，在内存中对数据进行并行计算，同时利用当前计算机的多核特征，可以更好地利用计算机资源，实现数据处理的低延迟。

这就类似于一个工程项目，通过制定项目任务甘特图，可以将项目划分为不同的子任务，每个子任务虽然有前后关系，但是有些子任务是可以并行处理的，通过安排足够的资源（人、财和物）实现任务并行，就可以降低整个项目的工期。

数据的横向拆分一般通过 Key 来实现分区，而纵向的拆分通过窗口机制来实现。

最后介绍一下物理数据流图中的数据分配策略，它表示一个流计算引擎如何将流数据分配到不同的任务节点上执行。

常见的数据分配策略如下：

（1）转发分配策略

这种数据分配策略将流数据从一个任务节点直接分配到下一个任务节点。为了提升数据流转效率，流处理引擎会自动将同一台物理计算机上，不同两个任务之间的数据交换方式采用前向分配策略，从而避免网络通信。转发分配策略示意图如图 2.3 所示。

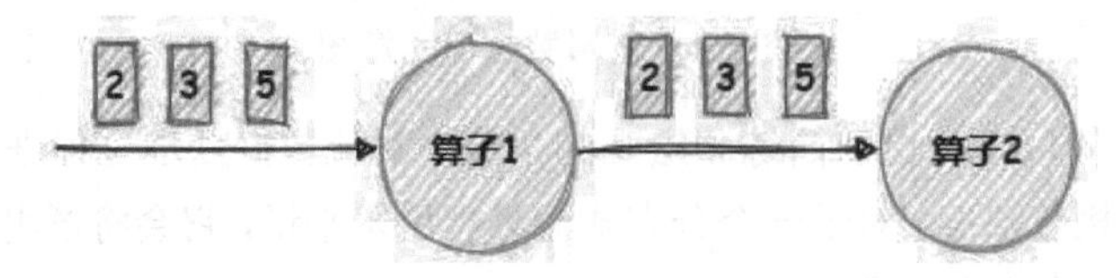

图 2.3 转发分配策略示意图

（2）基于 Key 分配策略

对于数据分区来说，最常用的就是按照 Key 进行数据分配，使用这种策略对数据进行分区，能够保证同一 Key 的数据由同一任务进行计算。基于 Key 分配策略示意图如图 2.4 所示。

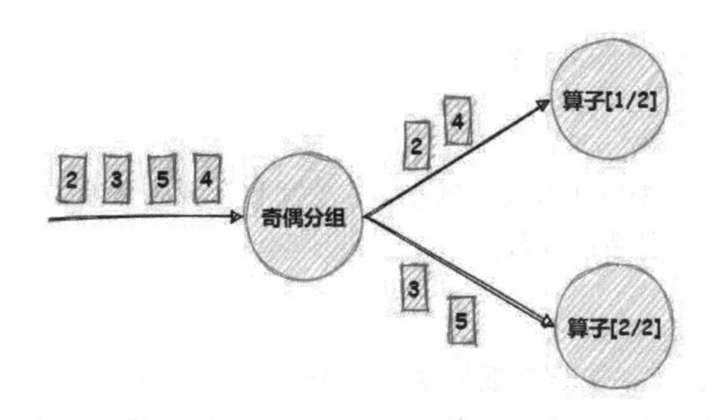

图 2.4　基于 Key 分配策略示意图

（3）随机分配策略

随机策略将数据随机的分配到下游的并行任务中去，以实现负载均衡的目的，从而充分利用集群中的不同节点进行数据并行处理。随机分配策略示意图如图 2.5 所示。

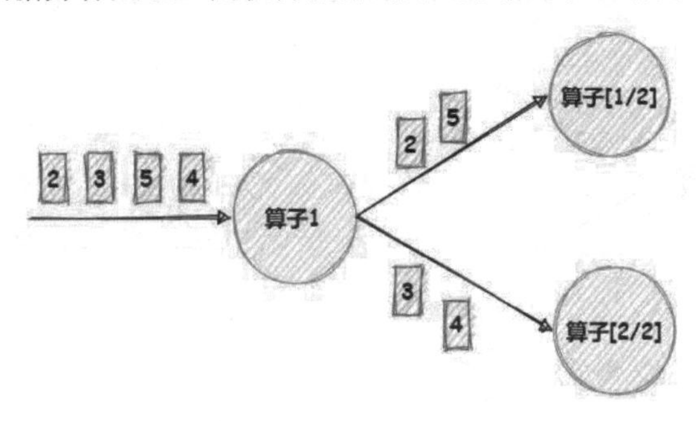

图 2.5　随机分配策略示意图

（4）广播分配策略

这种数据分配策略往往会涉及网络数据传输和数据拷贝，延迟相对比较大，因此代价比较高。它会将上一个任务节点中的所有数据，发送到下一个算子中所有并行的任务节点上。广播分配策略示意图如图 2.6 所示。

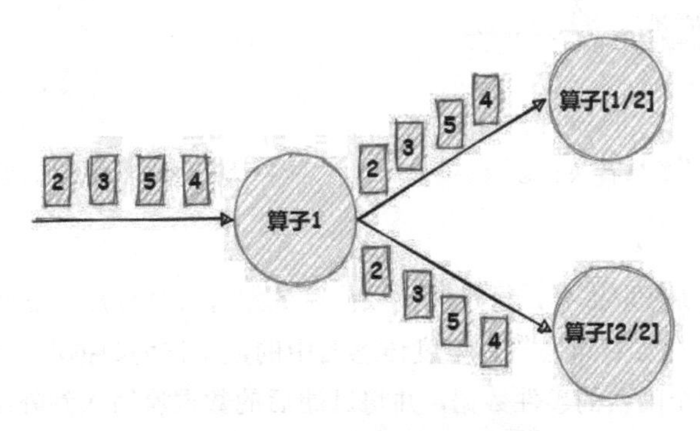

图 2.6　广播分配策略示意图

2.2.4　流处理操作

流处理的本质就是一种高效的增量数据处理机制，流处理系统可以在每接收到一个事件数据后，就进行逻辑处理。

一个流处理应用也会包含如下 3 个部分：

（1）流数据源

流数据源是一个与外部系统进行交互的接口，它可以从外部系统获取到原始的数据。流数据源种类繁多，比如 HDFS 文件系统或数据库。

（2）流数据转换

从数据源获取流数据后，内部就需要根据业务逻辑对数据流进行转换操作。一般来说，这些转换会将一个输入数据流转换成一个新的数据流。下面给出几种常见的流数据转换示意图，如图 2.7 所示。

另外，还有一种转换操作为滚动聚合，比如计算流数据当中的某个字段的和。聚合操作是有状态（State）的，每次迭代计算时，都需要将上一次累积的计算中间值和当前的值进行计算，并更新上一次的聚合值。下面给出求和聚合流数据转换示意图，如图 2.8 所示。

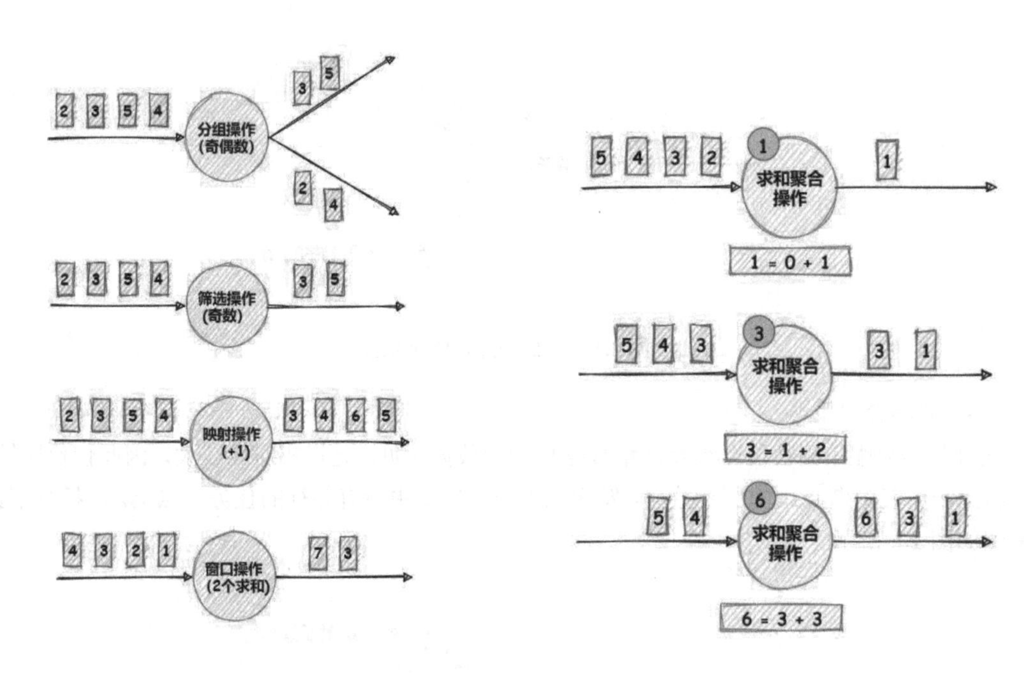

图 2.7 常见的流数据转换示意图　　　　图 2.8 求和聚合流数据转换示意图

（3）流数据输出

流计算引擎从数据源获取数据，经过转换操作对数据进行处理后，需要将计算结果进行输出，以供外部系统进行使用。比如将可燃气体浓度传感器中的数据作为数据源，经过过滤操作算子处理，过滤出浓度大于 0.97 这个阈值的事件数据，并将过滤后的数据流写入到外部系统中，如消息队列，或者写入数据库中。

2.2.5 窗口操作

在流数据上的操作，除了支持常规的转换操作和滚动聚合操作外（一个事件数据到达就会触发计算，延迟低），还支持基于窗口的操作，它会接收并缓冲一定量的数据后才会触发相应的计算逻辑。

基于窗口上的求和操作，程序只对窗口中的有界数据集进行求和操作，而不是全部的历史数据。窗口操作一般以时间属性来划分窗口。

窗口有不同的类型，一般分为 3 种：

（1）滚动窗口（Tumbling Window）

滚动窗口是将无界的流数据，按照固定大小进行拆分成不同的窗口，不同窗口中的事件数据没有交叉。当某个事件数据到达时，如果满足窗口触发规则，则会触发计算机制，将窗口内全部数据进行逻辑处理，并给出结果。

滚动窗口分为基于数量的滚动窗口和基于时间的滚动窗口。基于数量的滚动窗口以事件数据个数为窗口划分规则，比如一个大小为 3 的基于数量的滚动窗口，每当窗口中缓冲到 3 个元素时，即会触发窗口计算。下面给出基于数量的滚动窗口示意图，如图 2.9 所示。

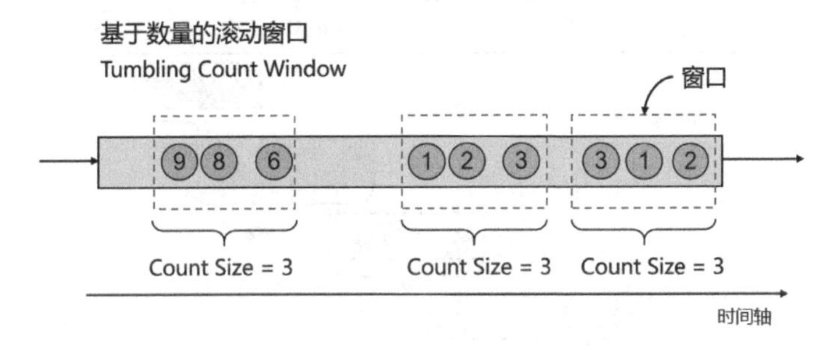

图 2.9　大小为 3 基于数量的滚动窗口示意图

从图 2.9 可知，第一个窗口包含 3 个元素，依次为 2、1 和 3。当元素 3 到达窗口时，就会触发第一个窗口的计算。一般来说，窗口计算完成后，会释放该窗口相关的资源（当然也可以不销毁），并创建一个新的窗口来接收新的元素。

另外，还有一个基于时间的滚动窗口，这个窗口划分以时间为依据，比如每隔 10 分钟划分一个窗口。这个时间窗口是一个左闭右开的窗口，比如[10:10,10:20)。下面给出基于时间的滚动窗口示意图，如图 2.10 所示。

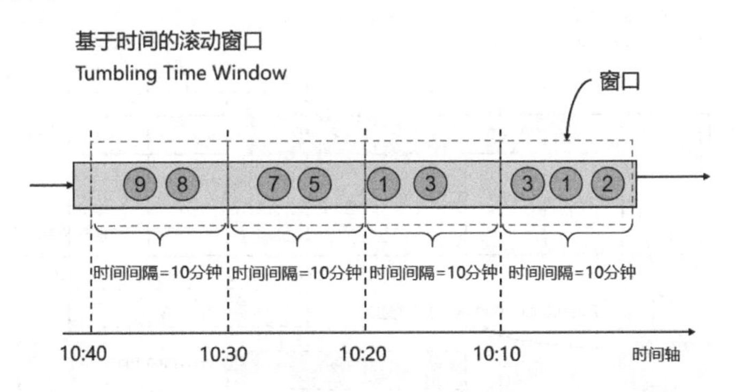

图 2.10　大小为 10 分钟基于时间的滚动窗口示意图

从图 2.10 可以看出，每隔 10 分钟划分的窗口里面的事件数据个数可能是不同的，有的是 2 个元素，有的是 3 个元素。但是当时间到达某个窗口的尾部时，就会触发该窗口。比如其中的一种窗口触发机制是：当 10:20 之后的某条数据到达时，即触发[10:10,10:20)窗口的计算。

（2）滑动窗口（Sliding Window）

滑动窗口有两个参数，一个是窗口大小，一个是滑动大小。当滑动大小等于窗口大小时，就是滑动窗口。滑动窗口将事件数据分配到固定大小的窗口中，但不同窗口中的元素可能有交叉，即一个元素可能同时属于多个窗口。

滑动窗口可以分为基于数量的滑动窗口和基于时间的滑动窗口。下面给出一个窗口大小为 3，滑动大小为 2，基于数量的滑动窗口示意图，如图 2.11 所示。

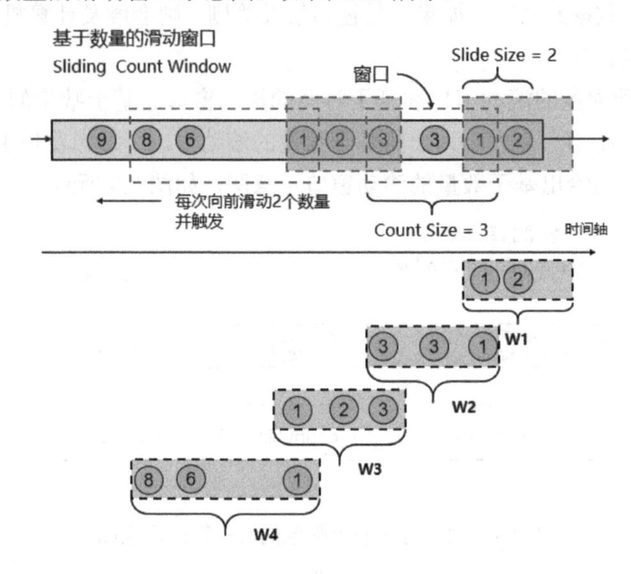

图 2.11　基于数量的滑动窗口示意图

从图 2.11 可以看出，窗口 W1 包含 2 个元素，而 W2 窗口包含 3 个元素，且与 W1 窗口有一个共同的元素 1。只要有 2 个元素到达某个窗口，就会触发该滑动窗口。

同样地，还有基于时间的滑动窗口，比如大小为 10 分钟，滑动大小为 5 分钟的滑动窗口。下面给出一个窗口大小为 3 秒，滑动大小为 2 秒的滑动窗口示意图，如图 2.12 所示。

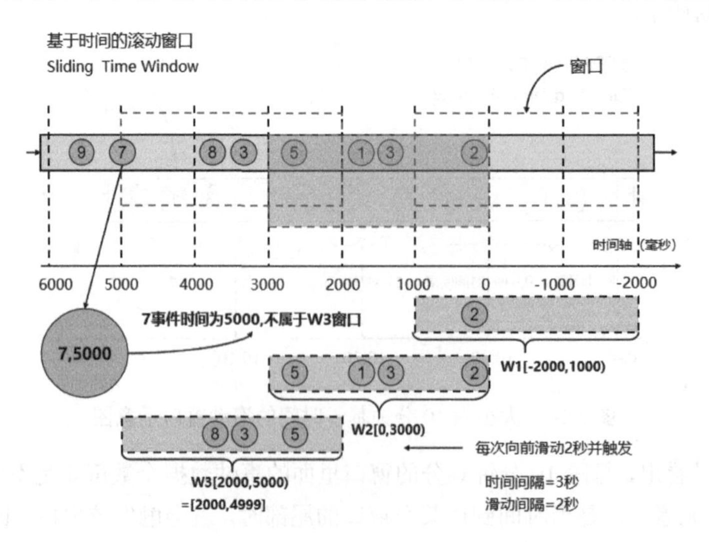

图 2.12　基于时间的滑动窗口示意图

从图 2.12 可知，在 999 毫秒的时候，会触发第一个窗口 W1[-2000,1000)的计算。此时该窗口中只有一个元素 2。当在 1 秒的时候，创建了一个新的窗口 W1[0,3000)，即从 1000 毫秒滑动了 2 秒（2000 毫秒），当时间轴到达 2999 毫秒时，会触发 W1 窗口，此时窗口中的元素为 4 个，即 5、1、3 和 2。

（3）会话窗口（Session Window）

除了滚动窗口和滑动窗口外，还有一种窗口类型，即会话窗口。在某些场景下，会话窗口非常好用，而且这些场景用滑动窗口和滚动窗口实现起来非常难。

会话窗口用一个时间间隙阈值来区分不同的窗口。比如，一个 Web 应用，在服务器端会维护一个 Session ID，当用户在网页上不进行相关操作时，超过服务器设定的会话超时时间，则此 Session ID 失效。会话窗口的基本原理类似。下面给出一个会话窗口示意图，如图 2.13 所示。

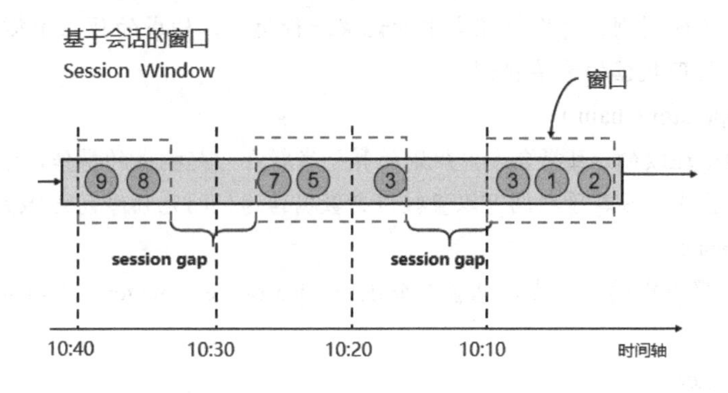

图 2.13　会话窗口示意图

从图 2.13 可知，当事件数据时间间隔超过一定的时间阈值（session gap）时，就会划分不同的窗口。

2.3　Flink 架构分析

要了解一个系统，一般都是从架构开始。要了解 Flink 架构，还要知道其中的一些常用的概念。本节就来认识一下 Flink 架构。

2.3.1　Flink 常见概念

在正式介绍 Flink 架构前，有必要根据官方的文档提炼出 Flink 框架中一些重要的核心概念。这些核心概念的统一和含义界定，对于后续的理论阐述至关重要。

- Flink应用程序（Flink Application）
  它是一种Java应用程序，主要通过main方法来提交一个或多个Flink Job。
- Flink集群（Flink Cluster）
  它一般是由至少一个JobManager节点和多个（至少一个）TaskManager节点构成的分布式计算环境。

- 算子（Operator）
  它可以对数据流当中的元素执行计算操作，通常由函数（Function）来具体执行计算逻辑。Flink应用程序当中的Source和Sink就是两种特殊的算子，前者代表数据输入，后者代表数据输出。
- 事件（Event）
  它可以当作流处理或批处理应用程序当中的输入或输出，比如点击事件流。事件在Flink中是一种特殊类型的记录（Record）。
- 记录（Record）
  它代表数据流或数据集合当中的元素，这个元素可以包含多个属性，比如ID、名称、时间和属性值。
- 分区（Partition）
  它是按照一定的规则，对数据流当中的记录进行拆分，构成的独立子集。分区机制是一种并行分布式处理数据的重要机制。
- 算子链（Operator Chain）
  它由至少两个连续的、且符合一定规则的算子串联在一起构成的操作，其中链中多个算子处于同一个分区中，且算子之间可以直接进行数据传递，而无须序列化/反序列化或网络传输。
- Flink JobManager
  它是Flink集群当中的主节点，包含三个组件：ResourceManager、Dispatcher和运行每个Job的JobMaster。
- Flink JobMaster
  它是在JobManager运行中的组件之一，负责监督和执行单个Task。
- Flink TaskManager
  它是Flink集群上实际进行数据处理的工作进程，并负责执行Task执行。集群上的TaskManager之间相互可以进行数据通信。
- 托管状态（Managed State）
  它描述了已在框架中注册的应用程序的状态。Flink框架会自动对托管状态执行持久化和重伸缩等工作，开发人员无须干涉。
- 任务（Task）
  它代表物理流程图上的节点，是数据流计算的基本工作单元，由Flink运行时来调度执行。任务代表了一个算子或者算子链的并行实例。
- 子任务（Sub-Task）
  它负责处理数据流分区上的任务。子任务代表的是同一个算子或者算子链具有多个并行的任务。
- 任务槽（Task Slot）
  它会独立抢占TaskManager节点上的计算资源，是TaskManager中最小的资源调度单位，并负责运行具体的子任务。任务槽的数量限制一个TaskManager进程中最多可以处理多少个子任务数。

2.3.2　Flink 主从架构

Apache Flink 采用 Master-Slave 架构，一般来说，在 Flink 集群中，至少有一个节点作为 Master，其他多个节点作为 Slave。其中的 Master 主要负责任务分派和调度，而 Slave 主要负责作业的执行。

Apache Flink 主从架构示意图如图 2.14 所示。

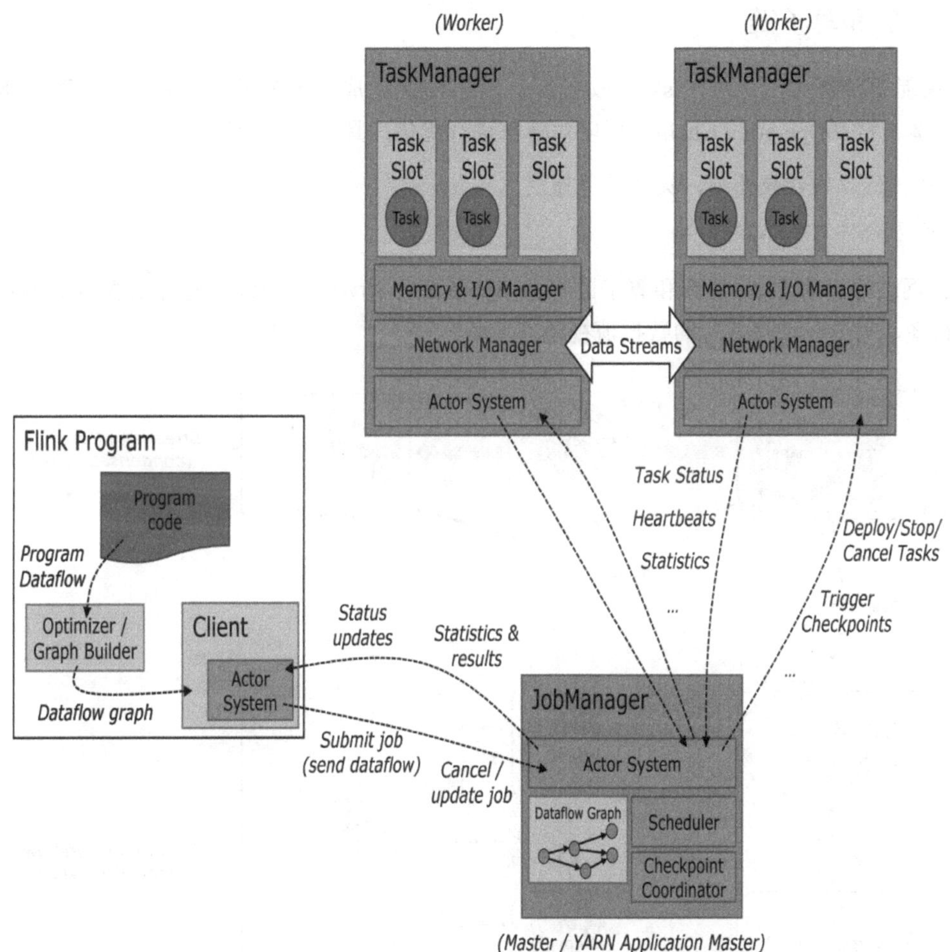

图 2.14　Flink 主从架构示意图（来自官方网站）

图中客户端 Client 不是 Flink 运行时框架的一部分，而是用来准备和提交数据流作业的。

由图 2.14 可知，当 Flink 代码编译后，一般会经过优化处理，当 Flink 程序通过客户端 Client 提交任务 Job 到 JobManager 主节点后，JobManager 会用任务调度器进行调度，并分配到从节点 TaskManager 上执行。

客户端 Client、JobManager 主节点和从节点 TaskManager 之间通过 Actor System 实现通信。Actor 模型是一种并发模型，其中基于 Actor 模型系统中的线程（或进程）通过消息传递的方式进行通信，而这些线程（或进程）称为 Actor。

客户端 Client 可以提交 Job，也可以根据情况来取消 Job。而 JobManager 节点则将状态信息（Status Updates）、统计和结果信息发送给 Client 端，从而让客户端知道当前任务执行的情况。

客户端 Client、JobManager 主节点和从节点 TaskManager 都是独立的 JVM 进程。

2.3.3 任务和算子链

Flink 数据流图中，一个 Task 一般由多个 Sub-Task 构成。每个子任务由一个线程（Thread）来执行。算子链（Operation Chain）可以对计算进行优化，具体表现如下：

- 减少线程间切换开销，提高计算速度。
- 增加吞吐量和减少延迟。

官方网站给出的 Flink 任务和算子链示意图如图 2.15 所示。其中包含两种示意图，一种是精简数据流视图，另外一种是并行的数据流视图。

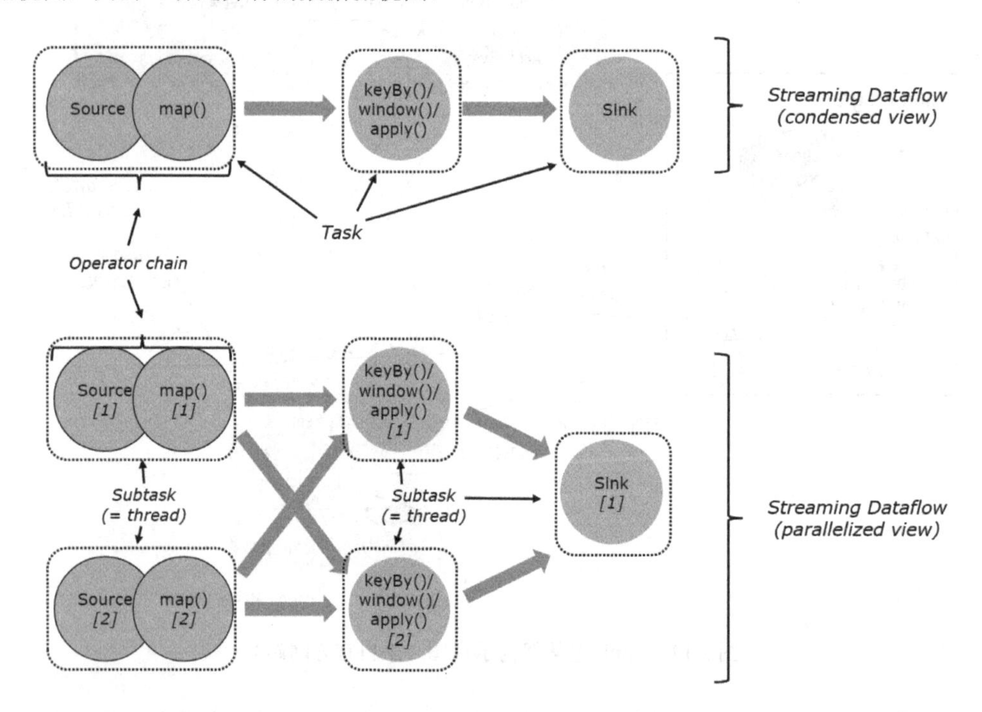

图 2.15　Flink 任务和算子链示意图（来自官方网站）

图 2.15 中，每个圆形的节点为算子，如 Source 算子代表数据源（数据输入），Sink 算子代表数据汇（数据输出）。数据流图上的虚线框代表一个任务（Task），其中可能只有一个算子，也可能有多个算子，如 Source 算子和 map 算子构成一个算子链，这就相当于一个任务。

在图 2.15 下半部分的并行数据流示意图中，Source 算子和 map 算子构成一个算子链，拆分成两个并行的子任务（Subtask），一个子任务在一个线程（thread）中执行。

并行子任务的数量可以用并行度来表示，Sink 并行度为 1，Source 和 map 算子并行度为 2。关于并行度后续章节会详细说明。

2.4 Flink中的几个语义——Streams、State、Time、API

本节将介绍几个 Flink 核心语义，包括 Streams、State、Time、API 等。

2.4.1 Streams 流

Streams，即流，它可以分为无界流（unbounded Streams）和有界流（bounded Streams）。Flink 是一个流批一体化处理框架，不但可以处理无界流数据，也可以处理有界流数据。

所谓的有界流一般指有固定大小，有明确的开始边界，且有明确结束边界的数据，比如保存在职工表中的职工数据。而无界流是指数据是持续产生的，只有明确的开始边界，但是没有明确结束边界的数据，比如传感器数据，数据会持续产生，其中的计算也会持续进行。官方网站给出的关于流的示意图非常形象，如图 2.16 所示。

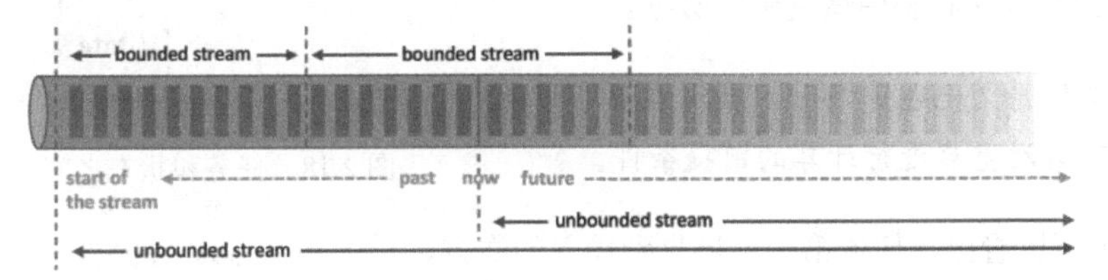

图 2.16　Streams 示例图（来自官方网站）

通常情况下，Flink 应用程序是由流和转换构成，每一个数据流图有一个或多个 Source 算子开始，并以一个或多个 Sink 算子结束。Stream 连接在不同的算子之间，算子和 Stream 共同构成一个有向无环图（DAG）。图 2.17 给出了 Flink 应用程序代码如何映射到一个非并行的数据流示意图。

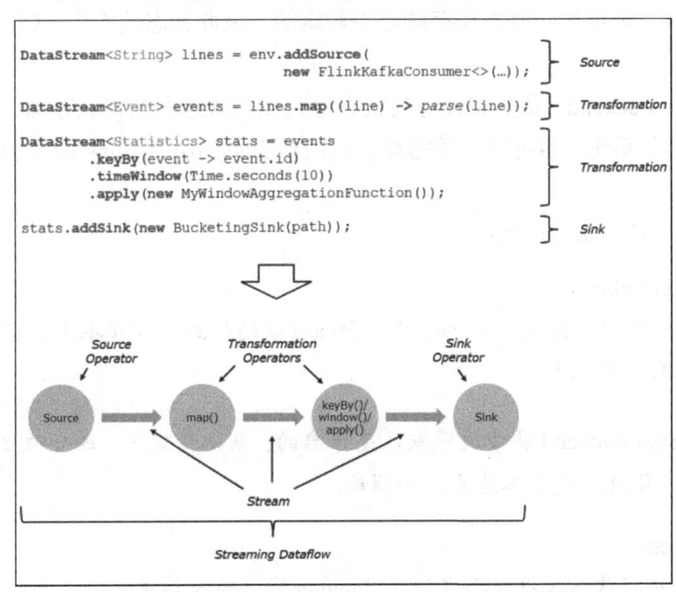

图 2.17　Flink 数据流构成示意图（来自官方网站）

从图 2.17 可以看到，Source 算子和 map 算子之间是 Stream，apply 算子和 Sink 算子之间也是 Stream。

2.4.2 State 状态

一般来说，状态（State）可以看作是在流计算过程中，缓存在内存或者存储系统上的中间数据，比如累加的值。有状态的流计算，代表具有一定的容错恢复能力，并支持持久化。

流计算从本质上来说，是一种增量计算，它需要按需查询过去的状态信息，以进行后续的计算，最简单的比喻，状态就相当于一个应用程序当中的本地变量，对应的计算任务可以存取中间数据，并在重启情况下不丢失。图 2.18 说明了任务和状态之间的关系。

因此，状态具有非常重要的价值，它是实现 Exactly-once 语义的前提，状态会将中间数据写到状态中，并可以根据需要从状态中恢复中间数据。

状态的持久化也是 Flink 集群在异常情况下可自动重启进行计算的前提条件。

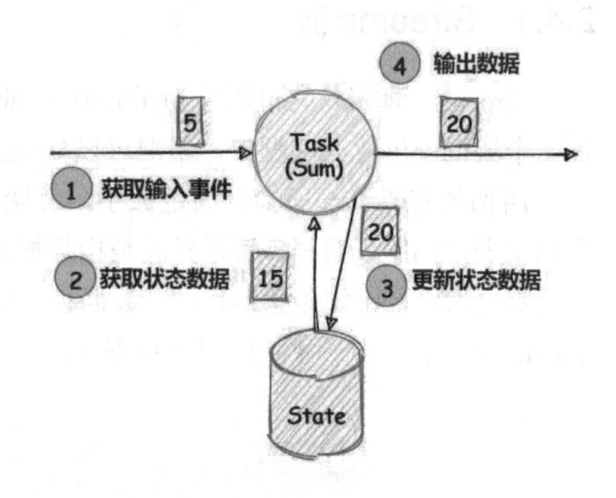

图 2.18 任务和状态之间的关系示意图

从图 2.18 可以看出，任务第一步接收到输入的数据，第二步从本地的状态中获取到对应的状态值，并进行数据处理，第三步将更新的状态值写回到本地状态中，第四步输出结果。总的说来，有两种类型的状态：

- 算子状态（Operator State）。
- 键控状态（Keyed State）。

由于状态只能在本地维护，而本地存储是不稳定的。因此状态检查点（CheckPoint）的写入就非常重要。

状态后端（State Backend）负责将任务的状态检查点写入远程的持久存储。写入检查点的远程存储可以是分布式文件系统，也可以是数据库。启用检查点的所有 Flink 应用程序，都可以从保存点恢复数据进行执行。

Flink 内置了如下几种状态后端：

- MemoryStateBackend
  这是默认的一种状态后端，状态数据以Java对象的形式存储在堆中。它支持异步快照，这样可以防止数据流阻塞。

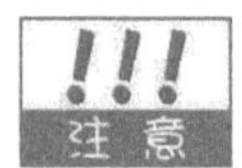

MemoryStateBackend 异步快照默认是开启的。默认情况下，每个独立的状态大小限制是 5 MB。因此只适合本地开发和调试。

- FsStateBackend
  这种状态后端将状态数据保存在TaskManager节点的内存中。当开启检查点机制时，状态快照也会写入到配置的文件系统目录中。

FsStateBackend 异步快照默认是开启的。它适合状态数据比较大或窗口比较长的计算作业场景。

- RocksDBStateBackend
  这种状态后端将状态数据保存在数据库RocksDB中，它默认将数据存储在 TaskManager节点的数据目录中，且只支持异步快照。目前也是唯一支持增量检查点的状态后端。

RocksDBStateBackend 允许存储状态非常大的或窗口非常长的数据，大小仅受磁盘空间的限制。

2.4.3　Time 时间

前面提到，流处理应用中对数据进行计算会涉及时间（Time）这个语义。Flink 支持多种时间语义：

- 事件时间（Event Time）
  事件时间是每个事件在其生产设备上产生的时间。一般来说，事件时间在传入Source算子之前就已经存在。
- 处理时间（Processing time）
  处理时间就是Flink算子处理数据的机器时间，它无须提取特定时间属性，因此从计算效率上最高。
- 摄入时间（Ingestion time）
  摄入时间是数据流进入Flink应用程序的时间，介于事件时间和处理时间之间。官方网站给出了Flink关于时间语义的示意图，如图2.19所示。

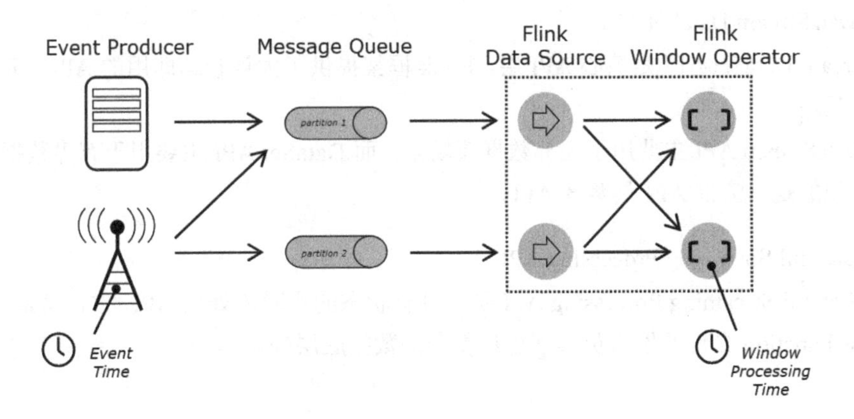

图 2.19　Flink 时间语义示意图（来自官方网站）

2.4.4　API 接口

所谓的 API，即应用程序接口。Flink 为了让开发人员更好地进行分布式流处理，通过对外暴露不同层级的 API 来掩藏内部实现的复杂性。图 2.20 给出了 Flink 分层 API 示意图，自上而下分别提供了 SQL API、Table API、DataStream API/DataSet API 和 Stateful Streaming Processing 四层 API。

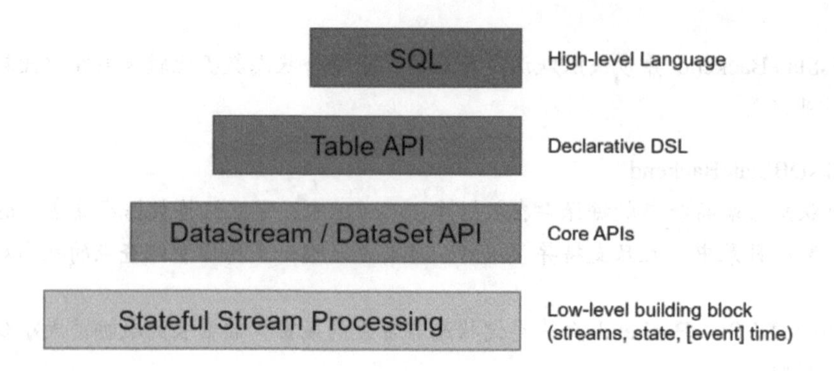

图 2.20 Flink API 分层示意图（来自官方网站）

（1）SQL API

SQL 是一种非常实用的语言，基本语法非常简单，因此不少业务人员也可以直接使用 SQL 进行数据的处理。标准化的 SQL 还具有很强的兼容性。

Flink 社区目前一直在大力发展 Flink SQL API，借助 SQL API 可以用一套 API 实现流批一体化处理，同时由于 SQL 是文本，而无须编译，因此可以通过封装来实现灵活的数据处理，即通过动态传入 SQL 文本就可以处理不同的流批数据处理。

（2）Table API

Table API 是一种以 Table 为中心的声明式编程 API，通过 Table API 可以将数据流或者数据集合转换成一张虚拟的表，并可以指定表结构，如字段名、字段类型等。

Table API 提供多种关系模型中的操作，如 select、where、join 和 group-by 等。一般来说，Table API 可以让程序可读性更强且使用起来更加简洁。

（3）DataStream/DataSet API

DataStream/DataSet API 是核心 API 层，Flink 框架提供了大量开箱即用的 API，可以非常方便地进行数据处理。

其中 DataStream API 主要用于无界数据流场景，而 DataSet API 主要用于有界数据集场景。目前唯一不方便的是，流批 API 是两套 API。

（4）Stateful Streaming Processing API

Flink Stateful Streaming Processing API 是一种有状态的实时流处理 API，它也是最底层的 API。通过 Process Function 允许开发人员实现更加复杂的数据底层处理。

2.5 Flink 组件

Flink 框架是一款真正意义上的流数据分布式处理引擎，它利用流处理技术来处理批处理，即批数据只是流数据的一个特例。Flink 从整个组件体系上来说，包含了流处理的方方面面。下面给出 Flink 组件示意图，如图 2.21 所示。

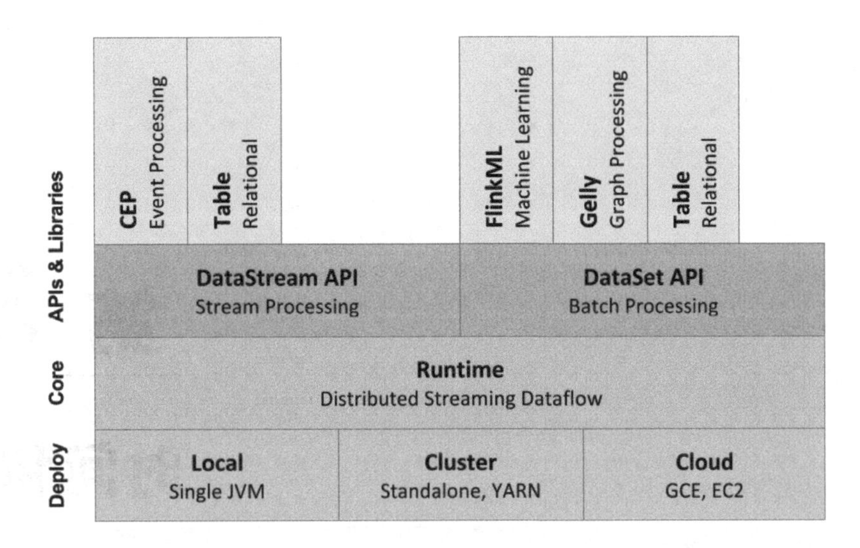

图 2.21　Flink 组件示意图（来自官方网站）

（1）部署模式 Deploy

Flink 提供了专门的部署组件，支持多种部署方式，比如本地模式、集群模式和云模式等。

（2）运行时 Runtime

Flink 的核心组件是运行时组件，它提供统一的分布式流式数据处理引擎，运行时组件对于流数据处理和批数据处理是一致的，都是以流处理方式来处理，这意味着事件数据是一个一个被处理的。

（3）API 和库

Flink API 组件提供了两套 API 来分别处理流数据和批处理。其中 DataStream API 主要处理流数据，DataSet API 专门处理批数据。

Flink 在 DataStream API 和 DataSet API 基础上提供了一些实用的类库，比如基于 DataStream API，提供了复杂事件处理 CEP 库和 Table API 处理关系数据。基于 DataSet API 提供了机器学习 FlinkML 库、图像处理 Gelly 库以及关系处理的 Table API。

Flink 组件架构随着版本的迭代，会发生变化，目前的趋势是统一流批 API、提升 SQL 的性能以及扩展性。

2.6　本章小结

本章重点介绍流处理的相关概念、原理，以及 Flink 架构的相关知识点。这些基本的原理虽然看起来比较抽象，但是非常重要。对原理的准确理解，可以指导我们写出更好的 Flink 应用程序，并可以帮助我们排除一些 Bug。

第 3 章 时间和窗口

窗口是将无界数据集划分为有界数据集的重要手段，且窗口和时间在实战项目中非常有用。本章将主要介绍 Flink 框架中时间和窗口机制是如何实现的，为了更好地理解窗口和时间的内部运行细节，会对相关源码进行解读。

本章主要涉及的知识点有：

- Flink时间概念以及设置：掌握Flink应用程序当中，时间的类型以及如何设置时间特征。
- Timestamp和Watermark：掌握如何提取Timestamp以及生成Watermark。
- 乱序数据如何解决：掌握利用EventTime和Watermark来解决数据乱序到达的计算问题。
- 窗口的内部原理以及基本用法：掌握WindowAssigner、Evictor以及Trigger用法。

3.1 时间

时间的概念相信读者已经知道，但 Flink 中的时间有些特殊，本节将详细介绍。

3.1.1 Flink 中的时间

Flink 框架支持不同的时间语义，如 Processing Time、Event Time 和 Ingestion Time。一般来说，Event Time 和 Processing Time 比较常用一点。下面对这三种时间语义进行详细介绍。

（1）Event Time

Event Time 是事件数据产生的时间，它是一个可以精确到毫秒的时间戳。在大部分情况下，Event Time 包含在事件数据中。在 Event Time 中，时间窗口的计算与事件数据相关，因此在 Flink 程序中必须明确如何抽取这个时间戳。

基于 Event Time，对于同样的输入数据，将产生确定的输出结果，即可回放。但是，Event Time

保证确定计算结果是有一定代价的，它要采取一种延迟计算的机制，才能在一定程度上保持这种确定性。

举个例子，假设现在需要每 10 分钟统计一下销售额，其中一个窗口为上午 10 点 10 分到 10 点 20 分，如果有一个事件时间为上午 10 点 19 分 57 秒产生的消费记录，却由于网络延迟，在上午 10 点 20 分 02 秒才到达算子中，那么这条迟到的数据如何才能划入正确的窗口，并计算出正确的结果呢？

这就需要配合 Watermark（水位线）和延迟机制，如果上述窗口可以延迟 4 秒再进行计算，那么它就会一直等到上午 10 点 20 分 04 秒才会触发计算，此时 10 点 19 分 57 秒产生的消费记录已经到达，可以将其正确统计到对应的窗口中。

如何设置这个延迟时间是有一定艺术性的，如果设置得过大，则延迟长；如果设置得过短，则可能丢失一些迟到的数据。

（2）Processing Time

Processing Time 是指事件被算子处理时所在计算机上的系统时间。它不需要在事件数据中进行人工提取，省略了一些处理逻辑和数据传输，因此具有最好的性能和最低的延迟。但是，基于 Processing Time，却不能保证数据计算的确定性，不支持数据回放。

（3）Ingestion Time

Ingestion Time 是事件进入 Flink 数据源 Source 的时间。它在 Source 算子处只进行一次分配，因此产生的时间戳可以在其他算子中使用。

Flink 不同时间语义的示意图如图 3.1 所示。

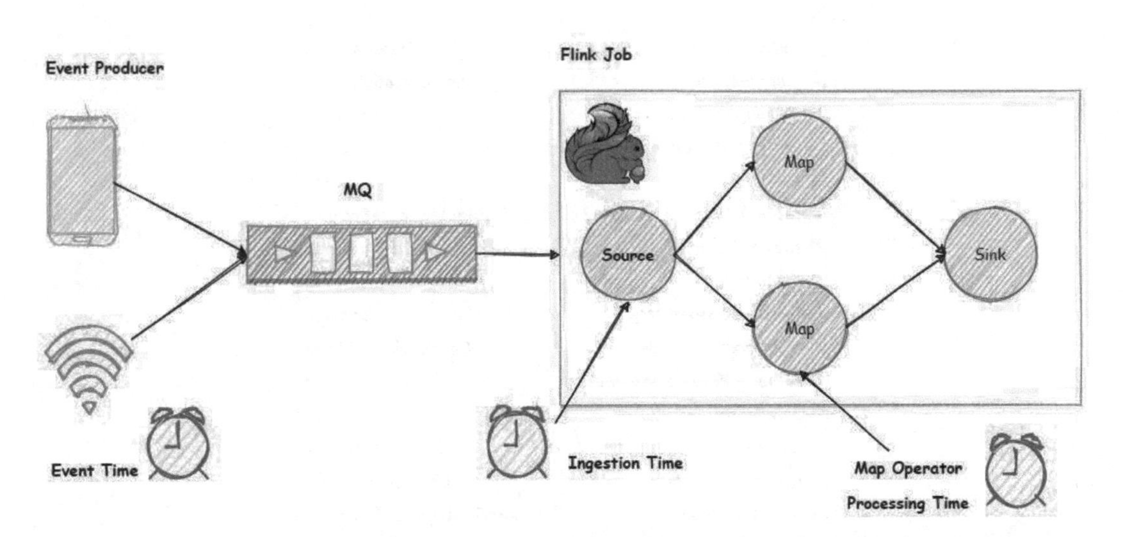

图 3.1　Flink 不同时间语义的示意图

Flink 时间是基于时间纪元的，即 1970 年 1 月 1 日 0 时 0 分 0 秒为开始时间。而国内的时区是东八区，所以在使用时间窗口时，需要设置 8 小时的偏移量。

3.1.2 时间的特性

在现实世界中，时间的一个重要特性是：时间是单调递增的，不会倒流。而在 Flink 应用程序中，不同的时间语义设置，对计算结果会产生不同的影响。那么如何才能让 Flink 知道当前的时间窗口是基于哪个时间语义呢？这就需要对执行环境中的 Time Characteristic 进行设置。

在 Flink 源码中，TimeCharacteristic.java 文件定义了上述三种时间语义。下面给出 TimeCharacteristic 枚举对象的类结构示意图，如图 3.2 所示。

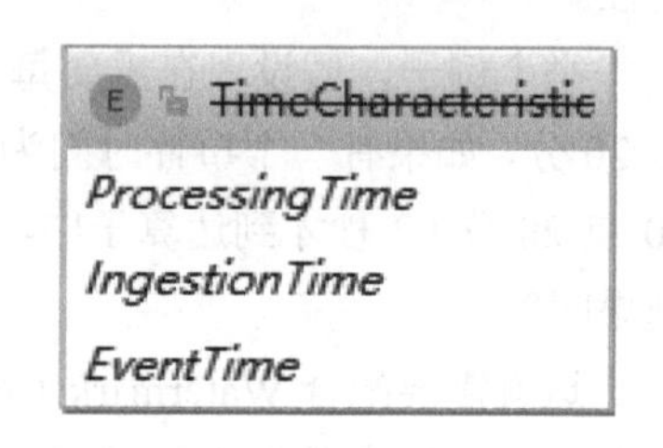

图 3.2 TimeCharacteristic 枚举类图

其中 TimeCharacteristic 是一个枚举类型，它包括 ProcessingTime、IngestionTime 和 EventTime。通过如下 API 可以设置当前 Flink 应用程序的时间语义：

```
final StreamExecutionEnvironment env = StreamExecutionEnvironment.
getExecutionEnvironment();
//设置 EventTime
env.setStreamTimeCharacteristic(TimeCharacteristic.EventTime);
//获取当前 TimeCharacteristic
env.getStreamTimeCharacteristic()
```

其中的 StreamExecutionEnvironment 是一个流处理上下文执行环境，它的属性如图 3.3 所示。

图 3.3 StreamExecutionEnvironment 类属性图

其中，通过 getExecutionEnvironment 方法获取到实例对象，该方法内部会根据当前的环境，来自动选择是返回 LocalStreamEnvironment 还是 RemoteStreamEnvironment。Flink 通过统一的 API 既可以在本地执行作业，也可以提交作业到远程服务器上执行。

在 Flink1.12 版本中，已将默认的时间特征修改为 EventTime，且 TimeCharacteristic 当前是一个废弃的 API。

3.2 Timestamp 和 Watermark

当设置时间特征为 EventTime 时间语义时，需要指定时间戳 Timestamp 提取规则以及 Watermark 生成策略，否则不能正确进行窗口计算。

在 Flink 应用程序中，Timestamp 是一个 Long 类型的值，而基于 Timestamp 可根据水位线生成策略来生成 Watermark。Watermark 本质上也是一个时间戳，当 Flink 算子收到一个时间为 T 的 Watermark 时，就会认为早于时间 T 的事件数据都已经到达。

目前 Watermark 一般翻译为水位线，可以理解为泄洪闸的警戒线，当水库的水位到达警戒水位线时，就需要触发开闸泄洪的操作，而当前的水位就是最大的 Timestamp。因此，一般 Watermark 都是和最大的 Timestamp 进行对比的。

在 Flink 框架中，数据流中的元素被抽象为 StreamElement 类，其中有 4 个子类，具体类层级图如图 3.4 所示。

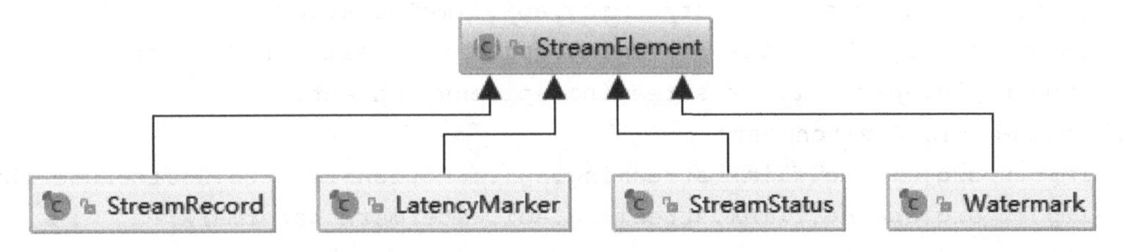

图 3.4 StreamElement 类层级图

从图 3.4 可知，流元素中有代表事件记录的 StreamRecord，有代表水位线的 Watermark，有代表流状态的 StreamStatus 和用于衡量性能指标的 LatencyMarker。在数据流图中，其中的 StreamRecord 和 Watermark 都可以在不同的算子间进行传播。

目前 Flink 生成 Watermark 的方法主要有 3 种，下一小节将详细介绍。

3.2.1 在 SourceFunction 中生成

一般来说，事件数据首先进入 Source 算子中，在流执行环境 StreamExecutionEnvironment 实例上，可以通过 addSource 方法来自定义 SourceFunction，并可指定 Timestamp 和 Watermark 的生成规则。

其中，addSource 方法接收一个 SourceFunction<OUT>参数，其中泛型 OUT 表示返回的元素类型，并返回一个 DataStreamSource<OUT>类型的对象。

SourceFunction 中定义了一个 void run(SourceContext<T> ctx) 方法来启动数据源，而 SourceContext 对象中定义了数据源发送事件数据并生成 Timestamp 的方法：

- void collectWithTimestamp(T element, long timestamp)
  第一个参数element代表需要发送的元素，第二个参数timestamp代表这个元素对应的时间戳。这个方法只有在设置TimeCharacteristic为EventTime时才有效。当设置为ProcessingTime时，设置的Timestamp直接忽略。

另外，SourceContext 中还定义了一个直接生成 Watermark 的方法：

- void emitWatermark(Watermark mark)
  该方法接受一个Watermark类型的参数mark，当发送一个时间戳为T的mark时，表示该数据流上不会再有timestamp小于等于T这个时间的任何事件记录。一般来说，这个mark值T是基于最大的timestamp来生成的，比如以最大timestamp减去1。

单从文字上进行描述，还是显得非常抽象。到目前为止，虽然并未对 Flink 编程 API 进行详细的说明，但是为了让读者更好的理解时间和窗口的概念和原理，下面会给出相关示例。这里不要求一次就完全掌握。

下面给出在 SourceFunction 中生成 Timestamp 和 Watermark 示例，如代码 3-1 所示。

【代码 3-1】 SourceFunction 生成 Timestamp 和 Watermark　文件：ch03/Demo01.java

```
01    package com.example.ch03;
02    import org.apache.flink.api.java.tuple.Tuple3;
03    import org.apache.flink.streaming.api.TimeCharacteristic;
04    import org.apache.flink.streaming.api.datastream.DataStream;
05    import org.apache.flink.streaming.api.environment.
  StreamExecutionEnvironment;
06    import org.apache.flink.streaming.api.functions.source.SourceFunction;
07    import org.apache.flink.streaming.api.watermark.Watermark;
08    import java.util.Arrays;
09    //在 SourceFunction 函数中
10    //指定 Timestamp 和生成 Watermark 示例
11    public class Demo01 {
12        public static void main(String[] args) throws  Exception{
13            //创建流处理环境
14            StreamExecutionEnvironment env = StreamExecutionEnvironment
15                    .getExecutionEnvironment();
16            //设置事件时间 EventTime 语义
17            env.setStreamTimeCharacteristic(TimeCharacteristic.EventTime);
18            //并行度为 1
19            env.setParallelism(1);
20            //演示数据
21            Tuple3[] input = {
22                    Tuple3.of("user1", 1000L, 1),
```

```
23                Tuple3.of("user1", 1999L, 2),
24                Tuple3.of("user1", 2000L, 3),
25                Tuple3.of("user1", 2100L, 4),
26                Tuple3.of("user1", 2130L, 5)
27           };
28           //通过示例数据生成 DataStream
29           DataStream<Tuple3<String, Long, Integer>> source = env.addSource(
30                //SourceFunction 中进行时间戳分配和水位线生成
31                new SourceFunction<Tuple3<String, Long, Integer>>() {
32                   @Override
33                   public void run(SourceContext<Tuple3<String, Long,
  Integer>> ctx)
34                       throws Exception {
35                     Arrays.asList(input).forEach(tp3 -> {
36                        //指定时间戳
37                        System.out.println("collectWithTimestamp:"+ (long)
  tp3.f1);
38                        ctx.collectWithTimestamp(tp3, (long) tp3.f1);
39                        //发送水位线
40                        System.out.println("emitWatermark:"+ ((long)
  tp3.f1 - 1));
41                        ctx.emitWatermark(new Watermark((long) tp3.f1 -
  1));
42                        System.out.println("****************************
  **********");
43                     });
44                     //代表结束标志
45                     ctx.emitWatermark(new Watermark(Long.MAX_VALUE));
46                   }
47                   @Override
48                   public void cancel() {
49                   }
50                });
51           //结果打印
52           source.print();
53           //执行程序
54           env.execute();
55       }
56   }
```

代码 3-1 中，21 行 input 对象代表一个数据集，29 行通过 addSource 可以添加自定义的 SourceFunction，在内部的 run 方法中，通过遍历 input 数据集，对于每个数据元素，调用 ctx.collectWithTimestamp(tp3, (long)tp3.f1)来分配时间戳，其中参数 tp3 代表需要发送的数据，而 tp3.f1 代表获取数据源中的时间戳字段，并将其类型转换成 Long 类型。

41 行，对于每个数据元素，再调用 ctx.emitWatermark(new Watermark((long)tp3.f1 - 1))来生成 Watermark，其规则为当前元素的时间戳减去 1，代表 1 毫秒的延迟。

45 行，ctx.emitWatermark(new Watermark(Long.MAX_VALUE)) 生成了一个值为 Long.MAX_VALUE的Watermark，代表当前数据已经发送完毕。如果将Long.MAX_VALUE这个内置的常量打印出来的话，则为9223372036854775807。

运行该示例，则生成如下结果：

```
collectWithTimestamp:1000
(user1,1000,1)
emitWatermark:999
************************************
collectWithTimestamp:1999
(user1,1999,2)
emitWatermark:1998
************************************
collectWithTimestamp:2000
(user1,2000,3)
emitWatermark:1999
************************************
collectWithTimestamp:2100
(user1,2100,4)
emitWatermark:2099
************************************
collectWithTimestamp:2130
(user1,2130,5)
emitWatermark:2129
************************************
```

从上述结果中可以看出，每次接收到一个事件数据，都会调用生成 Timestamp 和 Watermark，其中生成的 Watermark 值为当前事件的 Timestamp 减去 1。

当指定时间语义为 EventTime 时，必须为流数据处理程序定义 Timestamp 和 Watermark 生成策略。

3.2.2 在 assignTimestampsAndWatermarks 中生成

除了在 SourceFunction 中生成 Timestamp 和 Watermark 外，还可以在 DataStreamSource 对象上调用 assignTimestampsAndWatermarks 方法，以自定义 Timestamp 提取规则和 Watermark 生成规则。

在 Flink 1.11 版本之前，Flink 内置的 Timestamp 分配器主要有：

（1）第一种基于 AssignerWithPeriodicWatermarks 接口，它扩展自 TimestampAssigner 类，其中有自定义 Watermark 生成规则的 getCurrentWatermark 方法和自定义 Timestamp 抽取的 extractTimestamp 方法。

该接口在 Flink 框架内部会周期性（如每隔 200 毫秒调用一次）进行调用，先调用 extractTimestamp 方法抽取当前事件的时间戳，再调用 getCurrentWatermark 方法来生成 Watermark。

下面给出 AssignerWithPeriodicWatermarks 示例，如代码 3-2 所示。

【代码 3-2】　周期性生成 Timestamp 和 Watermark　文件：ch03/Demo02.scala

```
01    package com.example.ch03;
02    import org.apache.flink.streaming.api.TimeCharacteristic;
03    import org.apache.flink.streaming.api.datastream.DataStreamSource;
04    import org.apache.flink.streaming.api.datastream.
  SingleOutputStreamOperator;
05    import org.apache.flink.streaming.api.environment.
  StreamExecutionEnvironment;
06    import org.apache.flink.streaming.api.functions.
  AssignerWithPeriodicWatermarks;
07    import org.apache.flink.streaming.api.watermark.Watermark;
08    import javax.annotation.Nullable;
09    //在 assignTimestampsAndWatermarks 中
10    //抽取 Timestamp 和生成周期性水位线示例
11    public class Demo02 {
12        public static void main(String[] args) throws  Exception{
13            //创建流处理环境
14            StreamExecutionEnvironment env = StreamExecutionEnvironment
15                    .getExecutionEnvironment();
16            //设置 EventTime 语义
17            env.setStreamTimeCharacteristic(TimeCharacteristic.EventTime);
18            //设置周期生成 Watermark 间隔(10 毫秒)
19            env.getConfig().setAutoWatermarkInterval(10L);
20            //并行度 1
21            env.setParallelism(1);
22            //演示数据
23            DataStreamSource<ClickEvent> mySource = env.fromElements(
24                    new ClickEvent("user1", 1L, 1),
25                    new ClickEvent("user1", 2L, 2),
26                    new ClickEvent("user1", 4L, 3),
27                    new ClickEvent("user1", 3L, 4),
28                    new ClickEvent("user1", 5L, 5),
29                    new ClickEvent("user1", 6L, 6),
30                    new ClickEvent("user1", 7L, 7),
31                    new ClickEvent("user1", 8L, 8)
32            );
33            //AssignerWithPeriodicWatermarks 周期性生成水位线
34            SingleOutputStreamOperator<ClickEvent> streamTS = mySource
35                    .assignTimestampsAndWatermarks(new
```

```
36                        AssignerWithPeriodicWatermarks<ClickEvent>(){
37                    private long maxTimestamp = 0L;
38                    //延迟
39                    private long delay = 0L;
40                    @Override
41                    public long extractTimestamp(ClickEvent event, long l) {
42                        try {
43                            //放慢处理速度，否则可能只会生成一条水位线
44                            Thread.sleep(100L);
45                        }
46                        catch (Exception ex){
47                        }
48                    maxTimestamp = Math.max(event.getDateTime(),
  maxTimestamp);
49                        //提取时间戳
50                        return event.getDateTime();
51                    }
52                    @Nullable
53                    @Override
54                    public Watermark getCurrentWatermark() {
55                        //周期性生成 watermark:10ms
56                        System.out.println("onPeriodicEmit:"+
57                            System.currentTimeMillis()+"->"+(maxTimestamp -
  delay));
58                        //生成水位线
59                        return new Watermark(maxTimestamp - delay);
60                    }
61                });
62            //结果打印
63            streamTS.print();
64            //执行程序
65            env.execute();
66        }
67    }
```

代码 3-2 中，19 行 env.getConfig().setAutoWatermarkInterval(10L)设置了周期性生成 Watermark 的时间间隔为 10 毫秒。23 行 DataStreamSource<ClickEvent>给定了一个 ClickEvent 类型的数据流，其中的 ClickEvent 是一个 POJO 类，它需要实现可序列化接口 Serializable。下面给出 ClickEvent 示例，如代码 3-3 所示。

【代码 3-3】 ClickEvent 文件：ch03/ClickEvent.java

```
01  package com.example.ch03;
02  import java.io.Serializable;
03  //必须是可序列化的 implements Serializable
04  public class ClickEvent implements Serializable {
05      private String Key = "";
06      //时间戳 Timestamp
07      private Long DateTime = 0L;
08      private int Value = 0;
09      public ClickEvent(String key, Long dateTime, int value) {
10          Key = key;
11          DateTime = dateTime;
12          Value = value;
13      }
14      public ClickEvent() {
15      }
16      public String getKey() {
17          return Key;
18      }
19      public void setKey(String key) {
20          Key = key;
21      }
22      public Long getDateTime() {
23          return DateTime;
24      }
25      public void setDateTime(Long dateTime) {
26          DateTime = dateTime;
27      }
28      public int getValue() {
29          return Value;
30      }
31      public void setValue(int value) {
32          Value = value;
33      }
34      @Override
35      public String toString() {
36          return "ClickEvent{" +
37                  "Key='" + Key + '\'' +
38                  ", DateTime=" + DateTime +
39                  ", Value=" + Value +
40                  '}';
41      }
42  }
```

代码 3-3 中，ClickEvent 包含 3 个字段，分别是代表键值的 Key，代表时间戳的 DateTime，代表事件值的 Value。

再回到代码 3-2 中：

41 行 extractTimestamp(ClickEvent event, long l)方法中可以自定义 Timestamp 提取规则。在此方法中，比较当前事件时间和最大时间戳 maxTimestamp 的关系，并一直更新最大时间戳，它是后续生成 Watermark 的基础。

44 行 Thread.sleep(100L)为了延长程序执行时间，防止程序执行过快，导致来不及生成水位线 Watermark。假如在 10 毫秒这个周期内示例数据全部执行完成，那么可能只会生成 2 条 Watermark。

50 行 return event.getDateTime()即返回事件时间。

54 行 getCurrentWatermark()会在调用 extractTimestamp 后执行，并生成 Watermark。这个 Watermark 值等于当前最大时间戳 maxTimestamp 减去延迟 delay。之所以要维护最大时间戳，是防止乱序数据导致的数据丢失。这个后面会详细介绍，这里不再展开。

执行代码 3-2，则输出如下结果：

```
onPeriodicEmit:1611143450192->0
ClickEvent{Key='user1', DateTime=1, Value=1}
onPeriodicEmit:1611143450308->1
ClickEvent{Key='user1', DateTime=2, Value=2}
onPeriodicEmit:1611143450408->2
ClickEvent{Key='user1', DateTime=4, Value=3}
onPeriodicEmit:1611143450528->4
ClickEvent{Key='user1', DateTime=3, Value=4}
onPeriodicEmit:1611143450647->4
ClickEvent{Key='user1', DateTime=5, Value=5}
onPeriodicEmit:1611143450748->5
ClickEvent{Key='user1', DateTime=6, Value=6}
onPeriodicEmit:1611143450848->6
ClickEvent{Key='user1', DateTime=7, Value=7}
onPeriodicEmit:1611143450968->7
ClickEvent{Key='user1', DateTime=8, Value=8}
onPeriodicEmit:1611143451068->8
onPeriodicEmit:1611143451068->8
```

通过 System.currentTimeMillis()获取的系统时间戳，每次执行都是不一致的。这个后续不再说明。当我们注释掉 44 行 Thread.sleep(100L)时，则可能输出如下结果：

```
onPeriodicEmit:1611144307578->0
ClickEvent{Key='user1', DateTime=1, Value=1}
ClickEvent{Key='user1', DateTime=2, Value=2}
ClickEvent{Key='user1', DateTime=4, Value=3}
ClickEvent{Key='user1', DateTime=3, Value=4}
ClickEvent{Key='user1', DateTime=5, Value=5}
ClickEvent{Key='user1', DateTime=6, Value=6}
```

```
ClickEvent{Key='user1', DateTime=7, Value=7}
ClickEvent{Key='user1', DateTime=8, Value=8}
onPeriodicEmit:1611144307583->8
```

（2）第二种是基于 AssignerWithPunctuatedWatermarks 接口，它提供一种非周期性生成 Watermark 的方法。它可以根据事件数据上的特殊条件来触发 Watermark 生成。比如当接收到的事件数据中数值为 3 的整数倍时，才调用 checkAndGetNextWatermark 方法来生成 Watermark。

下面给出非周期性生成 Timestamp 和 Watermark 示例，如代码 3-4 所示。

【代码 3-4】　非周期性生成 Timestamp 和 Watermark　文件：ch03/Demo03.java

```
01    package com.example.ch03;
02    import org.apache.flink.streaming.api.TimeCharacteristic;
03    import org.apache.flink.streaming.api.datastream.DataStreamSource;
04    import org.apache.flink.streaming.api.datastream.SingleOutputStreamOperator;
05    import org.apache.flink.streaming.api.environment.StreamExecutionEnvironment;
06    import org.apache.flink.streaming.api.functions.
  AssignerWithPunctuatedWatermarks;
07    import org.apache.flink.streaming.api.watermark.Watermark;
08    import javax.annotation.Nullable;
09    //在 assignTimestampsAndWatermarks 中
10    //抽取 Timestamp 和生成非周期性水位线示例
11    public class Demo03 {
12        public static void main(String[] args) throws  Exception{
13            //创建流处理环境
14            StreamExecutionEnvironment env = StreamExecutionEnvironment
15                    .getExecutionEnvironment();
16            //设置 EventTime 语义
17            env.setStreamTimeCharacteristic(TimeCharacteristic.EventTime);
18            //设置周期生成 Watermark 间隔(10 毫秒)
19            env.getConfig().setAutoWatermarkInterval(10L);
20            //并行度 1
21            env.setParallelism(1);
22            //演示数据
23            DataStreamSource<ClickEvent> mySource = env.fromElements(
24                    new ClickEvent("user1", 1L, 1),
25                    new ClickEvent("user1", 2L, 2),
26                    new ClickEvent("user1", 4L, 3),
27                    new ClickEvent("user1", 3L, 4),
28                    new ClickEvent("user1", 5L, 5),
29                    new ClickEvent("user1", 6L, 6),
30                    new ClickEvent("user1", 7L, 7),
31                    new ClickEvent("user1", 8L, 8)
32            );
33            //AssignerWithPunctuatedWatermarks 可定制规则来生成水位线
```

```
34          SingleOutputStreamOperator<ClickEvent> streamTS = mySource
35                  .assignTimestampsAndWatermarks(new
36                      AssignerWithPunctuatedWatermarks<ClickEvent>() {
37                      private long maxTimestamp = 0L;
38                      //延迟
39                      private long delay = 0L;
40                      @Override
41                      public long extractTimestamp(ClickEvent event, long l) {
42                          try {
43                              //放慢处理速度，否则可能只会生成一条水位线
44                              Thread.sleep(100L);
45                          } catch (Exception ex) {
46                          }
47                      maxTimestamp = Math.max(event.getDateTime(),
  maxTimestamp);
48                          //提取时间戳
49                          return event.getDateTime();
50                      }
51                      @Nullable
52                      @Override
53                      public Watermark checkAndGetNextWatermark(ClickEvent
  event,
54                                                  long extractedTimestamp) {
55                          //Value为3的倍数时，生成watermark
56                          if (event.getValue() % 3 == 0) {
57                              System.out.println("PunctuatedWatermark:" +
58                            System.currentTimeMillis() + "->" + (maxTimestamp -
  delay));
59                              return new Watermark(maxTimestamp - delay);
60                          } else {
61                              //其他情况不返回水位线
62                              return null;
63                          }
64                      }
65                  });
66          //结果打印
67          streamTS.print();
68          //执行程序
69          env.execute();
70      }
71  }
```

在代码 3-4 中，AssignerWithPunctuatedWatermarks 需要重写两个方法，其中第一个 extractTimestamp 方法可从事件数据中抽取 Timestamp，即 event.getDateTime()。第二个

checkAndGetNextWatermark 方法，可以针对当前的事件数据来决定如何生成 Watermark。

56 行当 event.getValue() % 3 == 0 时，则生成 Watermark。否则返回 null，代表不生成 Watermark。

（3）第三种是基于 AscendingTimestampExtractor 抽象类，它也是一种周期性生成 Watermark 的策略，它实现了 AssignerWithPeriodicWatermarks 接口。该抽象类中定义了一个抽象方法 extractAscendingTimestamp(T element)，用来从事件数据中提取单调递增的时间戳。

其中 AscendingTimestampExtractor 抽象类的核心代码片段如图 3.5 所示。

```
/**
 * Extracts the timestamp from the given element. The timestamp must be monotonically increasing.
 *
 * @param element The element that the timestamp is extracted from.
 * @return The new timestamp.
 */
public abstract long extractAscendingTimestamp(T element);

/**
 * Sets the handler for violations to the ascending timestamp order.
 *
 * @param handler The violation handler to use.
 * @return This extractor.
 */
public AscendingTimestampExtractor<T> withViolationHandler(MonotonyViolationHandler handler) {
    this.violationHandler = requireNonNull(handler);
    return this;
}

// ------------------------------------------------------------------------

@Override
public final long extractTimestamp(T element, long elementPrevTimestamp) {
    final long newTimestamp = extractAscendingTimestamp(element);
    if (newTimestamp >= this.currentTimestamp) {
        this.currentTimestamp = newTimestamp;
        return newTimestamp;
    } else {
        violationHandler.handleViolation(newTimestamp, this.currentTimestamp);
        return newTimestamp;
    }
}

@Override
public final Watermark getCurrentWatermark() {
    return new Watermark(currentTimestamp == Long.MIN_VALUE ? Long.MIN_VALUE : currentTimestamp - 1);
}
```

图 3.5　AscendingTimestampExtractor 类核心代码

从图 3.5 可知，AscendingTimestampExtractor 内部已经实现了 extractTimestamp 方法和 getCurrentWatermark 方法，开发人员只需要指定如何从事件中获取时间戳即可。其中的水位线值就是用事件数据中最大的时间戳减去 1。

下面给出 AscendingTimestampExtractor 抽取 Timestamp 和生成周期性水位线示例，如代码 3-5 所示。

【代码 3-5】　AscendingTimestampExtractor　文件：ch03/Demo04.java

```
01    package com.example.ch03;
02    import org.apache.flink.streaming.api.TimeCharacteristic;
03    import org.apache.flink.streaming.api.datastream.DataStreamSource;
```

```
04    import org.apache.flink.streaming.api.datastream.
  SingleOutputStreamOperator;
05    import org.apache.flink.streaming.api.environment.
  StreamExecutionEnvironment;
06    import org.apache.flink.streaming.api.functions.
  AscendingTimestampExtractor;
07    //在 assignTimestampsAndWatermarks 中
08    //通过 AscendingTimestampExtractor 抽取 Timestamp 和生成周期性水位线示例
09    public class Demo04 {
10        public static void main(String[] args) throws  Exception{
11            //创建流处理环境
12            StreamExecutionEnvironment env = StreamExecutionEnvironment
13                    .getExecutionEnvironment();
14            //设置 EventTime 语义
15            env.setStreamTimeCharacteristic(TimeCharacteristic.EventTime);
16            //设置周期生成 Watermark 间隔(10 毫秒)
17            env.getConfig().setAutoWatermarkInterval(10L);
18            //并行度 1
19            env.setParallelism(1);
20            //演示数据
21            DataStreamSource<ClickEvent> mySource = env.fromElements(
22                    new ClickEvent("user1", 1L, 1),
23                    new ClickEvent("user1", 2L, 2),
24                    new ClickEvent("user1", 4L, 3),
25                    new ClickEvent("user1", 3L, 4),
26                    new ClickEvent("user1", 5L, 5),
27                    new ClickEvent("user1", 6L, 6),
28                    new ClickEvent("user1", 7L, 7),
29                    new ClickEvent("user1", 8L, 8)
30            );
31            //AscendingTimestampExtractor<T> 实现
32            //AssignerWithPeriodicWatermarks<T>周期性生成水位线
33            SingleOutputStreamOperator<ClickEvent> streamTS = mySource
34                    .assignTimestampsAndWatermarks(new
35                        AscendingTimestampExtractor<ClickEvent>() {
36                        @Override
37                        public long extractAscendingTimestamp(ClickEvent event) {
38                            try {
39                                //放慢处理速度，否则可能只会生成一条水位线
40                                Thread.sleep(100L);
41                            } catch (Exception ex) {
42                            }
43                            System.out.println("getDateTime:" +
```

```
44                          System.currentTimeMillis() + "->" +
  event.getDateTime());
45                          //提取时间戳
46                          return event.getDateTime();
47                      }
48                  });
49          //结果打印
50          streamTS.print();
51          //执行程序
52          env.execute();
53      }
54  }
```

在代码 3-5 中，37 行重写 extractAscendingTimestamp(ClickEvent event)方法，该方法的核心就是从输入参数 event 中获取到时间戳信息，46 行 return event.getDateTime()即从事件元素中获取到时间戳。

运行代码 3-5，输出结果如下：

```
getDateTime:1611146500526->1
ClickEvent{Key='user1', DateTime=1, Value=1}
getDateTime:1611146500627->2
ClickEvent{Key='user1', DateTime=2, Value=2}
getDateTime:1611146500728->4
ClickEvent{Key='user1', DateTime=4, Value=3}
getDateTime:1611146500833->3
ClickEvent{Key='user1', DateTime=3, Value=4}
getDateTime:1611146500933->5
ClickEvent{Key='user1', DateTime=5, Value=5}
getDateTime:1611146501035->6
ClickEvent{Key='user1', DateTime=6, Value=6}
getDateTime:1611146501140->7
ClickEvent{Key='user1', DateTime=7, Value=7}
getDateTime:1611146501241->8
ClickEvent{Key='user1', DateTime=8, Value=8}
```

（4）第四种是基于 BoundedOutOfOrdernessTimestampExtractor 抽象类，它也是一种周期性生成 Watermark 的方法，且实现了 AssignerWithPeriodicWatermarks 接口。其中该抽象类的核心代码片段如图 3.6 所示。

从图 3.6 可知，该类中的 abstract long extractTimestamp(T element)声明了一个抽象的方法，让开发人员自行指定如何从元素 element 中提取时间戳。且内部的 final long extractTimestamp(T element, long previousElementTimestamp) 方法中首先调用抽象方法 extractTimestamp(T element)的实现方法，然后判断与当前最大的时间戳的大小，从而保证内部的时间戳 currentMaxTimestamp 是递增的。

```
/**
 * Extracts the timestamp from the given element.
 *
 * @param element The element that the timestamp is extracted from.
 * @return The new timestamp.
 */
public abstract long extractTimestamp(T element);

@Override
public final Watermark getCurrentWatermark() {
    // this guarantees that the watermark never goes backwards.
    long potentialWM = currentMaxTimestamp - maxOutOfOrderness;
    if (potentialWM >= lastEmittedWatermark) {
        lastEmittedWatermark = potentialWM;
    }
    return new Watermark(lastEmittedWatermark);
}

@Override
public final long extractTimestamp(T element, long previousElementTimestamp) {
    long timestamp = extractTimestamp(element);
    if (timestamp > currentMaxTimestamp) {
        currentMaxTimestamp = timestamp;
    }
    return timestamp;
}
```

图 3.6 BoundedOutOfOrdernessTimestampExtractor 类核心代码

在初始化 BoundedOutOfOrdernessTimestampExtractor 对象时，需要由外部传入一个最大延迟长度的参数 maxOutOfOrderness，它是一个 Time 类型。在内部会通过 maxOutOfOrderness.toMilliseconds() 转换成 Long 类型的 maxOutOfOrderness 来参与 Watermark 的生成。

对于 final Watermark getCurrentWatermark() 方法内部，则用当前的最大时间戳 currentMaxTimestamp 减去一个 maxOutOfOrderness 来生成 Watermark。

下面给出 BoundedOutOfOrdernessTimestampExtractor 抽取 Timestamp 和生成周期性水位线示例，如代码 3-6 所示。

【代码 3-6】 BoundedOutOfOrdernessTimestampExtractor 文件：ch03/Demo05.java

```
01    package com.example.ch03;
02    import org.apache.flink.streaming.api.TimeCharacteristic;
03    import org.apache.flink.streaming.api.datastream.DataStreamSource;
04    import org.apache.flink.streaming.api.datastream.
  SingleOutputStreamOperator;
05    import org.apache.flink.streaming.api.environment.
  StreamExecutionEnvironment;
06    //BoundedOutOfOrdernessTimestampExtractor
07    import org.apache.flink.streaming.api.functions.timestamps.*;
08    import org.apache.flink.streaming.api.windowing.time.Time;
09    //在 assignTimestampsAndWatermarks 中 BoundedOutOfOrdernessTimestampExtractor
10    //抽取 Timestamp 和生成周期性水位线示例
11    public class Demo05 {
12        public static void main(String[] args) throws  Exception{
```

```
13          //创建流处理环境
14          StreamExecutionEnvironment env = StreamExecutionEnvironment
15                  .getExecutionEnvironment();
16          //设置 EventTime 语义
17          env.setStreamTimeCharacteristic(TimeCharacteristic.EventTime);
18          //设置周期生成 Watermark 间隔(10 毫秒)
19          env.getConfig().setAutoWatermarkInterval(10L);
20          //并行度 1
21          env.setParallelism(1);
22          //演示数据
23          DataStreamSource<ClickEvent> mySource = env.fromElements(
24                  new ClickEvent("user1", 1L, 1),
25                  new ClickEvent("user1", 2L, 2),
26                  new ClickEvent("user1", 4L, 3),
27                  new ClickEvent("user1", 3L, 4),
28                  new ClickEvent("user1", 5L, 5),
29                  new ClickEvent("user1", 6L, 6),
30                  new ClickEvent("user1", 7L, 7),
31                  new ClickEvent("user1", 8L, 8)
32          );
33          //BoundedOutOfOrdernessTimestampExtractor<T> 实现
34          //AssignerWithPeriodicWatermarks<T>周期性生成水位线
35          //maxOutOfOrderness 最大延迟长度，如 3 秒，可更好的处理延迟数据
36         //水位线为:currentMaxTimestamp - maxOutOfOrderness
37          SingleOutputStreamOperator<ClickEvent> streamTS = mySource
38                  .assignTimestampsAndWatermarks(new
39      BoundedOutOfOrdernessTimestampExtractor<ClickEvent>
  (Time.milliseconds(2L)) {
40                      @Override
41                      public long extractTimestamp(ClickEvent event) {
42                          try {
43                              //放慢处理速度，否则可能只会生成一条水位线
44                              Thread.sleep(100L);
45                          } catch (Exception ex) {
46                          }
47                          System.out.println("getDateTime:" +
48                              System.currentTimeMillis() + "->" + event.
  getDateTime());
49                          //提取时间戳
50                          return event.getDateTime();
51                      }
52                  });
53          //结果打印
```

```
54          streamTS.print();
55          //执行程序
56          env.execute();
57      }
58  }
```

在代码 3-6 中，39 行将 Time.milliseconds(2L) 作为最大延迟长度传递给 BoundedOutOfOrdernessTimestampExtractor 实例中，即延迟为 2 毫秒。41 行重写 extractTimestamp (ClickEvent event)方法，内部根据输入参数 event 来获取时间戳。

运行代码 3-6，输出结果如下：

```
getDateTime:1611147619981->1
ClickEvent{Key='user1', DateTime=1, Value=1}
getDateTime:1611147620083->2
ClickEvent{Key='user1', DateTime=2, Value=2}
getDateTime:1611147620183->4
ClickEvent{Key='user1', DateTime=4, Value=3}
getDateTime:1611147620284->3
ClickEvent{Key='user1', DateTime=3, Value=4}
getDateTime:1611147620391->5
ClickEvent{Key='user1', DateTime=5, Value=5}
getDateTime:1611147620494->6
ClickEvent{Key='user1', DateTime=6, Value=6}
getDateTime:1611147620598->7
ClickEvent{Key='user1', DateTime=7, Value=7}
getDateTime:1611147620699->8
ClickEvent{Key='user1', DateTime=8, Value=8}
```

在 Flink 1.11 版本之后，建议使用 WatermarkStrategy 来生成 Watermark。所谓的 WatermarkStrategy，即 Watermark 生成策略。当我们创建了一个 DataStream 对象后，就可以使用如下方法指定策略：

```
assignTimestampsAndWatermarks(WatermarkStrategy<T>)
```

一般来说，我们只需要实现 WatermarkGenerator<T>接口即可，该接口的定义如图 3.7 所示。

从图 3.7 中 WatermarkGenerator<T>接口定义中可以看出，有 2 个方法，其中的 onEvent 方法在接收到每一个事件数据时，就会触发调用。其中第一个参数 event 为接收到的事件数据，第二个参数 eventTimestamp 表示事件时间戳，第三个参数 output 可以用 output.emitWatermark 方法生成一个 Watermark。

而 onPeriodicEmit 方法则会周期性触发，比如每 3 秒调用一次，这样可能比每个元素生成 Watermark 效率要高一些。它接收一个 WatermarkOutput 类型的参数 output，内部可以用 output.emitWatermark 方法生成一个 Watermark。

```
/**
 * The {@code WatermarkGenerator} generates watermarks either based on events or
 * periodically (in a fixed interval).
 *
 * <p><b>Note:</b> This WatermarkGenerator subsumes the previous distinction between the
 * {@code AssignerWithPunctuatedWatermarks} and the {@code AssignerWithPeriodicWatermarks}
 */
@Public
public interface WatermarkGenerator<T> {

    /**
     * Called for every event, allows the watermark generator to examine and remember the
     * event timestamps, or to emit a watermark based on the event itself.
     */
    void onEvent(T event, long eventTimestamp, WatermarkOutput output);

    /**
     * Called periodically, and might emit a new watermark, or not.
     *
     * <p>The interval in which this method is called and Watermarks are generated
     * depends on {@link ExecutionConfig#getAutoWatermarkInterval()}.
     */
    void onPeriodicEmit(WatermarkOutput output);
}
```

图 3.7 WatermarkGenerator 接口核心代码

Flink 已经内置了几种 Watermark 生成策略：

（1）固定乱序长度策略

该策略通过调用 WatermarkStrategy 对象上的 forBoundedOutOfOrderness 方法来实现，它接收一个 Duration 类型的参数作为最大乱序（out of order）长度，如 Duration.ofMillis(5)表示 5 毫秒。当然，这里还可以指定秒、分钟和小时等时间间隔。

下面给出 forBoundedOutOfOrderness 抽取 Timestamp 和生成周期性水位线示例，如代码 3-7 所示。

【代码 3-7】 forBoundedOutOfOrderness 文件：ch03/Demo06.java

```
01    package com.example.ch03;
02    import org.apache.flink.api.common.eventtime.
  SerializableTimestampAssigner;
03    import org.apache.flink.api.common.eventtime.WatermarkStrategy;
04    import org.apache.flink.streaming.api.TimeCharacteristic;
05    import org.apache.flink.streaming.api.datastream.DataStreamSource;
06    import org.apache.flink.streaming.api.datastream.
  SingleOutputStreamOperator;
07    import org.apache.flink.streaming.api.environment.
  StreamExecutionEnvironment;
08    import java.time.Duration;
09    //在 assignTimestampsAndWatermarks 中用 WatermarkStrategy
10    //forBoundedOutOfOrderness 方法抽取 Timestamp 和生成周期性水位线示例
11    public class Demo06 {
```

```
12      public static void main(String[] args) throws  Exception{
13          //创建流处理环境
14          StreamExecutionEnvironment env = StreamExecutionEnvironment
15                  .getExecutionEnvironment();
16          //设置 EventTime 语义
17          env.setStreamTimeCharacteristic(TimeCharacteristic.EventTime);
18          //设置周期生成 Watermark 间隔(10 毫秒)
19          env.getConfig().setAutoWatermarkInterval(10L);
20          //并行度 1
21          env.setParallelism(1);
22          //演示数据
23          DataStreamSource<ClickEvent> mySource = env.fromElements(
24                  new ClickEvent("user1", 1L, 1),
25                  new ClickEvent("user1", 2L, 2),
26                  new ClickEvent("user1", 4L, 3),
27                  new ClickEvent("user1", 3L, 4),
28                  new ClickEvent("user1", 5L, 5),
29                  new ClickEvent("user1", 6L, 6),
30                  new ClickEvent("user1", 7L, 7),
31                  new ClickEvent("user1", 8L, 8)
32          );
33          //WatermarkStrategy.forBoundedOutOfOrderness 周期性生成水位线
34          //可更好处理延迟数据
35          //BoundedOutOfOrdernessWatermarks<T>实现 WatermarkGenerator<T>
36          SingleOutputStreamOperator<ClickEvent> streamTS = mySource
37              .assignTimestampsAndWatermarks(WatermarkStrategy.
38                  <ClickEvent>forBoundedOutOfOrderness(Duration.ofMillis(5))
39            .withTimestampAssigner(new SerializableTimestampAssigner
<ClickEvent>() {
40                 @Override
41                 public long extractTimestamp(ClickEvent event, long
recordTimestamp) {
42                     return event.getDateTime();
43                 }
44               })
45          );
46          //结果打印
47          streamTS.print();
48          //执行程序
49          env.execute();
50      }
51  }
```

代码 3-7 中，37~38 行用 WatermarkStrategy.<ClickEvent>forBoundedOutOfOrderness (Duration.ofMillis(5))来指定 Watermark 生成策略，即最大延迟长度为 5 毫秒。

WatermarkStrategy 生成策略还提供了一个 withTimestampAssigner 方法，它为开发人员从事件数据中提取时间戳提供了接口，因此，第 39 行代码在 SerializableTimestampAssigner 接口中实现了 extractTimestamp 方法来指定如何从事件数据中抽取时间戳。

Flink 源码中给定的 withTimestampAssigner 方法定义如图 3.8 所示。

```
/**
 * Creates a new {@code WatermarkStrategy} that wraps this strategy but instead uses the given
 * {@link SerializableTimestampAssigner}.
 *
 * <p>You can use this in case you want to specify a {@link TimestampAssigner} via a lambda
 * function.
 *
 * <pre>
 * {@code WatermarkStrategy<CustomObject> wmStrategy = WatermarkStrategy
 *   .<CustomObject>forMonotonousTimestamps()
 *   .withTimestampAssigner((event, timestamp) -> event.getTimestamp());
 * }</pre>
 */
default WatermarkStrategy<T> withTimestampAssigner(SerializableTimestampAssigner<T> timestampAssigner) {
    checkNotNull(timestampAssigner,  errorMessage: "timestampAssigner");
    return new WatermarkStrategyWithTimestampAssigner<>( baseStrategy: this,
            TimestampAssignerSupplier.of(timestampAssigner));
}
```

图 3.8　withTimestampAssigner 方法核心代码

从图 3.8 中可以看出，forBoundedOutOfOrderness 方法使用 WatermarkGenerator 接口的实现类 BoundedOutOfOrdernessWatermarks 来实现具体的生成策略，其核心代码如图 3.9 所示。

```
/**
 * Creates a watermark strategy for situations where records are out of order, but you can place
 * an upper bound on how far the events are out of order. An out-of-order bound B means that
 * once the an event with timestamp T was encountered, no events older than {@code T - B} will
 * follow any more.
 *
 * <p>The watermarks are generated periodically. The delay introduced by this watermark
 * strategy is the periodic interval length, plus the out of orderness bound.
 *
 * @see BoundedOutOfOrdernessWatermarks
 */
static <T> WatermarkStrategy<T> forBoundedOutOfOrderness(Duration maxOutOfOrderness) {
    return (ctx) -> new BoundedOutOfOrdernessWatermarks<>(maxOutOfOrderness);
}
```

图 3.9　forBoundedOutOfOrderness 方法核心代码

实现类 BoundedOutOfOrdernessWatermarks 的核心代码如图 3.10 所示。

从图 3.10 中可知，BoundedOutOfOrdernessWatermarks 类提供了两个核心方法，其中的 onEvent 方法每次从事件数据中提取时间戳，并计算最大的时间戳 maxTimestamp，在周期性触发的 onPeriodicEmit 方法中，生成的 Watermark 等于最大时间戳 maxTimestamp 减去 outOfOrdernessMillis 这个最大乱序长度后，再减去 1 毫秒。

```
@Public
public class BoundedOutOfOrdernessWatermarks<T> implements WatermarkGenerator<T> {

    /** The maximum timestamp encountered so far. */
    private long maxTimestamp;

    /** The maximum out-of-orderness that this watermark generator assumes. */
    private final long outOfOrdernessMillis;

    /**
     * Creates a new watermark generator with the given out-of-orderness bound.
     *
     * @param maxOutOfOrderness The bound for the out-of-orderness of the event timestamps.
     */
    public BoundedOutOfOrdernessWatermarks(Duration maxOutOfOrderness) {
        checkNotNull(maxOutOfOrderness, errorMessage: "maxOutOfOrderness");
        checkArgument(!maxOutOfOrderness.isNegative(), errorMessage: "maxOutOfOrderness cannot be negative");

        this.outOfOrdernessMillis = maxOutOfOrderness.toMillis();

        // start so that our lowest watermark would be Long.MIN_VALUE.
        this.maxTimestamp = Long.MIN_VALUE + outOfOrdernessMillis + 1;
    }

    // ------------------------------------------------------------------------

    @Override
    public void onEvent(T event, long eventTimestamp, WatermarkOutput output) {
        maxTimestamp = Math.max(maxTimestamp, eventTimestamp);
    }

    @Override
    public void onPeriodicEmit(WatermarkOutput output) {
        output.emitWatermark(new Watermark( timestamp: maxTimestamp - outOfOrdernessMillis - 1));
    }
}
```

图 3.10 BoundedOutOfOrdernessWatermarks 类核心代码

（2）单调递增策略

该策略通过调用 WatermarkStrategy 对象上的 forMonotonousTimestamps 方法来实现，它无须任何参数。本质上，相当于将 forBoundedOutOfOrderness 策略中的最大乱序长度 outOfOrdernessMillis 设置为 0。

下面给出 forMonotonousTimestamps 抽取 Timestamp 和生成周期性水位线示例，如代码 3-8 所示。

【代码 3-8】 forMonotonousTimestamps 文件：ch03/Demo07.java

```
01    package com.example.ch03;
02    import org.apache.flink.api.common.eventtime.WatermarkStrategy;
03    import org.apache.flink.streaming.api.TimeCharacteristic;
04    import org.apache.flink.streaming.api.datastream.DataStreamSource;
05    import org.apache.flink.streaming.api.datastream.
  SingleOutputStreamOperator;
06    import org.apache.flink.streaming.api.environment.
  StreamExecutionEnvironment;
07    //在 assignTimestampsAndWatermarks 中用 WatermarkStrategy
08    //forMonotonousTimestamps 方法抽取 Timestamp 和生成周期性水位线示例
```

```
09  public class Demo07 {
10      public static void main(String[] args) throws  Exception{
11          //创建流处理环境
12          StreamExecutionEnvironment env = StreamExecutionEnvironment
13                  .getExecutionEnvironment();
14          //设置 EventTime 语义
15          env.setStreamTimeCharacteristic(TimeCharacteristic.EventTime);
16          //设置周期生成 Watermark 间隔(10 毫秒)
17          env.getConfig().setAutoWatermarkInterval(10L);
18          //并行度 1
19          env.setParallelism(1);
20          //演示数据
21          DataStreamSource<ClickEvent> mySource = env.fromElements(
22                  new ClickEvent("user1", 1L, 1),
23                  new ClickEvent("user1", 2L, 2),
24                  new ClickEvent("user1", 4L, 3),
25                  new ClickEvent("user1", 3L, 4),
26                  new ClickEvent("user1", 5L, 5),
27                  new ClickEvent("user1", 6L, 6),
28                  new ClickEvent("user1", 7L, 7),
29                  new ClickEvent("user1", 8L, 8)
30          );
31          //WatermarkStrategy.forMonotonousTimestamps 周期性生成水位线
32          //相当于延迟 outOfOrdernessMillis=0
33          //继承自 BoundedOutOfOrdernessWatermarks<T>
34          SingleOutputStreamOperator<ClickEvent> streamTS = mySource
35              .assignTimestampsAndWatermarks(WatermarkStrategy.
36                  <ClickEvent>forMonotonousTimestamps()
37            .withTimestampAssigner((event, recordTimestamp) -> event.
getDateTime())
38          );
39          //结果打印
40          streamTS.print();
41          //执行程序
42          env.execute();
43      }
44  }
```

从 Flink 源码中可知，forMonotonousTimestamps 使用 AscendingTimestampsWatermarks 类来实现，其核心代码如图 3.11 所示。

而 AscendingTimestampsWatermarks 继承自 BoundedOutOfOrdernessWatermarks 类，其核心代码如图 3.12 所示。

从图 3.12 可以看出，super(Duration.ofMillis(0))说明 outOfOrdernessMillis 参数设置为 0，即最大延迟长度为 0。而内部生成的 Watermark 等于最大时间戳 maxTimestamp 减去 1 毫秒。

```java
/**
 * Creates a watermark strategy for situations with monotonously ascending timestamps.
 *
 * <p>The watermarks are generated periodically and tightly follow the latest
 * timestamp in the data. The delay introduced by this strategy is mainly the periodic interval
 * in which the watermarks are generated.
 *
 * @see AscendingTimestampsWatermarks
 */
static <T> WatermarkStrategy<T> forMonotonousTimestamps() {
    return (ctx) -> new AscendingTimestampsWatermarks<>();
}
```

图 3.11 forMonotonousTimestamps 方法核心代码

```java
/**
 * A watermark generator that assumes monotonically ascending timestamps within the
 * stream split and periodically generates watermarks based on that assumption.
 *
 * <p>The current watermark is always one after the latest (highest) timestamp,
 * because we assume that more records with the same timestamp may still follow.
 *
 * <p>The watermarks are generated periodically and tightly follow the latest
 * timestamp in the data. The delay introduced by this strategy is mainly the periodic
 * interval in which the watermarks are generated, which can be configured via
 * {@link org.apache.flink.api.common.ExecutionConfig#setAutoWatermarkInterval(long)}.
 */
@Public
public class AscendingTimestampsWatermarks<T> extends BoundedOutOfOrdernessWatermarks<T> {

    /**
     * Creates a new watermark generator with for ascending timestamps.
     */
    public AscendingTimestampsWatermarks() {
        super(Duration.ofMillis(0));
    }
}
```

图 3.12 AscendingTimestampsWatermarks 类核心代码

除此之外，还有一个 WatermarkStrategy.noWatermarks()代表不生成 Watermark。

在实际生产环境下，可能由于某一些分区产生的数据比较少，而有的分区数据产生得比较多，即数据分布不均衡，出现数据倾斜的问题。

在生成 Watermark 时，当一个算子从多个上游算子中获取数据时，会取上游最小的 Watermark 作为自身的 Watermark，并检测是否满足窗口触发条件。当出现数据倾斜时，上游某些算子由于处理的数据很稀疏，即生成的 Watermark 值比较小，而导致下游算子的 Watermark 取小后也非常小，而达不到窗口触发条件，此时窗口可能会在内存中缓存大量的窗口数据，最终导致内存不足等问题。

针对这个问题，Flink 框架给出了一个设置流状态为空闲的 withIdleness 方法。在设置的超时时间内（如 20 秒），当某一个数据流一直没有事件数据到达，那么就可以将这个流标记为空闲。这就意味着，下游算子不需要等待这条数据流产生的 Watermark，而取其他上游激活状态的 Watermark，来决定是否需要触发窗口计算。

下面给出设置空闲状态的示例代码：

```
01    SingleOutputStreamOperator<ClickEvent> streamTS = mySource
02        .assignTimestampsAndWatermarks(
03            WatermarkStrategy.<ClickEvent>forMonotonousTimestamps()
04            .withIdleness(Duration.ofMillis(5))
05        .withTimestampAssigner((event, recordTimestamp) -> event.getDateTime())
06        );
```

第04行withIdleness(Duration.ofMillis(5))设置的超时时间为Duration.ofMillis(5)，超过此时间，如果没有数据生成Watermark，就将流状态设置为空闲。当下次有新的Watermark生成并发送到下游时，这个流状态重新设置为活跃。

对于周期性产生的Watermark，如果设置的时间间隔太小，则可能会存在一定的性能问题。

3.2.3 Watermarks传播机制

前面介绍了几种生成Watermark的方法，其中分为周期性和非周期性方法。由于Flink应用程序会以数据流图的形式来调度执行，其中就会涉及元素（如Record和Watermark）在数据流不同算子间进行传播。

那么Watermark在不同算子之间如何进行传播的呢？下面分单并行数据流和多并行数据流来分别进行说明。

一般来说，Watermark的传播策略满足以下规律：

（1）上游算子中的Watermark以广播的形式发送到下游算子。比如说上游算子连接了多个下游算子，那么下游算子会收到上游算子广播的Watermark。我们如何验证这条规律呢？这里可以查看Output接口中emitWatermark(Watermark mark)方法的注释来验证，如图3.13所示。

```
@PublicEvolving
public interface Output<T> extends Collector<T> {

    /**
     * Emits a {@link Watermark} from an operator. This watermark is broadcast to all downstream
     * operators.
     *
     * <p>A watermark specifies that no element with a timestamp lower or equal to the watermark
     * timestamp will be emitted in the future.
     */
    void emitWatermark(Watermark mark);

    /**
     * Emits a record the side output identified by the given {@link OutputTag}.
     *
     * @param record The record to collect.
     */
    <X> void collect(OutputTag<X> outputTag, StreamRecord<X> record);

    void emitLatencyMarker(LatencyMarker latencyMarker);
}
```

图3.13 Output接口中emitWatermark方法代码

从图 3.13 可知，emitWatermark(Watermark mark)方法上给定的注释中提到，watermark is broadcast to all downstream operations，这就说明 Output 接口的实现类，当调用 emitWatermark(Watermark mark)方法发送水位线时，将以广播 Watermark 的方式发送到下游算子中。其过程的示意图如图 3.14 所示。

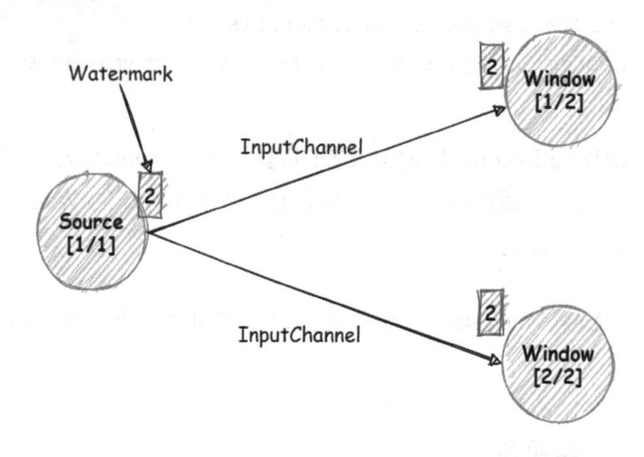

图 3.14　watermark 广播传递示意图

（2）当某一条数据流中 Watermark 的值为 Long.MAX_VALUE 时，则表示此数据流已经结束，不会有后续数据产生，即相当于一个终止标志。此条规律可以从 Watermark 类源码中得到验证，如图 3.15 所示。

```
 * <p>When a source closes it will emit a final watermark with timestamp {@code Long.MAX_VALUE}.
 * When an operator receives this it will know that no more input will be arriving in the future.
 */
@PublicEvolving
public final class Watermark extends StreamElement {

    /** The watermark that signifies end-of-event-time. */
    public static final Watermark MAX_WATERMARK = new Watermark(Long.MAX_VALUE);

    // ------------------------------------------------------------------------

    /** The timestamp of the watermark in milliseconds. */
    private final long timestamp;

    /**
     * Creates a new watermark with the given timestamp in milliseconds.
     */
    public Watermark(long timestamp) {
        this.timestamp = timestamp;
    }
```

图 3.15　Watermark 类核心代码

从图 3.15 可知，Watermark 中定义的 MAX_WATERMARK 等于 Long.MAX_VALUE，它代表一个系统内最大的 Watermark，标识事件时间的终止（end-of-event-time），即假设后面不会出现比它小的事件时间数据。

（3）对于同一条数据流（输入管道）来说，不管是多并行还是单并行，它被下游算子接收后，会取当前流最大的 Watermark 作为当前管道的 Watermark 输入。

一般来说，StreamTaskInput 接口代表算子的输入，其中 StreamTaskNetworkInput 是它的实现类，代表从网络中获取的输入，其类图如图 3.16 所示。

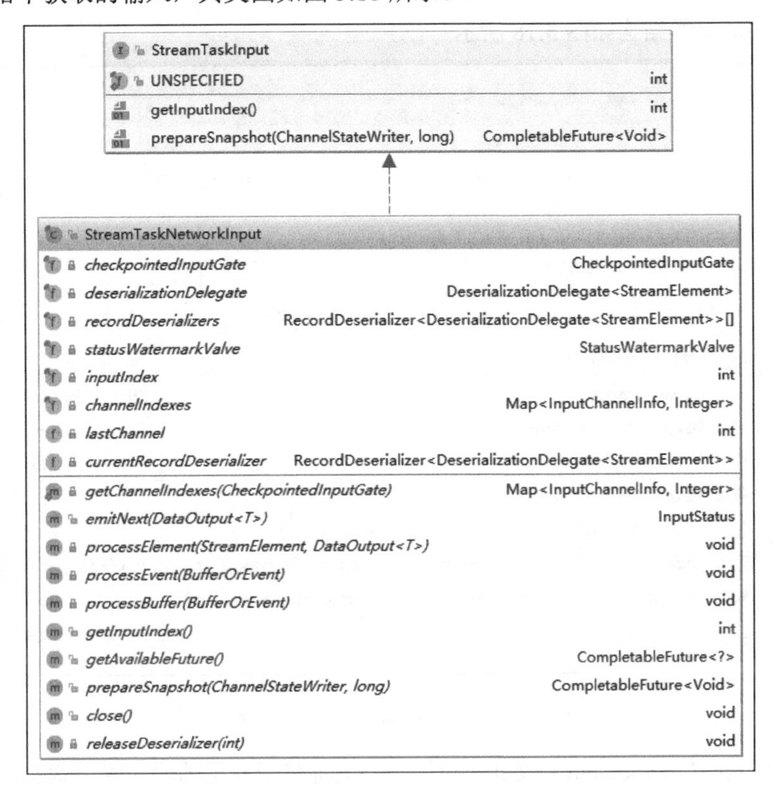

图 3.16　StreamTaskNetworkInput 类示意图

其中 StreamTaskNetworkInput 类中的 processElement 方法，表示对接收到的事件数据进行处理，首先会判断一下它的类型是什么，并根据不同的元素类型进行特殊处理。如输入的参数 recordOrMark 是 StreamRecord，即 recordOrMark.isRecord()为 True，那么会将它转换为 StreamRecord 并通过 DataOutput 发送到下游算子中。

同样地，如果当前的 recordOrMark 是 Watermark 类型，即 recordOrMark.isWatermark()为 True，那么会将它转换为 Watermark 并通过内部的 StatusWatermarkValve 对象发送到下游算子中。processElement 核心代码如图 3.17 所示。

```
private void processElement(StreamElement recordOrMark, DataOutput<T> output) throws Exception {
    if (recordOrMark.isRecord()){
        output.emitRecord(recordOrMark.asRecord());
    } else if (recordOrMark.isWatermark()) {
        statusWatermarkValve.inputWatermark(recordOrMark.asWatermark(), lastChannel, output);
    } else if (recordOrMark.isLatencyMarker()) {
        output.emitLatencyMarker(recordOrMark.asLatencyMarker());
    } else if (recordOrMark.isStreamStatus()) {
        statusWatermarkValve.inputStreamStatus(recordOrMark.asStreamStatus(), lastChannel, output);
    } else {
        throw new UnsupportedOperationException("Unknown type of StreamElement");
    }
}
```

图 3.17　processElement 方法核心代码

内部使用 StatusWatermarkValve 类来跟踪 StreamStatus 和 Watermark 等信息，它会接收到所有上游发送过来的 Watermark，并决定如何向下游发送 Watermark 以及当前流状态。StatusWatermarkValve 类结构如图 3.18 所示。

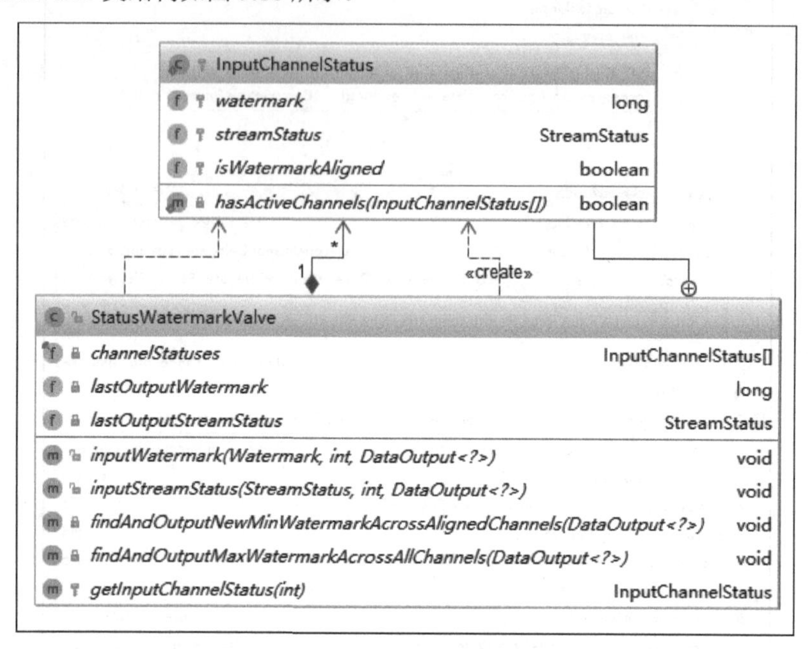

图 3.18 StatusWatermarkValve 类结构示意图

其中有一个 InputChannelStatus 数组维护每一个上游算子发出的输入管道状态，当输入管道中的 Watermark 和流状态信息发生改变时，会更新 StatusWatermarkValve 实例中的值。另外，lastOutputWatermark 代表最后一个从 StatusWatermarkValve 中发出的 Watermark，lastOutputStreamStatus 则代表最后一个从 StatusWatermarkValve 中发出的流的状态。

关于 Watermark 对齐的逻辑处理也是在 StatusWatermarkValve 中定义的。它可以看作是一个处理数据流状态以及 Watermark 的阀门装置，可以接收多个输入管道发送过来的状态数据。关于 StatusWatermarkValve 的构造函数核心代码如图 3.19 所示。

```
/**
 * Returns a new {@code StatusWatermarkValve}.
 *
 * @param numInputChannels the number of input channels that this valve will need to handle
 */
public StatusWatermarkValve(int numInputChannels) {
    checkArgument( condition: numInputChannels > 0);
    this.channelStatuses = new InputChannelStatus[numInputChannels];
    for (int i = 0; i < numInputChannels; i++) {
        channelStatuses[i] = new InputChannelStatus();
        channelStatuses[i].watermark = Long.MIN_VALUE;
        channelStatuses[i].streamStatus = StreamStatus.ACTIVE;
        channelStatuses[i].isWatermarkAligned = true;
    }

    this.lastOutputWatermark = Long.MIN_VALUE;
    this.lastOutputStreamStatus = StreamStatus.ACTIVE;
}
```

图 3.19 StatusWatermarkValve 构造函数核心代码

图 3.19 中，构造函数接收一个 numInputChannels 参数来初始化 InputChannelStatus 数组，其中每一个 channelStatuses 的水位线 Watermark 初始化为 Long.MIN_VALUE，流状态 streamStatus 初始值为 StreamStatus.ACTIVE，而 isWatermarkAligned 初始值为 True。

StatusWatermarkValve 类中还定义了 inputWatermark 方法，其核心代码如图 3.20 所示。

```
/**
 * Feed a {@link Watermark} into the valve. If the input triggers the valve to output a new Watermark,
 * {@link DataOutput#emitWatermark(Watermark)} will be called to process the new Watermark.
 *
 * @param watermark the watermark to feed to the valve
 * @param channelIndex the index of the channel that the fed watermark belongs to (index starting from 0)
 */
public void inputWatermark(Watermark watermark, int channelIndex, DataOutput<?> output) throws Exception {
    // ignore the input watermark if its input channel, or all input channels are idle (i.e. overall the valve is idle).
    if (lastOutputStreamStatus.isActive() && channelStatuses[channelIndex].streamStatus.isActive()) {
        long watermarkMillis = watermark.getTimestamp();

        // if the input watermark's value is less than the last received watermark for its input channel, ignore it also.
        if (watermarkMillis > channelStatuses[channelIndex].watermark) {
            channelStatuses[channelIndex].watermark = watermarkMillis;

            // previously unaligned input channels are now aligned if its watermark has caught up
            if (!channelStatuses[channelIndex].isWatermarkAligned && watermarkMillis >= lastOutputWatermark) {
                channelStatuses[channelIndex].isWatermarkAligned = true;
            }

            // now, attempt to find a new min watermark across all aligned channels
            findAndOutputNewMinWatermarkAcrossAlignedChannels(output);
        }
    }
}
```

图 3.20　inputWatermark 方法核心代码

从图 3.20 可知，inputWatermark 方法中，第 1 个参数为输入的 Watermark；第 2 个参数 channelIndex 代表输入管道的索引，编号从 0 开始，对于单并行来说，这个 channelIndex 为 0；第 3 个参数是 DataOutput 类型，它通过 emitWatermark 方法向下游发送最新的 Watermark。

在当前数据流是激活状态下，首先会从当前输入的 Watermark 中获取最新的时间戳 watermarkMillis，并与输入管道中的 watermark 时间戳进行比较。如果 watermarkMillis 比输入管道中的 watermark 大，则更新输入管道中的 watermark，否则忽略。这就保证了 channelStatuses 中的 watermark 是单调递增的。若当前数据流状态是非激活状态，即空闲状态时，则不需要进行 Watermark 对齐。

如果之前未对齐的输入管道，现在更新后的 watermark 值比当前算子最后发送出去的 watermark 值大或者相等，那么就说明水位线已经追赶上了，即 Watermark 已经对齐。

（4）在多并行情况下，即某一个算子可能接收到多个上游算子发送过来的 Watermark，那么每一个输入管道都会维护各自管道上的 Watermark，当前算子会遍历所有已经对齐的输入管道中的 Watermark，并取最小值发送到下游算子中。

多条输入管道 Watermark 取最小值的传播示意图如图 3.21 所示。

前面提到，在 StatusWatermarkValve 类定义的 inputWatermark 方法中，当需要更新当前算子的 Watermark 时，会调用 findAndOutputNewMinWatermarkAcrossAlignedChannels 方法，从多个对齐的输入管道中获取最小的 Watermark 作为本算子的 Watermark，并通过 output 发送到下游算子中。该方法核心代码如图 3.22 所示。

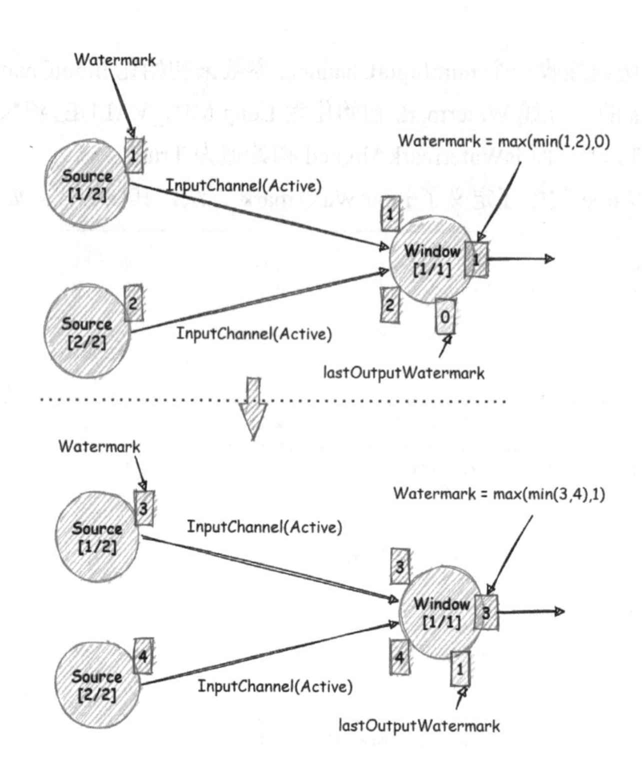

图 3.21 Watermark 取最小值的传播示意图

```
private void findAndOutputNewMinWatermarkAcrossAlignedChannels(DataOutput<?> output) throws Exception {
    long newMinWatermark = Long.MAX_VALUE;
    boolean hasAlignedChannels = false;

    // determine new overall watermark by considering only watermark-aligned channels across all channels
    for (InputChannelStatus channelStatus : channelStatuses) {
        if (channelStatus.isWatermarkAligned) {
            hasAlignedChannels = true;
            newMinWatermark = Math.min(channelStatus.watermark, newMinWatermark);
        }
    }

    // we acknowledge and output the new overall watermark if it really is aggregated
    // from some remaining aligned channel, and is also larger than the last output watermark
    if (hasAlignedChannels && newMinWatermark > lastOutputWatermark) {
        lastOutputWatermark = newMinWatermark;
        output.emitWatermark(new Watermark(lastOutputWatermark));
    }
}
```

图 3.22 findAndOutputNewMinWatermarkAcrossAlignedChannels 方法代码

由图 3.22 可知，首先初始化 newMinWatermark 值为 Long.MAX_VALUE，它代表最新且最小的 Watermark 值。然后用 for 遍历 channelStatuses 数组，并从 isWatermarkAligned 的输入管道中获取最小的 Watermark 值。

最后，对于合并后的 Watermark 和最新已发送过的 lastOutputWatermark 进行比较，如果前者大，则首先更新 lastOutputWatermark 值，并通过 output.emitWatermark 发送到下游算子中。从这点也可以看出，发出的 Watermark 也是单调递增的。

为了验证多并行情况下，Watermark 取输入流最小的水位线，可以用如下示例来进行验证。如代码 3-9 所示。

【代码3-9】 多并行 Watermark 取输入流最小水位线 文件：ch03/Demo08.java

```
01    package com.example.ch03;
02    import org.apache.flink.api.common.functions.FlatMapFunction;
03    import org.apache.flink.api.common.functions.Partitioner;
04    import org.apache.flink.api.java.tuple.Tuple3;
05    import org.apache.flink.streaming.api.TimeCharacteristic;
06    import org.apache.flink.streaming.api.datastream.DataStream;
07    import org.apache.flink.streaming.api.environment.
  StreamExecutionEnvironment;
08    import org.apache.flink.streaming.api.functions.
  AssignerWithPeriodicWatermarks;
09    import org.apache.flink.streaming.api.functions.ProcessFunction;
10    import org.apache.flink.streaming.api.watermark.Watermark;
11    import org.apache.flink.util.Collector;
12    import javax.annotation.Nullable;
13    //多个并行输入，算子中的 watermark 会进行对齐(WatermarkAligned)
14    // 即取所有管道 channel 中最小的
15    public class Demo08 {
16        public static void main(String[] args) throws  Exception{
17            //创建流处理环境
18            StreamExecutionEnvironment env = StreamExecutionEnvironment
19                    .getExecutionEnvironment();
20            //设置最大并行度 2
21            env.setMaxParallelism(2);
22            //设置 EventTime 语义
23            env.setStreamTimeCharacteristic(TimeCharacteristic.EventTime);
24            //置周期生成 Watermark 间隔
25            env.getConfig().setAutoWatermarkInterval(1L);
26            //演示数据
27            //socket 流数据
28            DataStream<String> source = env.socketTextStream("localhost", 7777);
29            //将文本解析成元组
30            source.flatMap(new FlatMapFunction<String, Tuple3<String, String,
  Long>>() {
31                @Override
32                public void flatMap(String value,
33                                    Collector<Tuple3<String, String, Long>> out)
34                        throws Exception {
35                    String[] strs = value.split(",");
36                    //第一个是序号，第二个是 key，第三个是时间戳
37                    out.collect(Tuple3.of(strs[0], strs[1],
  Long.parseLong(strs[2])));
```

```
38                }
39            }).setParallelism(2)
40                    .partitionCustom(new Partitioner<String>() {
41                        @Override
42                        public int partition(String s, int i) {
43                            //自定义分区规则
44                            if (s.equals("a")){
45                                return 0;
46                            }else{
47                                //
48                                return 1;
49                            }
50                        }
51                    }, tp->tp.f1).assignTimestampsAndWatermarks(new
  MyTimeAssigner())
52                    .setParallelism(2)
53                    .keyBy(tp->tp.f1)
54                    .process(new ProcessFunction<Tuple3<String, String, Long>,
  Object>() {
55                        @Override
56                        public void processElement(Tuple3<String, String, Long>
  tp3,
57                                                   Context ctx, Collector<Object> out)
58                                throws Exception {
59                            long tid = Thread.currentThread().getId();
60                            String tname = Thread.currentThread().getName();
61                        System.out.println("ThreadID:" + tid + ",ThreadName:"
62                            + tname + "," + tp3+",watermark ="
  +ctx.timerService().currentWatermark());
63                        }
64                    }).setParallelism(1)
65                    .print().setParallelism(1);
66            //获取JSON格式的执行数据流图
67            //System.out.println(env.getExecutionPlan());
68            //执行程序
69            env.execute();
70        }
71        private static class MyTimeAssigner implements
72                AssignerWithPeriodicWatermarks<Tuple3<String, String, Long>> {
73            private long maxTimestamp = 0L;
74            @Nullable
75            @Override
76            public Watermark getCurrentWatermark() {
```

```
77                //发送水位线
78                return new Watermark(maxTimestamp);
79            }
80            @Override
81            public  long extractTimestamp(Tuple3<String, String, Long> tp3,
82                                           long previousElementTimestamp) {
83                //获取最大时间戳
84                maxTimestamp = Math.max(maxTimestamp, tp3.f2);
85                //获取当前线程
86                long tid = Thread.currentThread().getId();
87                String tname = Thread.currentThread().getName();
88                //调试打印
89                System.out.println("ThreadID:" + tid + ",ThreadName:" + tname +
90                    "," + tp3+ ", watermark =" +getCurrentWatermark().getTimestamp());
91                //提取时间戳字段
92                return tp3.f2;
93            }
94        }
95    }
```

代码 3-9 中，21 行 env.setMaxParallelism(2)设置全局并行度为 2，来模拟多并行场景。28 行 env.socketTextStream("localhost", 7777)从端口号 7777 的 Socket 服务中读取文本流数据，按照逗号进行文本分割，其中第一个代表序号，第二个代表 key，第三个代表时间戳。

40 行用 partitionCustom 来自定义分区策略，当 key 为 a 时，分配到编号为 0 的分区上，当 key 为非 a 时，分配到编号为 1 的分区上。53 行 keyBy(tp->tp.f1)指定事件数据按照元组第 2 个字段进行分组。

51 行 assignTimestampsAndWatermarks 用自定义的 MyTimeAssigner 类来周期生成水位线，54 行 process 方法定义了底层的元素处理逻辑，其中获取当前线程信息和水位线等信息，并打印输出。

为了运行此示例，首先需要打开一个 Socket 服务，执行如下命令，并输入相关演示数据。

```
> nc64.exe -lp 7777
1,a,1
2,b,2
3,b,4
4,a,2
5,b,5
6,a,3
7,a,7
8,b,6
9,a,8
```

运行代码 3-9，执行结果如下：

```
ThreadID:69,ThreadName:Timestamps/Watermarks (1/2)#0,(1,a,1), watermark =1
ThreadID:71,ThreadName:Process -> Sink: Print to Std. Out
(1/1)#0,(1,a,1),watermark =0
ThreadID:70,ThreadName:Timestamps/Watermarks (2/2)#0,(2,b,2), watermark =2
ThreadID:71,ThreadName:Process -> Sink: Print to Std. Out
(1/1)#0,(2,b,2),watermark =0
ThreadID:70,ThreadName:Timestamps/Watermarks (2/2)#0,(3,b,4), watermark =4
ThreadID:71,ThreadName:Process -> Sink: Print to Std. Out
(1/1)#0,(3,b,4),watermark =1
ThreadID:69,ThreadName:Timestamps/Watermarks (1/2)#0,(4,a,2), watermark =2
ThreadID:71,ThreadName:Process -> Sink: Print to Std. Out
(1/1)#0,(4,a,2),watermark =1
ThreadID:70,ThreadName:Timestamps/Watermarks (2/2)#0,(5,b,5), watermark =5
ThreadID:71,ThreadName:Process -> Sink: Print to Std. Out
(1/1)#0,(5,b,5),watermark =2
ThreadID:69,ThreadName:Timestamps/Watermarks (1/2)#0,(6,a,3), watermark =3
ThreadID:71,ThreadName:Process -> Sink: Print to Std. Out
(1/1)#0,(6,a,3),watermark =2
ThreadID:69,ThreadName:Timestamps/Watermarks (1/2)#0,(7,a,7), watermark =7
ThreadID:71,ThreadName:Process -> Sink: Print to Std. Out
(1/1)#0,(7,a,7),watermark =3
ThreadID:70,ThreadName:Timestamps/Watermarks (2/2)#0,(8,b,6), watermark =6
ThreadID:71,ThreadName:Process -> Sink: Print to Std. Out
(1/1)#0,(8,b,6),watermark =5
ThreadID:69,ThreadName:Timestamps/Watermarks (1/2)#0,(9,a,8), watermark =8
ThreadID:71,ThreadName:Process -> Sink: Print to Std. Out
(1/1)#0,(9,a,8),watermark =6
```

（5）对于单并行（即并行度为 1）情况下，某一个算子 Watermark 可以理解为取上游算子发送过来最大的 Watermark（本质上，它是多并行情况的特例）。对于同一个输入管道上维护的 Watermark 是不区分 Key 的，即不同 Key 共同使用一个内部的 Watermark 变量。单并行取 Watermark 最大值示意图如图 3.23 所示。

为了验证单并行情况下，Watermark 取输入流最大水位线，且不区分 key 规律，可以用如下示例来进行验证。如代码 3-10 所示。

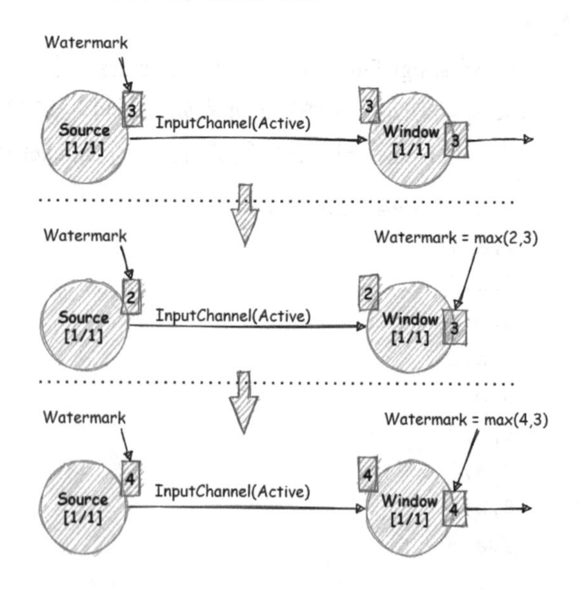

图 3.23　单并行取 Watermark 最大值示意图

【代码 3-10】 单并行 Watermark 取输入流最大水位线 文件：ch03/Demo10.java

```
01    package com.example.ch03;
02    import org.apache.flink.api.common.eventtime.*;
03    import org.apache.flink.streaming.api.TimeCharacteristic;
04    import org.apache.flink.streaming.api.datastream.DataStreamSource;
05    import org.apache.flink.streaming.api.datastream.
  SingleOutputStreamOperator;
06    import org.apache.flink.streaming.api.environment.
  StreamExecutionEnvironment;
07    import org.apache.flink.streaming.api.functions.windowing.
  ProcessWindowFunction;
08    import org.apache.flink.streaming.api.windowing.windows.GlobalWindow;
09    import org.apache.flink.util.Collector;
10    //算子非并行（并行度 1）时，Watermark 取输入流最大水位线，且不区分 key
11    public class Demo09 {
12        public static void main(String[] args) throws  Exception{
13            //创建流处理环境
14            StreamExecutionEnvironment env = StreamExecutionEnvironment
15                    .getExecutionEnvironment();
16            //设置 EventTime 语义
17            env.setStreamTimeCharacteristic(TimeCharacteristic.EventTime);
18            //设置周期生成 Watermark 间隔(3 秒)
19            env.getConfig().setAutoWatermarkInterval(1000*3L);
20            //并行度 1
21            env.setParallelism(1);
22            //演示数据
23            DataStreamSource<ClickEvent> mySource = env.fromElements(
24                    new ClickEvent("user1", 2L, 2),
25                    new ClickEvent("user1", 3L, 3),
26                    new ClickEvent("user2", 1L, 1),
27                    new ClickEvent("user2", 7L, 7),
28                    new ClickEvent("user2", 3L, 3),
29                    new ClickEvent("user1", 5L, 5),
30                    new ClickEvent("user1", 9L, 9)
31            );
32            SingleOutputStreamOperator<ClickEvent> streamTS = mySource
33            .assignTimestampsAndWatermarks(new WatermarkStrategy<ClickEvent>() {
34                @Override
35                public WatermarkGenerator<ClickEvent> createWatermarkGenerator(
36                            WatermarkGeneratorSupplier.Context context) {
37                        //自定义非周期 WatermarkGenerator
38                        return new PunctuatedAssigner();
39                }
40                    }.withTimestampAssigner((event, recordTimestamp) -> {
```

```
41                      //提取时间戳，设置断点可以查看是否正确调用
42                      //System.out.println("提取EventTime:"+event.getDateTime());
43                      return event.getDateTime();
44                  }))
45                  .keyBy(event->event.getKey())
46                  .countWindow(1)
47                  .process(new MyProcessWindowFunc());
48          //结果打印
49          streamTS.print();
50          //执行程序
51          env.execute();
52      }
53      private static class PunctuatedAssigner
54              implements WatermarkGenerator<ClickEvent> {
55          @Override
56          public void onEvent(ClickEvent event,
57                              long eventTimestamp, WatermarkOutput output) {
58              //每接收到一个事件数据都会触发
59              //System.out.println("Watermark:"+event.getDateTime()+"-->");
60              output.emitWatermark(new Watermark(event.getDateTime()));
61          }
62          @Override
63          public void onPeriodicEmit(WatermarkOutput output) {
64              //非周期，无须处理
65          }
66      }
67      public static class MyProcessWindowFunc extends
68              ProcessWindowFunction<ClickEvent,
69                      ClickEvent, String, GlobalWindow> {
70          //一个窗口结束的时候调用一次
71          @Override
72          public void process(String key,Context context,
73                              Iterable<ClickEvent> eles,
74                              Collector<ClickEvent> out)
75                  throws Exception {
76              long tid = Thread.currentThread().getId();
77              System.out.println("ThreadID:" + tid +",Key:" + key+
78                      ",Watermark=" + context.currentWatermark());
79              //GlobalWindow 窗口不能获取 getStart()和 getEnd()
80          }
81      }
82  }
```

代码 3-10 中，19 行 env.getConfig().setAutoWatermarkInterval(1000*3L)设置生成 Watermark 的

周期间隔为 3 秒。21 行 env.setParallelism(1)设置全局并行度为 1，来模拟单并行场景。23 行 mySource 模拟了几条演示数据，其中包含两种 Key 的 ClickEvent 数据来验证不同 Key 的水位线生成情况。

45 行 keyBy(event->event.getKey())则对事件数据按照 Key 进行分组。

46 行 countWindow(1)定义了一个个数为 1 的窗口，即每当窗口中的元素数量为 1 时，即触发计算逻辑，而计算逻辑在 47 行 process(new MyProcessWindowFunc())定义。

53~54 行自定义了一个名为 PunctuatedAssigner 的 WatermarkGenerator 接口实现类，它在 onEvent 方法中。60 行用 output.emitWatermark(new Watermark(event.getDateTime()))从事件元素中用 event.getDateTime()提取时间戳，并构建一个 Watermark 对象发送到下游算子中。

63 行的 onPeriodicEmit 周期性调用方法这里未实现任何内容，即非周期性生成水位线。67 行定义了一个 MyProcessWindowFunc 窗口处理函数，来对窗口中的数据进行处理，其中核心方法为 process，可以在其中用 context.currentWatermark()获取到当前 Key 的水位线。

运行代码 3-10，执行结果如下：

```
ThreadID:68,Key:user1,Watermark=-9223372036854775808
ThreadID:68,Key:user1,Watermark=2
ThreadID:68,Key:user2,Watermark=3
ThreadID:68,Key:user2,Watermark=3
ThreadID:68,Key:user2,Watermark=7
ThreadID:68,Key:user1,Watermark=7
ThreadID:68,Key:user1,Watermark=7
```

由输出结果可知，不同 Key(user1 和 user2)的水位线一直递增，且并不相互隔离，而是共享一个。

3.3 EventTime+Watermark 解决乱序数据

在实际的生产环境中，由于 Flink 应用程序都是在分布式集群上运行，少则三五台，多则成千上万台。Flink 作业接收到的数据，可能是从多种网络渠道中发送过来，由于不同网络的带宽、速度不同，这就可能导致先产生的业务数据，经过网络传输后，比后产生的业务数据，后到达算子中。

一般来说，以事件时间为时间语义，如果一个事件流不按事件时间递增的顺序到达 Flink 作业中，则称此流数据为乱序（out-of-order）数据流。下面给出一个乱序数据流的示意图，如图 3.24 所示。

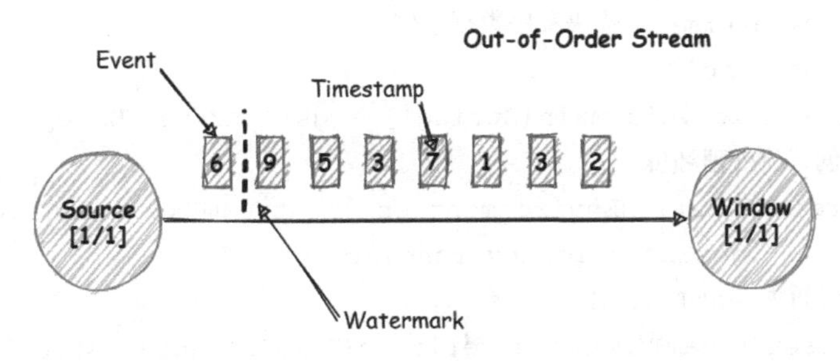

图 3.24 乱序数据流的示意图

假设所有传感器的时间是同步的，那么从传感器中监测到的事件数据，理论上的顺序为 1、2、3、3、5、6、7、9。但经过网络传输后到达 Flink 作业时的顺序依次为 2、3、1、7、3、5、9、6，不少事件时间次序颠倒，形成乱序。其中有两个时间戳为 3 的事件数据，有可能是不同 Key 的时间戳，也可能是传感器重发了两次 3。因此，在真正的分布式环境中，要想保证完全的计算准确性是非常难的。

下面将介绍如何利用 EventTime 和 Watermark 机制来解决乱序数据问题，即 Flink 框架通过一种机制来延迟触发窗口计算，从而可以等待一段时间，让乱序的数据全部到达，然后再触发计算，从而输出正确的结果。

3.3.1 无迟到的乱序数据

下面给出一个无迟到的乱序数据，如图 3.25 所示。这里的无迟到表示经过 EventTime 和 Watermark 机制，乱序的数据都落入正确的窗口中进行计算。

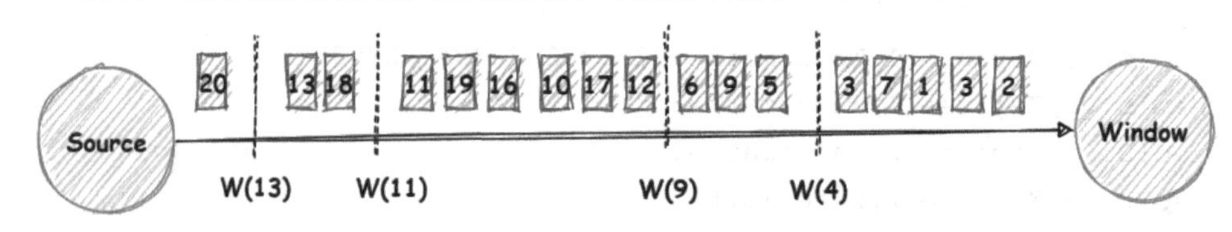

图 3.25 无迟到的乱序数据示意图

下面针对如图 3.25 所示的乱序数据，给出正确进行数据处理的示例，如代码 3-11 所示。

【代码 3-11】 无迟到乱序数据处理 文件：ch03/Demo10.java

```
01    package com.example.ch03;
02    import org.apache.flink.api.common.eventtime.*;
03    import org.apache.flink.streaming.api.TimeCharacteristic;
04    import org.apache.flink.streaming.api.datastream.DataStreamSource;
05    import org.apache.flink.streaming.api.datastream.
  SingleOutputStreamOperator;
06    import org.apache.flink.streaming.api.environment.
  StreamExecutionEnvironment;
07    import org.apache.flink.streaming.api.windowing.assigners.
  TumblingEventTimeWindows;
08    import org.apache.flink.streaming.api.windowing.time.Time;
09    //EventTime+Watermark 解决乱序数据示例
10    public class Demo10 {
11        public static void main(String[] args) throws  Exception{
12            //创建流处理环境
13            StreamExecutionEnvironment env = StreamExecutionEnvironment
14                    .getExecutionEnvironment();
15            //设置 EventTime 语义
16            env.setStreamTimeCharacteristic(TimeCharacteristic.EventTime);
17            //设置周期生成 Watermark 间隔(3 秒)
```

```
18          env.getConfig().setAutoWatermarkInterval(1000*3L);
19          //并行度1
20          env.setParallelism(1);
21          //演示数据
22          DataStreamSource<ClickEvent> mySource = env.fromElements(
23                  new ClickEvent("user1", 2L, 2),
24                  new ClickEvent("user1", 3L, 3),
25                  new ClickEvent("user1", 1L, 1),
26                  new ClickEvent("user1", 7L, 7),
27                  new ClickEvent("user1", 3L, 3),
28                  new ClickEvent("user1", 5L, 5),
29                  new ClickEvent("user1", 9L, 9),
30                  new ClickEvent("user1", 6L, 6),
31                  new ClickEvent("user1", 12L, 12),
32                  new ClickEvent("user1", 17L, 17),
33                  new ClickEvent("user1", 10L, 10),
34                  new ClickEvent("user1", 16L, 16),
35                  new ClickEvent("user1", 19L, 19),
36                  new ClickEvent("user1", 11L, 11),
37                  new ClickEvent("user1", 18L, 18),
38                  new ClickEvent("user1", 13L, 13),
39                  new ClickEvent("user1", 20L, 20)
40          );
41          SingleOutputStreamOperator<ClickEvent> streamTS = mySource
42            .assignTimestampsAndWatermarks(new WatermarkStrategy
  <ClickEvent>() {
43                  @Override
44                  public WatermarkGenerator<ClickEvent>
  createWatermarkGenerator(
45                          WatermarkGeneratorSupplier.Context context) {
46                      //自定义非周期WatermarkGenerator
47                      return new PunctuatedAssigner();
48                    }
49                  }.withTimestampAssigner((event, recordTimestamp) -> {
50                    //提取时间戳，设置断点可以查看是否正确调用
51                    //System.out.println("提取EventTime:"+event.getDateTime());
52                   return event.getDateTime();
53                  }))
54                  .keyBy(event->event.getKey())
55                  .window(TumblingEventTimeWindows.of(Time.milliseconds(4L)))
56                  .process(new MyProcessWindowFunctionOrder());
57                  //.sum("Value");
58          //结果打印
```

```
59          streamTS.print();
60          //执行程序
61          env.execute();
62      }
63      private static class PunctuatedAssigner implements
64              WatermarkGenerator<ClickEvent> {
65          //当有重复数值时，辅助确定个数
66          int size = 0;
67          @Override
68          public void onEvent(ClickEvent event,
69                              long eventTimestamp,
70                              WatermarkOutput output) {
71              size++;
72              //每接收到一个事件数据都会触发
73              System.out.println("EventTime:"+event.getDateTime()+"");
74              if(event.getDateTime() == 3 && size == 5){
75                  output.emitWatermark(new Watermark(4L));
76                  System.out.println("Watermark:4-->");
77              }
78              else if(event.getDateTime() == 6){
79                  output.emitWatermark(new Watermark(9L));
80                  System.out.println("Watermark:9-->");
81              }
82              else if(event.getDateTime() == 11){
83                  output.emitWatermark(new Watermark(11L));
84                  System.out.println("Watermark:11-->");
85              }
86              else if(event.getDateTime() == 13){
87                  output.emitWatermark(new Watermark(13L));
88                  System.out.println("Watermark:13-->");
89              }
90              else if(size == 17){
91                  output.emitWatermark(new Watermark(Long.MAX_VALUE));
92                  //流结束
93                  System.out.println("Watermark:"+Long.MAX_VALUE+"-->");
94                  System.out.println("****************************************");
95              }
96              else{
97                //不发送
98              }
99          }
100          @Override
101          public void onPeriodicEmit(WatermarkOutput output) {
```

```
102                //非周期，无须处理
103            }
104        }
105    }
```

代码 3-11 中，22 行 mySource 将给出了模拟的乱序数据，这个数据与图 3.15 中的事件时间一致。由于此处的乱序数据中的水位线生成规则并无明显周期规律，这里自定义了一个非周期生成水位线的 PunctuatedAssigner 类，它内部按照当前元素的索引来生成特定的水位线，以满足图 3.15 中水位线的要求。

55 行 window(TumblingEventTimeWindows.of(Time.milliseconds(4L)))定义了一个基于事件时间的滚动窗口，其窗口大小为 4 毫秒。

56 行 process 方法调用 MyProcessWindowFunctionOrder 来处理乱序数据。其示例如代码 3-12 所示。

【代码 3-12】 自定义 WindowFunction 文件：ch03/MyProcessWindowFunctionOrder.java

```
01    package com.example.ch03;
02    import org.apache.flink.streaming.api.functions.windowing.
  ProcessWindowFunction;
03    import org.apache.flink.streaming.api.windowing.windows.TimeWindow;
04    import org.apache.flink.util.Collector;
05    import java.util.*;
06    //自定义窗口处理函数，这里以查看窗口中的 Watermark 和时间范围信息为主，并排序
07    public class MyProcessWindowFunctionOrder
08            extends ProcessWindowFunction<ClickEvent, ClickEvent, String,
  TimeWindow> {
09        //一个窗口结束的时候调用一次
10        @Override
11        public void process(String key, Context context,
12                            Iterable<ClickEvent> eles,
13                            Collector<ClickEvent> out)
14                throws Exception {
15            System.out.print("Watermark=" + context.currentWatermark() + ",");
16            System.out.print("window:Start=" + context.window().getStart() +
  ",");
17            System.out.print("End=" + context.window().getEnd() + ",");
18            System.out.print("maxTimestamp=" + context.window().maxTimestamp());
19            System.out.println();
20            System.out.println("**************************************");
21            List<ClickEvent> listClickEvent =new ArrayList<ClickEvent>();
22            Iterator<ClickEvent> it = eles.iterator();
23            while(it.hasNext()){
24                listClickEvent.add(it.next());
```

```
25          }
26          //排序
27          Collections.sort(listClickEvent, new Comparator<ClickEvent>() {
28             @Override
29             public int compare(ClickEvent o1, ClickEvent o2) {
30                //大于 0 表示升序，如 1，2，3
31                return (int)(o1.getDateTime()-o2.getDateTime());
32             }
33          });
34          listClickEvent.forEach(event->{
35             System.out.println(event);
36          });
37          System.out.println("*************************************");
38          //可以返回处理结果，比如求和
39          //out.collect(...);
40       }
41    }
```

代码 3-12 中，11 行的 process 方法在窗口满足触发条件时触发，其中可以通过 Context 对象获取到窗口信息以及水位线信息等。其中的 Iterable<ClickEvent> eles 代表当前窗口中的所有元素，这样可以通过迭代，对数据进行各种灵活的处理。

下面给出此示例程序的执行过程示意图，其中对于关键时间点的窗口快照示意进行阐述，这样更利于理解 Flink 中水位线的工作原理。

由于代码 3-12 创建了一个基于事件时间，窗口长度为 4 毫秒的滚动窗口，当事件时间为 1 的元素到达窗口算子时，会落入已经分配好的窗口[0,4)中，如图 3.26 所示。

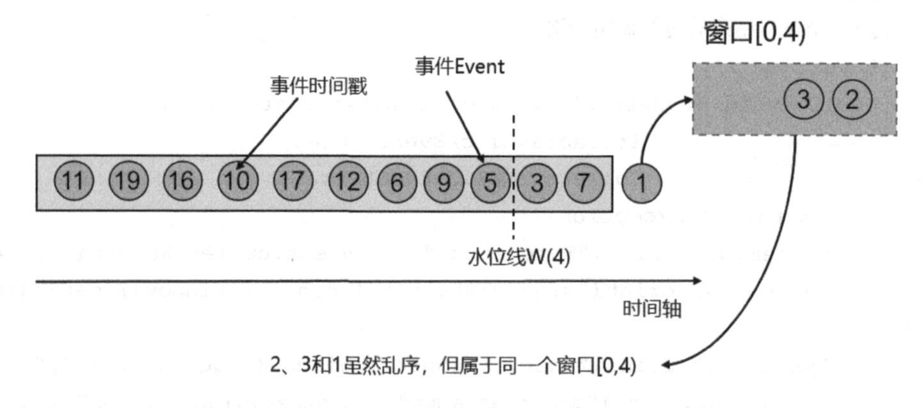

图 3.26　事件时间 1 的元素到达窗口算子时的示意图

图 3.26 中，由于窗口算子未收到水位线，此时并不满足窗口触发条件，因此此时窗口不触发计算逻辑。

当事件时间 7 的元素到达窗口算子时，由于此时的事件时间不在窗口[0,4)中，因此需要再分配一个窗口[4,8)，其过程示意图如图 3.27 所示。

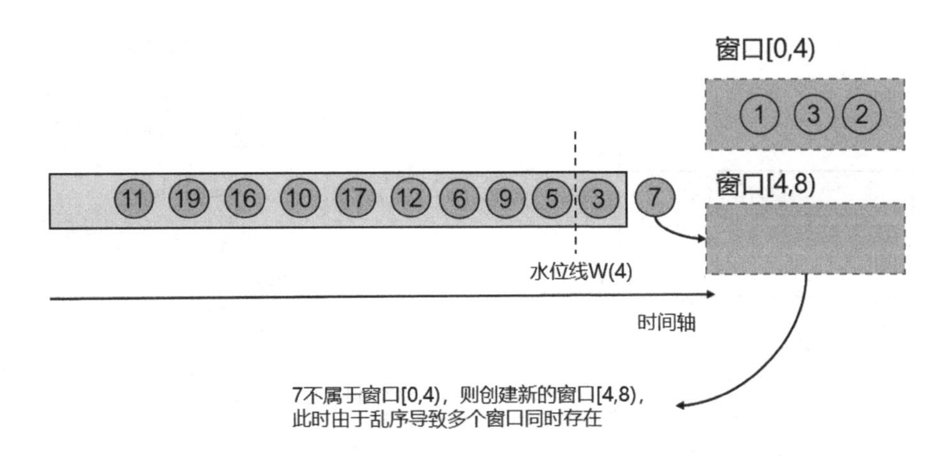

图 3.27　事件时间 7 的元素到达窗口算子时的示意图

当水位线 W(4)到达窗口算子时，那么满足 W(4)大于等于窗口[0,4)的结束时间 3，则满足窗口触发条件，此时可以对窗口[0,4)中的元素进行求和，即为 9。其过程示意图如图 3.28 所示。

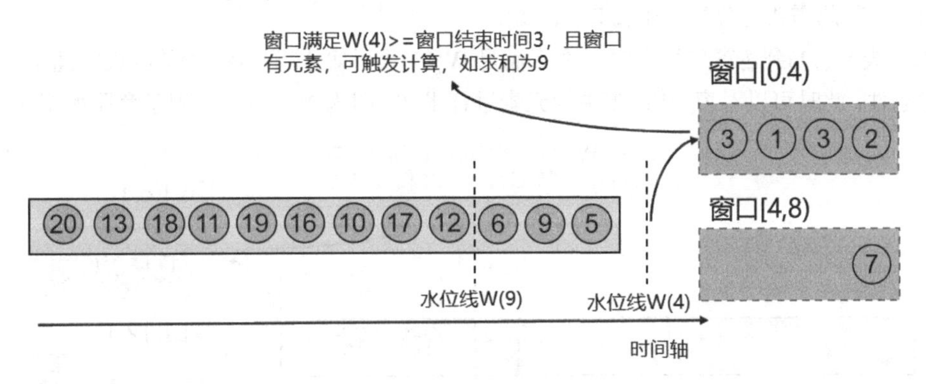

图 3.28　水位线 W(4)到达窗口算子时的示意图

当事件时间 9 的元素到达窗口算子时，由于此时的事件时间不在窗口[4,8)中，因此需要再分配一个窗口[8,12)，其过程示意图如图 3.29 所示。

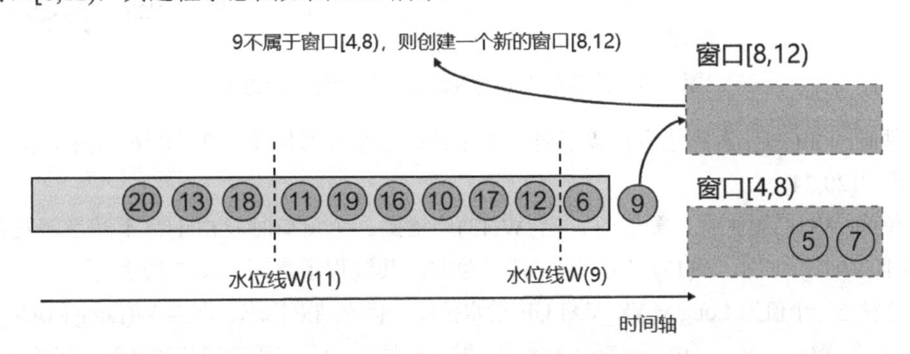

图 3.29　事件时间 9 的元素到达窗口算子时的示意图

当水位线 W(9)到达窗口算子时，那么满足 W(9)大于等于窗口[4,8)的结束时间 7，则满足窗口触发条件，此时可以对窗口[4,8)中的元素进行求和，即为 18。其过程示意图如图 3.30 所示。

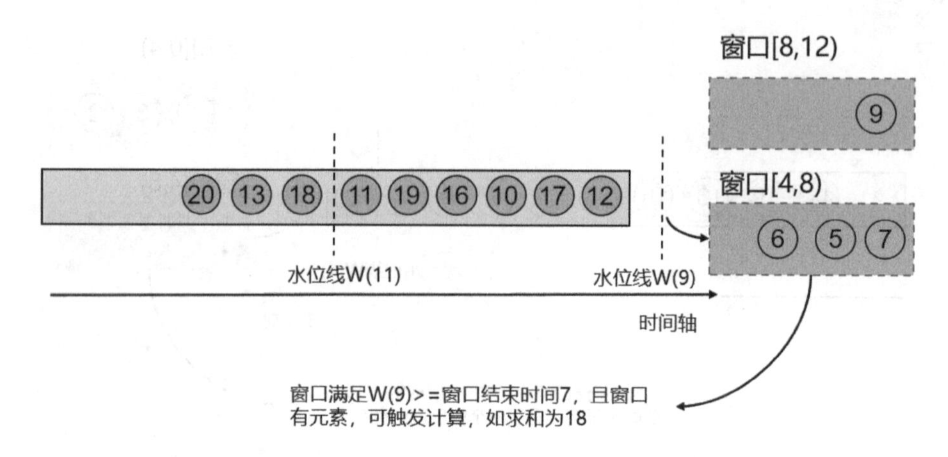

图 3.30　水位线 W(9)到达窗口算子时的示意图

当事件时间 12 的元素到达窗口算子时，由于此时的事件时间不在窗口[8,12)中，因此需要再分配一个窗口[12,16)。同理，当事件时间 17 的元素到达窗口算子时，由于此时的事件时间不在窗口[12,16)中，因此需要再分配一个窗口[16,20)。

当水位线 W(11)到达窗口算子时，那么满足 W(11)大于等于窗口[8,12)的结束时间 11，则满足窗口触发条件，此时可以对窗口[8,12)中的元素进行求和，即为 30。当其过程示意图如图 3.31 所示。

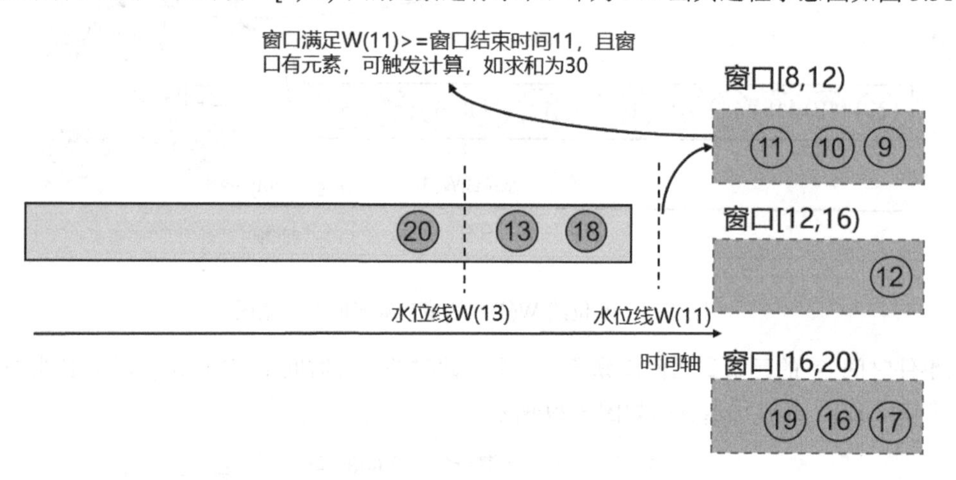

图 3.31　水位线 W(11)到达窗口算子时的示意图

当事件时间 20 的元素到达窗口算子时，由于此时的事件时间不在窗口[16,20)中，因此需要再分配一个窗口[20,34)。

当水位线 W(13)到达窗口算子时，当 W(13)广播到三个窗口时，由于都不满足触发条件，即 W(13)<23 且 W(13)<15 且 W(13)<19，因此都不触发。其过程示意图如图 3.32 所示。

最后会发送一个值为 Long.MAX_VALUE 的水位线，代表结束标志。即当 W(Long.MAX_VALUE)广播到三个窗口时，由于都满足触发条件，即 W(9223372036854775807)>=23 且 W(9223372036854775807)>=15 且 W(9223372036854775807)>=19，因此都触发。其过程示意图如图 3.33 所示。

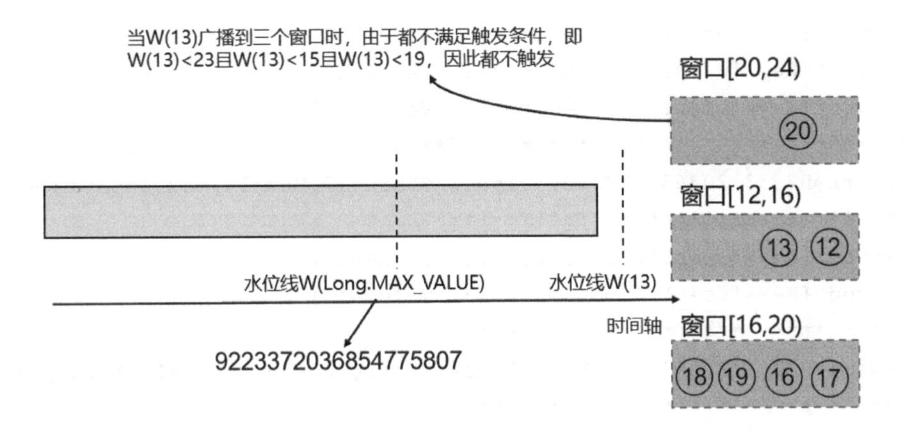

图 3.32 水位线 W(13)到达窗口算子时的示意图

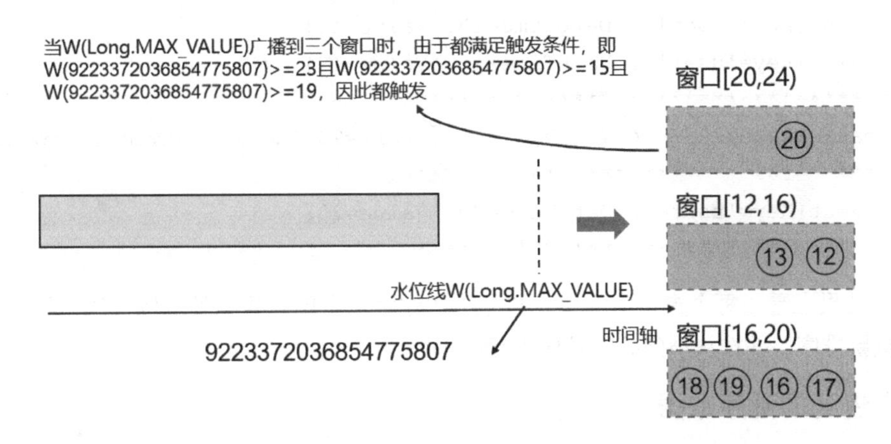

图 3.33 水位线 W(Long.MAX_VALUE)到达窗口算子时的示意图

运行代码 3-12，输出结果如下：

```
Watermark=4,window:Start=0,End=4,maxTimestamp=3
****************************************
ClickEvent{Key='user1', DateTime=1, Value=1}
ClickEvent{Key='user1', DateTime=2, Value=2}
ClickEvent{Key='user1', DateTime=3, Value=3}
ClickEvent{Key='user1', DateTime=3, Value=3}
****************************************
Watermark=9,window:Start=4,End=8,maxTimestamp=7
****************************************
ClickEvent{Key='user1', DateTime=5, Value=5}
ClickEvent{Key='user1', DateTime=6, Value=6}
ClickEvent{Key='user1', DateTime=7, Value=7}
****************************************
Watermark=11,window:Start=8,End=12,maxTimestamp=11
****************************************
```

```
ClickEvent{Key='user1', DateTime=9, Value=9}
ClickEvent{Key='user1', DateTime=10, Value=10}
ClickEvent{Key='user1', DateTime=11, Value=11}
************************************
Watermark=9223372036854775807,window:Start=12,End=16,maxTimestamp=15
************************************
ClickEvent{Key='user1', DateTime=12, Value=12}
ClickEvent{Key='user1', DateTime=13, Value=13}
************************************
Watermark=9223372036854775807,window:Start=16,End=20,maxTimestamp=19
************************************
ClickEvent{Key='user1', DateTime=16, Value=16}
ClickEvent{Key='user1', DateTime=17, Value=17}
ClickEvent{Key='user1', DateTime=18, Value=18}
ClickEvent{Key='user1', DateTime=19, Value=19}
************************************
Watermark=9223372036854775807,window:Start=20,End=24,maxTimestamp=23
************************************
ClickEvent{Key='user1', DateTime=20, Value=20}
************************************
```

从输出结果上看，每个窗口中的元素与分析的过程示意图一致。且示例代码中已经将乱序的数据进行重新排序，并按从小到大的顺序进行排列。

3.3.2 有迟到的乱序数据

下面给出一个有迟到的乱序数据示例，如图 3.34 所示。其中 W(11)后的事件时间为 5 和 10 的元素为迟到数据（Late Data）。

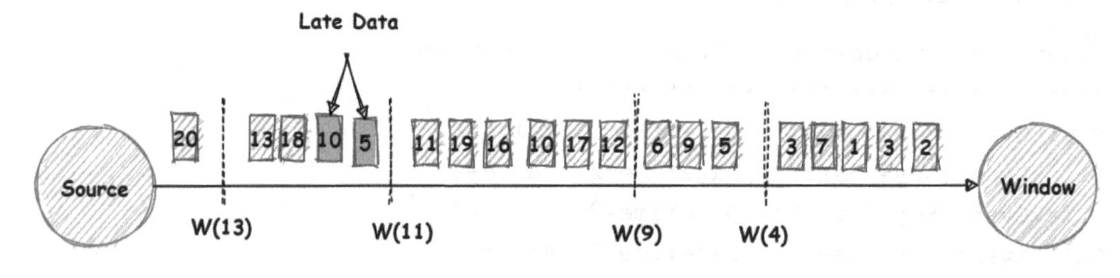

图 3.34 有迟到乱序数据示意图

下面给出有迟到的乱序数据示例，如代码 3-13 所示。

【代码 3-13】 有迟到的乱序数据 文件：ch03/Demo11.java

```
01    package com.example.ch03;
02    import org.apache.flink.api.common.eventtime.*;
03    import org.apache.flink.streaming.api.TimeCharacteristic;
04    import org.apache.flink.streaming.api.datastream.DataStreamSource;
```

```
05   import org.apache.flink.streaming.api.datastream.SingleOutputStreamOperator;
06   import org.apache.flink.streaming.api.environment.StreamExecutionEnvironment;
07   import org.apache.flink.streaming.api.windowing.assigners.
TumblingEventTimeWindows;
08   import org.apache.flink.streaming.api.windowing.time.Time;
09   import org.apache.flink.util.OutputTag;
10   //EventTime+Watermark解决乱序数据示例(allowedLateness)
11   public class Demo11 {
12       public static void main(String[] args) throws  Exception{
13           //创建流处理环境
14           StreamExecutionEnvironment env = StreamExecutionEnvironment
15                   .getExecutionEnvironment();
16           //设置EventTime语义
17           env.setStreamTimeCharacteristic(TimeCharacteristic.EventTime);
18           //设置周期生成Watermark间隔(3秒)
19           env.getConfig().setAutoWatermarkInterval(1000*3L);
20           //并行度1
21           env.setParallelism(1);
22           //演示数据
23           DataStreamSource<ClickEvent> mySource = env.fromElements(
24                   new ClickEvent("user1", 2L, 2),
25                   new ClickEvent("user1", 3L, 3),
26                   new ClickEvent("user1", 1L, 1),
27                   new ClickEvent("user1", 7L, 7),
28                   new ClickEvent("user1", 3L, 3),
29                   new ClickEvent("user1", 5L, 5),
30                   new ClickEvent("user1", 9L, 9),
31                   new ClickEvent("user1", 6L, 6),
32                   new ClickEvent("user1", 12L, 12),
33                   new ClickEvent("user1", 17L, 17),
34                   new ClickEvent("user1", 10L, 10),
35                   new ClickEvent("user1", 16L, 16),
36                   new ClickEvent("user1", 19L, 19),
37                   new ClickEvent("user1", 11L, 11),
38                   new ClickEvent("user1", 5L, 0), //late
39                   new ClickEvent("user1", 10L, 0),//late
40                   new ClickEvent("user1", 18L, 18),
41                   new ClickEvent("user1", 13L, 13),
42                   new ClickEvent("user1", 20L, 20)
43           );
44           OutputTag<ClickEvent> laterTag = new OutputTag<ClickEvent>
("myLater"){};
45           SingleOutputStreamOperator<ClickEvent> streamTS = mySource
```

```
46          .assignTimestampsAndWatermarks(new WatermarkStrategy<ClickEvent>() {
47                 @Override
48                 public WatermarkGenerator<ClickEvent>
createWatermarkGenerator(
49                          WatermarkGeneratorSupplier.Context context) {
50                       //自定义非周期WatermarkGenerator
51                       return new PunctuatedAssigner();
52                    }
53                 }.withTimestampAssigner((event, recordTimestamp) -> {
54                    //提取时间戳，设置断点可以查看是否正确调用
55                    //System.out.println("提取EventTime:"
+event.getDateTime());
56                   return event.getDateTime();
57                 }))
58                 .keyBy(event->event.getKey())
59                 .window(TumblingEventTimeWindows.of(Time.milliseconds(4L)))
60                 // 允许数据的最大时间
61                 .allowedLateness(Time.milliseconds(2L))
62                 //侧输出迟到数据
63                 .sideOutputLateData(laterTag)
64                 .process(new MyProcessWindowFunctionOrder());
65                 //.sum("Value");
66          //结果打印
67          streamTS.print();
68          //打印迟到数据
69          streamTS.getSideOutput(laterTag).print("LateEvent:->");
70          //执行程序
71          env.execute();
72       }
73       private static class PunctuatedAssigner implements
74              WatermarkGenerator<ClickEvent> {
75          //当有重复数值时，辅助确定个数
76          int size = 0;
77          @Override
78          public void onEvent(ClickEvent event,
79                          long eventTimestamp,
80                          WatermarkOutput output) {
81             size++;
82             //每接收到一个事件数据都会触发
83             System.out.println("EventTime:"+event.getDateTime()+"");
84             if(event.getDateTime() == 3 && size == 5){
85                output.emitWatermark(new Watermark(4L));
86                System.out.println("Watermark:4-->");
```

```
87              }
88              else if(event.getDateTime() == 6){
89                  output.emitWatermark(new Watermark(9L));
90                  System.out.println("Watermark:9-->");
91              }
92              else if(event.getDateTime() == 11){
93                  output.emitWatermark(new Watermark(11L));
94                  System.out.println("Watermark:11-->");
95              }
96              else if(event.getDateTime() == 13){
97                  output.emitWatermark(new Watermark(13L));
98                  System.out.println("Watermark:13-->");
99              }
100              else if(size == 19){
101                  output.emitWatermark(new Watermark(Long.MAX_VALUE));
102                  //流结束
103                  System.out.println("Watermark:"+Long.MAX_VALUE+"-->");
104                  System.out.println("****************************************");
105              }
106              else{
107                //不发送
108              }
109          }
110          @Override
111          public void onPeriodicEmit(WatermarkOutput output) {
112              //非周期，无须处理
113          }
114      }
115  }
```

代码 3-13 中，44 行 OutputTag<ClickEvent> laterTag 定义了一个存储迟到数据的容器。61 行 allowedLateness(Time.milliseconds(2L))则允许迟到，其最大长度为 2 毫秒，它进一步提升了乱序的容忍度。

63 行 sideOutputLateData(laterTag)将迟到数据通过侧输出的方式进行输出。69 行 streamTS.getSideOutput(laterTag).print("LateEvent:->")则可以获取到迟到数据，并进行打印，实际项目中，可以根据实际情况进行二次处理。

代码 3-13 运行结果如下所示：

```
Watermark=4,window:Start=0,End=4,maxTimestamp=3
****************************************
ClickEvent{Key='user1', DateTime=1, Value=1}
ClickEvent{Key='user1', DateTime=2, Value=2}
```

```
ClickEvent{Key='user1', DateTime=3, Value=3}
ClickEvent{Key='user1', DateTime=3, Value=3}
**************************************
Watermark=9,window:Start=4,End=8,maxTimestamp=7
**************************************
ClickEvent{Key='user1', DateTime=5, Value=5}
ClickEvent{Key='user1', DateTime=6, Value=6}
ClickEvent{Key='user1', DateTime=7, Value=7}
**************************************
Watermark=11,window:Start=8,End=12,maxTimestamp=11
**************************************
ClickEvent{Key='user1', DateTime=9, Value=9}
ClickEvent{Key='user1', DateTime=10, Value=10}
ClickEvent{Key='user1', DateTime=11, Value=11}
**************************************
LateEvent:->> ClickEvent{Key='user1', DateTime=5, Value=0}
Watermark=11,window:Start=8,End=12,maxTimestamp=11
**************************************
ClickEvent{Key='user1', DateTime=9, Value=9}
ClickEvent{Key='user1', DateTime=10, Value=10}
ClickEvent{Key='user1', DateTime=10, Value=0}
ClickEvent{Key='user1', DateTime=11, Value=11}
**************************************
Watermark=9223372036854775807,window:Start=12,End=16,maxTimestamp=15
**************************************
ClickEvent{Key='user1', DateTime=12, Value=12}
ClickEvent{Key='user1', DateTime=13, Value=13}
**************************************
Watermark=9223372036854775807,window:Start=16,End=20,maxTimestamp=19
**************************************
ClickEvent{Key='user1', DateTime=16, Value=16}
ClickEvent{Key='user1', DateTime=17, Value=17}
ClickEvent{Key='user1', DateTime=18, Value=18}
ClickEvent{Key='user1', DateTime=19, Value=19}
**************************************
Watermark=9223372036854775807,window:Start=20,End=24,maxTimestamp=23
**************************************
ClickEvent{Key='user1', DateTime=20, Value=20}
**************************************
```

从输出结果中可以发现，迟到的数据 10 正确地落入窗口[8,12)中，并且窗口[8,12)进行了 2 次调用。而元素 5 则通过 laterTag 进行输出，并未能正确落入对应的窗口。

3.4　WindowAssigner、Evictor 以及 Trigger

Window 在 Flink 中作为独立的算子（Operator）存在，具有非常重要的作用。它可以将无限的数据集按照时间或者数量进行纵向划分，从而完成一批数据的统计计算，满足流计算中相关业务场景，如每隔 10 分钟统计一下交易额，或者每达到 10 个交易数就统计一下交易额。

一般来说，Flink 应用程序构建的数据流图中的有向连线为 Stream，其中 DataStream 为 Stream 的一种实现，在 IDEA 中可以查看 DataStream 类的层级关系，其中子级包含 SingleOutputStreamOperator 和 KeyedStream，如图 3.35 所示。

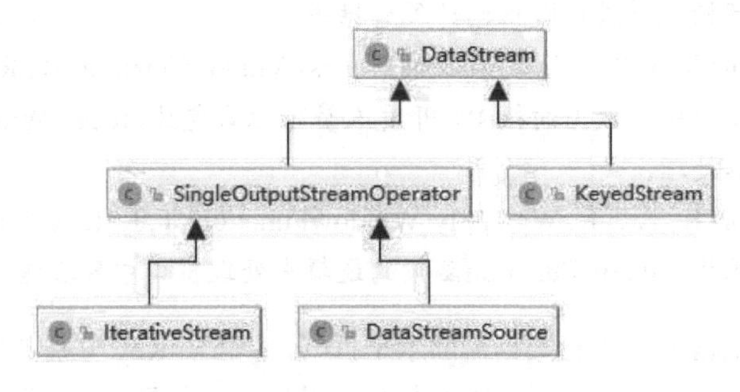

图 3.35　DataStream 类层级关系示意图

其中 DataStream 表示事件元素为同类型的数据流，它可以通过转换操作转化为其他类型的 DataStream，如通过 KeyBy 按照 Key 进行分区后转化成 KeyedStream。其中的 KeyedStream 可以通过 Window 转换成一个 WindowedStream，它代表了 Keyed Window。

WindowedStream 类中有一个 WindowOperatorBuilder 类，它可以构建出一个 WindowOperator，其中 WindowOperatorBuilder 类图如图 3.36 所示。

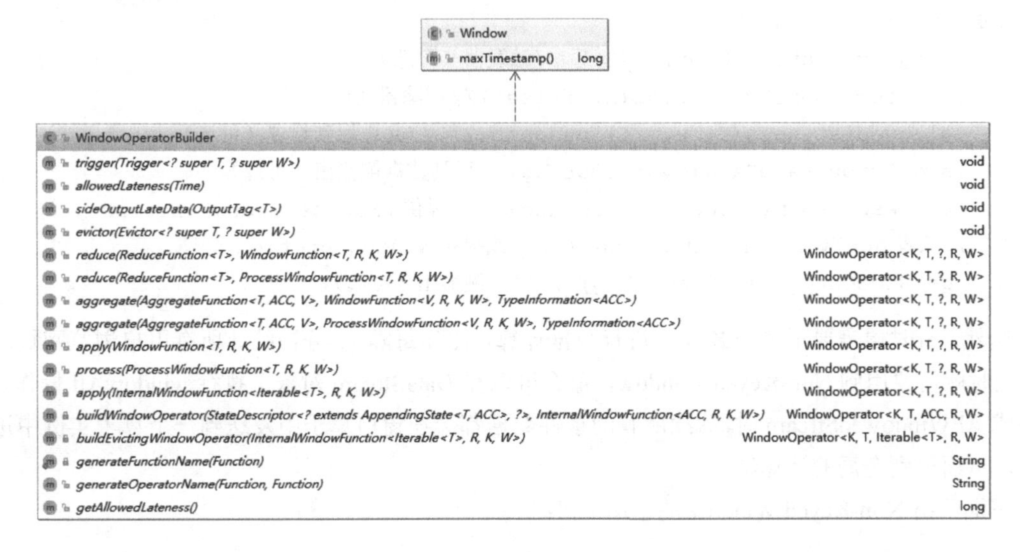

图 3.36　WindowOperatorBuilder 类图

从图 3.36 可以看出，它具备如下核心方法：

- trigger(Trigger<? super T, ? super W> trigger)
  该方法用来接收一个Trigger对象，它可以用来触发窗口的计算。
- evictor(Evictor<? super T, ? super W> evictor)
  该方法用来接收一个Evictor对象，它可以用来在触发窗口前或者后剔除掉一些元素。
- allowedLateness(Time lateness)
  该方法用来接收一个Time对象作为最大延迟长度，它可以用来增加等待时间，比如窗口在10:00触发，但是当设置了此延迟参数后，可能在10:05才触发。
- sideOutputLateData(OutputTag<T> outputTag)
  该方法用来接收一个OutputTag对象作为迟到数据的容器，它可以将迟到的数据从旁侧输出，以根据实际情况来进行修正已计算的结果。
- WindowOperator<K, T, ?, R, W> process(ProcessWindowFunction<T, R, K, W> function)
  该方法是处理窗口中的数据的核心，开发人员可以自定义ProcessWindowFunction函数来完成个性化的数据处理。
- WindowOperator<K, T, ?, R, W> apply(WindowFunction<T, R, K, W> function)
  该方法也可以根据WindowFunction函数的逻辑来处理窗口中的数据。

Keyed Window 会根据 Key 进行数据流的水平拆分，并按照 Key 分别计算结果。如果要计算每个用户（用户 ID 可以作为 Key）在每隔 10 分钟内浏览网页的数量，则需要用到 Keyed Window。

下面给出 Keyed Window 的常用 API：

```
//Keyed Window
dataStream
    .keyBy(tp -> tp.f0) //DataStream -> KeyedStream
    //KeyedStream → WindowedStream
    .window(TumblingEventTimeWindows.of(Time.milliseconds(3)))//提供
WindowAssigner
    .trigger(CountTrigger.of(2)) //触发器（可选）
    .evictor(CountEvictor.of(2, false))//剔除器（可选）
    .allowedLateness(Time.milliseconds(2))//允许迟到设置（可选）
    .sideOutputLateData(mySideOutTag)//迟到数据侧输出（可选）
    .process(new myProcessWindowFunc())//提供 ProcessWindowFunction
    //或者 apply(new myWindowFunc())//或提供 WindowFunction
    .getSideOutput(mySideOutTag);//获取侧输出（可选）
```

当然，有时候需要不区分 Key 来进行数据计算，比如每隔 10 分钟统计所有用户浏览网页的数量，此时就需要用到 Non-Keyed Window，那么可以在 DataStream 对象上执行 windowAll 操作，当转换成 AllWindowedStream 时，后续所有的事件数据都会在窗口算子中发送到一个算子实例中进行计算，从而得到全局的计算结果。

下面给出 Non-Keyed Window 的常用 API：

```
    //Non-Keyed Window
    dataStream
        //DataStream → AllWindowedStream
        .windowAll(TumblingEventTimeWindows.of(Time.milliseconds(3)))//提供
WindowAssigner
        .trigger(CountTrigger.of(2)) //触发器（可选）
        .evictor(CountEvictor.of(2, false))//剔除器（可选）
        .allowedLateness(Time.milliseconds(2))//允许迟到设置（可选）
        .sideOutputLateData(mySideOutTag)//迟到数据侧输出（可选）
        .process(new myProcessAllWindowFunc())//提供 ProcessAllWindowFunction
        //或者 apply(new myAllWindowFunc())//或提供 AllWindowFunction
        .getSideOutput(mySideOutTag);//获取侧输出（可选）
```

每个窗口算子中，都包含了 WindowAssigner、Trigger、Evictor、Lateness 和窗口 Function 等。其中 WindowAssigner 和窗口 Function 是必须指定的。

下面分别对 WindowAssigner、Trigger 和 Evictor 进行详细说明。

3.4.1 WindowAssigner

WindowAssigner 是一个窗口分配器，用来确定窗口类型，即确定当前的窗口如何划分，是基于数量的滚动窗口或者滑动窗口，还是基于时间的滚动窗口或者滑动窗口。同时，Flink 还支持 Session 窗口，该窗口在某些场景下非常有用。在 Flink 源码中，代表窗口的 Window 类仅有 TimeWindow 和 GlobalWindow 两个子类。

WindowAssigner 是一个抽象类，其主要的层级关系示意图如图 3.37 所示。

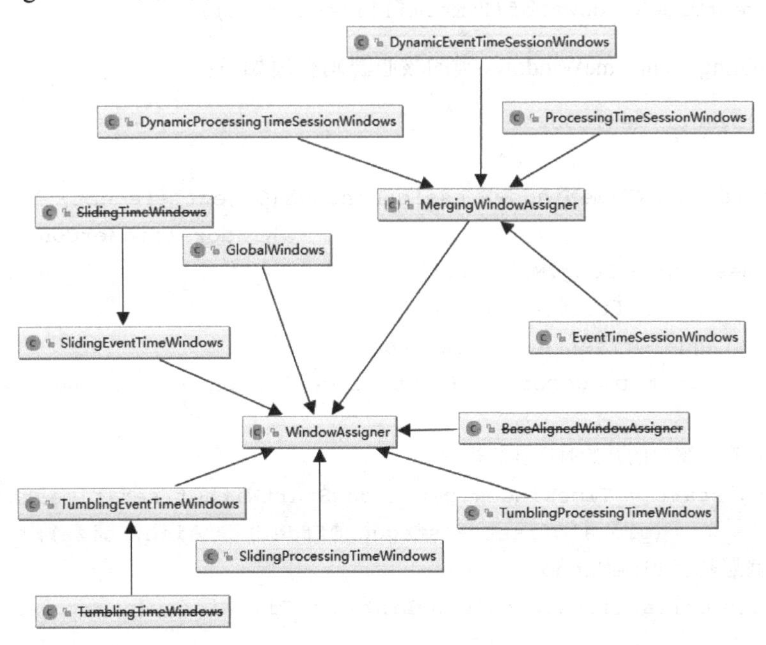

图 3.37　WindowAssigner 类层级关系示意图

由图 3.37 可知，主要的 WindowAssigner 实现类如下：

- GlobalWindows
- DynamicEventTimeSessionWindows
- DynamicProcessingTimeSessionWindows
- EventTimeSessionWindows
- ProcessingTimeSessionWindows
- SlidingEventTimeWindows
- SlidingProcessingTimeWindows
- TumblingEventTimeWindows
- TumblingProcessingTimeWindows

其中基于时间维度的 TumblingEventTimeWindows、TumblingProcessingTimeWindows、SlidingEventTimeWindows、SlidingProcessingTimeWindows、EventTimeSessionWindows 和 ProcessingTimeSessionWindows 等从源码上来看，底层还是基于 TimeWindow 实现的。而基于数量的 Tumbling Window、Sliding Window 和 GlobalWindow 从源码上来看，则是基于 GlobalWindow 实现的。

下面对主要的 WindowAssigner 实现类分别进行详细阐述：

（1）TumblingEventTimeWindows

它表示基于事件时间的滚动窗口，可以基于静态方法 of，通过传入一个 Time 类型的窗口大小参数来构建窗口，即：

```
//以 EventTime 为时间语义，窗口大小为 3 毫秒的滚动窗口
TumblingEventTimeWindows.of(Time.milliseconds(3))
```

下面将 TumblingEventTimeWindows 类的核心源码整理如下：

```
//TumblingEventTimeWindows
@Override
public Collection<TimeWindow> assignWindows(Object element, long timestamp,
                                    WindowAssignerContext context) {
    if (timestamp > Long.MIN_VALUE) {
        if (staggerOffset == null) {
            staggerOffset = windowStagger
                .getStaggerOffset(context.getCurrentProcessingTime(), size);
        }
        //注意：窗口的开始时间计算规则
        long start = TimeWindow.getWindowStartWithOffset(timestamp,
                (globalOffset + staggerOffset) % size, size);
        //底层基于 TimeWindow
       return Collections.singletonList(new TimeWindow(start, start + size));
    } else {
        throw new RuntimeException("Record has Long.MIN_VALUE timestamp...");
```

```
        }
    }
    @Override
    public Trigger<Object, TimeWindow>
getDefaultTrigger(StreamExecutionEnvironment env) {
        //窗口触发器
        return EventTimeTrigger.create();
    }
    ////////////////////////////////////////////////////////////////////////////
////////////////////////////////////////////////////////////////////////////
    //TimeWindow
    public static long getWindowStartWithOffset(long timestamp, long offset,
                                                 long windowSize) {
        return timestamp - (timestamp - offset + windowSize) % windowSize;
    }
```

其中 assignWindows 方法决定了窗口的分配，每个滚动窗口的开始时间 start 是调用 TimeWindow.getWindowStartWithOffset 方法计算而来的，计算规则为：

```
timestamp - (timestamp - offset + windowSize) % windowSize
```

分配的 TimeWindow 窗口范围为(start, start + size)。

而 getDefaultTrigger 方法则决定了窗口何时进行触发计算，其内部返回一个 EventTimeTrigger 触发器。关于触发器将在后续的 Trigger 小节部分进行详细介绍。

（2）SlidingEventTimeWindows

它表示基于事件时间的滑动窗口，可以基于静态方法 of，通过传入 2 个 Time 类型的窗口参数来构建窗口，即：

```
//以 EventTime 为时间语义，窗口大小为 10 毫秒，每次滑动大小为 5 毫秒
SlidingEventTimeWindows.of(Time.milliseconds(10),Time.milliseconds(5))
```

下面将 TumblingEventTimeWindows 类的核心源码整理如下：

```
//SlidingEventTimeWindows
@Override
public Collection<TimeWindow> assignWindows(
                            Object element, long timestamp, WindowAssignerContext
context) {
    if (timestamp > Long.MIN_VALUE) {
        List<TimeWindow> windows = new ArrayList<>((int) (size / slide));
        //注意：窗口的划分规则
        long lastStart = TimeWindow.getWindowStartWithOffset(timestamp, offset,
slide);
        for (long start = lastStart; start > timestamp - size; start -= slide) {
            windows.add(new TimeWindow(start, start + size));
```

```
        }
        return windows;
    } else {
        throw new RuntimeException(
                "Record has Long.MIN_VALUE timestamp...");
    }
}
@Override
public Trigger<Object, TimeWindow>
getDefaultTrigger(StreamExecutionEnvironment env) {
    return EventTimeTrigger.create();
}
```

同样的，其中 assignWindows 方法决定了窗口的分配，每个滑动窗口的开始时间 start，同样是调用 TimeWindow.getWindowStartWithOffset 方法计算而来的。但与滚动窗口不同，滑动窗口一次可能分配多个窗口，它是一个 List<TimeWindow> windows，窗口个数为：

```
size / slide
```

针对每个窗口，分配的 TimeWindow 范围为(start, start + size)。

而 getDefaultTrigger 方法同样决定了窗口何时进行触发计算，其内部返回一个 EventTimeTrigger 触发器。

（3）EventTimeSessionWindows

它表示基于事件时间的会话窗口，可以基于静态方法 withGap，通过传入 1 个 Time 类型的窗口参数来构建窗口，即：

```
//以 EventTime 为时间语义，窗口间超时时间为 10 毫秒 EventTimeSessionWindows.withGap
(Time.milliseconds(10))
```

下面将 EventTimeSessionWindows 类的核心源码整理如下：

```
//EventTimeSessionWindows
protected EventTimeSessionWindows(long sessionTimeout) {
    if (sessionTimeout <= 0) {
        throw new IllegalArgumentException(
                "EventTimeSessionWindows parameters must satisfy 0 < size");
    }
    this.sessionTimeout = sessionTimeout;
}
@Override
public Collection<TimeWindow> assignWindows(Object element,
long timestamp, WindowAssignerContext context) {
    return Collections.singletonList(
        new TimeWindow(timestamp, timestamp + sessionTimeout));
}
```

```
    @Override
    public Trigger<Object, TimeWindow> getDefaultTrigger(StreamExecutionEnvironment
env) {
        return EventTimeTrigger.create();
    }
    public static EventTimeSessionWindows withGap(Time size) {
        return new EventTimeSessionWindows(size.toMilliseconds());
    }
```

withGap(Time size)方法内部会生成一个 EventTimeSessionWindow，并将 Time 类型的参数转换为毫秒，用于初始化 sessionTimeout 的值。

在 assignWindows 方法中，内部同样生成一个 TimeWindow。针对每个窗口，分配的 TimeWindow 范围为(timestamp, timestamp + sessionTimeout)。

而 getDefaultTrigger 方法同样决定了窗口何时进行触发计算，其内部返回一个 EventTimeTrigger 触发器。

从上述的核心源码分析可知，TumblingEventTimeWindows、SlidingEventTimeWindows 和 EventTimeSessionWindows 都是基于 TimeWindow 实现的窗口，且窗口触发机制也是基于 EventTimeTrigger。这三种的窗口的区别在于窗口的个数以及窗口范围是不一样的。

（4）基于数量的窗口

除了基于时间的窗口外，Flink 还支持基于数量的窗口，在 KeyedStream 流类型对象上，通过调用 countWindow 方法可以将其转换为一个 WindowedStream 对象，且代表一个 Count Windows。根据不同的参数，可以生成 Tumbling Count Windows 或 Sliding Count Windows。

下面给出 KeyedStream 类中关于基于数量的窗口的核心源码，整理如下：

```
    /**
     * Windows this {@code KeyedStream} into tumbling count windows.
     *
     * @param size The size of the windows in number of elements.
     */
    public WindowedStream<T, KEY, GlobalWindow> countWindow(long size) {
        return window(GlobalWindows.create()).trigger(PurgingTrigger.of
(CountTrigger.of(size)));
    }
    /**
     * Windows this {@code KeyedStream} into sliding count windows.
     *
     * @param size The size of the windows in number of elements.
     * @param slide The slide interval in number of elements.
     */
    public WindowedStream<T, KEY, GlobalWindow> countWindow(long size, long slide) {
        return window(GlobalWindows.create())
```

```
            .evictor(CountEvictor.of(size))
            .trigger(CountTrigger.of(slide));
    }
```

从 KeyedStream 类源码中可以看出，Flink 基于数量的滚动窗口和滑动窗口，内部都是通过 GlobalWindows 实现的，其中滚动窗口通过 PurgingTrigger.of(CountTrigger.of(size))这个触发器来实现。而滑动窗口通过组合 CountEvictor 剔除器和 CountTrigger 触发器来实现。

在 Non-Keyd 流上调用 countWindowAll 方法可转换成 Non-Keyd 数量窗口。

（5）全局窗口（Global Windows）

将所有数据分配到单个窗口中进行计算，窗口没有开始和结束时间，内部的 getDefaultTrigger 方法返回一个 NeverTrigger 对象，即默认不会触发。因此，需要外部自行指定 Trigger 来触发计算。

windows.GlobalWindow 是全局窗口，而 assigners.GlobalWindows 是一个全局窗口分配器。

（6）自定义窗口类型

主要继承 WindowAssigner 抽象类，通过重写 assignWindows 方法用来自定义窗口划分方式，重写 getDefaultTrigger 方法来设定默认的窗口触发器来决定何时进行窗口计算。

3.4.2 Trigger

前面提到的 WindowAssigner 是为了解决窗口如何划分的问题，而什么时间对窗口中的数据进行计算，则取决于触发器 Trigger。一般来说，每个 WindowAssigner 都在内部实现了一个默认的 Trigger。

下面给出 Trigger 类的核心方法示意图，如图 3.38 所示。

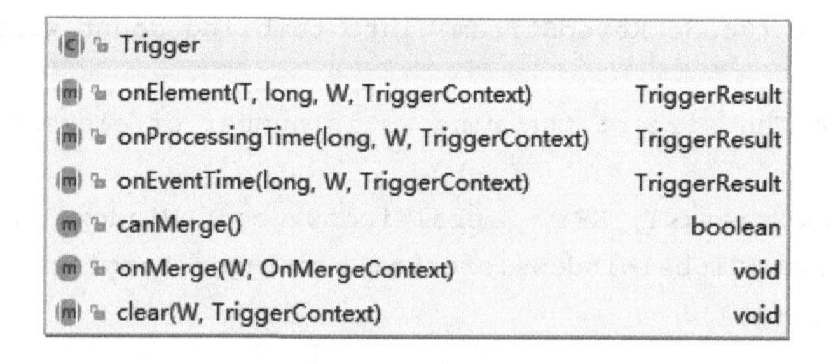

图 3.38 Trigger 类核心方法示意图

其中，Trigger 主要有如下的核心方法：

- TriggerResult onElement(T element, long timestamp, W window, TriggerContext ctx)
  该方法会在每个事件数据到达后触发，此时可以根据业务逻辑，来评估是否要触发窗口计算，关于触发与否则取决于返回的TriggerResult值。
- TriggerResult onProcessingTime(long time, W window, TriggerContext ctx)
  当注册的处理时间计时器（processing-time timer）被触发时调用。

- TriggerResult onEventTime(long time, W window, TriggerContext ctx)
  当注册的事件时间计时器(event-time timer)被触发时调用。
- void onMerge(W window, OnMergeContext ctx)
  窗口合并时调用，能否合并取决于窗口类型。
- void clear(W window, TriggerContext ctx)
  清理窗口中的数据时调用，从而释放资源。

下面将TriggerResult的核心代码整理如下：

```
public enum TriggerResult {
    /** No action is taken on the window. */
    CONTINUE(false, false),
    /** {@code FIRE_AND_PURGE} evaluates the window function
     * and emits the window result. */
    FIRE_AND_PURGE(true, true),
    /**
     * On {@code FIRE}, the window is evaluated and results are emitted.
     * The window is not purged,though, all elements are retained.
     */
    FIRE(true, false),
    /**
     * All elements in the window are cleared and the window is discarded,
     * without evaluating the window function or emitting any elements.
     */
    PURGE(false, true);
    // ------------------------------------------------------------------
    private final boolean fire;
    private final boolean purge;
    TriggerResult(boolean fire, boolean purge) {
        this.purge = purge;
        this.fire = fire;
    }
    public boolean isFire() {
        return fire;
    }
    public boolean isPurge() {
        return purge;
    }
}
```

TriggerResult是一个枚举类型，其中几种返回值分别说明如下：

- CONTINUE：代表继续执行，不进行任何窗口操作。
- FIRE_AND_PURGE：代表触发窗口计算，发送窗口计算结果，并清空窗口数据。

- FIRE：代表触发窗口计算，发送窗口计算结果，但不清空窗口数据。
- PURGE：代表清空窗口数据并销毁窗口，但不对窗口计算也不发送数据。

Flink 框架中，内置一些常见的触发器，其层级关系如图 3.39 所示。

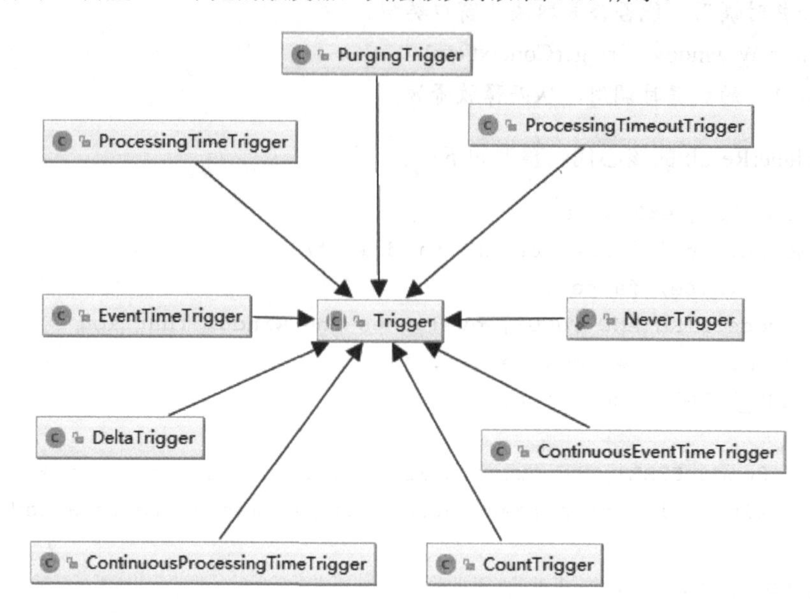

图 3.39　Trigger 层级关系示意图

从图 3.39 可知，Flink 内置的触发器主要有如下几种：

- ContinuousEventTimeTrigger
- ContinuousProcessingTimeTrigger
- CountTrigger
- DeltaTrigger
- EventTimeTrigger
- NeverTrigger
- ProcessingTimeoutTrigger
- ProcessingTimeTrigger
- PurgingTrigger

下面对内置的几种典型的触发器进行详细说明：

（1）EventTimeTrigger

前面提到，基于事件时间的窗口分配器、内部实现的默认触发器都是基于 EventTimeTrigger 构建的。下面给出 EventTimeTrigger 核心代码：

```
public class EventTimeTrigger extends Trigger<Object, TimeWindow> {
   private static final long serialVersionUID = 1L;
   private EventTimeTrigger() {}
   @Override
```

```
    public TriggerResult onElement(
            Object element, long timestamp, TimeWindow window, TriggerContext
ctx)
            throws Exception {
        //当窗口中的最大时间戳<=当前 Watermark 时触发
        if (window.maxTimestamp() <= ctx.getCurrentWatermark()) {
            //触发计算
            return TriggerResult.FIRE;
        } else {
            ctx.registerEventTimeTimer(window.maxTimestamp());
            return TriggerResult.CONTINUE;
        }
    }
    @Override
    public TriggerResult onEventTime(long time, TimeWindow window,
TriggerContext ctx) {
        return time == window.maxTimestamp() ?
   TriggerResult.FIRE : TriggerResult.CONTINUE;
    }
    @Override
    public TriggerResult onProcessingTime(long time, TimeWindow window,
TriggerContext ctx)
            throws Exception {
        return TriggerResult.CONTINUE;
    }
    @Override
    public void clear(TimeWindow window, TriggerContext ctx) throws Exception {
        ctx.deleteEventTimeTimer(window.maxTimestamp());
    }
    public static EventTimeTrigger create() {
        return new EventTimeTrigger();
    }
}
```

从上述 EventTimeTrigger 源码可知，create 方法内部生成一个新的 EventTimeTrigger 对象，在 onElement 方法中，当窗口中的最大时间戳<=当前 Watermark 时触发，返回 TriggerResult.FIRE 触发窗口计算。

否则调用 ctx.registerEventTimeTimer(window.maxTimestamp())，将当前窗口最大时间戳注册到事件时间计时器中。当 onEventTime 触发时，如果当前的 time 等于 window.maxTimestamp()，则返回 TriggerResult.FIRE 触发窗口计算，否则返回 TriggerResult.CONTINUE 继续等待。

在 onProcessingTime 方法中，返回 TriggerResult.CONTINUE 继续等待。在 clear 方法中，取消当前窗口最大时间戳注册的计时器。

（2）CountTrigger

基于数量的窗口，内部的触发器可以基于 CountTrigger。下面给出触发器 CountTrigger 核心源码：

```
    public class CountTrigger<W extends Window> extends Trigger<Object, W> {
        private static final long serialVersionUID = 1L;
        private final long maxCount;
        private final ReducingStateDescriptor<Long> stateDesc =
                new ReducingStateDescriptor<>("count", new Sum(),
LongSerializer.INSTANCE);
        private CountTrigger(long maxCount) {
            this.maxCount = maxCount;
        }
        @Override
        public TriggerResult onElement(Object element, long timestamp,
                                            W window, TriggerContext ctx) throws
Exception {
            ReducingState<Long> count = ctx.getPartitionedState(stateDesc);
            count.add(1L);
            //窗口中的数量超过设置的最大数量即触发
            if (count.get() >= maxCount) {
                count.clear();
                return TriggerResult.FIRE;
            }
            return TriggerResult.CONTINUE;
        }
        @Override
        public TriggerResult onEventTime(long time, W window, TriggerContext ctx) {
            return TriggerResult.CONTINUE;
        }
        @Override
        public TriggerResult onProcessingTime(long time, W window, TriggerContext
ctx)
                                                        throws Exception {
            return TriggerResult.CONTINUE;
        }
    }
```

从 CountTrigger 源码可知，其内部维护一个数量计数器 count，它是用 ReducingStateDescriptor 状态描述器实现的。在 CountTrigger 创建时，需要传入一个最大的个数作为阈值，即 maxCount。

在 onElement 方法中，每当新元素进入后，首先对 count 加 1，然后判断 count 是否大于等于 maxCount。如果是，则返回 TriggerResult.FIRE 触发窗口计算，且清空数量计数器 count 的值。

由于 CountTrigger 与时间语义无关，因此，在 onEventTime 和 onProcessingTime 方法中，都是返回 TriggerResult.CONTINUE 继续等待。

（3）PurgingTrigger

PurgingTrigger 内部将内嵌的触发器 nestedTrigger 返回值进行一定的转换，当 nestedTrigger 返回值为 FIRE 时，将其转换为 FIRE_AND_PURGE。PurgingTrigger 核心源码整理如下：

```
@Override
public TriggerResult onElement(T element, long timestamp, W window,
TriggerContext ctx)
throws Exception {
   TriggerResult triggerResult = nestedTrigger.onElement(element, timestamp,
window, ctx);
   return triggerResult.isFire() ? TriggerResult.FIRE_AND_PURGE :
triggerResult;
}
@Override
public TriggerResult onEventTime(long time, W window, TriggerContext ctx)
throws Exception {
   TriggerResult triggerResult = nestedTrigger.onEventTime(time, window,
ctx);
   return triggerResult.isFire() ? TriggerResult.FIRE_AND_PURGE :
triggerResult;
}
@Override
public TriggerResult onProcessingTime(long time, W window, TriggerContext ctx)
throws Exception {
   TriggerResult triggerResult = nestedTrigger.onProcessingTime(time, window,
ctx);
   return triggerResult.isFire() ? TriggerResult.FIRE_AND_PURGE :
triggerResult;
}
@Override
public void clear(W window, TriggerContext ctx) throws Exception {
   nestedTrigger.clear(window, ctx);
}
```

从 PurgingTrigger 核心源码可知，在 onElement、onEventTime 和 onProcessingTime 方法中，统一逻辑，即 triggerResult.isFire()为 True 时，返回 TriggerResult.FIRE_AND_PURGE，否则返回 triggerResult 本身。

（4）DeltaTrigger

DeltaTrigger 触发器更加灵活，可以根据外部给定的 DeltaFunction 和阈值来决定何时触发。DeltaTrigger 核心源码整理如下：

```
    @Override
    public TriggerResult onElement(T element, long timestamp, W window,
TriggerContext ctx)
                            throws Exception {
        ValueState<T> lastElementState = ctx.getPartitionedState(stateDesc);
        if (lastElementState.value() == null) {
            lastElementState.update(element);
            return TriggerResult.CONTINUE;
        }
        if (deltaFunction.getDelta(lastElementState.value(), element) >
this.threshold) {
            lastElementState.update(element);
            return TriggerResult.FIRE;
        }
        return TriggerResult.CONTINUE;
    }
    @Override
    public TriggerResult onEventTime(long time, W window, TriggerContext ctx) {
        return TriggerResult.CONTINUE;
    }
    @Override
    public TriggerResult onProcessingTime(long time, W window, TriggerContext ctx)
                        throws Exception {
        return TriggerResult.CONTINUE;
    }
    @Override
    public void clear(W window, TriggerContext ctx) throws Exception {
        ctx.getPartitionedState(stateDesc).clear();
    }
```

从 DeltaTrigger 核心源码可知，在 onEventTime 和 onProcessingTime 方法中，返回 TriggerResult.CONTINUE 继续等待；在 onElement 中，当 deltaFunction 函数调用 getDelta 方法获取的值大于阈值(threshold)时，则返回 TriggerResult.FIRE 对窗口进行触发。

（5）NeverTrigger

触发器 NeverTrigger 代表永不触发。

3.4.3 Evictor

除了 WindowAssigner 和 Trigger 外，有时候还需要在窗口触发计算前或者后，进行一些数据处理操作，此时就需要用到剔除器 Evictor。Evictor 是一个接口，其接口示意图如图 3.40 所示。

Evictor 接口核心方法有两种：

- void evictBefore(...)：在窗口函数调用前触发，可以对窗口数据进行预处理。
- void evictAfter(...)：在窗口函数调用后触发。

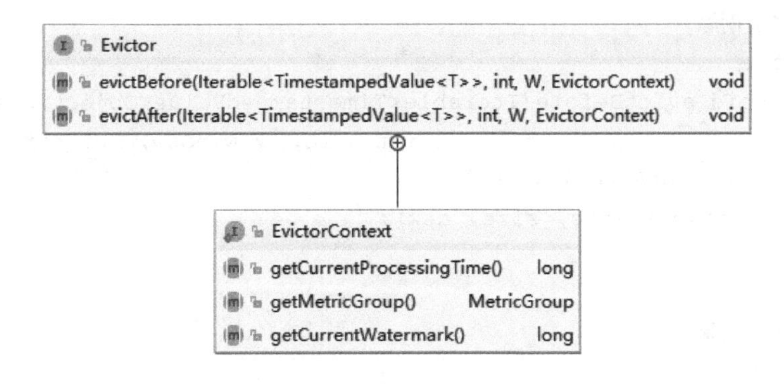

图 3.40　Evictor 接口示意图

Flink 框架内置了多种 Evictor 接口实现类，如图 3.41 所示。

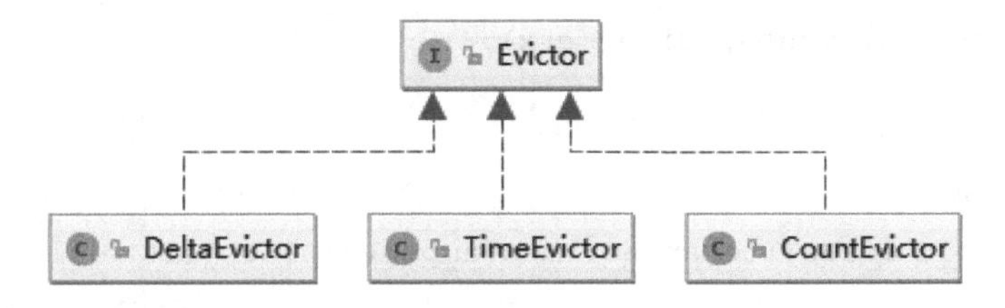

图 3.41　Evictor 实现类层级图

由图 3.41 可知，Flink 内置的 Evictor 实现类有：

- CountEvictor
- DeltaEvictor
- TimeEvictor

下面分别对这几种内置的 Evictor 进行详细说明：

（1）CountEvictor

CountEvictor 可以基于数量，来从窗口中移除特定数量的元素。下面给出 CountEvictor 的核心源码：

```
public class CountEvictor<W extends Window> implements Evictor<Object, W> {
    private static final long serialVersionUID = 1L;
    private final long maxCount;
    private final boolean doEvictAfter;
    private CountEvictor(long count, boolean doEvictAfter) {
        this.maxCount = count;
        this.doEvictAfter = doEvictAfter;
    }
    private CountEvictor(long count) {
        this.maxCount = count;
        this.doEvictAfter = false;
    }
```

```
    //计算之前剔除
    @Override
    public void evictBefore(Iterable<TimestampedValue<Object>> elements,
                                int size,  W window, EvictorContext ctx) {
        if (!doEvictAfter) {
            evict(elements, size, ctx);
        }
    }
    //计算之后剔除
    @Override
    public void evictAfter(Iterable<TimestampedValue<Object>> elements,
                                int size,  W window, EvictorContext ctx) {
        if (doEvictAfter) {
            evict(elements, size, ctx);
        }
    }
    //数据剔除规则
    private void evict(Iterable<TimestampedValue<Object>> elements, int size,
                                            EvictorContext ctx) {
        if (size <= maxCount) {
            return;
        } else {
            int evictedCount = 0;
            for (Iterator<TimestampedValue<Object>> iterator =
                            elements.iterator(); iterator.hasNext(); ) {
                iterator.next();
                evictedCount++;
                if (evictedCount > size - maxCount) {
                    break;
                } else {
                    iterator.remove();
                }
            }
        }
    }
}
```

CountEvictor有两个构造函数，当传入一个数量参数时，则默认的doEvictAfter为false，即表示在窗口计算前进行剔除操作。当传入两个参数时，则第二个参数可以给定doEvictAfter的值。

在evictBefore和evictAfter方法内，首先判断字段doEvictAfter的值，来决定是否调用剔除逻辑evict方法。当窗口的元素数量多于CountEvictor指定的数量时，则从窗口元素列表的开头丢弃多余的元素。

（2）DeltaEvictor

DeltaEvictor剔除器内部使用DeltaFunction和一个阈值threshold，来决定如何对窗口中的元素进行剔除操作。调用deltaFunction.getDelta方法，计算窗口元素中的最后一个元素与其余每个元素之间的Delta值，并删除Delta大于或等于阈值的元素。

DeltaEvictor中的evict方法核心代码如下：

```
//DeltaEvictor
private void evict(Iterable<TimestampedValue<T>> elements, int size,
EvictorContext ctx) {
    TimestampedValue<T> lastElement = Iterables.getLast(elements);
    for (Iterator<TimestampedValue<T>> iterator = elements.iterator();
iterator.hasNext();){
        TimestampedValue<T> element = iterator.next();
        if (deltaFunction.getDelta(element.getValue(),
lastElement.getValue()) >= this.threshold) {
            iterator.remove();
        }
    }
}
```

（3）TimeEvictor

以毫秒为单位的时间间隔windowSize作为参数，对于给定的窗口，找到窗口元素中的最大的时间戳currentTime，并剔除时间戳小于currentTime - windowSize的所有元素。

TimeEvictor中的evict方法核心代码如下：

```
//TimeEvictor
private void evict(Iterable<TimestampedValue<Object>> elements, int size,
EvictorContext ctx) {
    if (!hasTimestamp(elements)) {
        return;
    }
    long currentTime = getMaxTimestamp(elements);
    long evictCutoff = currentTime - windowSize;
    for (Iterator<TimestampedValue<Object>> iterator = elements.iterator();
iterator.hasNext(); ) {
        TimestampedValue<Object> record = iterator.next();
        if (record.getTimestamp() <= evictCutoff) {
            iterator.remove();
        }
    }
}
```

3.5 Window 内部实现

本节将介绍 Flink Window 的源码分析和执行过程。

3.5.1 Flink Window 源码分析

前面提到，Flink 应用程序在提交后，首先会构建出 StreamGraph，该图中每个节点执行时，对应可调用的 Java Class，通过 ClassName 可通过反射机制动态创建 Task，来具体执行相关的数据处理逻辑。

StreamGraph 类中通过 addSource 方法添加 Source 算子，通过 addSink 方法添加 Sink 算子。对于其他的算子，则通过 addOperator 方法添加。下面给出 StreamGraph 类 addOperator 方法的核心代码，如图 3.42 所示。

```
public <IN, OUT> void addOperator(
        Integer vertexID,
        @Nullable String slotSharingGroup,
        @Nullable String coLocationGroup,
        StreamOperatorFactory<OUT> operatorFactory,
        TypeInformation<IN> inTypeInfo,
        TypeInformation<OUT> outTypeInfo,
        String operatorName) {
    Class<? extends AbstractInvokable> invokableClass =
            operatorFactory.isStreamSource() ? SourceStreamTask.class : OneInputStreamTask.class;
    addOperator(vertexID, slotSharingGroup, coLocationGroup, operatorFactory, inTypeInfo,
            outTypeInfo, operatorName, invokableClass);
}
```

图 3.42 StreamGraph 类 addOperator 方法核心代码

由图 3.42 可知，其中有一个 Class<? extends AbstractInvokable> invokableClass 对象代表当前算子可调用的 Class，如果当前算子的 operatorFactory 是 StreamSource 类型，则返回 SourceStreamTask.class，否则返回 OneInputStreamTask.class。

OneInputStreamTask 中的一个输入是对于 StreamGraph 而言的，它和算子的并行度无关。

我们知道，Flink 当中的算子在执行时，会被调度到 TaskManager 上执行，内部的 org.apache.flink.runtime.taskmanager.Task 类有一个核心方法 loadAndInstantiateInvokable，其代码如图 3.43 所示。

比如一个 Window 算子，其 invokableClass 可能为 OneInputStreamTask，那么它就会通过反射创建一个 OneInputStreamTask 实例，并在内部对数据进行逻辑处理。OneInputStreamTask 继承自 StreamTask 类，它是所有流数据计算任务的基类。

StreamTask 类的主要层次关系图如图 3.44 所示。

```java
private static AbstractInvokable loadAndInstantiateInvokable(
    ClassLoader classLoader,
    String className,
    Environment environment) throws Throwable {

    final Class<? extends AbstractInvokable> invokableClass;
    try {
        invokableClass = Class.forName(className, initialize: true, classLoader)
            .asSubclass(AbstractInvokable.class);
    } catch (Throwable t) {
        throw new Exception("Could not load the task's invokable class.", t);
    }

    Constructor<? extends AbstractInvokable> statelessCtor;

    try {
        statelessCtor = invokableClass.getConstructor(Environment.class);
    } catch (NoSuchMethodException ee) {
        throw new FlinkException("Task misses proper constructor", ee);
    }

    // instantiate the class
    try {
        //noinspection ConstantConditions  --> cannot happen
        return statelessCtor.newInstance(environment);
    } catch (InvocationTargetException e) {
        // directly forward exceptions from the eager initialization
        throw e.getTargetException();
    } catch (Exception e) {
        throw new FlinkException("Could not instantiate the task's invokable class.", e);
    }
}
```

图 3.43　Task 类 loadAndInstantiateInvokable 方法核心代码

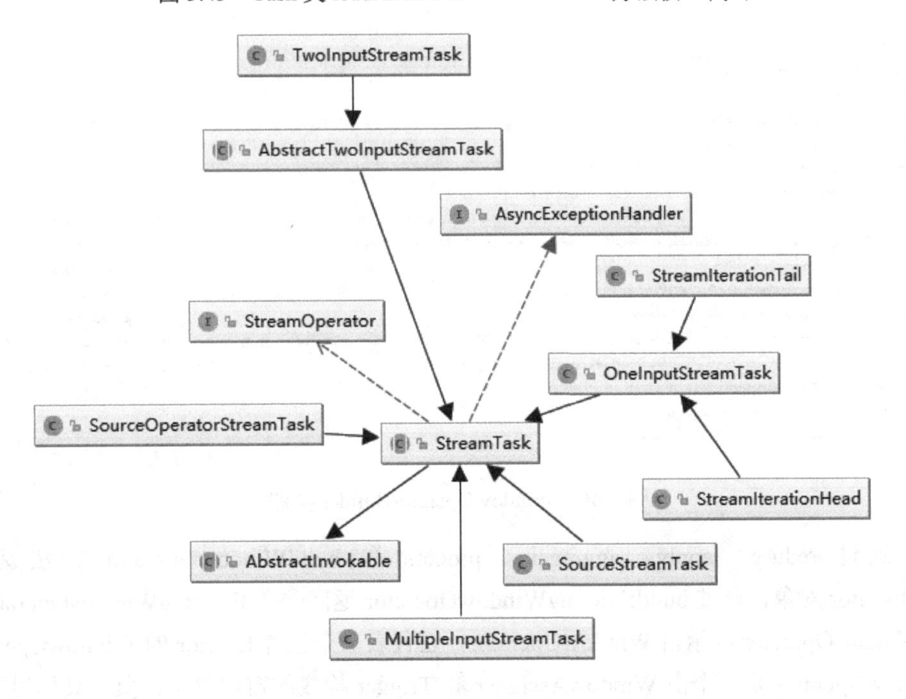

图 3.44　StreamTask 类层次关系图

其中的 SourceStreamTask 类代表在 StreamSource 上执行的 StreamTask。StreamOperator 是流算子的基础接口。

WindowedStream 代表一种窗口上的数据流，它按照 Key 将数据流中的元素进行分组，然后对于每一个 Key，会结合 windowAssigner 将元素分配到特定的窗口上，当 Trigger 启动触发条件时，在窗口上进行数据处理和计算。WindowedStream 类图如图 3.45 所示。

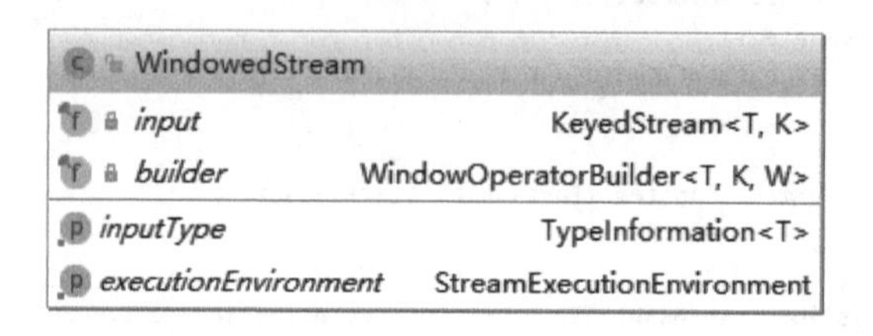

图 3.45　WindowedStream 类图

WindowedStream 主要由两个字段构成，第一个是 KeyedStream 类型的 input，表示一个 Keyed Data Stream 输入；第二个是 WindowOperatorBuilder 类型的 builder，它可以根据当前参数动态构建 WindowOperator 或者 EvictingWindowOperator。WindowOperatorBuilder 类图如图 3.46 所示。

WindowOperatorBuilder	
WINDOW_STATE_NAME	String
config	ExecutionConfig
windowAssigner	WindowAssigner<? super T, W>
inputType	TypeInformation<T>
keySelector	KeySelector<T, K>
keyType	TypeInformation<K>
trigger	Trigger<? super T, ? super W>
evictor	Evictor<? super T, ? super W>
allowedLateness	long
lateDataOutputTag	OutputTag<T>
trigger(Trigger<? super T, ? super W>)	void
allowedLateness(Time)	void
sideOutputLateData(OutputTag<T>)	void
evictor(Evictor<? super T, ? super W>)	void
reduce(ReduceFunction<T>, WindowFunction<T, R, K, W>)	WindowOperator<K, T, ?, R, W>
reduce(ReduceFunction<T>, ProcessWindowFunction<T, R, K, W>)	WindowOperator<K, T, ?, R, W>
aggregate(AggregateFunction<T, ACC, V>, WindowFunction<V, R, K, W>, TypeInformation<ACC>)	WindowOperator<K, T, ?, R, W>
aggregate(AggregateFunction<T, ACC, V>, ProcessWindowFunction<V, R, K, W>, TypeInformation<ACC>)	WindowOperator<K, T, ?, R, W>
apply(WindowFunction<T, R, K, W>)	WindowOperator<K, T, ?, R, W>
process(ProcessWindowFunction<T, R, K, W>)	WindowOperator<K, T, ?, R, W>
apply(InternalWindowFunction<Iterable<T>, R, K, W>)	WindowOperator<K, T, ?, R, W>
buildWindowOperator(StateDescriptor<? extends AppendingState<T, ACC>, ?>, InternalWindowFunction<ACC, R, K, W>)	WindowOperator<K, T, ACC, R, W>
buildEvictingWindowOperator(InternalWindowFunction<Iterable<T>, R, K, W>)	WindowOperator<K, T, Iterable<T>, R, W>
generateFunctionName(Function)	String
generateOperatorName(Function, Function)	String
getAllowedLateness()	long

图 3.46　WindowOperatorBuilder 类图

其中通过 reduce、apply、aggregate、process 和 buildWindowOperator 方法返回一个 WindowOperator 对象，通过 buildEvictingWindowOperator 返回一个 EvictingWindowOperator 对象。EvictingWindowOperator 继承自 WindowOperator，它代表一个包含 Evictor 的 WindowOperator。

WindowOperator 是一个由 WindowAssigner 和 Trigger 构成的窗口算子，负责具体对窗口中的元素进行逻辑处理。WindowOperator 类层级关系图如图 3.47 所示。

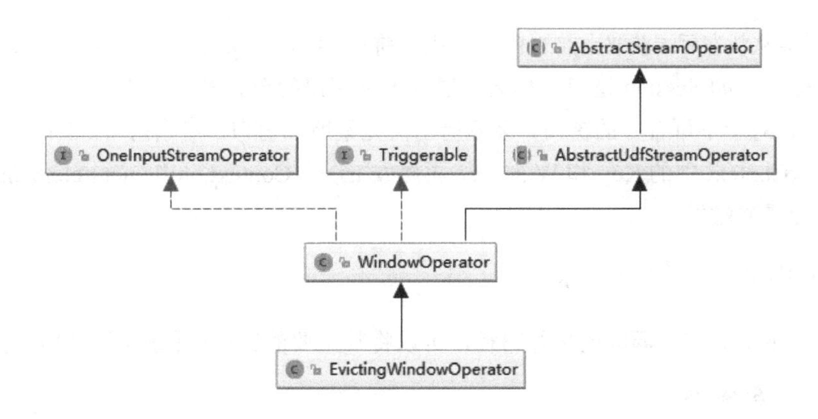

图 3.47　WindowOperator 类层级关系图

而 AbstractStreamOperator 是所有流算子的基础实现类。EvictingWindowOperator 是一个由 WindowAssigner、Trigger 和 Evictor 构成的算子，可以基于 Evictor 来确定元素的剔除规则。EvictingWindowOperator 类图如图 3.48 所示。

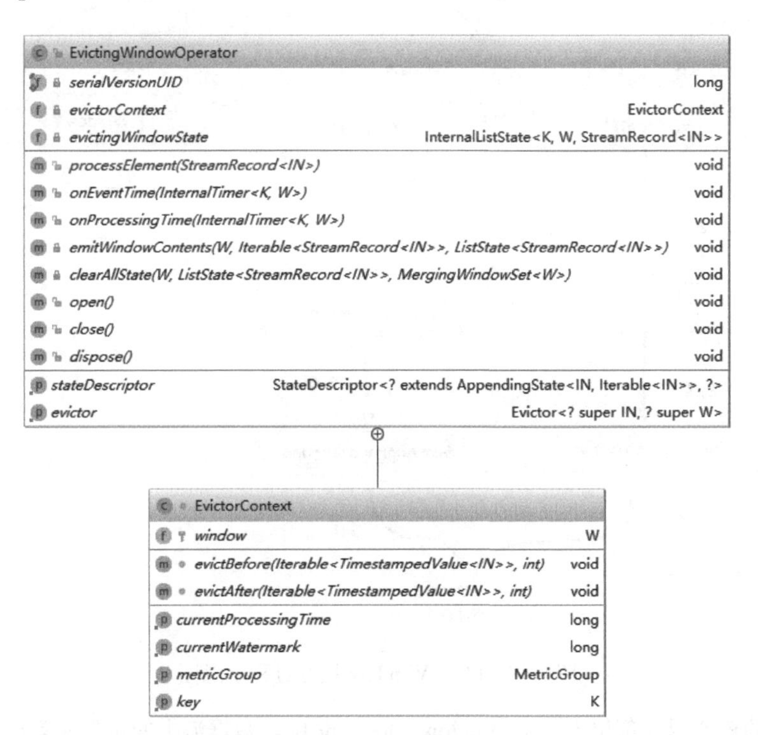

图 3.48　EvictingWindowOperator 类图

无论是 WindowOperator 还是 EvictingWindowOperator，都包含一个 processElement 方法，它接收一个 StreamRecord 类型的元素，可以对窗口中的每个元素进行处理。

（1）首先调用 windowAssigner 中的 assignWindows 方法，将当前元素分配到对应的窗口中，对于基于时间的窗口，会根据输入元素中的时间戳来分配所对应的窗口，一个元素可能只属于一个窗口，也可能属于多个窗口。

(2)其次,会从状态后端获取当前的Key,如果当前 windowAssigner 是一个 MergingWindowAssigner 类型的窗口分配器，如 Session 窗口，那么会进行多个窗口的合并操作。

(3) 最后，对于不可合并的窗口，会遍历当前元素所在窗口，对当前 windowState 进行设置，同时更新 triggerContext 中的 Key 和 Window，再触发 triggerContext.onElement(element)方法来决定当前的窗口是否需要触发。

3.5.2 Flink Window 执行过程

通过分析 Window 算子源码的执行路径，可以将其主要的执行过程用图 3.49 进行描述。

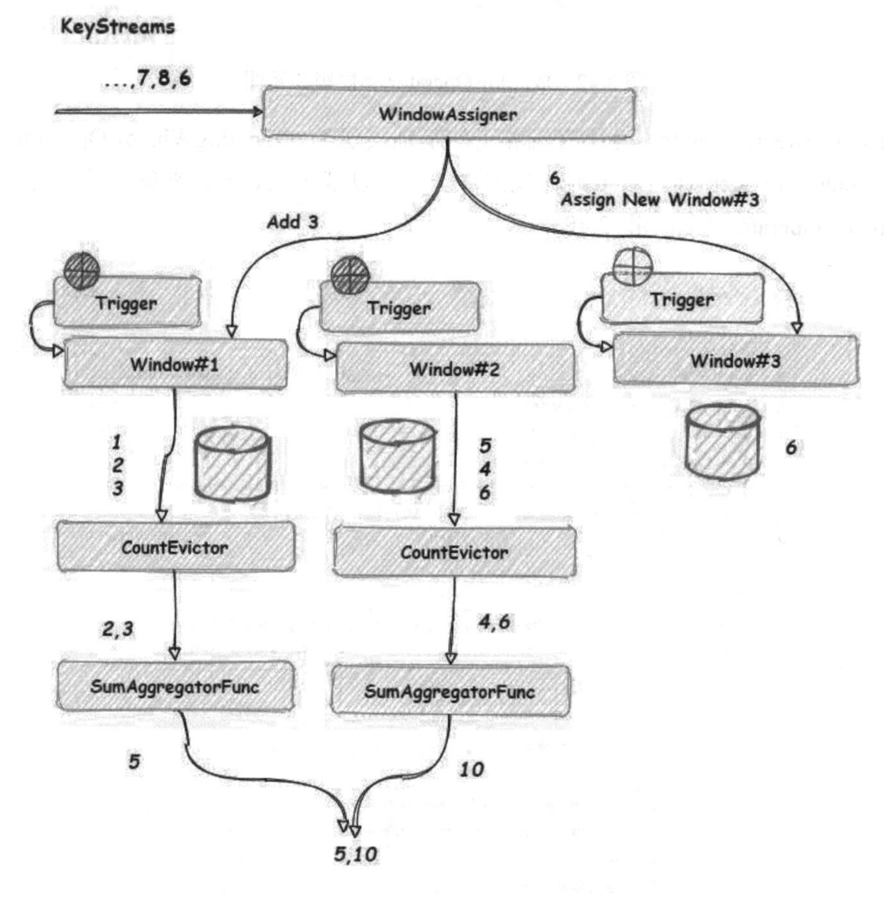

图 3.49 Flink Window 执行过程示意图

图 3.49 中的核心组件都位于一个 Window Operator 中，数据流上的事件元素进入算子时，每一个到达的元素都会被交给 WindowAssigner。WindowAssigner 会决定元素放到哪个或哪些窗口中。

Window 本身只是一个 ID 标识符，其内部存储了一些元数据，如 TimeWindow 中有开始和结束时间,但是并不会存储窗口中的元素。窗口中的元素实际存储在 State 中,State 的 Key 为 Window,而 Value 为元素集合（或聚合值）。

每一个 Window 都有一个属于自己的触发器 Trigger。Trigger 上会有定时器，用来决定一个窗口什么时候能够触发。

每当有新元素进入窗口时，或者之前注册的定时器超时，那么Trigger相关方法会被调用，并根据返回值决定是否触发窗口计算。当Trigger的返回值为Fire时，那么会触发窗口计算，但是保留窗口数据。因此，一个窗口可以被重复计算多次，直到Trigger的返回值为PURGE为止。

如果窗口指定了Evictor，那么当Trigger返回值为Fire时，窗口中的元素就会交给Evictor，它根据相关剔除逻辑决定在窗口计算前进行元素剔除还是之后剔除。如果是剔除前处理，那么剔除后的元素再交给窗口执行函数进行计算。如果未指定Evictor，则窗口中的所有元素会直接交给窗口执行函数进行计算。

最后，窗口执行函数收到窗口的元素后，计算出窗口的结果值，并发送给下游算子。窗口的计算结果可以是一个值也可以是多个值。

3.6 Window使用

下面对Flink框架中的Window常见用法使用示例进行说明。

3.6.1 Time Window

首先给出一个基于事件时间的Tumbling EventTime Windows示例，如代码3-14所示。

【代码3-14】 Tumbling EventTime Windows 文件：ch03/Demo12.java

```
01    package com.example.ch03;
02    import org.apache.flink.api.common.eventtime.WatermarkStrategy;
03    import org.apache.flink.api.common.functions.FlatMapFunction;
04    import org.apache.flink.api.java.tuple.Tuple3;
05    import org.apache.flink.streaming.api.datastream.DataStream;
06    import org.apache.flink.streaming.api.datastream.S
  ingleOutputStreamOperator;
07    import org.apache.flink.streaming.api.environment.
  StreamExecutionEnvironment;
08    import org.apache.flink.streaming.api.windowing.assigners.
  TumblingEventTimeWindows;
09    import org.apache.flink.streaming.api.windowing.time.Time;
10    import org.apache.flink.util.Collector;
11    //滚动窗口（Tumbling Windows）
12    public class Demo12 {
13        public static void main(String[] args) throws Exception {
14            //创建流处理环境
15            StreamExecutionEnvironment env = StreamExecutionEnvironment
16                    .getExecutionEnvironment();
17            //单并行
18            env.setParallelism(1);
```

```
19          //socket 流数据
20          DataStream<String> source = env.socketTextStream("localhost", 7777);
21          //将文本解析成元组
22          SingleOutputStreamOperator<Tuple3<String,Long,Long>>
  tpStreamOperator =
23               source.flatMap(new FlatMapFunction<String,Tuple3<String, Long,
 Long>>() {
24                    @Override
25                    public void flatMap(String value,
26                                   Collector<Tuple3<String, Long, Long>> out)
27                         throws Exception {
28                      String[] strs = value.split(",");
29                      //第一个是 key，第二个是时间戳，第三个是数值
30                      out.collect(Tuple3.of(strs[0], Long.parseLong(strs[1]),
31                            Long.parseLong(strs[2])));
32                    }
33               }).assignTimestampsAndWatermarks(WatermarkStrategy.
34               <Tuple3<String, Long, Long>>forMonotonousTimestamps()
35               .withTimestampAssigner((tp, timestamp) -> tp.f1)
36          );
37          tpStreamOperator
38               .keyBy(tp->tp.f0)
39               .window(TumblingEventTimeWindows.of(Time.milliseconds(3L)))
40               .sum(2)
41               .print();
42          //执行程序
43          env.execute();
44      }
45   }
```

代码 3-14 中，20 行 env.socketTextStream("localhost", 7777)从端口号为 7777 的 socket 服务上获取文本数据，并在 flatMap 算子中将单条文本数据拆分成三个字段，其中第一个是 key，第二个是时间戳，第三个是数值。

33~35 行用 assignTimestampsAndWatermarks 指定水位线生成策略为周期性单调递增策略，并用 withTimestampAssigner((tp, timestamp) -> tp.f1)从元组数据中提取第二个字段值作为时间戳。

38 行 keyBy(tp->tp.f0)将 SingleOutputStreamOperator 类型的流转换为一个 KeydStream 流类型，39 行调用 window(TumblingEventTimeWindows.of(Time.milliseconds(3L)))生成一个 WindowedStream 对象，它是一个基于事件时间的滑动窗口，窗口大小为 3 毫秒，即生成的窗口为 W[0,3)、W[3,6)和 W[6,9)等。40 行调用 sum(2)对元组元素当中的第三个值进行求和。

为了运行该示例，首先打开 CMD 命令行，并输入如下命令：

```
>nc64.exe -lp 7777
a,1,1
b,2,2
a,3,3
a,4,4
a,6,6
b,6,6
b,9,9
```

输出的结果为：

```
//输入 a,3,3 后触发
(a,1,1)
(b,2,2)
//输入 a,6,6 后触发
(a,3,7)
//输入 b,9,9 后触发
(a,6,6)
(b,6,6)
```

下面再给出一个基于事件时间的 Sliding EventTime Windows 示例，如代码 3-15 所示。

【代码 3-15】　Sliding EventTime Windows　文件：ch03/Demo13.java

```
01    package com.example.ch03;
02    import org.apache.flink.api.common.eventtime.WatermarkStrategy;
03    import org.apache.flink.api.common.functions.FlatMapFunction;
04    import org.apache.flink.api.java.tuple.Tuple3;
05    import org.apache.flink.streaming.api.datastream.DataStream;
06    import org.apache.flink.streaming.api.datastream.
  SingleOutputStreamOperator;
07    import org.apache.flink.streaming.api.environment.
  StreamExecutionEnvironment;
08    import org.apache.flink.streaming.api.windowing.assigners.
  SlidingEventTimeWindows;
09    import org.apache.flink.streaming.api.windowing.time.Time;
10    import org.apache.flink.util.Collector;
11    //滑动窗口（Sliding Windows）
12    public class Demo13 {
13        public static void main(String[] args) throws  Exception{
14            //创建流处理环境
15            StreamExecutionEnvironment env = StreamExecutionEnvironment
16                    .getExecutionEnvironment();
17            //便于调试
18            env.setParallelism(1);
19            //socket 流数据
```

```
20          DataStream<String> source = env.socketTextStream("localhost", 7777);
21          //将文本解析成元组
22          SingleOutputStreamOperator<Tuple3<String,Long,Long>> tpStreamOperator =
23            source.flatMap(new FlatMapFunction<String,Tuple3<String, Long,
  Long>>() {
24              @Override
25              public void flatMap(String value,
26                                  Collector<Tuple3<String, Long, Long>> out)
27                      throws Exception {
28                  String[] strs = value.split(",");
29                  //第一个是 key，第二个是时间戳，第三个是数值
30                  out.collect(Tuple3.of(strs[0], Long.parseLong(strs[1]),
31                          Long.parseLong(strs[2])));
32              }
33          }).assignTimestampsAndWatermarks(WatermarkStrategy.
34                  <Tuple3<String, Long, Long>>forMonotonousTimestamps()
35                  .withTimestampAssigner((tp, timestamp) -> tp.f1)
36          );
37        tpStreamOperator
38        .keyBy(tp->tp.f0)
39        .window(SlidingEventTimeWindows.of(Time.milliseconds(3L),Time.millis
  econds(1L)))
40        .sum(2)
41        .print();
42        //执行程序
43        env.execute();
44      }
45  }
```

在代码3-45中，39行调用SlidingEventTimeWindows.of(Time.milliseconds(3L),Time.milliseconds(1L))生成一个WindowedStream对象，它是一个基于事件时间的滑动窗口，窗口大小为3毫秒，滑动大小为1毫秒。即生成的窗口为W[-1,2)、W[0,3)和W[1,4)等。40行调用sum(2)对元组元素当中的第三个值进行求和。

为了运行该示例，首先打开CMD命令行，并输入如下命令：

```
>nc64.exe -lp 7777
a,1,2
a,2,3
a,3,4
a,4,5
a,5,6
```

输出的结果为：

```
//输入 a,2,3 后触发
(a,1,2)
//输入 a,3,4 后触发
(a,1,5)
//输入 b,4,5 后触发
(a,1,9)
//输入 b,5,6 后触发
(a,2,12)
```

当在 SlidingEventTimeWindows 源码类文件中设置断点调试时，第一次输入 a,1,2 时，会同时分配 3 个窗口，W[-1,2)、W[0,3)和 W[1,4)，断点截图如图 3.50 所示。当输入 a,2,3 时，则分配 W[0,3)、W[1,4)和 W[2,5)，即都滑动 1 个毫秒。

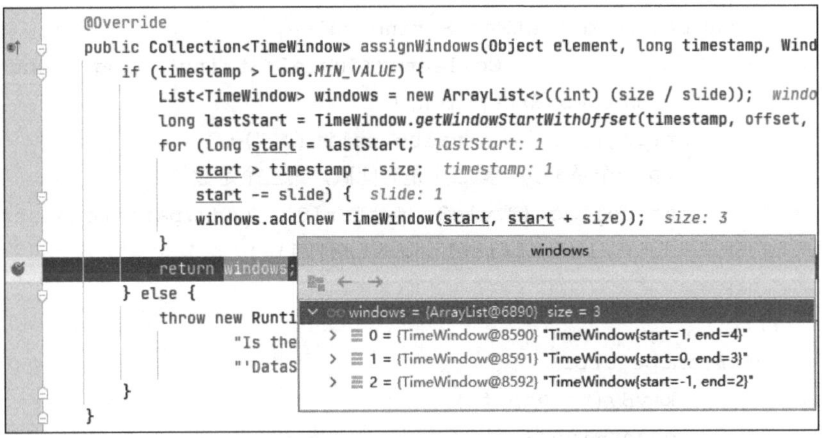

```
@Override
public Collection<TimeWindow> assignWindows(Object element, long timestamp, Wind
    if (timestamp > Long.MIN_VALUE) {
        List<TimeWindow> windows = new ArrayList<>((int) (size / slide));  windo
        long lastStart = TimeWindow.getWindowStartWithOffset(timestamp, offset,
        for (long start = lastStart;  lastStart: 1
            start > timestamp - size;  timestamp: 1
            start -= slide) {  slide: 1
            windows.add(new TimeWindow(start, start + size));  size: 3
        }
        return windows;
    } else {
        throw new Runti
            "Is the
            "'DataS
    }
}
```


图 3.50　SlidingEventTimeWindows 窗口分配断点

3.6.2　Count Window

下面给出一个基于数量的滚动窗口示例，如代码 3-16 所示。

【代码 3-16】　基于数量的滚动窗口　文件：ch03/Demo14.java

```
01    package com.example.ch03;
02    import org.apache.flink.api.common.functions.FlatMapFunction;
03    import org.apache.flink.api.java.tuple.Tuple3;
04    import org.apache.flink.streaming.api.datastream.DataStream;
05    import org.apache.flink.streaming.api.datastream.
  SingleOutputStreamOperator;
06    import org.apache.flink.streaming.api.environment.
  StreamExecutionEnvironment;
07    import org.apache.flink.util.Collector;
08    //数量滚动窗口（Tumbling Windows）
09    public class Demo14 {
```

```
10      public static void main(String[] args) throws  Exception{
11          //创建流处理环境
12          StreamExecutionEnvironment env = StreamExecutionEnvironment
13                  .getExecutionEnvironment();
14          //便于调试
15          env.setParallelism(1);
16          //socket 流数据
17          DataStream<String> source = env.socketTextStream("localhost", 7777);
18          //将文本解析成元组
19          SingleOutputStreamOperator<Tuple3<String,Long,Long>>
  tpStreamOperator =
20           source.flatMap(new FlatMapFunction<String,Tuple3<String, Long,
  Long>>() {
21              @Override
22              public void flatMap(String value,
23                                  Collector<Tuple3<String, Long, Long>> out)
24                      throws Exception {
25                  String[] strs = value.split(",");
26                  //第一个是 key，第二个是时间戳，第三个是数值
27                  out.collect(Tuple3.of(strs[0], Long.parseLong(strs[1]),
28                          Long.parseLong(strs[2])));
29              }
30          });
31          tpStreamOperator
32                  .keyBy(tp->tp.f0)
33                  .countWindow(3)
34                  .sum(2)
35                  .print();
36          //执行程序
37          env.execute();
38      }
39  }
```

代码 3-16 中，33 行调用 countWindow(3)生成一个 WindowedStream 对象，它是一个基于数量的滚动窗口，窗口元素个数为 3。40 行调用 sum(2)对元组元素当中的第三个值进行求和。

为了运行该示例，首先打开 CMD 命令行，并输入如下命令：

```
>nc64.exe -lp 7777
a,1,2
a,2,3
a,3,4
a,4,5
a,5,6
a,6,7
```

输出的结果为：

```
//输入 a,3,4 后触发
(a,1,9)
//输入 a,6,7 后触发
(a,4,18)
```

下面给出一个基于数量的滑动窗口示例，如代码 3-17 所示。

【代码 3-17】　基于数量的滑动窗口　文件：ch03/Demo15.java

```
01    package com.example.ch03;
02    import org.apache.flink.api.common.functions.FlatMapFunction;
03    import org.apache.flink.api.java.tuple.Tuple3;
04    import org.apache.flink.streaming.api.datastream.DataStream;
05    import org.apache.flink.streaming.api.datastream.S
  ingleOutputStreamOperator;
06    import org.apache.flink.streaming.api.environment.
  StreamExecutionEnvironment;
07    import org.apache.flink.util.Collector;
08    //数量滑动窗口（Sliding Windows）
09    public class Demo15 {
10        public static void main(String[] args) throws  Exception{
11            //创建流处理环境
12            StreamExecutionEnvironment env = StreamExecutionEnvironment
13                    .getExecutionEnvironment();
14            //便于调试
15            env.setParallelism(1);
16            //socket 流数据
17            DataStream<String> source = env.socketTextStream("localhost", 7777);
18            //将文本解析成元组
19            SingleOutputStreamOperator<Tuple3<String,Long,Long>>
  tpStreamOperator =
20              source.flatMap(new FlatMapFunction<String,Tuple3<String, Long,
  Long>>() {
21                     @Override
22                     public void flatMap(String value,
23                                 Collector<Tuple3<String, Long, Long>> out)
24                          throws Exception {
25                        String[] strs = value.split(",");
26                        //第一个是 key，第二个是时间戳，第三个是数值
27                        out.collect(Tuple3.of(strs[0], Long.parseLong(strs[1]),
28                             Long.parseLong(strs[2])));
29                     }
30                 });
```

```
31         tpStreamOperator
32                 .keyBy(tp->tp.f0)
33                 .countWindow(3,2)
34                 .sum(2)
35                 .print();
36         //执行程序
37         env.execute();
38     }
39 }
```

代码 3-17 中，33 行调用 countWindow(3,2)生成一个 WindowedStream 对象，它是一个基于数量的滑动窗口，窗口元素个数为 3，每次滑动数量为 2。根据 countWindow(long size, long slide)代码逻辑，触发器为 trigger(CountTrigger.of(slide))，即数量为 2 时就会触发。40 行调用 sum(2)对元组元素当中的第三个值进行求和。

为了运行该示例，首先打开 CMD 命令行，并输入如下命令：

```
>nc64.exe -lp 7777
a,1,1
a,2,2
a,3,3
a,4,4
a,5,5
a,6,6
```

输出的结果为：

```
//输入 a,2,2 后触发
(a,1,3)
//输入 a,4,4 后触发
(a,2,9)
//输入 a,6,6 后触发
(a,4,15)
```

3.6.3 Session Window

下面给出一个基于事件时间的会话窗口示例，如代码 3-18 所示。

【代码 3-18】 EventTimeSessionWindows 示例文件：ch03/Demo16.java

```
01  package com.example.ch03;
01  package com.example.ch03;
02  import org.apache.flink.api.common.eventtime.WatermarkStrategy;
03  import org.apache.flink.api.common.functions.FlatMapFunction;
04  import org.apache.flink.api.java.tuple.Tuple3;
05  import org.apache.flink.streaming.api.datastream.DataStream;
```

```
06    import org.apache.flink.streaming.api.datastream.
  SingleOutputStreamOperator;
07    import org.apache.flink.streaming.api.environment.
  StreamExecutionEnvironment;
08    import org.apache.flink.streaming.api.windowing.assigners.
  EventTimeSessionWindows;
09    import org.apache.flink.streaming.api.windowing.time.Time;
10    import org.apache.flink.util.Collector;
11    //会话窗口（Session Windows）
12    public class Demo16 {
13        public static void main(String[] args) throws  Exception{
14            //创建流处理环境
15            StreamExecutionEnvironment env = StreamExecutionEnvironment
16                    .getExecutionEnvironment();
17            //便于调试
18            env.setParallelism(1);
19            //socket 流数据
20            DataStream<String> source = env.socketTextStream("localhost", 7777);
21            //将文本解析成元组
22            SingleOutputStreamOperator<Tuple3<String,Long,Long>>
  tpStreamOperator =
23                source.flatMap(new FlatMapFunction<String,Tuple3<String, Long,
  Long>>() {
24                        @Override
25                        public void flatMap(String value,
26                                    Collector<Tuple3<String, Long, Long>> out)
27                            throws Exception {
28                            String[] strs = value.split(",");
29                            //第一个是 key，第二个是时间戳，第三个是数值
30                            out.collect(Tuple3.of(strs[0], Long.parseLong(strs[1]),
31                                    Long.parseLong(strs[2])));
32                        }
33                    }).assignTimestampsAndWatermarks(WatermarkStrategy.
34                            <Tuple3<String, Long, Long>>forMonotonousTimestamps()
35                            .withTimestampAssigner((tp, timestamp) -> tp.f1)
36                    );
37            tpStreamOperator
38                    .keyBy(tp->tp.f0)
39                    .window(EventTimeSessionWindows.withGap(Time.milliseconds(5
  L)))
40                    //ProcessingTimeSessionWindows.withGap(Time.milliseconds(5L)))
41                    .sum(2)
42                    .print();
```

```
43              //执行程序
44              env.execute();
45          }
46      }
```

代码 3-18 中，39 行调用 EventTimeSessionWindows.withGap(Time.milliseconds(5L))生成一个基于 EventTime 的 Session 窗口，该会话窗口最大间隔阈值为 5 毫秒。40 行调用 sum(2)对元组元素当中的第三个值进行求和。

为了运行该示例，首先打开 CMD 命令行，并输入如下命令：

```
>nc64.exe -lp 7777
a,2,3
a,4,3
a,10,7
```

输出的结果为：

```
//输入 a,10,7 后触发(10-4=6>5)
(a,2,6)
```

3.6.4 自定义 Window

Flink 除了内置的 Window 外，还可以自定义 Window。自定义 Window 继承自 WindowAssigner，并需要实现相关接口方法。下面给出一个基于事件时间的会话窗口示例，如代码 3-19 所示。

【代码 3-19】 自定义窗口 示例文件：ch03/Demo17.java

```
01    package com.example.ch03;
02    import org.apache.flink.api.common.eventtime.WatermarkStrategy;
03    import org.apache.flink.api.common.functions.FlatMapFunction;
04    import org.apache.flink.api.java.tuple.Tuple3;
05    import org.apache.flink.streaming.api.datastream.DataStream;
06    import org.apache.flink.streaming.api.datastream.
  SingleOutputStreamOperator;
07    import org.apache.flink.streaming.api.environment.
  StreamExecutionEnvironment;
08    import org.apache.flink.streaming.api.windowing.evictors.CountEvictor;
09    import org.apache.flink.streaming.api.windowing.time.Time;
10    import org.apache.flink.streaming.api.windowing.triggers.CountTrigger;
11    import org.apache.flink.util.Collector;
12    //自定义 Window
13    public class Demo17 {
14        public static void main(String[] args) throws  Exception{
15            //创建流处理环境
```

```
16          StreamExecutionEnvironment env = StreamExecutionEnvironment
17                  .getExecutionEnvironment();
18          //便于调试
19          env.setParallelism(1);
20          //socket 流数据
21          DataStream<String> source = env.socketTextStream("localhost", 7777);
22          //将文本解析成元组
23          SingleOutputStreamOperator<Tuple3<String,Long,Long>>
  tpStreamOperator =
24            source.flatMap(new FlatMapFunction<String,Tuple3<String, Long,
  Long>>() {
25                      @Override
26                      public void flatMap(String value,
27                                  Collector<Tuple3<String, Long, Long>> out)
28                          throws Exception {
29                          String[] strs = value.split(",");
30                          //第一个是 key，第二个是时间戳，第三个是数值
31                          out.collect(Tuple3.of(strs[0], Long.parseLong(strs[1]),
32                               Long.parseLong(strs[2])));
33                      }
34                  }).assignTimestampsAndWatermarks(WatermarkStrategy.
35                          <Tuple3<String, Long, Long>>forMonotonousTimestamps()
36                          .withTimestampAssigner((tp, timestamp) -> tp.f1)
37                  );
38          tpStreamOperator
39                  .keyBy(tp->tp.f0)
40                  .window(CustomWindowAssigner.of(Time.milliseconds(5L)))
41                  //trigger 在窗口没有结束的情况下，也会触发
42                  .trigger(CountTrigger.of(2))
43                  .evictor(CountEvictor.of(3,false))
44                  .sum(2)
45                  .print();
46          //执行程序
47          env.execute();
48      }
49  }
```

在代码 3-19 中，40 行 window(CustomWindowAssigner.of(Time.milliseconds(5L)))用自定义的 CustomWindowAssigner 实现了一个自定义的 Window。

42 行 trigger(CountTrigger.of(2))手动指定数量触发器，当窗口中的元素为 2 时就会触发。43 行 evictor(CountEvictor.of(3,false))指定了一个基于数量的剔除器，它会在触发窗口计算之前进行剔除操作，只保留 3 个元素值。

下面给出一个 CustomWindowAssigner 示例，如代码 3-20 所示。

【代码 3-20】 自定义 WindowAssigner 文件：ch03/CustomWindowAssigner.java

```
01    package com.example.ch03;
02    import org.apache.flink.api.common.ExecutionConfig;
03    import org.apache.flink.api.common.typeutils.TypeSerializer;
04    import org.apache.flink.streaming.api.environment.
  StreamExecutionEnvironment;
05    import org.apache.flink.streaming.api.windowing.assigners.
  WindowAssigner;
06    import org.apache.flink.streaming.api.windowing.time.Time;
07    import org.apache.flink.streaming.api.windowing.triggers.
  EventTimeTrigger;
08    import org.apache.flink.streaming.api.windowing.triggers.Trigger;
09    import org.apache.flink.streaming.api.windowing.windows.TimeWindow;
10    import java.util.Collection;
11    import java.util.Collections;
12    //自定义 WindowAssigner
13    public class CustomWindowAssigner extends WindowAssigner<Object,
  TimeWindow> {
14        private static final long serialVersionUID = 1L;
15        private final long size;
16        private final long offset;
17        public static CustomWindowAssigner of(Time size) {
18            return new CustomWindowAssigner(size.toMilliseconds(), 0L);
19        }
20        protected CustomWindowAssigner(long size, long offset) {
21            if (Math.abs(offset) >= size) {
22                throw new IllegalArgumentException("abs(offset) < size");
23            } else {
24                this.size = size;
25                this.offset = offset;
26            }
27        }
28        @Override
29        public Collection<TimeWindow> assignWindows(Object element,
30                                long timestamp, WindowAssignerContext context) {
31            if (timestamp > Long.MIN_VALUE) {
32                long start = getWindowStart(timestamp, (this.offset) % this.size,
 this.size);
33                TimeWindow window = new TimeWindow(start, start + this.size);
34            System.out.println("CustomWindow["+window.getStart()+","+
 window.getEnd()+"]");
```

```
35              return Collections.singletonList(window);
36          } else {
37              throw new RuntimeException("Record has Long.MIN_VALUE
  timestamp");
38          }
39      }
40      public static long getWindowStart(long timestamp, long offset, long
  winSize) {
41          return timestamp - (timestamp - offset + winSize) % winSize;
42      }
43      @Override
44      public Trigger<Object, TimeWindow> getDefaultTrigger(
45                StreamExecutionEnvironment streamExecutionEnvironment) {
46          return EventTimeTrigger.create();
47      }
48      @Override
49      public TypeSerializer<TimeWindow> getWindowSerializer(ExecutionConfig
  config) {
50          return new TimeWindow.Serializer();
51      }
52      @Override
53      public boolean isEventTime() {
54          return true;
55      }
56  }
```

为了运行该示例，首先打开 CMD 命令行，并输入如下命令：

```
>nc64.exe -lp 7777
a,1,1
a,2,2
a,3,3
a,4,4
a,5,5
a,6,6
a,7,7
a,8,8
```

输出的结果为：

```
//输入 a,2,2 后触发
CustomWindow[0,5]
CustomWindow[0,5]
(a,1,3)
//输入 a,4,4 后触发，并触发剔除操作
```

```
CustomWindow[0,5]
CustomWindow[0,5]
(a,2,9)
//输入 a,6,6 后触发
CustomWindow[5,10]
CustomWindow[5,10]
(a,5,11)
//输入 a,8,8 后触发，并触发剔除操作
CustomWindow[5,10]
CustomWindow[5,10]
(a,6,21)
```

3.7 Window 聚合分类

一般来说，Window 聚合操作可分为增量聚合以及全量聚合。

3.7.1 增量聚合

增量聚合，顾名思义，就是每当有新的元素到达算子后，就开始处理，一般来说，并不缓存全部的窗口元素，而是直接缓存聚合值即可，这样效率非常高。

在 Flink Window 窗口中，增量聚合统计的主要方法如下：

- reduce
- aggregate
- sum
- min
- max

下面给出一个 Window 增量聚合示例，如代码 3-21 所示。

【代码 3-21】 Window 增量聚合 文件：ch03/Demo18.java

```
01    package com.example.ch03;
02    import org.apache.flink.api.common.eventtime.WatermarkStrategy;
03    import org.apache.flink.api.common.functions.FlatMapFunction;
04    import org.apache.flink.api.common.functions.ReduceFunction;
05    import org.apache.flink.api.java.tuple.Tuple3;
06    import org.apache.flink.streaming.api.datastream.DataStream;
07    import org.apache.flink.streaming.api.datastream.SingleOutputStreamOperator;
08    import org.apache.flink.streaming.api.environment.StreamExecutionEnvironment;
09    import org.apache.flink.util.Collector;
10    //window 增量聚合
11    public class Demo18 {
```

```
12        public static void main(String[] args) throws Exception {
13            //创建流处理环境
14            StreamExecutionEnvironment env = StreamExecutionEnvironment
15                    .getExecutionEnvironment();
16            env.setParallelism(1);
17            //socket 流数据
18            DataStream<String> source = env.socketTextStream("localhost", 7777);
19            //将文本解析成元组
20            SingleOutputStreamOperator<Tuple3<String,Long,Long>>
  tpStreamOperator =
21                source.flatMap(new FlatMapFunction<String,Tuple3<String, Long,
  Long>>() {
22                        @Override
23                        public void flatMap(String value,
24                                    Collector<Tuple3<String, Long, Long>> out)
25                              throws Exception {
26                            String[] strs = value.split(",");
27                            //第一个是 key，第二个是时间戳，第三个是数值
28                            out.collect(Tuple3.of(strs[0], Long.parseLong(strs[1]),
29                                  Long.parseLong(strs[2])));
30                        }
31                    }).assignTimestampsAndWatermarks(WatermarkStrategy.
32                            <Tuple3<String, Long, Long>>forMonotonousTimestamps()
33                            .withTimestampAssigner((tp, timestamp) -> tp.f1)
34                    );
35            tpStreamOperator
36                    .keyBy(tp2 -> tp2.f0)
37                    .countWindow(3)
38                    //.sum(2).print();
39                    //.max(1)
40                    //.min(1)
41                    //.sum(1);
42                    .reduce(new IncrementalAggerateFunc())
43                    .print();
44            //执行程序
45            env.execute();
46        }
47        //自定义增量聚合函数
48        private static class IncrementalAggerateFunc
49                implements ReduceFunction<Tuple3<String, Long, Long>>{
50            @Override
51            public Tuple3<String, Long, Long> reduce(Tuple3<String, Long, Long>
52                                                tp1, Tuple3<String, Long, Long> tp2)
```

```
53                                          throws Exception {
54                  //增量聚合
55                  return Tuple3.of(tp1.f0,tp1.f1,tp1.f2 * tp2.f2);
56              }
57          }
58      }
```

在代码 3-21 中，37 行 countWindow(3)生成了一个数量为 3 的滚动窗口，当窗口元素个数为 3 时，即会触发窗口计算。42 行 reduce(new IncrementalAggerateFunc())则用 reduce 构建了一个增量聚合函数。48~57 行是 IncrementalAggerateFunc 自定义函数的核心逻辑。

为了运行该示例，首先打开 CMD 命令行，并输入如下命令：

```
>nc64.exe -lp 7777
a,2,2
a,3,3
a,4,4
a,5,5
a,6,6
a,7,7
```

输出的结果为：

```
//输入 a,4,4 后触发
(a,2,24)
//输入 a,7,7 后触发
(a,5,210)
```

3.7.2 全量聚合

除了增量聚合外，有时还需要对窗口中的全量数据进行聚合，比如求平均值。所谓的全量聚合统计，即等到窗口触发时，对窗口里的所有数据进行统计，从而可以求窗口内的数据的最大值、最小值或平均值等。

在 Flink Window 窗口中，全量聚合统计的主要方法如下：

- apply
- process

其中，process 方法中的 processWindowFunction 比 apply 方法中的 windowFunction 提供了更多的上下文信息。

下面给出一个 Window 全量聚合示例，求窗口内元素的平均值，如代码 3-22 所示。

【代码 3-22】 Window 全量聚合　文件：ch03/Demo19.java

```
01    package com.example.ch03;
02    import org.apache.flink.api.common.functions.FlatMapFunction;
03    import org.apache.flink.api.java.tuple.Tuple2;
```

```
04    import org.apache.flink.api.java.tuple.Tuple3;
05    import org.apache.flink.streaming.api.datastream.DataStream;
06    import org.apache.flink.streaming.api.datastream.
  SingleOutputStreamOperator;
07    import org.apache.flink.streaming.api.environment.
  StreamExecutionEnvironment;
08    import org.apache.flink.streaming.api.functions.windowing.
  WindowFunction;
09    import org.apache.flink.streaming.api.windowing.windows.GlobalWindow;
10    import org.apache.flink.util.Collector;
11    //window 全量聚合
12    public class Demo19 {
13        public static void main(String[] args) throws Exception {
14            //创建流处理环境
15            StreamExecutionEnvironment env = StreamExecutionEnvironment
16                    .getExecutionEnvironment();
17            env.setParallelism(1);
18            //socket 流数据
19            DataStream<String> source = env.socketTextStream("localhost", 7777);
20            //将文本解析成元组
21            SingleOutputStreamOperator<Tuple3<String,Long,Long>>
  tpStreamOperator =
22                source.flatMap(new FlatMapFunction<String,Tuple3<String, Long,
  Long>>() {
23                        @Override
24                        public void flatMap(String value,
25                                    Collector<Tuple3<String, Long, Long>> out)
26                                throws Exception {
27                            String[] strs = value.split(",");
28                            //第一个是 key，第二个是时间戳，第三个是数值
29                            out.collect(Tuple3.of(strs[0],
30                              Long.parseLong(strs[1]), Long.parseLong(strs[2])));
31                        }
32                    });
33            tpStreamOperator
34                    .keyBy(tp2 -> tp2.f0)
35                    .countWindow(3)
36                    .apply(new MyWindowFunc()).print();
37            //执行程序
38            env.execute();
39        }
40        private static int count = 0;
41        private static long sum = 0;
```

```
42        //IN, OUT, KEY, W extends Window
43        private static class MyWindowFunc implements
44                WindowFunction<Tuple3<String, Long, Long>,
45                        Tuple2<String, Double>, String, GlobalWindow> {
46            @Override
47            public void apply(String s, GlobalWindow globalWindow,
48                    Iterable<Tuple3<String, Long, Long>> iterable,
49                    Collector<Tuple2<String, Double>> out) throws Exception {
50                String key = iterable.iterator().next().f0;
51                //可以排序或者其他操作
52                iterable.forEach(tp2 -> {
53                    System.out.println(tp2);
54                    count++;
55                    sum += tp2.f2;
56                });
57                System.out.println("========================");
58                double avg = (double) sum / (double) count;
59                out.collect(Tuple2.of(key, avg));
60                System.out.println("************************");
61            }
62        }
63    }
```

在代码 3-22 中，35 行 countWindow(3)生成了一个数量为 3 的滚动窗口，当窗口元素个数为 3 时，即会触发窗口计算。36 行 apply(new MyWindowFunc())则用 apply 构建了一个全量聚合函数。43~62 行是 MyWindowFunc 自定义全量聚合函数的核心逻辑。其中 48 行的 Iterable<Tuple3<String, Long, Long>> iterable 则缓存了窗口中的全部元素，因此可以进行迭代，并进行求均值操作。

为了运行该示例，首先打开 CMD 命令行，并输入如下命令：

```
>nc64.exe -lp 7777
a,1,1
a,2,2
b,3,3
a,3,3
a,4,4
a,5,5
b,2,2
b,4,4
a,6,6
```

输出的结果为：

```
(a,1,1)
(a,2,2)
```

```
(a,3,3)
=========================
(a,2.0)
**************************
(b,3,3)
(b,2,2)
(b,4,4)
=========================
(b,2.5)
**************************
(a,4,4)
(a,5,5)
(a,6,6)
=========================
(a,3.3333333333333335)
**************************
```

3.8 本章小结

时间和窗口在 Flink 框架中是非常重要的概念，是全书的重点内容。在实际项目中，窗口的使用率也非常高。因此读者需要花费一些精力来理解其本质。

本章内容涉及很多 Flink 源码的分析。对源码设置断点进行调试，可以更好地理解其内部的执行过程，这对于从本质上理解窗口计算非常有好处。

第 4 章 状态管理及容错机制

Flink 作为一个有状态的分布式流处理框架，它的状态和容错机制是保证 Flink 应用程序稳定、高效和正确运行的基石。本章将重点介绍 Flink 中的状态管理以及容错机制。

本章主要涉及的知识点有：

- 状态管理：掌握状态的概念、计算过程以及使用场景。
- 状态类型：掌握Keyd State与Operator State的用法和区别。
- 容错机制：掌握CheckPoint机制和SavePoint机制的用法和区别。

4.1 什么是状态

在 Flink 构建的数据流图中，有的算子可以记住多个事件数据的相关信息，这类算子被称为有状态（stateful）的算子。而状态（state）本质上就是一些计算的中间结果，缓存在内存或者文件系统中，可以根据需要进行存取。

有状态就是能记住中间处理的结果，即使计算过程被中断，如 Flink 程序升级或者修复 Bug，也能在计算恢复的时候从中断处开始计算，而不用从头重新计算。这种能力对于流数据处理程序提供 7×24 不间断服务来说至关重要。

4.2 什么场景会用到状态

关于有状态的流处理场景，包含但不限于如下几种。

（1）去重处理

在传统的数据库应用系统中，经常需要去重查询和统计相关数据，防止重复统计。同样地，在某些情况下，数据采集系统可能由于某些原因，会发送重复的数据；而在分布式系统中，作为下游的计算系统如果具有状态，那么就可以在新事件数据到达时，结合缓存的历史事件数据，来判断是否需要去重。

（2）具有模式的流处理

有时需要判断传感器发送过来的事件数据，是否符合某种预警模式，比如瓦斯传感器采集的瓦斯浓度，如果有连续 3 个事件数据一直是持续上升的，且上升幅度也超过阈值，则进行预警。此种场景下，流处理程序需要能缓存一定数量的事件数据，并在新的事件数据到达后进行预警研判。

（3）窗口聚合分析

电商网站后台需要分析一定时间窗口内的交易额情况，比如统计各个城市在最近 1 个小时中的消费总额情况，则需要记住最近一个小时内的事件数据情况。

（4）机器学习模型预测

一般来说，机器学习模型的训练是一个不断迭代的过程，当前一步的计算是基于上一步的计算结果来进行优化的。因此，为了提高效率，需要在每一个迭代过程中，缓存模型的参数，从而不断迭代。

（5）智能推荐系统

当前，随着大数据和人工智能技术的快速发展，不少电商或者娱乐 APP 都基于用户操作行为大数据，利用算法构建推荐模型，并可根据最近一段时间（比如 20 分钟）内的浏览记录来智能推荐页面内容，而这个结果可能会随着用户的持续浏览，而不断更新内容。

4.3　状态的类型与使用

Flink 框架提供的状态可以分为托管状态（Managed State）和原生状态（Raw State）。其中托管状态统一由 Flink 框架来完成，开发人员无须介入，可以将重点放到数据处理逻辑上来。

这就类似于许多公司采用云服务器，它是一种托管的服务器，这样就不需要专人来维护服务器，更加的省时省力。而原生状态一般由开发人员自行设计和管理，需要自行实现序列化相关操作。

对于托管状态，Flink 可以对状态进行自动存储、优化和恢复等操作。当 Flink 集群进行横向扩容时，托管的状态会自动重新分布到算子的多个并行实例上。

托管状态有两种类型：

- Keyed State
- Operator State

建议使用 Managed State，除非它不能满足需求，才选择 Raw State。

4.3.1 Keyed State 托管状态

Keyed State 是一种与 Key 键值相关联的状态，从某种程度上来说，可以将它看作是 Operator State 按 Key 进行分区来处理状态的特例。

同一个算子子任务上的 Keyed State 会被 Flink 框架构建出一个 Key Group，它类似于一个容器，其中存储着多个 Key 的事件数据状态信息，它也是重分布的最小管理单元。

关于 Keyed State 的示例图如图 4.1 所示。

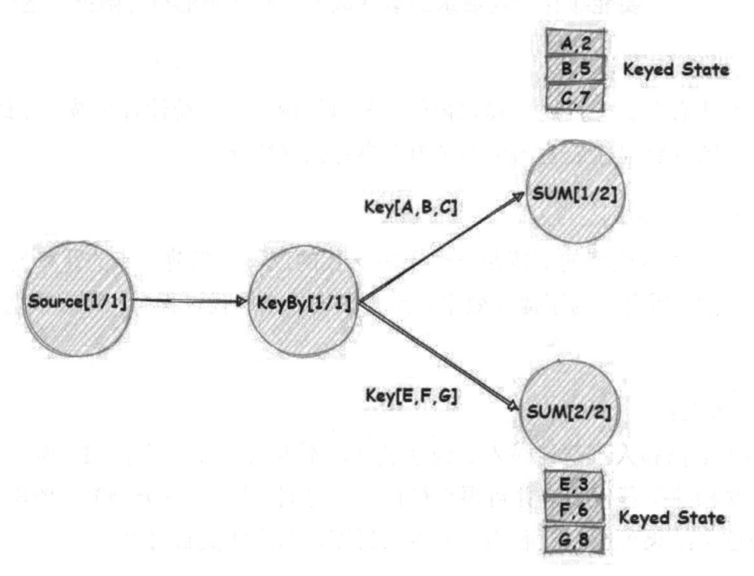

图 4.1 Keyed State 的示例图

Keyed State 提供不同 Key 状态的访问接口。换句话说，这些状态仅可在 KeyedStream 对象上使用。Flink 框架中，关于 State 的定义是一个接口，具体代码如下：

```
@PublicEvolving
public interface State {
    /**
     * 清理当前 Key 对应的状态数据
     */
   void clear();
}
```

在 IDEA 中，可以查看 State 接口的层级关系，如图 4.2 所示。

下面对常见的几种状态进行介绍。

（1）ValueState

它一般对于单个值进行状态存储，其接口定义如下：

图 4.2　State 接口的层级

```
@PublicEvolving
public interface ValueState<T> extends State {
    //获取值
    T value() throws IOException;
    //更新值
    void update(T value) throws IOException;
}
```

ValueState 中存储的值类型为 T，这个值可以通过 update(T)方法进行更新，通过 T value()方法获取。

ValueState 虽然只能存储单一值，但它是按 Key 隔离的，即每个 Key 都可以对应一个状态值。

（2）ListState

它一般对于多个同类型的值进行状态存储，其接口定义如下：

```
@PublicEvolving
public interface ListState<T> extends MergingState<T, Iterable<T>> {
    //更新列表
    void update(List<T> values) throws Exception;
    //添加列表
    void addAll(List<T> values) throws Exception;
}
```

ListState 保存一个同类型元素的列表。由于是列表，可以通过 add(T)或者 addAll(List<T>)方法来添加元素，还可以通过 update(List<T>) 更新当前列表。ListState 接口的层级关系图如图 4.3 所示。

（3）ReducingState

它保存一个聚合值，表示添加到状态的所有值的聚合。其接口定义如下：

```
@PublicEvolving
public interface ReducingState<T> extends MergingState<T, T> {}
```

ReducingState 可以使用 add(T)增加元素，通过 T get()获取状态值，它的输入类型和输出类型是一致的，都为 T。ReducingState 接口的层级关系图如图 4.4 所示。

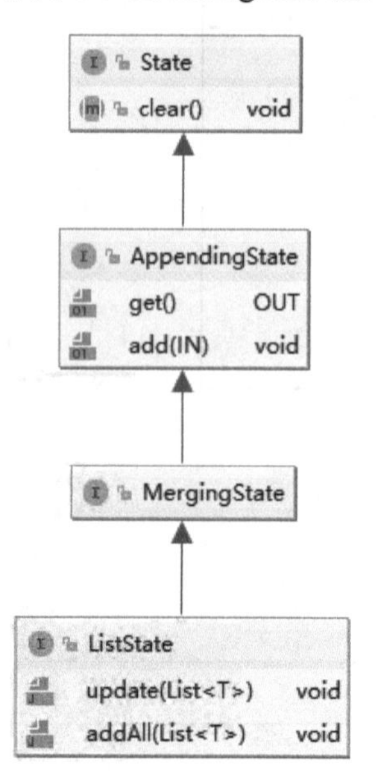

图 4.3 State 接口的层级

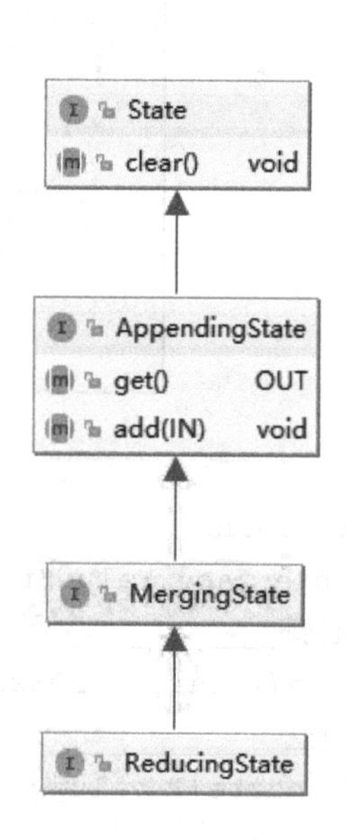

图 4.4 ReducingState 接口的层级

（4）AggregatingState

它同样存储一个聚合值，但是和 ReducingState 不同的是，它支持输入的数据和输出的数据类型不同，即输入类型的 IN，而输出类型可以是 OUT。其接口定义如下：

```
@PublicEvolving
public interface AggregatingState<IN, OUT> extends MergingState<IN, OUT> {}
```

AggregatingState 可以使用 add(IN)增加元素，通过 OUT get()获取状态值。

（5）MapState

这是一个 Map 对象，可以存储多个键值对。其接口定义如下：

```
@PublicEvolving
public interface MapState<UK, UV> extends State {
    UV get(UK key) throws Exception;
    void put(UK key, UV value) throws Exception;
```

```
    void putAll(Map<UK, UV> map) throws Exception;
    void remove(UK key) throws Exception;
    boolean contains(UK key) throws Exception;
    Iterable<Map.Entry<UK, UV>> entries() throws Exception;
    Iterable<UK> keys() throws Exception;
    Iterable<UV> values() throws Exception;
    Iterator<Map.Entry<UK, UV>> iterator() throws Exception;
    boolean isEmpty() throws Exception;
}
```

MapState 维护了一个 Map 列表，可以使用 put(UK, UV)或 putAll(Map<UK，UV>)更新映射。同样地，可以使用 get(UK)获取特定 Key 对应的值。MapState 接口的层级关系图如图 4.5 所示。

所有状态都有一个 clear 方法，可以清除当前 key 下的状态数据。

状态数据可以存储在内存中，也可以存储在物理磁盘上。当我们要使用这些 Keyed State 时，则必须创建一个 StateDescriptor 对象，它是一个抽象类，其方法如图 4.6 所示。

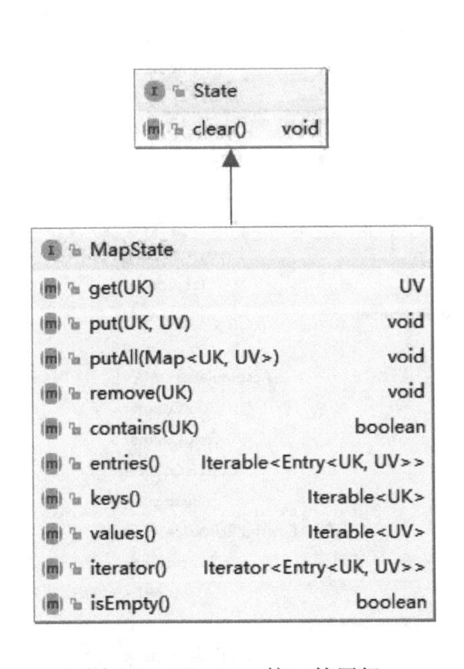

图 4.5 MapState 接口的层级

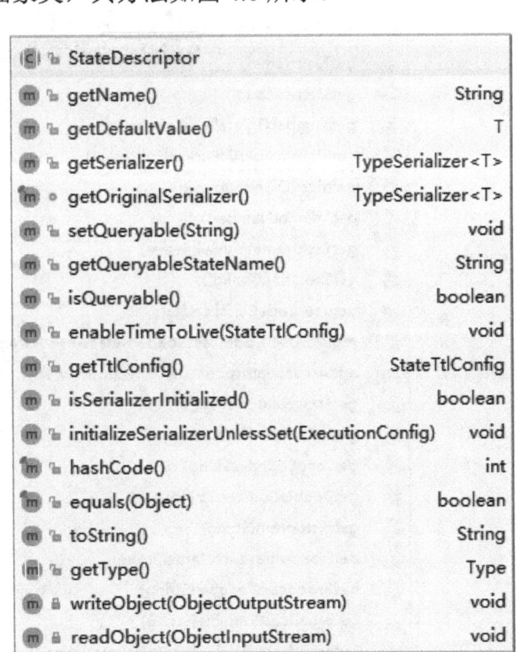

图 4.6 StateDescriptor 类方法

根据不同的状态类型，继承自 StateDescriptor 的状态描述器也分为不同的类型，比如 ValueStateDescriptor、ListStateDescriptor、ReducingStateDescriptor 和 MapStateDescriptor。StateDescriptor 继承关系如图 4.7 所示。

常见的 Key State 可以通过 RuntimeContext 进行访问，而 RuntimeContext 则需要通过 AbstractRichFunction 类中的 getRuntimeContext()方法获取。其中 AbstractRichFunction 实现了 RichFunction 接口。RuntimeContext 接口示意图如图 4.8 所示。

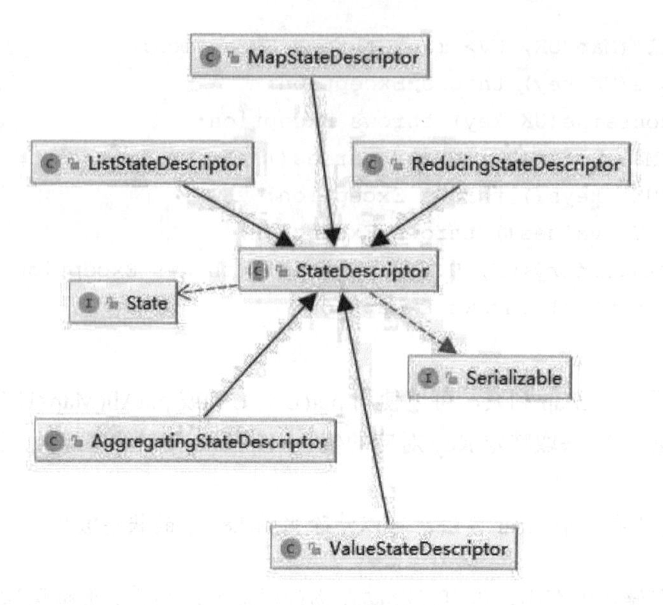

图 4.7 StateDescriptor 继承关系图

RuntimeContext	
getTaskName()	String
getMetricGroup()	MetricGroup
getNumberOfParallelSubtasks()	int
getMaxNumberOfParallelSubtasks()	int
getIndexOfThisSubtask()	int
getAttemptNumber()	int
getTaskNameWithSubtasks()	String
getExecutionConfig()	ExecutionConfig
getUserCodeClassLoader()	ClassLoader
registerUserCodeClassLoaderReleaseHookIfAbsent(String, Runnable)	void
addAccumulator(String, Accumulator<V, A>)	void
getAccumulator(String)	Accumulator<V, A>
getIntCounter(String)	IntCounter
getLongCounter(String)	LongCounter
getDoubleCounter(String)	DoubleCounter
getHistogram(String)	Histogram
getExternalResourceInfos(String)	Set<ExternalResourceInfo>
hasBroadcastVariable(String)	boolean
getBroadcastVariable(String)	List<RT>
getBroadcastVariableWithInitializer(String, BroadcastVariableInitializer<T, C>)	C
getDistributedCache()	DistributedCache
getState(ValueStateDescriptor<T>)	ValueState<T>
getListState(ListStateDescriptor<T>)	ListState<T>
getReducingState(ReducingStateDescriptor<T>)	ReducingState<T>
getAggregatingState(AggregatingStateDescriptor<IN, ACC, OUT>)	AggregatingState<IN, OUT>
getMapState(MapStateDescriptor<UK, UV>)	MapState<UK, UV>

图 4.8 RuntimeContext 接口示意图

下面给出一个 Key State 状态示例，如代码 4-1 所示。

【代码 4-1】　Key State　文件：ch04/Demo01.java

```
01    package com.example.ch04;
02    import org.apache.flink.api.common.functions.MapFunction;
03    import org.apache.flink.api.common.functions.RichFlatMapFunction;
04    import org.apache.flink.api.common.state.ValueState;
05    import org.apache.flink.api.common.state.ValueStateDescriptor;
06    import org.apache.flink.api.common.typeinfo.TypeHint;
07    import org.apache.flink.api.common.typeinfo.TypeInformation;
08    import org.apache.flink.api.java.tuple.Tuple2;
09    import org.apache.flink.configuration.Configuration;
10    import org.apache.flink.streaming.api.datastream.DataStream;
11    import org.apache.flink.streaming.api.datastream.S
  ingleOutputStreamOperator;
12    import org.apache.flink.streaming.api.environment.
  StreamExecutionEnvironment;
13    import org.apache.flink.util.Collector;
14    public class Demo01 {
15        public static void main(String[] args) throws Exception {
16            //获取运行环境
17            StreamExecutionEnvironment env = StreamExecutionEnvironment
18                    .getExecutionEnvironment();
19            //设置并行度为 1
20            env.setParallelism(1);
21            //连接 socket 获取输入的数据
22            DataStream<String> text = env.socketTextStream("localhost", 7777);
23            //解析输入的数据
24            DataStream<Tuple2<String, Long>> inputMap = text.map(
25                    new MapFunction<String, Tuple2<String, Long>>() {
26                @Override
27                public Tuple2<String, Long> map(String value) throws Exception {
28                    String[] arr = value.split(",");
29                    return new Tuple2<>(arr[0], Long.parseLong(arr[1]));
30                }
31            });
32            SingleOutputStreamOperator<Tuple2<String, Long>> myds = inputMap
33                    .keyBy(tp2 -> tp2.f0)
34                    .flatMap(new MyRichMapFunc());
35            myds.print();
36            env.execute();
37        }
38        private static class MyRichMapFunc extends
39                RichFlatMapFunction<Tuple2<String,Long>, Tuple2<String, Long>>{
40            // Value 状态
```

```
41         private ValueState<Long> state;
42         private long sum =0;
43         @Override
44         public void flatMap(Tuple2<String, Long> tp2,
45                      Collector<Tuple2<String, Long>> out)
46                         throws Exception {
47             if (state.value() != null) {
48                 sum = tp2.f1 + state.value();
49             } else {
50                 sum = tp2.f1;
51             }
52             state.update(sum);
53             out.collect(Tuple2.of(tp2.f0, sum));
54         }
55         @Override
56         public void open(Configuration parameters) throws Exception {
57             super.open(parameters);
58             state = getRuntimeContext().getState(
59                     new ValueStateDescriptor<>("mySumState",
60                         TypeInformation.of(new TypeHint<Long>() {
61                     })));
62         }
63     }
64 }
```

代码 4-1 中，41 行 private ValueState<Long> state 定义了一个名为 state，值类型为 Long 的 ValueState，它可以存储一个值。在 56 行的 open 方法中，用 ValueStateDescriptor 定义了一个名为 mySumState 的状态描述器，然后调用 getRuntimeContext().getState 方法获取状态，并赋值给 state。

在 44 行的 flatMap 方法中，对状态 state 值进行更新，即 state.update(sum)，换句话说，状态值为输入数据第二个值的和。由于此状态是在 keyBy 操作后进行的，因此，每个 Key 的状态 state 是独有的，不共享。下面给出输入输出结果：

```
>nc64.exe -lp 7777
key1,2
key1,3
key2,1
key2,7
======================
(key1,2)
(key1,5)


(key2,1)
(key2,8)
```

任何类型的 Keyed State 都可以设置有效期（TTL）。如果配置了有效期且状态值已超时，则 Flink 框架会自动清除对应的状态值，从而释放一些资源。在使用状态 TTL 前，需要先构建一个 StateTtlConfig 配置对象，具体用法如下所示：

```
StateTtlConfig ttlConfig = StateTtlConfig
      //超时设置
      .newBuilder(Time.seconds(10))
      //关闭后台清理
      .disableCleanupInBackground()
      //启用全量快照时进行清理的策
      .cleanupFullSnapshot()
      //TTL 更新策略
      .setUpdateType(StateTtlConfig.UpdateType.OnCreateAndWrite)
      //数据在过期但还未被清理时的可见性配置
      //不返回过期数据
      .setStateVisibility(StateTtlConfig.StateVisibility.NeverReturnExpired)
      .build();
ValueStateDescriptor<Long> myStateDesc=
                         new ValueStateDescriptor<>("mySumState", Long.class);
//TTL 设置
myStateDesc.enableTimeToLive(ttlConfig);
```

4.3.2 Operator State 托管状态

Operator State 也称为 Non-Keyed State，这种状态与每个算子的并行实例相关联，且可以在所有的算子上使用。Operator State 在每个算子子任务（算子实例）上会单独分配一个状态。其示意图如图 4.9 所示。

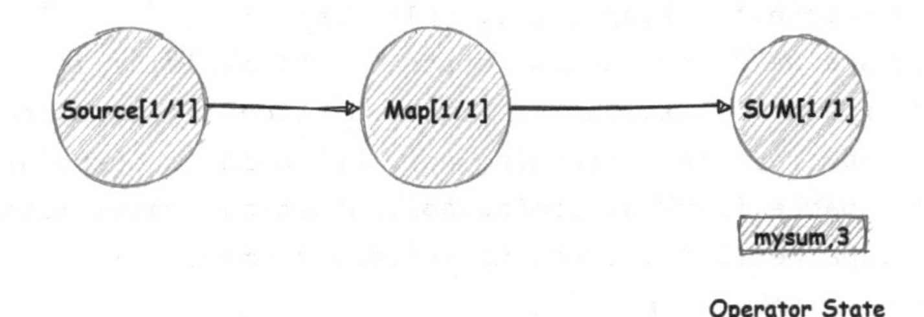

图 4.9　Operator State 示意图

Operator State 一般在常规的 Flink 应用场景中并不常用。它一般用于需要定制 Source 和 Sink 算子的场景中，或者不容易按 Key 进行状态分区的场景中。

Operator State 的使用，需要实现 CheckpointedFunction 接口，该接口示意图如图 4.10 所示。

CheckpointedFunction 接口有两个方法需要实现，具体如下：

- void snapshotState(FunctionSnapshotContext context)
- void initializeState(FunctionInitializationContext context)

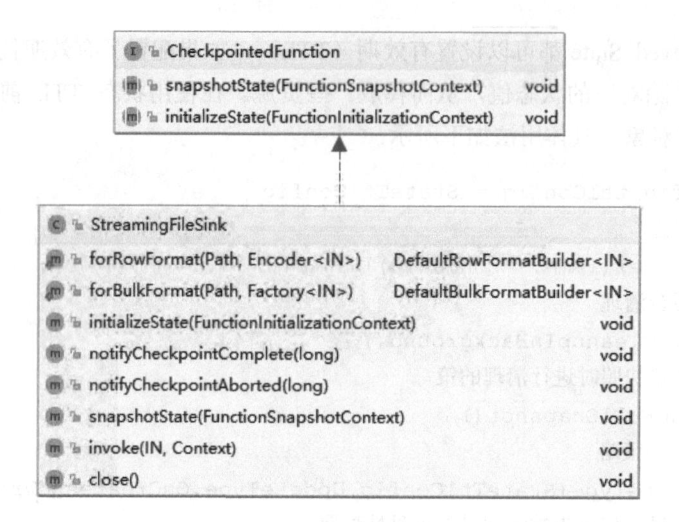

图 4.10 CheckpointedFunction 接口示意图

当 Flink 框架 Checkpoint 时，会调用 snapshotState 方法来生成状态数据。而 initializeState 方法在第一次运行时被调用，或从 Checkpoint 恢复状态数据时被调用。

下面给出一个 Operator State 状态示例，如代码 4-2 所示。

【代码 4-2】 Operator State 文件：ch04/Demo02.java

```
01    package com.example.ch04;
02    import org.apache.flink.api.common.functions.MapFunction;
03    import org.apache.flink.api.common.state.ListState;
04    import org.apache.flink.api.common.state.ListStateDescriptor;
05    import org.apache.flink.api.common.typeinfo.TypeHint;
06    import org.apache.flink.api.common.typeinfo.TypeInformation;
07    import org.apache.flink.api.java.tuple.Tuple3;
08    import org.apache.flink.runtime.state.FunctionInitializationContext;
09    import org.apache.flink.runtime.state.FunctionSnapshotContext;
10    import org.apache.flink.streaming.api.checkpoint.CheckpointedFunction;
11    import org.apache.flink.streaming.api.datastream.DataStream;
12    import org.apache.flink.streaming.api.environment.
  StreamExecutionEnvironment;
13    import org.apache.flink.streaming.api.functions.sink.SinkFunction;
14    import java.util.ArrayList;
15    import java.util.List;
16    public class Demo02 {
17        public static void main(String[] args) throws Exception {
18            //获取运行环境
19            StreamExecutionEnvironment env = StreamExecutionEnvironment
20                    .getExecutionEnvironment();
21            //设置并行度为1
22            env.setParallelism(1);
```

```
23          //连接 socket 获取输入的数据
24          DataStream<String> text = env.socketTextStream("localhost", 7777);
25          //解析输入的数据
26          DataStream<Tuple3<String, Long, Long>> inputMap = text.map(
27                  new MapFunction<String, Tuple3<String, Long, Long>>() {
28              @Override
29              public Tuple3<String, Long, Long> map(String value) throws
 Exception {
30                  String[] arr = value.split(",");
31                return new Tuple3<>(arr[0], Long.parseLong(arr[1]),
 Long.parseLong(arr[2]));
32              }
33          });
34          inputMap.addSink(new MyBufferSink(2));
35          env.execute();
36      }
37      //有缓冲的 Sink，可以批量发送
38      public static class MyBufferSink implements
39              SinkFunction<Tuple3<String,Long,Long>>, CheckpointedFunction {
40          private final int MAX_SIZE;
41          private transient ListState<Tuple3<String,Long,Long>>
 checkpointedState;
42          private List<Tuple3<String,Long,Long>> bufferedEles;
43          public MyBufferSink(int MAX_SIZE) {
44              this.MAX_SIZE = MAX_SIZE;
45              this.bufferedEles = new ArrayList<>();
46          }
47          @Override
48          public void invoke(Tuple3<String, Long, Long> value, Context context)
49                                                        throws Exception {
50              bufferedEles.add(value);
51              if (bufferedEles.size() == MAX_SIZE) {
52                  for (Tuple3<String,Long,Long> ele: bufferedEles) {
53                      //打印到控制台
54                      System.out.println(ele);
55                  }
56                  bufferedEles.clear();
57              }
58          }
59          @Override
60          public void snapshotState(FunctionSnapshotContext context) throws
 Exception {
61              checkpointedState.clear();
```

```
62              for (Tuple3<String,Long,Long> ele : bufferedEles) {
63                  checkpointedState.add(ele);
64              }
65          }
66          @Override
67          public void initializeState(FunctionInitializationContext context)
  throws Exception {
68              ListStateDescriptor<Tuple3<String,Long,Long>> listDescriptor =
69                      new ListStateDescriptor<>(
70                              "bufferedEles",
71                      TypeInformation.of(new TypeHint<Tuple3<String,Long,
  Long>>() {}));
72              //获取 Operator State 存储
73              checkpointedState = context.getOperatorStateStore()
74                      .getListState(listDescriptor);
75              if (context.isRestored()) {
76                  for (Tuple3<String,Long,Long> ele : checkpointedState.get()) {
77                      bufferedEles.add(ele);
78                  }
79              }
80          }
81      }
82  }
```

代码 4-2 中，34 行 inputMap.addSink(new MyBufferSink(2))通过调用 addSink 方法，自定义了一个 Sink 函数用于数据输出。MyBufferSink 实现了 SinkFunction 接口和 CheckpointedFunction 接口。

41 行 private transient ListState<Tuple3<String,Long,Long>> checkpointedState 定义了一个名为 checkpointedState 的 ListState，其中的 transient 表明 checkpointedState 不用序列化。在 67 行的 initializeState 方法中，定义了一个 ListStateDescriptor，并通过 context.getOperatorStateStore().getListState(listDescriptor)获取 Operator State，并赋值给 checkpointedState。

48 行的 invoke 在每次有新元素到达 MyBufferSink 算子时调用，它首先将元素加入到缓存 bufferedEles 中，当其中的元素个数等于 MAX_SIZE 时，即进行打印。60 行的 snapshotState 在进行快照时调用，此时将 bufferedEles 缓存当中的元素保存到 checkpointedState 中。

4.4 Checkpoint 机制

前面提到，Flink 当中的算子是具有状态的，其中可以存取相关的事件状态数据。由于分布式流计算应用程序在长期运行过程中，可能会由于某些原因，发生异常导致中断。此时，为了更好地进行容错，Flink 框架提供了一种容错机制 Checkpoint。

所谓的 Checkpoint 机制，是一种由 Flink 框架自动完成的快照操作，它的目的是保证在发生故障时，能够从失败中进行数据恢复。目前，Flink 支持增量快照和全量快照。

Flink 使用 Chandy-Lamport Algorithm 算法的一种变体，称为异步 barrier 快照。当 Checkpoint 协调器让 Task Manager 开始 Checkpoint 操作时，它会让所有 Source 算子记录它们的偏移量，并将 Checkpoint barriers 发送到流中进行传递，其示意图如图 4.11 所示。

通过 Checkpoint 机制，Flink 周期性地在流上生成 Checkpoint barrier，当某个算子收到 barrier 时，即会基于当前状态生成一份快照，然后再将该 barrier 传递到下游算子，依次类推。当出现异常后，Flink 就可以根据最新的快照数据，将所有算子状态恢复到先前的状态。

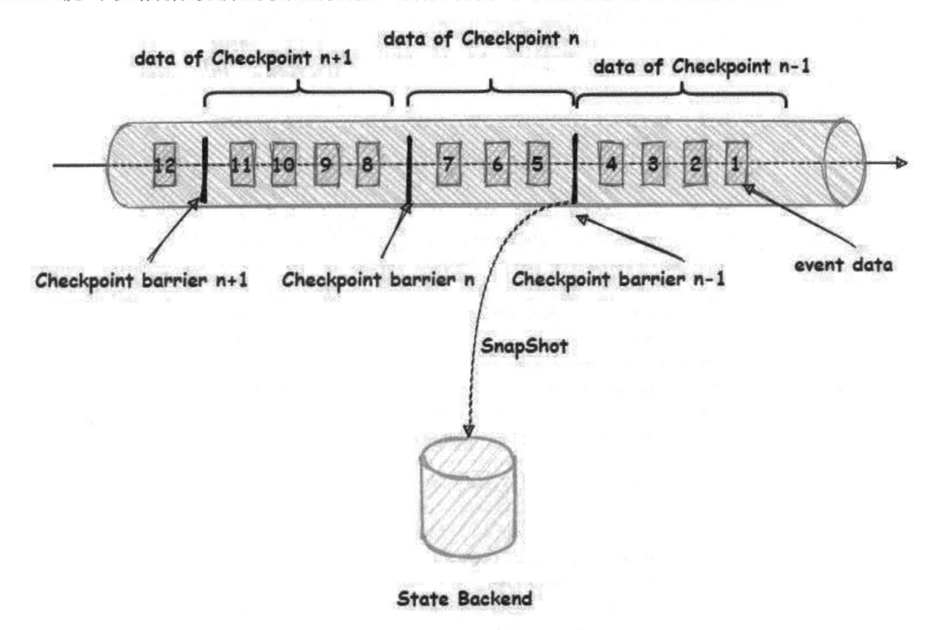

图 4.11　Checkpoint barrier 示意图

当 Flink 应用程序中的数据源支持从某个时间点进行消息回放，如 Kafka。加上状态通过状态后端进行了持久化，那么就能更好地保证应用程序在失败恢复过程中，计算结果的精确性。

Checkpoint barrier 在传播过程中，还涉及对齐机制。关于 Checkpoint 的更多细节，可参考官方网站。

4.4.1　Checkpoint 配置

Flink 默认不启用 Checkpoint 机制。一般在生产环境下，都需要开启 Checkpoint 机制，此时可以通过如下方式开启，并进行相关配置：

```
StreamExecutionEnvironment env = StreamExecutionEnvironment.
getExecutionEnvironment();
//每间隔 2000ms 进行 CheckPoint
env.enableCheckpointing(2000);
//设置 CheckPoint 模式
```

```
    env.getCheckpointConfig().setCheckpointingMode(CheckpointingMode.EXACTLY_O
NCE);
    // CheckPoint 超时时间设置为 50000ms
    env.getCheckpointConfig().setCheckpointTimeout(50000);
    //最大并发的 CheckPoint 数量
    env.getCheckpointConfig().setMaxConcurrentCheckpoints(1);
    env.getCheckpointConfig().enableUnalignedCheckpoints();
```

其中的检查点配置项由 CheckpointConfig 类实现，该类示意图如图 4.12 所示。

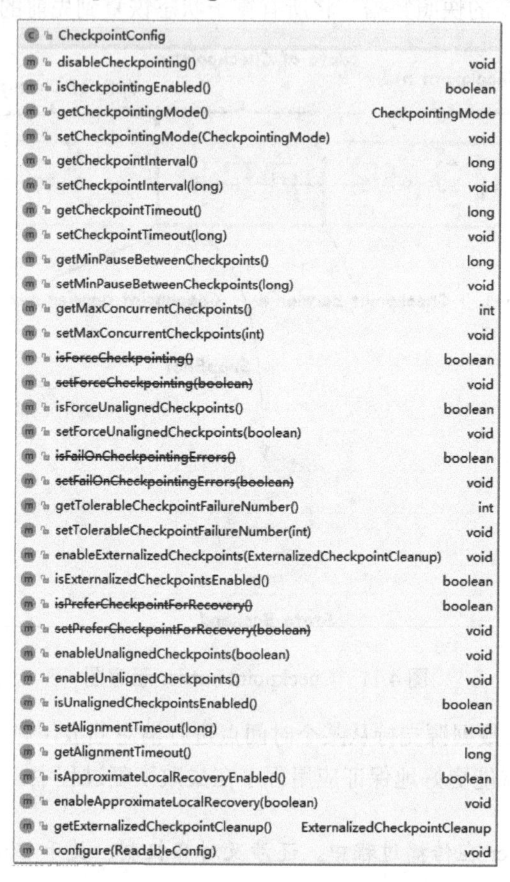

图 4.12 CheckpointConfig 类方法示意图

StreamExecutionEnvironment 上调用 enableCheckpointing(n)，其中 n 是以毫秒为单位的 checkpoint 间隔。

Flink 现在不支持在迭代（iterations）作业上开启 Checkpoint，否则可能会导致异常。

4.4.2 State Backends 状态后端

前面提到，Flink 中的状态数据可能存储在内存中，也可以存储在磁盘上。关于状态的存储配置需要用到状态后端 State Backends。

Flink 的 State Backend 主要有如下几种：

- MemoryStateBackend：基于内存的状态后端，速度快，但是受限于内存的大小，当断电后，状态数据丢失。一般用于调试环境。
- FsStateBackend：基于文件系统，如本地文件系统或者HDFS分布式文件系统，可以对状态数据进行全量的处理。但需要大的堆内存。
- RocksDBStateBackend：如果使用RocksDBStateBackend，则首先需要引入相关的依赖包：

```
<!--RocksDBStateBackend-->
<dependency>
    <groupId>org.apache.flink</groupId>
    <artifactId>flink-statebackend-rocksdb_${scala.binary.version}
     </artifactId>
    <version>${flink.version}</version>
</dependency>
```

State Backends 支持异步快照，这意味着可以在不妨碍正在进行的流处理的情况下执行快照操作。

关于状态后端的设置，如下所示：

```
env.setStateBackend(new MemoryStateBackend(1024*50));
env.setStateBackend(new FsStateBackend("FS 地址"));
env.setStateBackend(new RocksDBStateBackend("RocksDB 地址"));
```

4.4.3 重启策略

当 Flink 应用程序发送故障后，需要重启相关的 Task，以使得作业恢复到正常状态。而 Flink 如何重启是通过设定重启策略来判定的。

如果没有定义重启策略，则会遵循集群启动时加载的默认重启策略。如果提交作业时设置了重启策略，则该策略将会覆盖掉集群的默认策略。

一般来说，在 Flink 配置文件 flink-conf.yaml 中可以设置默认的重启策略。如果 Flink 应用程序没有启用 checkpoint 功能，就采用不重启策略。如果启用 checkpoint 功能，但没有配置重启策略，就采用固定延时重启策略。

下面给出几种延迟策略的说明：

（1）Fixed Delay Restart Strategy

固定延时重启策略按照给定的次数尝试重启作业。如果尝试超过了给定的最大次数，作业将最终失败。在连续的两次重启尝试之间，重启策略会等待一段固定长度的时间。

下面给出一个固定延时重启策略示例，如代码 4-3 所示。

【代码 4-3】　固定延时重启策略　文件：ch04/Demo03.java

```
01    package com.example.ch04;
02    import org.apache.flink.api.common.functions.MapFunction;
```

```
03   import org.apache.flink.api.common.restartstrategy.RestartStrategies;
04   import org.apache.flink.api.common.time.Time;
05   import org.apache.flink.streaming.api.environment.
StreamExecutionEnvironment;
06   //fixedDelayRestart 重启策略
07   public class Demo03 {
08       public static void main(String[] args) throws Exception {
09           //获取运行环境
10           StreamExecutionEnvironment env = StreamExecutionEnvironment
11                   .getExecutionEnvironment();
12           env.enableCheckpointing(1000L);
13           //每隔 6s 重启一次，尝试 2 次
14           env.setRestartStrategy(RestartStrategies
15                   .fixedDelayRestart(2, Time.seconds(6)));
16           //设置并行度为
17           env.setParallelism(1);
18           env.addSource(new CounterSource())
19                   .map(new MapFunction<Long, Long>() {
20                       @Override
21                       public Long map(Long v) throws Exception {
22                           if (v == 3){
23                               System.out.println("=========break======");
24                               System.out.println("==value->"+v);
25                               //模拟中断
26                               return v/0;
27                           }
28                           else{
29                               return v;
30                           }
31                       }
32                   })
33                   .print();
34           //执行
35           env.execute();
36       }
37   }
```

代码 4-3 中，14 行 env.setRestartStrategy 方法可以设置重启策略。15 行 fixedDelayRestart(2, Time.seconds(6))表示一个固定延迟重启策略，它每隔 6s 重启一次，最大尝试 2 次重启，如果超过 2 次后，作业还没有成功启动，则停止作业。

第 26 行 return v/0 是为了模拟中断，如果开启 checkpoint，可以从中间状态恢复，输出结果如下：

```
0
1
2
=========break======
==value->3
=========break======
==value->3
=========break======
==value->3
Exception in thread "main" org.apache.flink.runtime.client.
JobExecutionException: Job execution failed.
```

从上述结果可以看出，当值为 3 时模拟了中断后 Flink 可以从 3 处进行恢复，并再次中断，然后重启 2 次后停止作业。

（2）Failure Rate Restart Strategy

故障率重启策略在故障发生之后重启作业，但是当故障率（每个时间间隔发生故障的次数）超过设定的限制时，作业会最终失败。在连续的两次重启尝试之间，重启策略等待一段固定长度的时间。

下面给出一个故障率重启策略示例，如代码 4-4 所示。

【代码 4-4】　故障率重启策略　文件：ch04/Demo04.java

```
01    package com.example.ch04;
02    import org.apache.flink.api.common.functions.MapFunction;
03    import org.apache.flink.api.common.restartstrategy.RestartStrategies;
04    import org.apache.flink.api.common.time.Time;
05    import org.apache.flink.runtime.state.memory.MemoryStateBackend;
06    import org.apache.flink.streaming.api.environment.
StreamExecutionEnvironment;
07    //failureRateRestart 重启策略
08    public class Demo04 {
09        public static void main(String[] args) throws Exception {
10            //获取运行环境
11            StreamExecutionEnvironment env = StreamExecutionEnvironment
12                    .getExecutionEnvironment();
13            //设置 State Backend
14            env.setStateBackend(new MemoryStateBackend(1024*100));
15            //启用 CheckPoint 机制
16            env.enableCheckpointing(1000);
17            //每隔 3s 重启一次，如果 6s 内重启过 2 次则停止 Job
18            env.setRestartStrategy(RestartStrategies
19                    .failureRateRestart(2, Time.seconds(6), Time.seconds(3)));
20            //设置并行度为
```

```
21          env.setParallelism(1);
22          env.addSource(new CounterSource())
23                 .map(new MapFunction<Long, Long>() {
24                    @Override
25                    public Long map(Long v) throws Exception {
26                       if (v == 3){
27                          System.out.println("=========break======");
28                          System.out.println("==value->"+v);
29                          //模拟中断
30                          return v/0;
31                       }
32                       else{
33                          return v;
34                       }
35                    }
36                 })
37                 .print();
38          env.execute();
39      }
40  }
```

代码 4-4 中，16 行 env.enableCheckpointing(1000)方法设置了 Checkpoint 的周期间隔，即每隔 1 秒进行快照。19 行 failureRateRestart(2, Time.seconds(6), Time.seconds(3))表示一个故障率重启策略，它每隔 3s 重启一次，如果 6s 内重启过 2 次，则停止作业。

30 行 return v/0 也是为了模拟中断，如果开启 checkpoint，可以从中间状态恢复，输出结果如下：

```
0
1
2
=========break======
==value->3
=========break======
==value->3
Exception in thread "main" org.apache.flink.runtime.client.
JobExecutionException: Job execution failed.
```

（3）No Restart Strategy

作业直接失败，不尝试重启。设置方法如下：

```
env.setRestartStrategy(RestartStrategies.noRestart());
```

（4）Fallback Restart Strategy

使用群集定义的重启策略。设置方法如下：

```
env.setRestartStrategy(RestartStrategies.fallBackRestart());
```

4.5 SavePoint 机制

Savepoint 类似于 CheckPoint，不过它需要手动进行维护。当我们需要升级 Flink 版本、调整 Flink 应用程序处理逻辑或修改并行度时，都需要用到 Savepoint 机制。

为了更好地进行状态恢复，在生产环境下，强烈建议在定义每个算子时，通过 uid 方法手动指定算子 ID。这些算子 ID 将用于恢复每个算子的状态。

Flink 提供客户端命令行来对 Savepoint 进行创建、恢复以及删除。当创建 Savepoint 时，将生成一个新的目录，其中存储数据和元数据。

savepoint 目录必需是 JobManager 和 TaskManager 都可以访问的位置。

- 创建Savepoint

```
$ bin/flink savepoint :jobId [:targetDirectory]
```

此命令创建ID为:jobId的Savepoint，并返回Savepoint路径。后续需要此路径来还原和删除相应的Savepoint。

- 取消Savepoint

```
$ bin/flink cancel -s :jobId
```

此命令取消ID为:jobId的Savepoint。

- 恢复Savepoint

```
$ bin/flink run -s :savepointPath [:runArgs]
```

此命令指定要从savepointPath目录中恢复Savepoint。

- 删除 Savepoint

```
$ bin/flink savepoint -d :savepointPath
```

此命令将删除存储在:savepointPath路径中的Savepoint。

4.6 本章小结

Flink 作为一个有状态的分布式流处理框架，它的状态和容错机制是保证 Flink 应用程序稳定、高效和正确运行的基石。本章重点介绍了 Flink 中的状态管理以及容错机制。

第 5 章 数据类型与序列化

在很多的编程语言中，都有数据类型的概念，有的编程语言是强类型的，有的是弱类型的。数据类型可以让编译器更好地对内存进行分配以及优化计算，并可以提前发现语法层面的问题。

对于 Flink 应用程序而言，需要处理各种各样的事件数据，这就无法绕开数据类型。Flink 框架内部实现了自己的内存管理，以其独特的方式来处理不同的数据类型，以及进行对象的序列化和反序列化。本章将重点介绍数据类型与序列化。

本章主要涉及的知识点有：

- Flink数据类型：掌握Flink支持的数据类型及其基本用法。
- 序列化原理：掌握基本的序列化原理。
- Flink序列化过程和实践：掌握Flink序列化的核心过程及其最佳实践。

5.1 Flink 的数据类型

在 Flink 框架中，对数据流和数据集中的数据类型（Data Type）进行了一些限制，它会在执行时，分析其中的数据类型，并根据优化规则进行优化，以实现高效计算。根据官方文档上的说明，Flink 目前支持 7 种数据类型：

- Java Tuples and Scala Case Classes
- Java POJOs
- Primitive Types
- Regular Classes
- Values
- Hadoop Writables
- Special Types

5.1.1　元组类型

一般来说，元组类型（Tuple）包含多个字段、且支持不同的数据类型。Java API 提供了从 Tuple1、Tuple2 到 Tuple25，其中后面的数字表示当前元组的字段个数，比如 Tuple3 包含 3 个字段。

元组类型中的字段支持任意 Flink 类型，如可以是 String，也可以是元组。

元组的字段获取可以通过内置的字段名来访问，如 Tuple2 类型的对象可以通过 mytuple2.f0 和 mytuple2.f1 分别获取第一个字段和第二个字段值。

下面给出一个 Java 元组数据类型示例，如代码 5-1 所示。

【代码 5-1】　Java 元组　文件：ch05\Demo01.java

```
01    package com.example.ch05;
02    import org.apache.flink.api.java.tuple.Tuple2;
03    import org.apache.flink.streaming.api.datastream.DataStream;
04    import org.apache.flink.streaming.api.environment.
  StreamExecutionEnvironment;
05    public class Demo01 {
06        public static void main(String[] args) throws  Exception{
07            //获取执行环境
08            final StreamExecutionEnvironment env = StreamExecutionEnvironment
09                    .getExecutionEnvironment();
10            //元组类型，支持 Tuple1 到 Tuple25
11            //Tuple2 类型，有 2 个元素类型 String 和 Integer
12            DataStream<Tuple2<String, Integer>> wc = env.fromElements(
13                    new Tuple2<>("flink", 1),
14                    new Tuple2<>("spark", 1));
15            //打印元组第 1 个元素 f0 包含 flink 的记录
16            //3> (flink,1)
17            wc.filter(item -> item.f0.contains("flink"))
18                    .print();
19            //执行
20            env.execute("Demo01");
21        }
22    }
```

代码 5-1 中，12 行 DataStream<Tuple2<String, Integer>>代表了一个元组类型的 DataStream，Tuple2 包含两个字段，其中第一个字段类型为 String，第二个为 Integer 类型。

17 行 wc.filter(item -> item.f0.contains("flink"))中的 item 代表 Tuple2 类型，因此 item.f0 代表第一个元素，它是一个 String 类型，可以用 contains 方法判断是否包含特定字符串。

5.1.2 Java POJOs 类型

在面向对象编程中，很多现实世界的对象都以类的方式进行抽象，当某个 Java 类或 Scala 类满足特定条件时，则会被视为 POJO 数据类型：

- 类必须是公开的（public）。
- 必须具有不带参数的公共构造函数。
- 所有字段都是公共的，或者可以通过getter和setter函数访问。
- 字段类型必须是Flink注册的序列化程序支持的类型。

在 Flink 框架中，POJO 一般会用 PojoTypeInfo 类型进行描述，并用 PojoSerializer 进行序列化操作。下面给出一个 POJO 数据类型示例，如代码 5-2 所示。

【代码 5-2】 POJO 数据类型　文件：ch05\Demo02.java

```
01    package com.example.ch05;
02    import org.apache.flink.streaming.api.datastream.DataStream;
03    import org.apache.flink.streaming.api.environment.StreamExecutionEnvironment;
04    public class Demo02 {
05        public static void main(String[] args) throws  Exception{
06            //获取执行环境
07            final StreamExecutionEnvironment env = StreamExecutionEnvironment
08                    .getExecutionEnvironment();
09            //POJO 类型
10            DataStream<WCPOJO> wc = env.fromElements(
11                    new WCPOJO("flink", 1),
12                    new WCPOJO("spark", 1));
13            //按照 WCPOJO 实例对象的 word 字段值包含 flink 进行过滤
14            //> WCPOJO{word='flink', count=1}
15            wc.filter(item -> item.word.contains("flink"))
16              .print();
17            //执行
18            env.execute("Demo02");
19        }
20        //Java POJO 类
21        //1)类必须公开,public
22        public static class WCPOJO {
23            //3)所有字段都是公共的，或通过 getter 和 setter 可访问
24            //4)注册的序列化程序必须支持字段的类型
25            public String word;
26            public int count;
27            //2)必须有不带参数的公共构造函数
28            public WCPOJO() {}
```

```
29          public WCPOJO(String word, int count) {
30              this.word = word;
31              this.count = count;
32          }
33          //重写 toString 便于打印
34          @Override
35          public String toString() {
36              return "WCPOJO{" + "word='" + word + '\'' + ", count=" + count + '}';
37          }
38      }
39  }
```

代码 5-2 中，10 行 DataStream<WCPOJO>代表了一个 WCPOJO 类型的 DataStream，WCPOJO 是一个 POJO 类，它包含两个字段，其中第一个字段类型为 String，而第二个为 int 类型。

15 行 wc.filter(item -> item.word.contains("flink"))中的 item 代表 WCPOJO 类型，因此 item.word 可以访问第一个元素，它是一个 String 类型，可以用 contains 方法判断是否包含特定字符串。

5.1.3 Scala 样例类

与 Java POJO 类型类似，在 Scala 中，很多类可以声明为样例类（case class）。从语法上，样例类非常简洁。下面给出 Scala 样例类示例，如代码 5-3 所示。

【代码 5-3】 Scala 样例类　文件：ch05\Demo03.scala

```
01  package com.example.ch05
02  import org.apache.flink.streaming.api.scala._
03  object Demo03 {
04    def main(args: Array[String]) {
05      //获取执行环境
06      val env: StreamExecutionEnvironment =
07        StreamExecutionEnvironment.getExecutionEnvironment
08      //Scala 样例类类型，无须 new 即可创建实例
09      val wc: DataStream[WC] = env.fromElements(
10        WC("flink", 1),
11        WC("spark", 1)
12      )
13      //按照 WC 样例类的 word 字段值包含 flink 进行过滤
14      //3> WC(flink,1)
15      wc.filter((item: WC) => item.word.contains("flink"))
16        .print()
17      //执行
18      env.execute("Demo03")
19    }
```

```
20     //样例类定义
21     case class WC(word: String,count:Integer)
22   }
```

代码5-3中，09行val wc: DataStream[WC]代表了一个WC类型的DataStream，WC是一个样例类，在21行进行了定义，它包含两个字段，其中第一个字段类型为String，第二个为Integer类型。

15行wc.filter((item: WC) => item.word.contains("flink"))中的item代表WC类型，item.word是一个String类型，可以用contains方法判断是否包含特定字符串。

5.1.4 基础类型

Flink框架支持所有Java和Scala中的基础类型（Primitive Types），如String、Long和Double。下面给出基础类型示例，如代码5-4所示。

【代码5-4】 基础类型 文件：ch05\Demo04.java

```
01   package com.example.ch05;
02   import org.apache.flink.api.common.functions.FlatMapFunction;
03   import org.apache.flink.api.common.functions.MapFunction;
04   import org.apache.flink.api.java.tuple.Tuple2;
05   import org.apache.flink.streaming.api.datastream.DataStream;
06   import org.apache.flink.streaming.api.environment.
StreamExecutionEnvironment;
07   import org.apache.flink.util.Collector;
08   public class Demo04 {
09       public static void main(String[] args) throws  Exception{
10           //获取执行环境
11           final StreamExecutionEnvironment env = StreamExecutionEnvironment
12                   .getExecutionEnvironment();
13           //获取一个元素类型为String的数据流对象
14           DataStream<String> wc = env.fromElements(
15                   "flink spark",
16                   "flink hadoop");
17           wc.flatMap(new FlatMapFunction<String, Object>() {
18               @Override
19               public void flatMap(String value, Collector<Object> out) throws
Exception {
20                   String[] arr =  value.split(" ");
21                   for (String word:arr) {
22                       out.collect(word);
23                   }
24               }
25           })
26           .map(new MapFunction<Object, Tuple2<String,Integer>>() {
```

```
27              @Override
28              public Tuple2<String,Integer> map(Object value) throws Exception {
29                  return new Tuple2<String,Integer>(value.toString(),1);
30              }
31          }).keyBy(tp2 -> tp2.f0).sum("1")
32          .print();
33          //执行
34          env.execute("Demo04");
35      }
36  }
```

代码 5-4 中，14 行 DataStream<String>代表了一个 String 类型的 DataStream，String 是一个基础类型。env.fromElements 可以传入 String 类型的变长参数，用于生成模拟数据流。

17 行 flatMap 可以对数据流 wc 中的每个元素进行处理，这里对 String 类型的元素按照空格进行拆分，并返回多个单词。

26 行 map 将数据流中的每个单词映射为 Tuple2<String,Integer>类型的元组，将每个单词的个数表示为 1。31 行 keyBy(tp2 -> tp2.f0).sum("1")首先按照元素的第一个字段进行分组，并对单词个数进行求和，这样可以统计出每个单词的个数。

5.1.5 普通类

Flink 除了支持 POJO 类，也支持大多数常规的 Java 和 Scala 普通类。一般来说，遵循 Java Bean 规范的普通类也可以正确被识别。所有未标识为 POJO 类型的类会被识别为普通类类型（General Class Types）。

下面给出一个普通类示例，如代码 5-5 所示。

【代码 5-5】　普通类　文件：ch05\Demo05.java

```
01  package com.example.ch05;
02  import org.apache.flink.api.common.ExecutionConfig;
03  import org.apache.flink.api.common.functions.ReduceFunction;
04  import org.apache.flink.api.common.typeinfo.TypeInformation;
05  import org.apache.flink.streaming.api.datastream.DataStream;
06  import org.apache.flink.streaming.api.environment.
StreamExecutionEnvironment;
07  import java.util.Arrays;
08  public class Demo05 {
09      public static void main(String[] args) throws  Exception{
10          final StreamExecutionEnvironment env =
11                  StreamExecutionEnvironment.getExecutionEnvironment();
12          env.setParallelism(1);
13              //检测是否为 POJO 类
14          //org.apache.flink.api.java.typeutils.runtime.kryo.KryoSerializer
15          //使用 KryoSerializer，则不是 POJO 类
```

```
16          System.out.println(TypeInformation.of(MyCustomType.class)
17                  .createSerializer(new ExecutionConfig()));
18          //自定义非 POJO 类型
19          DataStream<MyCustomType> ds = env.fromCollection(
20                  Arrays.asList(
21                          MyCustomType.of("flink",1),
22                          MyCustomType.of("spark",2),
23                          MyCustomType.of("flink",2),
24                          MyCustomType.of("hadoop",1)
25                  )
26          );
27          ds.keyBy(item-> item.word).reduce(new ReduceFunction<MyCustomType>() {
28              @Override
29              public MyCustomType reduce(MyCustomType t0,
30                                         MyCustomType t1) throws Exception {
31                  return MyCustomType.of(t0.word, t1.count+t0.count);
32              }
33          }).print();
34          env.execute("Demo05");
35      }
36      private static class MyCustomType {
37          public String word="";
38          public Integer count = 0;
39          public MyCustomType(String word,int count){
40              this.word = word;
41              this.count = count;
42          }
43          public static MyCustomType of(String word,int count){
44              return new MyCustomType(word,count);
45          }
46          @Override
47          public String toString() {
48              return "{" + "word=" + word + ", count=" + count + '}';
49          }
50      }
51  }
```

代码 5-5 中，19 行 DataStream<MyCustomType>代表了一个 MyCustomType 类型的 DataStream，MyCustomType 是一个非 POJO 类型的普通 Java 类。一个类是否为 POJO 类型可以通过获取对应的序列化器来辅助判断，具体方法如下：

```
TypeInformation.of(MyCustomType.class).createSerializer(new
ExecutionConfig())
```

如果输出 org.apache.flink.api.java.typeutils.runtime.kryo.KryoSerializer，则说明为非 POJO 类。

一般来说，普通类的执行效率比 POJO 类要低。

5.1.6 值类型

值类型（Value types）需要手动描述其序列化和反序列化过程。它们没有通用的序列化框架，而是通过实现 org.apache.flink.types.Value 接口来读写数据。Value 接口的层级关系图如图 5.1 所示。

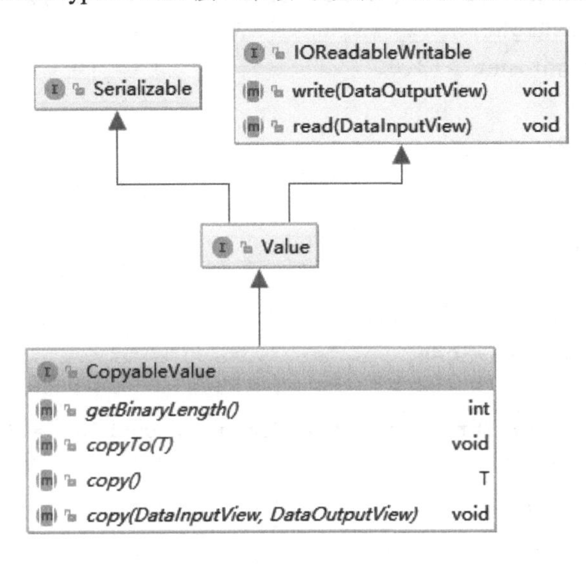

图 5.1 Value 接口层级关系图

Flink 带有与基本数据类型相对应的预定义值类型，如 ByteValue、ShortValue、IntValue、LongValue、FloatValue、DoubleValue、StringValue、CharValue 和 BooleanValue。这些值类型充当基本数据类型的可变变体，即可以更改它们的值，从而允许开发人员重用对象并减轻垃圾收集器的压力。

5.1.7 特殊类型

最后，Flink 也可以使用特殊类型，包括 Scala 的 Either，Option 和 Try。Scala 的 Either 表示两种可能的值，即 Left 或 Right。对于需要输出两种不同类型的场景来说，会比较方便。下面给出一个 Scala 中特殊类型示例，如代码 5-6 所示。

【代码 5-6】 特殊类型 文件：ch05\Demo06.scala

```
01    package com.example;
01    import org.apache.flink.api.common.functions.FilterFunction
02    import org.apache.flink.api.scala._
03    import org.apache.flink.streaming.api.scala.StreamExecutionEnvironment
04    object Demo06 {
05      def main(args: Array[String]) {
06        val env: StreamExecutionEnvironment =
```

```
07          StreamExecutionEnvironment.getExecutionEnvironment
08        env.setParallelism(1)
09        val ds = env.fromElements(
10          getEither(""),
11          getEither("2.8"),
12          getEither("5.2")
13        )
14        ds.filter(new FilterFunction[Either[String, Double]] {
15          override def filter(t: Either[String, Double]): Boolean = {
16            if(t.isRight){
17              t.right.get > 3.0D
18            }else{
19              false
20            }
21          }
22        }).print()
23        //Right(5.2)
24        //执行
25        env.execute("Demo06")
26      }
27      def getEither(v:String): Either[String, Double] = {
28        if(v.equals(""))
29          Left("0.0")
30        else
31          Right(v.toDouble)
32      }
33    }
```

代码 5-6 中，Either[String, Double]就是一个特殊类型，它既可以是一个 String 类型，也可以是一个 Double 类型。

Flink 对于 Java 泛型而言，可能会出现类型擦除（Type Erasure）的问题，这时就需要手动指定数据类型。

5.2 序列化原理

Flink 是一个分布式有状态的流计算框架，其中在集群不同节点上需要传递各种数据，这个跨网络的数据传输，需要借助序列化过程。序列化是指对象通过写出描述自己状态的数值来记录自己的过程，即将对象表示成字节数组。

Java 提供了将对象写入流和从流中恢复对象的方法。通过字节数组，可以将对象在不同的计算机上进行传输。

Java 序列化能够自动的处理嵌套的对象，将对象传入 ObjectOutputStream 的 writeObject 方法后，底层的序列化工作会由 JVM 自动完成。一般来说，实现序列化的类需要实现 Serializable 接口。

序列化基本过程示意图如图 5.2 所示。

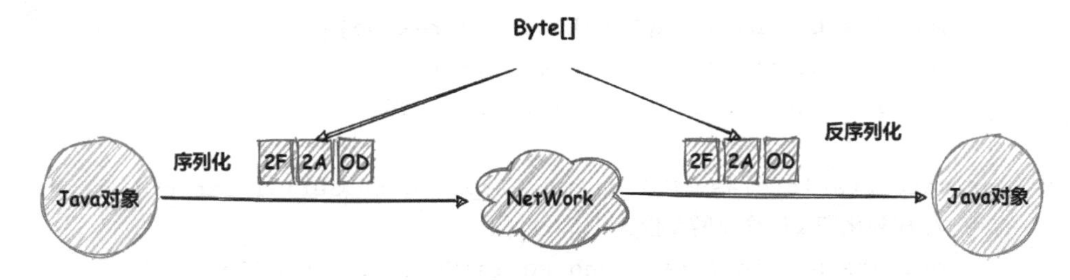

图 5.2　序列化基本过程示意图

当一个对象被序列化时，只序列化对象的非静态成员变量，不能序列化任何成员方法和静态成员变量。

如果一个可序列化的对象包含对某个不可序列化的对象的引用，那么整个序列化操作将会失败。通过 transient 可忽略该引用，从而让对象可序列化。

下面给出一个 Java 序列化示例，如代码 5-7 所示。

【代码 5-7】　Java 序列化　文件：ch05\Demo07.java

```
01    package com.example.ch05;
02    import java.io.*;
03    //序列化与反序列化示例
04    public class Demo07 {
05       public static void main(String[] args)  {
06             try{
07                SerialObj();
08                DeSerialObj();
09             }catch (Exception ex){
10                ex.printStackTrace();
11             }
12       }
13       //序列化
14       private static void SerialObj() throws Exception {
15          FileOutputStream fs = new FileOutputStream("myFlinkObj.ser");
16          ObjectOutputStream os = new ObjectOutputStream(fs);
17          MyFlinkObj obj = new MyFlinkObj("1.12", 2048);
18          os.writeObject(obj);
19          os.flush();
20          os.close();
21       }
```

```
22      //反序列化
23      private static void DeSerialObj() throws Exception {
24         FileInputStream fs = new FileInputStream("myFlinkObj.ser");
25         ObjectInputStream os = new ObjectInputStream(fs);
26         MyFlinkObj obj = (MyFlinkObj) os.readObject();
27         System.out.println(obj.toString());
28         //MyFlinkObj{version='1.12', size=2048}
29      }
30      private static class MyFlinkObj implements Serializable {
31         //序列化和反序列化需要校验
32         private static final long serialVersionUID = 1L;
33         private String version = "";
34         private int size = 0;
35         public MyFlinkObj() {
36         }
37         public MyFlinkObj(String version, int size) {
38            this.version = version;
39            this.size = size;
40         }
41         public String getVersion() {
42            return version;
43         }
44         public void setVersion(String version) {
45            this.version = version;
46         }
47         public int getSize() {
48            return size;
49         }
50         public void setSize(int size) {
51            this.size = size;
52         }
53         @Override
54         public String toString() {
55            return "MyFlinkObj{" +
56                  "version='" + version + '\'' +
57                  ", size=" + size +
58                  '}';
59         }
60      }
61   }
```

代码 5-7 中，30 行定义了一个实现接口 Serializable 的 MyFlinkObj 类，其中定义了 3 个字段。14 行 SerialObj 方法中，利用 ObjectOutputStream 将 MyFlinkObj 对象序列化为字节数组。23 行中

的 DeSerialObj 方法可以从序列化的字节数组中恢复 MyFlinkObj 对象，即字段 version 为'1.12'，而字段 size 为 2048。

JVM 在序列化和反序列化过程中，不仅需要检测类路径和功能代码是否一致，还需要判断类的 serialVersionUID 是否一致。

5.3 Flink 的序列化过程

Flink 类型系统中的核心类是 TypeInformation，是所有类型描述符的基类。它表示类型的基本属性，并且可以生成序列化器。它会从所有的输入或者输出元素中获取到类型信息。TypeInformation 类图如图 5.3 所示。

TypeInformation	
isBasicType()	boolean
isTupleType()	boolean
getArity()	int
getTotalFields()	int
getTypeClass()	Class<T>
getGenericParameters()	Map<String, TypeInformation<?>>
isKeyType()	boolean
isSortKeyType()	boolean
createSerializer(ExecutionConfig)	TypeSerializer<T>
toString()	String
equals(Object)	boolean
hashCode()	int
canEqual(Object)	boolean
of(Class<T>)	TypeInformation<T>
of(TypeHint<T>)	TypeInformation<T>

图 5.3　TypeInformation 类图

TypeInformation 是一个抽象类，继承该类的子类非常多，下面罗列一些常见的子类：

- AbstractMapTypeInfo
- SortedMapTypeInfo
- BasicArrayTypeInfo
- BasicTypeInfo
- CRowTypeInfo
- PojoTypeInfo
- TupleTypeInfoBase
- EnumValueTypeInfo
- GenericTypeInfo

- ListTypeInfo
- LocalTimeTypeInfo
- MapTypeInfo
- NumericType
- ObjectArrayTypeInfo
- SqlTimeTypeInfo
- TimestampDataTypeInfo
- UnionTypeInfo
- ValueTypeInfo

在 Flink 中，每一个具体的类型都对应了一个具体的 TypeInformation 实现类，例如 Pojo 数据类型的 TypeInformation 实现类为 PojoTypeInfo，而且每个 TypeInformation 对应一个序列化器，比如 PojoTypeInfo 对应的序列化器为 PojoSerializer。

下面给出 PojoTypeInfo 类中的 createPojoSerializer 方法的核心代码，如图 5.4 所示。

```
@Override
@PublicEvolving
/unchecked/
public TypeSerializer<T> createSerializer(ExecutionConfig config) {
    if (config.isForceKryoEnabled()) {
        return new KryoSerializer<>(getTypeClass(), config);
    }

    if (config.isForceAvroEnabled()) {
        return AvroUtils.getAvroUtils().createAvroSerializer(getTypeClass());
    }

    return createPojoSerializer(config);
}

public PojoSerializer<T> createPojoSerializer(ExecutionConfig config) {
    TypeSerializer<?>[] fieldSerializers = new TypeSerializer<?>[fields.length];
    Field[] reflectiveFields = new Field[fields.length];

    for (int i = 0; i < fields.length; i++) {
        fieldSerializers[i] = fields[i].getTypeInformation().createSerializer(config);
        reflectiveFields[i] = fields[i].getField();
    }

    return new PojoSerializer<T>(getTypeClass(), fieldSerializers, reflectiveFields, config);
}
```

图 5.4 PojoTypeInfo 类 createPojoSerializer 方法代码

从图 5.4 中可以看出，它会根据配置 config.isForceKryoEnabled()的值来决定返回 KryoSerializer、AvroSerializer 还是 PojoSerializer。

另外，对于 PojoSerializer 内部来说，会递归所有的字段，并获取每个字段对应的 TypeInformation 实现类来生成对应的序列化器。

如 String 类型的字段，对应的 TypeInformatio 为 BasicTypeInfo.STRING_TYPE_INFO，它生成的序列化器为 StringSerializer。

TypeSerializer 是一个抽象类，它是所有类型序列化器的基类。TypeSerializer 类图如图 5.5 所示。

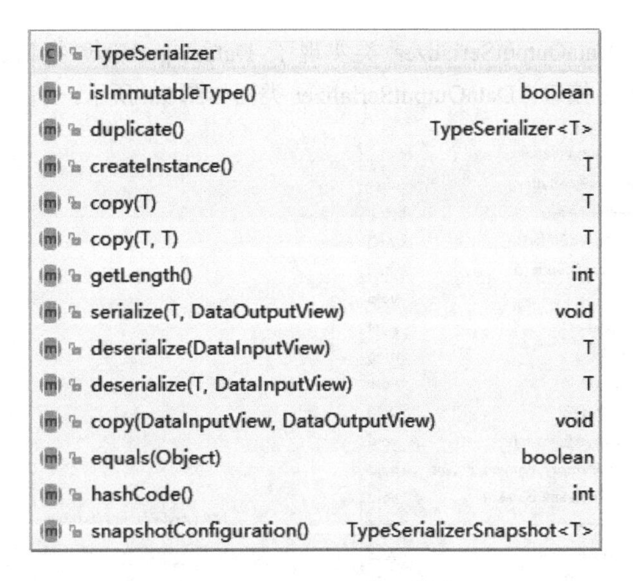

图 5.5　TypeSerializer 类图

其中定义了序列化方法 serialize，以及反序列化方法 deserialize。以 StringSerializer 为例，其序列化和反序列化核心代码如图 5.6 所示。

```
@Override
public void serialize(String record, DataOutputView target) throws IOException {
    StringValue.writeString(record, target);
}

@Override
public String deserialize(DataInputView source) throws IOException {
    return StringValue.readString(source);
}
```

图 5.6　StringSerializer 序列化和反序列化代码

从图 5.6 可知，serialize 序列化方法会调用 DataoutputView 接口的实现类 target 来写入 String 数据。从源码分析来看，DataoutputView 接口的层级关系如图 5.7 所示。

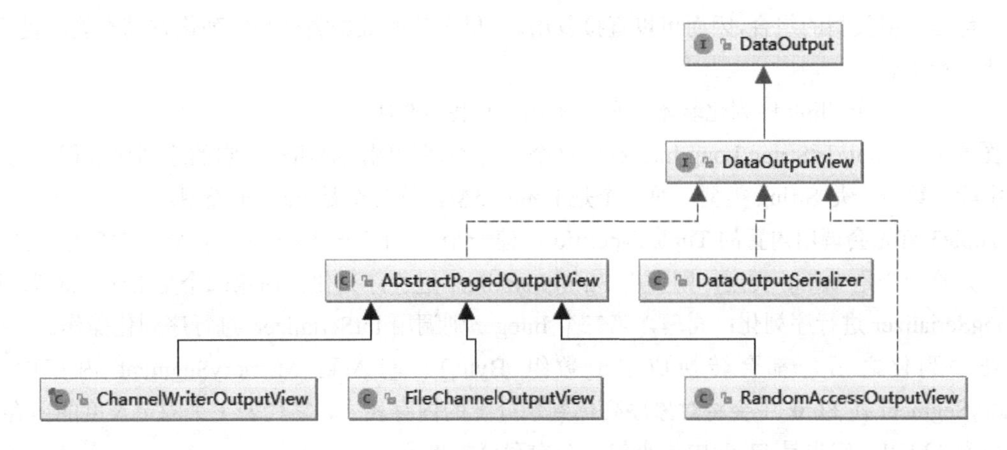

图 5.7　DataoutputView 接口的层级关系图

从图 5.7 可知，DataOutputSerializer 类实现了 DataoutputView 接口。同时，它还实现了 MemorySegmentWritable 接口。DataOutputSerializer 类图如图 5.8 所示。

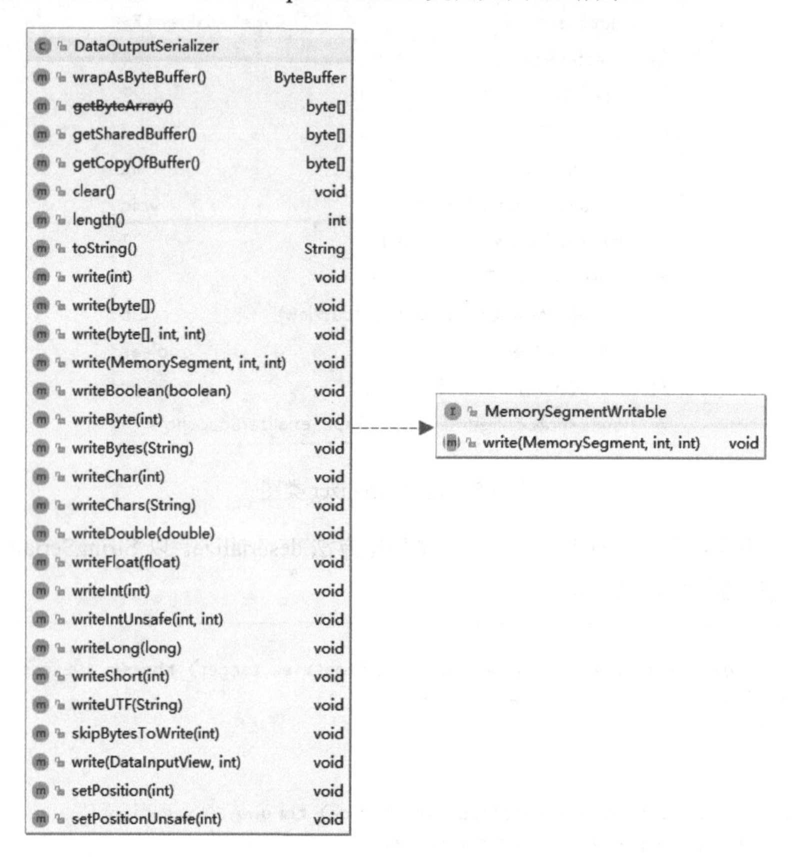

图 5.8 DataOutputSerializer 类图

其中的 MemorySegmentWritable 接口，可以通过 write 方法将数据写入到 Flink 内存块 MemorySegment 中。

从这个源码分析可知，Flink 框架内置了大量的 TypeSerializer 子类，大多数情况下，各种自定义类型都是常用类型的组合，因而可以直接复用。如果内建的数据类型和序列化方式不能满足需求，则需要自行扩展。

下面给出一个 Flink 序列化基本过程示意图，如图 5.9 所示。

图 5.9 以 Tuple3<String,Long,Integer> 这个组合类型为例，简述一下它的序列化过程。它包含三个字段，第一个是 String 类型，第二个是 Long 类型，第三个是 Integer 类型。

Tuple3 首先会调用内置的 TupleTypeInfo 创建一个 TupleSerializer 序列化器，然后会遍历各个元素，如第一个是 String 类型，则调用 StringSerializer 进行序列化；而第二个是 Long 类型，则调用 LongSerializer 进行序列化；同理，第三个 Integer 则调用 IntSerializer 进行序列化操作。

在序列化之后，都会转换成字节数组 Byte[]，写入到 MemorySegment 内存中。而 MemorySegment 在 Flink 中会将对象序列化到预分配的内存块上，它代表 1 个固定长度的内存，默认大小为 32 KB。它也是 Flink 中最小的一个内存分配单元。

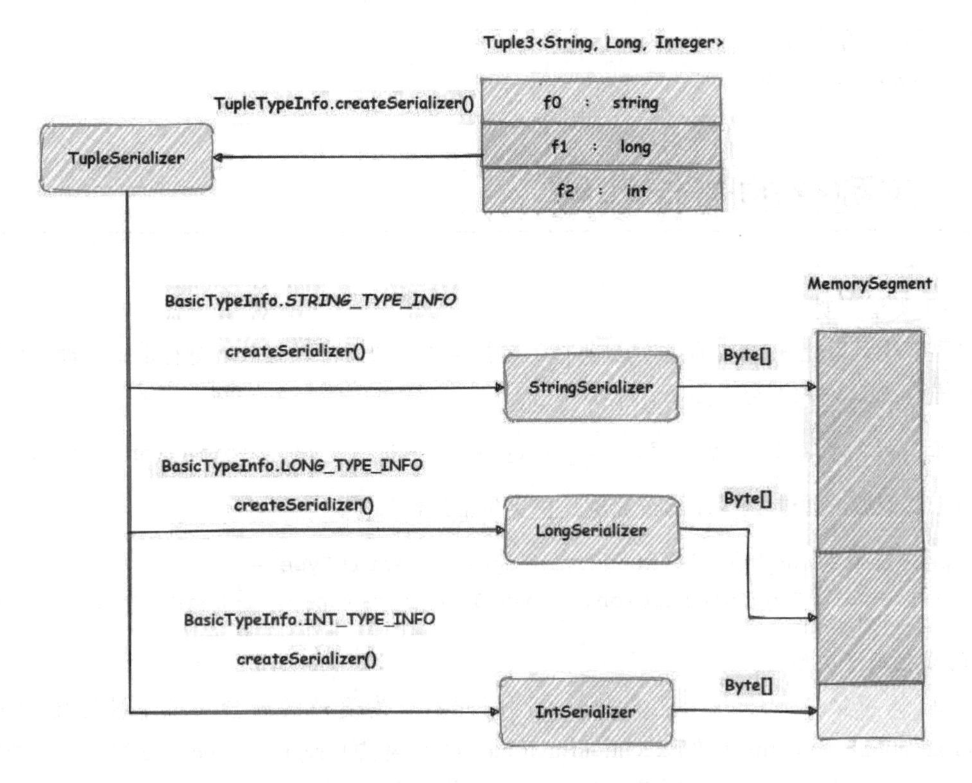

图 5.9　Flink 序列化基本过程示意图

MemorySegment 类的层级关系如图 5.10 所示。

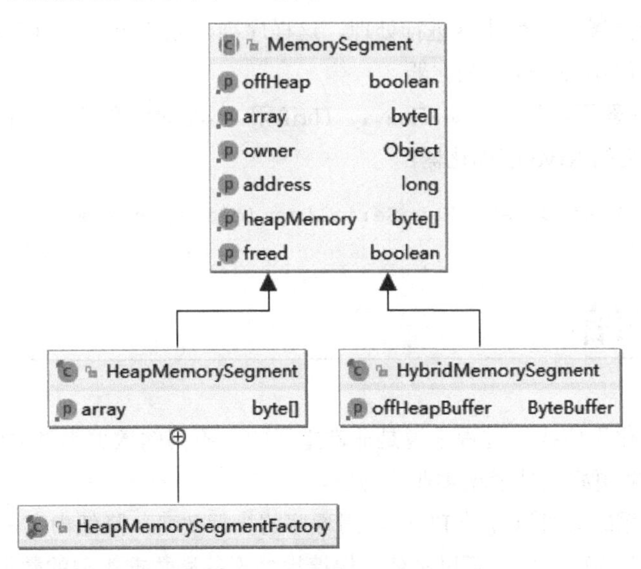

图 5.10　MemorySegment 类的层级关系图

Flink 基于 MemorySegment 对象实现了自己的内存管理体系，有以下好处：

- 减少GC压力。
- 避免了OOM。

- 节省内存空间。
- 高效的二进制操作。

5.4 序列化的最佳实践

（1）类型声明

类型声明可以让 Flink 框架预判到具体的数据类型，从而可以高效地进行数据处理。对于非泛型类，传入 class 对象即可，如下：

```
PojoTypeInfo<WC> typeInfo = (PojoTypeInfo<WC>) TypeInformation.of(WC.class);
```

对于泛型类，通过 TypeHint 来获取泛型类型信息，如下：

```
TypeInfomation<Tuple2<Integer,Integer>> resultType =
            TypeInformation.of(new TypeHint<Tuple2<Integer,Integer>>(){});
```

（2）注册子类型

Flink 认识父类，但不一定认识子类，因此需要为复杂的嵌套类型单独注册子类型。StreamExecutionEnvironment 和 ExecutionEnvironment 都提供了 registerType 方法来注册子类信息。在 registerType 方法内部，会使用 TypeExtractor 来提取类型信息。

（3）尽量使用内置的序列化器

数据类型尽量用内置的序列化器进行处理，这样序列化效率更高。对于自定义数据类型，尽量用 Kryo 序列化器而不用 Avro 序列化器。

如果 Kryo 序列化器无法处理，如 Guava、Thrift 和 Protobuf 等第三方库的一些类，则建议使用如下方法添加自定义的 Kryo 序列化器：

```
env.getConfig().addDefaultKryoSerializer(clazz, serializer);
```

5.5 本章小结

类型系统对于优化程序执行过程来说是非常重要的。不同的数据类型的组合，可以构成复杂的数据结构，从而能够更好地处理现实业务问题。

合理地使用类型系统，可以提升 Flink 应用程序的执行效率，降低内存占用。通过 Flink 框架内置的各常见数据类型序列化器，可以高效、快捷地处理各种数据类型的数据。

第 6 章 DataStream API 和 DataSet API

Flink 框架中，提供了两种 API 来处理数据，其中 DataStream API 用来处理流数据，DataSet API 用来处理批数据。常见的流批数据处理都可以借助内置的 API 实现。灵活掌握 DataStream API 和 DataSet API 的使用，对于解决实际问题来说至关重要。

本章主要涉及的知识点有：

- DataStream API：掌握常见的DataStream API。
- DataSet API：掌握常见的DataSet API。
- 迭代计算：了解全量迭代和增量迭代的基本用法。
- 广播变量与分布式缓存：掌握广播变量与分布式缓存用法。
- 语义注解：掌握常见的语义注解用法。

6.1 DataStream API

DataStream API 是 Flink 框架处理无界数据流的重要接口。前面提到，任何一个完整的 Flink 应用程序应该包含如下三个部分：

- 数据源（DataSource）。
- 转换操作（Transformation）。
- 数据汇（DataSink）。

下面将从这三个部分来详细介绍 DataStream API 用法。

6.1.1 DataSources 数据输入

Flink 对数据流进行处理，首先需要提供相关的 API 从多种数据源中接入数据，它是后续数据处理的前提。数据源包括 Socket、文件系统、JDBC 数据库和 Kafka 等。

下面给出常见的数据源 API 用法。

1. Socket

Flink 可以从 Socket 中获取到数据，下面给出一个从 Socket 获取数据输入的示例，如代码 6-1 所示。

【代码 6-1】 Socket 数据源 文件：ch06\Demo01.java

```
01   package com.example.ch06;
02   import org.apache.flink.streaming.api.datastream.DataStreamSource;
03   import org.apache.flink.streaming.api.environment.
StreamExecutionEnvironment;
04   public class Demo01 {
05       public static void main(String[] args) throws  Exception{
06           //设置流计算环境
07           StreamExecutionEnvironment env =
08                   StreamExecutionEnvironment.getExecutionEnvironment();
09           //指定数据源，读取 socket
10           //hello flink flink
11           DataStreamSource<String> socketDS =
12                   env.socketTextStream("localhost", 7777, "\n",2000);
13           //打印
14           socketDS.print();
15           //触发任务
16           env.execute();
17       }
18   }
```

代码 6-1 中，08 行 StreamExecutionEnvironment.getExecutionEnvironment()将获取一个流计算执行环境 12 行 env.socketTextStream 方法将从一个 Socket 服务中读取文本数据，它有多个参数，第一个是 Socket 服务器地址，第二个参数为端口号，第三个参数是分隔符，第四个是最大重试间隔（秒）。

env.socketTextStream 方法有多个重载方法，它至少提供 2 个参数，即服务器地址和端口号，如 env.socketTextStream("localhost", 7777)，此时分隔符默认为 "\n"，最大重试间隔（秒）为 0。它返回一个 DataStreamSource<String>类型的数据源。

14 行 socketDS.print()将在控制台打印 socketDS 相关信息，常用于调试。16 行 env.execute()提交 Flink 作业，触发计算过程。

2. TextFile

Flink 还支持从文件中提取数据，如网站日志文件就是一个文本文件。下面给出从文本文件中读取数据的示例，如代码 6-2 所示。

【代码 6-2】 readTextFile 读取数据 文件：ch06\Demo02.java

```
01    package com.example.ch06;
02    import org.apache.flink.streaming.api.datastream.DataStreamSource;
03    import org.apache.flink.streaming.api.environment.
  StreamExecutionEnvironment;
04    public class Demo02{
05        public static void main(String[] args) throws  Exception{
06            //设置流计算环境
07            StreamExecutionEnvironment env =
08                    StreamExecutionEnvironment.getExecutionEnvironment();
09            //指定文件路径
10            String textPath = "file:///C:\\ch06\\data.txt";
11            //指定数据源，读取文件
12            DataStreamSource<String> fileDS = env.readTextFile(textPath);
13            //打印
14            fileDS.print();
15            //触发任务
16            env.execute();
17        }
18    }
```

代码 6-2 中，12 行 DataStreamSource<String> fileDS = env.readTextFile(textPath)将从一个文件中读取文本内容，且读取的方式是按行读取的。文件既可以是本地文件，也可以是分布式文件。如 file:///local/file 或者 hdfs://host:port/filepath。

默认读取的字符编码为 UTF-8，当然也可以用 readTextFile(String filePath, String charsetName)来具体指定字符集。

3. FilePath

除了从文本文件中读取数据外，还可以从一个目录中读取数据，其中可以通过参数来设置如何对目录进行监视。下面给出从目录中读取数据的示例，如代码 6-3 所示。

【代码 6-3】 readFile 获取数据 文件：ch06\Demo03.java

```
01    package com.example.ch06;
02    import org.apache.flink.api.common.typeinfo.Types;
03    import org.apache.flink.api.java.io.TextInputFormat;
04    import org.apache.flink.streaming.api.datastream.DataStreamSource;
05    import org.apache.flink.streaming.api.environment.
  StreamExecutionEnvironment;
06    import org.apache.flink.streaming.api.functions.source.
  FileProcessingMode;
```

```
07    public class Demo03 {
08        public static void main(String[] args) throws  Exception{
09            //设置流计算环境
10            StreamExecutionEnvironment env =
11                    StreamExecutionEnvironment.getExecutionEnvironment();
12            //监控目录进行文件读取
13            TextInputFormat fileFormat = new TextInputFormat(
14                    new org.apache.flink.core.fs.Path("file:///C:/logs/"));
15            DataStreamSource<String> fileDS = env.readFile(fileFormat,
16                    "file:///C:/logs/",
17                    FileProcessingMode.PROCESS_CONTINUOUSLY,
18                    //FileProcessingMode.PROCESS_ONCE,
19                    100, Types.STRING);
20            //打印
21            fileDS.print();
22            //触发任务
23            env.execute();
24        }
25    }
```

代码 6-3 中，13 行 TextInputFormat 是一个读取文本文件，且行分隔符为'\n'的 FileInputFormat 对象。15 行 env.readFile 方法有多个参数，第一个是 FileInputFormat 类型的参数，表示输入文件格式，第二个是需要读取的文件目录，第三个是目录监视方式，第四个是读取间隔（毫秒），第五个是读取的数据类型。

其中文件监视方式为 FileProcessingMode.PROCESS_CONTINUOUSLY，即为连续监视，当目录中有数据变更时，则会重新读取。

4. Collection

有时，为了测试某些 API 的用法，需要模拟一些数据。为了方便本地调试，Flink 支持从一个集合 Collection 中读取数据，并构建出数据源。

下面给出从 Collection 中读取数据的示例，如代码 6-4 所示。

【代码 6-4】 从 Collection 中读取数据 文件：ch06\Demo04.java

```
01    package com.example.ch06;
02    import org.apache.flink.streaming.api.datastream.DataStreamSource;
03    import org.apache.flink.streaming.api.environment.
   StreamExecutionEnvironment;
04    import java.util.Arrays;
05    public class Demo04 {
06        public static void main(String[] args) throws  Exception{
07            //设置流计算环境
```

```
08          StreamExecutionEnvironment env =
09                 StreamExecutionEnvironment.getExecutionEnvironment();
10          //从集合 Collection 获取，一般用于测试
11          DataStreamSource<String> colDS =
12                 env.fromCollection(
13                        Arrays.asList("hello spark",
14                               "flink flink",
15                               "spark flink"));
16          //打印
17          colDS.print();
18          //触发任务
19          env.execute();
20      }
21  }
```

代码 6-4 中，12 行 env.fromCollection 方法从一个集合 Collection 中获取数据，集合中的元素类型支持多种数据类型，比如 String、Long、元组类型和 POJO 类等。该方式获取的数据源并行度只能为 1，一般用于测试场景。

5. Elements

同样地，Flink 也支持从一个 Elements 中读取数据，并构建出数据源。下面给出从 Elements 中读取数据的示例，如代码 6-5 所示。

【代码 6-5】 从 Elements 中读取数据的 文件：ch06\Demo05.java

```
01  package com.example.ch06;
02  import org.apache.flink.streaming.api.datastream.DataStreamSource;
03  import org.apache.flink.streaming.api.environment.
StreamExecutionEnvironment;
04  public class Demo05 {
05      public static void main(String[] args) throws Exception{
06          //设置流计算环境
07          StreamExecutionEnvironment env =
08                 StreamExecutionEnvironment.getExecutionEnvironment();
09          //从 Elements 获取，一般用于测试
10          DataStreamSource<String> eleDS =
11                 env.fromElements(
12                        "hello spark",
13                               "flink flink",
14                               "spark flink");
15          //打印
16          eleDS.print();
```

```
17            //触发任务
18            env.execute();
19        }
20    }
```

代码 6-5 中，11 行 env.fromElements 方法从一个变长参数中获取数据，所有参数的数据类型必须一致，内部会调用 TypeExtractor.getForObject()方法获取第一个参数的 TypeInformation 作为数据流的元素类型。

6. addSource

对于 Flink 内置的数据源，如果还不能满足业务需求，可以根据自身情况进行扩展。StreamExecutionEnvironment 提供了一个 addSource 方法，可以添加一个自定义的数据源。下面给出一个自定义数据源示例，如代码 6-6 所示。

【代码 6-6】 自定义数据源 文件：ch06\Demo06.java

```
01    package com.example.ch06;
02    import org.apache.flink.api.java.tuple.Tuple3;
03    import org.apache.flink.streaming.api.datastream.DataStreamSource;
04    import org.apache.flink.streaming.api.environment.
  StreamExecutionEnvironment;
05    import org.apache.flink.streaming.api.functions.source.SourceFunction;
06    import java.util.Random;
07    public class Demo06 {
08        public static void main(String[] args) throws  Exception{
09            //设置流计算环境
10            StreamExecutionEnvironment env =
11                    StreamExecutionEnvironment.getExecutionEnvironment();
12            //自定义数据源
13            DataStreamSource<Tuple3<String, Long, Integer>> myDS =
14                    env.addSource(new MyDataSource());
15            //打印
16            myDS.print();
17            //触发任务
18            env.execute();
19        }
20        //自定义 DataSource
21        public static class MyDataSource implements
22                SourceFunction<Tuple3<String, Long, Integer>>{
23            boolean running = true;
24            @Override
25            public void run(SourceContext<Tuple3<String, Long, Integer>> ctx)
```

```
26                  throws Exception {
27              //初始化一个随机数发生器
28              Random rand = new Random();
29              while (running) {
30                  //获取当前时间戳
31                  long curTime = System.currentTimeMillis();
32                  for (int i = 1; i < 10; i++) {
33                      ctx.collect(Tuple3.of("Key_" + i,
34                              curTime,
35                              rand.nextInt(10)));
36                      //模拟延迟
37                      Thread.sleep(200);
38                  }
39              }
40          }
41          @Override
42          public void cancel() {
43              running = false;
44          }
45      }
46  }
```

代码 6-6 中，14 行 env.addSource(new MyDataSource())添加了一个自定义的数据源 MyDataSource 到数据流拓扑图中。其中 MyDataSource 类实现了 SourceFunction 接口，它内部用 while 语句无限循环生成一些随机数据，用来模拟流数据。

SourceFunction 接口实现的数据源默认并行度为 1，如果需要实现多并行的数据源，则可以实现 ParallelSourceFunction 接口或者继承 RichParallelSourceFunction 类。

7. Kafka

Kafka 作为当前主流的分布式消息队列，在实时系统中担当着重要的作用。很多数据都会通过 Kafka 作为媒介进行分发。

Flink 框架可以通过 addSource 方法将 FlinkKafkaConsumer 作为数据源，该类内部扩展了 RichParallelSourceFunction 类，因此天生具备多并行能力。下面给出一个 Kafka 数据源示例，如代码 6-7 所示。

【代码 6-7】　Kafka 数据源　文件：ch06\Demo07.java

```
01  package com.example.ch06;
02  import org.apache.flink.api.common.serialization.SimpleStringSchema;
03  import org.apache.flink.streaming.api.datastream.DataStreamSource;
04  import org.apache.flink.streaming.api.environment.
StreamExecutionEnvironment;
```

```
05    import org.apache.flink.streaming.connectors.kafka.FlinkKafkaConsumer;
06    import java.util.Properties;
07    import java.util.regex.Pattern;
08    public class Demo07 {
09        public static void main(String[] args) throws  Exception{
10            //设置流计算环境
11            StreamExecutionEnvironment env =
12                    StreamExecutionEnvironment.getExecutionEnvironment();
13            //Kafka 数据源设置
14            Properties properties = new Properties();
15            properties.setProperty("bootstrap.servers", "localhost:9092");
16            properties.setProperty("group.id", "mygroud");
17            //pom.xml 添加 flink-connector-kafka_2.12
18            FlinkKafkaConsumer<String> myKafkaConsumer =
19                    new FlinkKafkaConsumer<>(
20                    Pattern.compile("topic-01"),
21                    new SimpleStringSchema(),
22                    properties);
23            //添加 Kafka FlinkKafkaConsumer
24            DataStreamSource<String> myKafkaSourceDS =
25                     env.addSource(myKafkaConsumer);
26            //打印
27            myKafkaSourceDS.print();
28            //触发任务
29            env.execute();
30        }
31    }
```

代码 6-7 中，14 行用 Properties 对象构建一个 Kafka 数据源配置，其中涉及到 Kafka 服务器地址和组 ID 配置等。

18 行 FlinkKafkaConsumer 一方面是 Kafka Consumer，它可以订阅 Kafka Producer 发布的 Topic 消息。另一方面，它也是 Flink 一种多并行的 DataSource，因此可以通过 env.addSource 进行注册。

为了使用 FlinkKafkaConsumer，需要引入如下的依赖库：

```
<dependency>
    <groupId>org.apache.flink</groupId>
    <artifactId>flink-connector-kafka_${scala.binary.version}</artifactId>
    <version>${flink.version}</version>
</dependency>
```

Flink 还支持其他方式创建 DataSource，具体可以参考官方文档。

6.1.2　DataSteam 转换操作

当 Flink 应用程序生成数据源后，就需要根据业务需求，通过一系列转换操作对数据流上的元素进行各种计算，从而输出最终的结果。下面对常见的 DataSteam 转换操作进行详细说明。

1. map

有时候，我们需要对数据流上的每个元素进行处理，比如将单个文本转换成一个元组，即 1 对 1 的转换操作，此时可以通过 map 转换操作完成。下面给出一个 map 转换操作示例，如代码 6-8 所示。

【代码 6-8】　map 转换操作　文件：ch06\Demo08.java

```
01    package com.example.ch06;
02    import org.apache.flink.api.common.typeinfo.Types;
03    import org.apache.flink.api.java.tuple.Tuple2;
04    import org.apache.flink.streaming.api.datastream.DataStreamSource;
05    import org.apache.flink.streaming.api.datastream.
  SingleOutputStreamOperator;
06    import org.apache.flink.streaming.api.environment.
  StreamExecutionEnvironment;
07    public class Demo08 {
08        public static void main(String[] args) throws  Exception{
09            //获取执行环境
10            StreamExecutionEnvironment env =
11                    StreamExecutionEnvironment.getExecutionEnvironment();
12            //设置并行度 1
13            env.setParallelism(1);
14            //模拟数据生成 Source
15            DataStreamSource<String> dataStreamSource =
16                    env.fromElements("flink","flink","spark");
17            //map 算子： DataStream → DataStream
18            //Lambda 表达式需要显性用 returns 给定返回值类型
19            SingleOutputStreamOperator<Tuple2<String, Integer>> mapDS =
20                    dataStreamSource.map(e -> Tuple2.of(e, 1))
21                    .returns(Types.TUPLE(Types.STRING, Types.INT));
22            //打印
23            mapDS.print();
24            //触发执行计算
25            env.execute();
26        }
27    }
```

代码 6-8 中，13 行 env.setParallelism(1)设置了流执行环境的并行度为 1，它会影响所有的算子并行度。并行度为 1 实际上就类似于单线程，这里只是为了方便调试。

16 行 env.fromElements("flink","flink","spark")用 fromElements 构建了模拟数据源，它的类型是 DataStreamSource，它继承自 SingleOutputStreamOperator，而这个父类继承自 DataStream。

20 行在 DataStreamSource 对象上调用 map 转换操作，它并不改变数据流的基础类型，转换后还是一个 DataStream，即 SingleOutputStreamOperator。

map(e -> Tuple2.of(e, 1))方法中是一个 Java Lambda 表达式，e 代表数据源中每个 String 类型的元素，返回一个 Tuple2 类型，其中第一个代表单词，第二个代表个数，即输入 flink 映射为(flink,1)。

Java Lambda 表达式一般需要显式地用 returns 给定返回值类型，否则 Flink 无法自动识别。

map 操作中除了用 Java Lambda 表达式进行元素映射处理外，还可以在 MapFunction 中重写 map 方法进行元素映射处理。下面给出 map 转换操作第二种用法示例，如代码 6-9 所示。

【代码 6-9】 map 转换操作第二种用法　文件：ch06\Demo09.java

```
01    package com.example.ch06;
02    import org.apache.flink.api.common.functions.MapFunction;
03    import org.apache.flink.api.java.tuple.Tuple2;
04    import org.apache.flink.streaming.api.datastream.DataStreamSource;
05    import org.apache.flink.streaming.api.datastream.
  SingleOutputStreamOperator;
06    import org.apache.flink.streaming.api.environment.
  StreamExecutionEnvironment;
07    public class Demo09 {
08        public static void main(String[] args) throws  Exception{
09            //获取执行环境
10            StreamExecutionEnvironment env =
11                    StreamExecutionEnvironment.getExecutionEnvironment();
12            //设置并行度 1
13            env.setParallelism(1);
14            //模拟数据生成 Source
15            DataStreamSource<String> dataStreamSource =
16                    env.fromElements("flink","flink","spark");
17            //map 算子: DataStream → DataStream
18            //MapFunction 无需 returns 给定返回值类型，override map()方法
19            SingleOutputStreamOperator<Tuple2<String, Integer>> mapDS =
20            dataStreamSource.map(new MapFunction<String, Tuple2<String,
  Integer>>() {
21                    @Override
22                    public Tuple2<String, Integer> map(String value) throws
  Exception {
```

```
23                      return Tuple2.of(value, 1);
24                  }
25          });
26          //打印
27          mapDS.print();
28          //触发执行计算
29          env.execute();
30      }
31  }
```

代码 6-9 中，20 行 map 方法中传入一个 new MapFunction<String, Tuple2<String, Integer>>()，其中的泛型类型需要根据数据流中的类型来决定，示例中输入数据流的元素类型是 String，而转换后的输出类型为 Tuple2<String, Integer>。

MapFunction 的泛型类型由 22 行 Tuple2<String, Integer> map(String value)决定，二者需要一致。

Flink 框架中还提供一种功能更加强大的 MapFunction，即 RichMapFunction。该函数可以暴露给用户更多的接口，并且可以访问到更多的内部细节，因此功能更加的丰富。下面给出 map 转换操作第三种用法示例，如代码 6-10 所示。

【代码 6-10】 map 转换操作第三种用法 文件：ch06\Demo10.java

```
01  package com.example.ch06;
02  import org.apache.flink.api.common.functions.IterationRuntimeContext;
03  import org.apache.flink.api.common.functions.RichMapFunction;
04  import org.apache.flink.api.common.functions.RuntimeContext;
05  import org.apache.flink.api.java.tuple.Tuple2;
06  import org.apache.flink.configuration.Configuration;
07  import org.apache.flink.streaming.api.datastream.DataStreamSource;
08  import org.apache.flink.streaming.api.datastream.
SingleOutputStreamOperator;
09  import org.apache.flink.streaming.api.environment.
StreamExecutionEnvironment;
10  public class Demo10 {
11      public static void main(String[] args) throws  Exception{
12          StreamExecutionEnvironment env =
13                  StreamExecutionEnvironment.getExecutionEnvironment();
14          env.setParallelism(1);
15          DataStreamSource<String> dataStreamSource =
16                  env.fromElements("flink","flink","spark");
17          //map DataStream → DataStream
18          //RichMapFunction 比 MapFunction 提供更多功能
19          SingleOutputStreamOperator<Tuple2<String, Integer>> mapDS =
20          dataStreamSource.map(new RichMapFunction<String, Tuple2<String,
Integer>>() {
```

```
21                          @Override
22                          public Tuple2<String, Integer> map(String value) throws
  Exception {
23                              return Tuple2.of(value, 1);
24                          }
25                          @Override
26                          public void setRuntimeContext(RuntimeContext t) {
27                              super.setRuntimeContext(t);
28                          }
29                          @Override
30                          public RuntimeContext getRuntimeContext() {
31                              return super.getRuntimeContext();
32                          }
33                          @Override
34                          public IterationRuntimeContext
  getIterationRuntimeContext() {
35                              return super.getIterationRuntimeContext();
36                          }
37                          @Override
38                          public void open(Configuration parameters) throws
  Exception {
39                              super.open(parameters);
40                          }
41                          @Override
42                          public void close() throws Exception {
43                              super.close();
44                          }
45              });
46              mapDS.print();
47              env.execute();
48          }
49      }
```

代码 6-10 中，20 行 map 方法中传入一个 new RichMapFunction<String, Tuple2<String, Integer>>()，其中的泛型类型需要根据数据流中的特定类型来决定。

RichMapFunction 除了重写 map 外，还可以重写 open、close、setRuntimeContext、getRuntimeContext 和 getIterationRuntimeContext 方法。比如在 open 方法中可以连接外部数据，并在 map 方法中使用。

2. flatMap

在某些情况下，需要对数据流中每个元素生成多个输出，即 1 对 N 的转换操作，那么此时可以利用 flatMap 操作。下面给出 flatMap 转换操作示例，如代码 6-11 所示。

【代码 6-11】　flatMap 转换操作　文件：ch06\Demo11.java

```
01    package com.example.ch06;
02    import org.apache.flink.api.common.typeinfo.Types;
03    import org.apache.flink.api.java.tuple.Tuple2;
04    import org.apache.flink.streaming.api.datastream.DataStreamSource;
05    import org.apache.flink.streaming.api.datastream.
  SingleOutputStreamOperator;
06    import org.apache.flink.streaming.api.environment.
  StreamExecutionEnvironment;
07    import org.apache.flink.util.Collector;
08    public class Demo11 {
09        public static void main(String[] args) throws  Exception{
10            StreamExecutionEnvironment env =
11                    StreamExecutionEnvironment.getExecutionEnvironment();
12            env.setParallelism(1);
13            DataStreamSource<String> dataStreamSource =
14                    env.fromElements("flink spark","spark flink","hadoop");
15            //flatMap : DataStream → DataStream
16            SingleOutputStreamOperator<Tuple2<String,Integer>> flatMapDS =
17                    dataStreamSource.flatMap((String value,
18                                        Collector<Tuple2<String,Integer>> out) -> {
19                    String[] words = value.split(" ");
20                    for (String word : words) {
21                        out.collect(Tuple2.of(word, 1));
22                    }
23                }).returns(Types.TUPLE(Types.STRING, Types.INT));
24            flatMapDS.print();
25            env.execute();
26        }
27    }
```

代码 6-11 中，17 行 flatMap 方法中传入一个 Java Lambda 表达式，其中输入类型是 String，输出类型是 Collector<Tuple2<String,Integer>>。19~22 行对数据流上的元素进行拆分，并加入集合中，进行输出。

23 行用 returns(Types.TUPLE(Types.STRING, Types.INT))来显式地给出返回值类型。此示例中，输入 flink spark 时会输出(flink,1)和(spark,1)。

flatMap 同样可以输入 FlatMapFunction 和 RichFlatMapFunction 完成类似的数据处理。

3. filter

有时要从数据流中筛选出符合预期的数据，那就需要对数据流进行过滤处理，即利用 filter 转换操作。下面给出 filter 转换操作示例，如代码 6-12 所示。

【代码 6-12】 filter 转换操作 文件：ch06\Demo12.java

```
01    package com.example.ch06;
02    import org.apache.flink.api.common.typeinfo.Types;
03    import org.apache.flink.streaming.api.datastream.DataStreamSource;
04    import org.apache.flink.streaming.api.datastream.
  SingleOutputStreamOperator;
05    import org.apache.flink.streaming.api.environment.
  StreamExecutionEnvironment;
06    public class Demo12 {
07       public static void main(String[] args) throws  Exception{
08          StreamExecutionEnvironment env =
09                 StreamExecutionEnvironment.getExecutionEnvironment();
10          env.setParallelism(1);
11          DataStreamSource<String> dataStreamSource =
12                 env.fromElements("flink","flink","spark");
13          //filter:DataStream → DataStream
14          SingleOutputStreamOperator<String> filterDS =
15                 dataStreamSource.filter(
16                        e->e.toLowerCase().contains("flink")
17                 ).returns(Types.STRING);
18          filterDS.print();
19          env.execute();
20       }
21    }
```

代码 6-12 中，15 行 filter 方法中传入一个 Java Lambda 表达式，其中输入类型是 String，而输出类型也是 String。它会返回表达式为 True 的元素，即 e.toLowerCase().contains("flink")，表示返回数据流元素（转换成小写）中包含 flink 文本的记录。

4. keyBy

针对不同的数据流元素，有时需要根据某些字段值，作为分区的 Key 来并行处理数据，此时就需要用到 keyBy 转换操作。它将一个 DataStream 类型的数据流转换成一个 KeyedStream 数据流类型。下面给出 keyBy 转换操作示例，如代码 6-13 所示。

【代码 6-13】 keyBy 转换操作 文件：ch06\Demo13.java

```
01    package com.example.ch06;
02    import org.apache.flink.api.java.tuple.Tuple2;
```

```
03    import org.apache.flink.streaming.api.datastream.DataStreamSource;
04    import org.apache.flink.streaming.api.datastream.KeyedStream;
05    import org.apache.flink.streaming.api.environment.
  StreamExecutionEnvironment;
06    public class Demo13 {
07        public static void main(String[] args) throws  Exception{
08            StreamExecutionEnvironment env =
09                    StreamExecutionEnvironment.getExecutionEnvironment();
10            env.setParallelism(1);
11            DataStreamSource<Tuple2<String,Integer>> dataStreamSource =
12                    env.fromElements(
13                            Tuple2.of("flink", 1),
14                            Tuple2.of("flink", 2),
15                            Tuple2.of("spark", 3),
16                            Tuple2.of("spark", 1)
17                    );
18            //keyBy:DataStream → KeyedStream
19            KeyedStream<Tuple2<String, Integer>, Object> keyDS =
20                    dataStreamSource
21                            .keyBy(t -> t.f0);
22            keyDS.print();
23            env.execute();
24        }
25    }
```

代码 6-13 中，21 行 keyBy(t -> t.f0)方法中传入一个 Java Lambda 表达式，其中 t -> t.f0 是一个 KeySelector，它将输入数据类型 Tuple2<String, Integer>第一个 String 类型的字段设置为分区 Key。

5. reduce

对于分区的数据流，调用 ReduceFunction 对数据进行 reduce 处理，它实际上是一种聚合操作，将两个输入元素合并成一个输出元素。它是 KeyedStream 流上的操作。下面给出 reduce 转换操作示例，如代码 6-14 所示。

【代码 6-14】 reduce 转换操作 文件：ch06\Demo14.java

```
01    package com.example.ch06;
02    import org.apache.flink.api.java.tuple.Tuple2;
03    import org.apache.flink.streaming.api.datastream.DataStreamSource;
04    import org.apache.flink.streaming.api.datastream.KeyedStream;
05    import org.apache.flink.streaming.api.datastream.
  SingleOutputStreamOperator;
06    import org.apache.flink.streaming.api.environment.
  StreamExecutionEnvironment;
```

```
07    public class Demo14 {
08        public static void main(String[] args) throws Exception{
09            StreamExecutionEnvironment env =
10                    StreamExecutionEnvironment.getExecutionEnvironment();
11            env.setParallelism(1);
12            DataStreamSource<Tuple2<String,Integer>> dataStreamSource =
13                    env.fromElements(
14                            Tuple2.of("flink", 1),
15                            Tuple2.of("flink", 2),
16                            Tuple2.of("spark", 3),
17                            Tuple2.of("spark", 1)
18                    );
19            KeyedStream<Tuple2<String, Integer>, Object> keyDS =
20                    dataStreamSource
21                            .keyBy(t -> t.f0);
22            //reduce:KeyedStream → DataStream
23            SingleOutputStreamOperator<Tuple2<String, Integer>> reduceDS =
24            keyDS.reduce((tp1, tp2) -> {
25                return Tuple2.of(tp1.f0, tp1.f1 + tp2.f1);
26            });
27            reduceDS.print();
28            env.execute();
29        }
30    }
```

代码 6-14 中，24 行 reduce 方法中传入一个 Java Lambda 表达式，reduce 按照 Key 分别进行数据处理，即 tp1 和 tp2 的 f0 都是一致的。25 行 Tuple2.of(tp1.f0, tp1.f1 + tp2.f1)按照 Key 对第二个元素进行求和。

6. sum

对于分组的数据流，可以调用 sum 转换操作对某个值进行求和，它实际上是一种聚合操作。下面给出 sum 转换操作示例，如代码 6-15 所示。

【代码 6-15】 sum 转换操作 文件：ch06\Demo15.java

```
01    package com.example.ch06;
02    import org.apache.flink.api.java.tuple.Tuple2;
03    import org.apache.flink.streaming.api.datastream.DataStreamSource;
04    import org.apache.flink.streaming.api.datastream.KeyedStream;
05    import org.apache.flink.streaming.api.datastream.
  SingleOutputStreamOperator;
06    import org.apache.flink.streaming.api.environment.
  StreamExecutionEnvironment;
```

```
07    public class Demo15 {
08        public static void main(String[] args) throws  Exception{
09            StreamExecutionEnvironment env =
10                    StreamExecutionEnvironment.getExecutionEnvironment();
11            env.setParallelism(1);
12            DataStreamSource<Tuple2<String,Integer>> dataStreamSource =
13                    env.fromElements(
14                            Tuple2.of("flink", 1),
15                            Tuple2.of("flink", 2),
16                            Tuple2.of("spark", 3),
17                            Tuple2.of("spark", 1)
18                    );
19            KeyedStream<Tuple2<String, Integer>, Object> keyDS =
20                    dataStreamSource
21                            .keyBy(t -> t.f0);
22            //sum:KeyedStream → DataStream
23            SingleOutputStreamOperator<Tuple2<String, Integer>> sumDS =
24                    keyDS.sum(1);
25            sumDS.print();
26            env.execute();
27        }
28    }
```

代码 6-15 中，24 行 keyDS.sum(1)方法对 KeyedStream 上的流数据进行求和，其中求和的字段位置为 1，即表示 Tuple2 中的第二个字段。

执行结果如下：

```
(flink,1)
(flink,3)
(spark,3)
(spark,4)
```

7. max

调用 max 转换操作可求出每个 Key 的最大值，它是 KeyedStream 流上的操作。下面给出 max 转换操作示例，如代码 6-16 所示。

【代码 6-16】　max 转换操作　文件：ch06\Demo16.java

```
01    package com.example.ch06;
02    import org.apache.flink.api.java.tuple.Tuple2;
03    import org.apache.flink.streaming.api.datastream.DataStreamSource;
04    import org.apache.flink.streaming.api.datastream.KeyedStream;
05    import org.apache.flink.streaming.api.datastream.
  SingleOutputStreamOperator;
```

```
06    import org.apache.flink.streaming.api.environment.
 StreamExecutionEnvironment;
07    public class Demo16 {
08        public static void main(String[] args) throws Exception{
09            StreamExecutionEnvironment env =
10                    StreamExecutionEnvironment.getExecutionEnvironment();
11            env.setParallelism(1);
12            DataStreamSource<Tuple2<String,Integer>> dataStreamSource =
13                    env.fromElements(
14                            Tuple2.of("flink", 1),
15                            Tuple2.of("flink", 2),
16                            Tuple2.of("spark", 3),
17                            Tuple2.of("spark", 1)
18                    );
19            KeyedStream<Tuple2<String, Integer>, Object> keyDS =
20                    dataStreamSource
21                            .keyBy(t -> t.f0);
22            //max:KeyedStream → DataStream
23            SingleOutputStreamOperator<Tuple2<String, Integer>> maxDS =
24                    keyDS.max(1);
25            maxDS.print();
26            env.execute();
27        }
28    }
```

代码 6-16 中，24 行 keyDS.max(1)方法对 KeyedStream 上的流数据求出最大值，其中最大值的字段位置为 1，即表示 Tuple2 中的第二个字段。

执行结果如下：

```
(flink,1)
(flink,2)
(spark,3)
(spark,3)
```

除了 max，还有 min 转换操作，可求出最小值。

8. union

在流操作场景中，有时需要合并多个流，即将多个数据流合并成一个数据流，此时可以使用 union 转换操作。下面给出 union 转换操作示例，如代码 6-17 所示。

【代码 6-17】　union 转换操作　文件：ch06\Demo17.java

```
01    package com.example.ch06;
02    import org.apache.flink.api.java.tuple.Tuple2;
03    import org.apache.flink.streaming.api.datastream.DataStream;
04    import org.apache.flink.streaming.api.datastream.DataStreamSource;
05    import org.apache.flink.streaming.api.environment.
  StreamExecutionEnvironment;
06    public class Demo17 {
07        public static void main(String[] args) throws  Exception{
08            StreamExecutionEnvironment env =
09                    StreamExecutionEnvironment.getExecutionEnvironment();
10            env.setParallelism(1);
11            DataStreamSource<Tuple2<String,Integer>> dataStreamSource =
12                    env.fromElements(
13                            Tuple2.of("flink", 1),
14                            Tuple2.of("spark", 3)
15                    );
16            DataStreamSource<Tuple2<String,Integer>> dataStreamSource2 =
17                    env.fromElements(
18                            Tuple2.of("flink", 2),
19                            Tuple2.of("spark", 1)
20                    );
21            DataStreamSource<Tuple2<String,Integer>> dataStreamSource3 =
22                    env.fromElements(
23                            Tuple2.of("flink", 3),
24                            Tuple2.of("spark", 2)
25                    );
26            //union:DataStream* → DataStream
27            //类型相同，支持多于 2 个流
28            DataStream<Tuple2<String, Integer>> unionDS = dataStreamSource
29                    .union(dataStreamSource2,dataStreamSource3);
30            unionDS.print();
31            env.execute();
32        }
33    }
```

代码6-17中，29行union(dataStreamSource2,dataStreamSource3)方法将三个数据流DataStreamSource进行了合并，即 dataStreamSource、dataStreamSource2 和 dataStreamSource3。

执行结果如下：

```
(flink,1)
(spark,3)
```

```
(flink,2)
(spark,1)
(flink,3)
(spark,2)
```

union 合并的数据流必须是相同类型的数据流。

9. connect

除了 union 可以合并流，还可以使用 connect 对 2 个数据流进行合并，且两个流的数据类型可以不相同。下面给出 connect 转换操作示例，如代码 6-18 所示。

【代码 6-18 】 connect 转换操作　文件：ch06\Demo18.java

```
01    package com.example.ch06;
02    import org.apache.flink.api.java.tuple.Tuple2;
03    import org.apache.flink.api.java.tuple.Tuple3;
04    import org.apache.flink.streaming.api.datastream.ConnectedStreams;
05    import org.apache.flink.streaming.api.datastream.DataStreamSource;
06    import org.apache.flink.streaming.api.datastream.
  SingleOutputStreamOperator;
07    import org.apache.flink.streaming.api.environment.
  StreamExecutionEnvironment;
08    import org.apache.flink.streaming.api.functions.co.CoProcessFunction;
09    import org.apache.flink.util.Collector;
10    public class Demo18 {
11        public static void main(String[] args) throws  Exception{
12            StreamExecutionEnvironment env =
13                    StreamExecutionEnvironment.getExecutionEnvironment();
14            env.setParallelism(1);
15            DataStreamSource<Tuple2<String,Integer>> dataStreamSource =
16                    env.fromElements(
17                            Tuple2.of("flink", 1),
18                            Tuple2.of("spark", 3)
19                    );
20            DataStreamSource<Tuple3<String,Integer,Integer>> dataStreamSource2 =
21                    env.fromElements(
22                            Tuple3.of("flink", 3,5),
23                            Tuple3.of("spark", 2,6)
24                    );
25            //DataStream,DataStream → ConnectedStreams
26            //类型不相同，支持 2 个流
27            ConnectedStreams<Tuple2<String, Integer>,
28                    Tuple3<String, Integer, Integer>> connectDS =
```

```
29                 dataStreamSource.connect(dataStreamSource2);
30          //connectDS.print();//无此方法
31          SingleOutputStreamOperator<Object> processDS =
32                 connectDS.process(
33                        new CoProcessFunction<Tuple2<String, Integer>,
34                               Tuple3<String, Integer, Integer>, Object>() {
35              @Override
36              public void processElement1(Tuple2<String, Integer> tp1,
37                                      Context context,
38                                      Collector<Object> out) throws Exception {
39                   out.collect(tp1);
40              }
41              @Override
42              public void processElement2(Tuple3<String, Integer, Integer> tp2,
43                                      Context context,
44                                      Collector<Object> out) throws Exception {
45                  out.collect(Tuple2.of(tp2.f0, tp2.f2));
46              }
47              @Override
48              public void onTimer(long timestamp,
49                                OnTimerContext ctx,
50                                Collector<Object> out) throws Exception {
51                  super.onTimer(timestamp, ctx, out);
52              }
53          });
54          processDS.print();
55          env.execute();
56      }
57  }
```

代码 6-18 中，29 行 dataStreamSource.connect(dataStreamSource2)方法将 2 个数据流进行了合并，即 dataStreamSource 和 dataStreamSource2，且这两个数据流的类型是不同的，一个是 Tuple2<String,Integer>，而另一个是 Tuple3<String,Integer,Integer>。

connect 转换操作将两个 DataStream 合并为 ConnectedStreams 类型的数据流。可以用 process 方法对内部的数据进行处理。它接收一个 CoProcessFunction 函数，这个函数可以重写 processElement1 和 processElement2 等方法。

processElement1 对第一个数据流当中的数据进行处理，processElement2 对第二个数据流当中的数据进行处理。如果需要联合两个数据流的数据，则可以用一个内部的变量缓存第一个流和第二个流上的数据，并进行业务处理。

ConnectedStreams 类型的数据流无 print 方法，且 ConnectedStreams 支持 map 和 flatMap，其传入的参数依次为 CoMapFunction 和 CoFlatMapFunction。

10. project

一个数据流上的数据类型可能有很多的字段，我们只需要筛选出一部分字段即可满足需求，它从纵向来进行筛选。此时可以利用 project 转换操作。下面给出 project 转换操作示例，如代码 6-19 所示。

【代码 6-19】 project 转换操作 文件：ch06\Demo19.java

```
01    package com.example.ch06;
02    import org.apache.flink.api.java.tuple.Tuple2;
03    import org.apache.flink.api.java.tuple.Tuple3;
04    import org.apache.flink.streaming.api.datastream.DataStreamSource;
05    import org.apache.flink.streaming.api.datastream.
  SingleOutputStreamOperator;
06    import org.apache.flink.streaming.api.environment.
  StreamExecutionEnvironment;
07    public class Demo19 {
08        public static void main(String[] args) throws  Exception{
09            StreamExecutionEnvironment env =
10                    StreamExecutionEnvironment.getExecutionEnvironment();
11            env.setParallelism(1);
12            DataStreamSource<Tuple3<String,Integer,Integer>> dataStreamSource =
13                    env.fromElements(
14                            Tuple3.of("flink", 3,5),
15                            Tuple3.of("spark", 2,6)
16                    );
17            //project:DataStream → DataStream
18            //从元组中获取子元素
19            //Scala 语言没有此算子
20            SingleOutputStreamOperator<Tuple2<Integer,String>> projectDS =
21                    dataStreamSource.project(1, 0);
22            projectDS.print();
23            env.execute();
24        }
25    }
```

代码 6-19 中，21 行 dataStreamSource.project(1, 0)方法从数据源 dataStreamSource 中筛选出 2 个字段，其字段索引分别是 1 和 0，此时列也重新进行排序。

执行结果如下所示：

```
(3,flink)
(2,spark)
```

11. partitionCustom

partitionCustom转换操作可以根据自身需要，自行制定分区规则。下面给出partitionCustom转换操作示例，如代码6-20所示。

【代码6-20】 partitionCustom转换操作 文件：ch06\Demo20.java

```
01   package com.example.ch06;
02   import org.apache.flink.api.common.functions.Partitioner;
03   import org.apache.flink.api.java.tuple.Tuple3;
04   import org.apache.flink.streaming.api.datastream.DataStream;
05   import org.apache.flink.streaming.api.datastream.DataStreamSource;
06   import org.apache.flink.streaming.api.environment.
  StreamExecutionEnvironment;
07   public class Demo20 {
08       public static void main(String[] args) throws  Exception{
09           StreamExecutionEnvironment env =
10                   StreamExecutionEnvironment.getExecutionEnvironment();
11           //env.setParallelism(4);
12           DataStreamSource<Tuple3<String,Integer,Integer>> dataStreamSource =
13                   env.fromElements(
14                           Tuple3.of("flink", 3,5),
15                           Tuple3.of("spark", 2,6),
16                           Tuple3.of("Flink", 2,6)
17                   );
18           DataStream<Tuple3<String, Integer, Integer>> tuple3DataStream =
19                   dataStreamSource.partitionCustom(new Partitioner<String>() {
20               @Override
21               public int partition(String strKey, int i) {
22                   //返回值必须小于i
23                   //System.out.println(i);
24                   if (strKey.startsWith("f")){
25                       return 3;
26                   } else if (strKey.startsWith("F")){
27                       return 2;
28                   }else{
29                       return 1;
30                   }
31               }
32           }, tp3 -> tp3.f0);
33           tuple3DataStream.print();
34           env.execute();
35       }
36   }
```

代码6-20中，19行dataStreamSource.partitionCustom方法中传入一个自定义的Partitioner，并且需要指定分区的KeySelector。内部重写partition方法，并返回分区索引，这个索引不能超过总的分区数量numPartitions。

partitionCustom只能对单个Key进行分区，不支持复合Key。

12. window转换操作

Flink通过window机制，将无界数据流划分成多个有界的数据流，从而对有界数据流进行数据统计分析。下面给出window转换操作示例，如代码6-21所示。

【代码6-21】 window转换操作 文件：ch06\Demo21.java

```
01    package com.example.ch06;
02    import org.apache.flink.api.java.tuple.Tuple3;
03    import org.apache.flink.streaming.api.datastream.DataStreamSource;
04    import org.apache.flink.streaming.api.datastream.S
  ingleOutputStreamOperator;
05    import org.apache.flink.streaming.api.environment.
  StreamExecutionEnvironment;
06    public class Demo21 {
07        public static void main(String[] args) throws  Exception {
08            StreamExecutionEnvironment env =
09                    StreamExecutionEnvironment.getExecutionEnvironment();
10            DataStreamSource<Tuple3<String,Long,Integer>> dataStreamSource =
11                    env.fromElements(
12                            Tuple3.of("S01",1L,1),
13                            Tuple3.of("S01",2L,2),
14                            Tuple3.of("S01",4L,3),
15                            Tuple3.of("S01",3L,4),
16                            Tuple3.of("S01",6L,5),
17                            Tuple3.of("S01",8L,6),
18                            Tuple3.of("S01",7L,7),
19                            Tuple3.of("S02",2L,5),
20                            Tuple3.of("S02",5L,6),
21                            Tuple3.of("S02",6L,7),
22                            Tuple3.of("S02",8L,8)
23                    );
24             //min 在 window 上求最小值
25            //WindowedStream → DataStream
26            SingleOutputStreamOperator<Tuple3<String, Long, Integer>> reduceDS =
27                    dataStreamSource
28                            .keyBy(tp -> tp.f0)
29                            .countWindow(3)
```

```
30                      .min(2);
31          reduceDS.print();
32          env.execute();
33      }
34  }
```

代码 6-21 中，28 行 keyBy 操作将 DataStream 数据流类型转换成一个 KeyedStream。29 行 countWindow(3)将 KeyedStream 转换成一个 WindowedStream，它实际上是一个基于数量的 window 操作。

30 行 min 将 WindowedStream 转换成一个 DataStream，它求出每个窗口中的元素的最小值。执行结果如下：

```
3> (S02,2,5)
4> (S01,1,1)
4> (S01,3,4)
```

WindowedStream 上还有多种转换操作，如 max 求窗口最大值，sum 求窗口中元素和等。

当窗口中的内置转换操作不能满足业务需求时，可以自定义内部的处理逻辑，即用 apply 方法传入一个自定义的 WindowFunction。下面给出一个自定义 WindowFunction 示例，如代码 6-22 所示。

【代码 6-22】 自定义 WindowFunction 文件：ch06\Demo22.java

```
01  package com.example.ch06;
02  import org.apache.flink.api.java.tuple.Tuple2;
03  import org.apache.flink.api.java.tuple.Tuple3;
04  import org.apache.flink.streaming.api.datastream.DataStreamSource;
05  import org.apache.flink.streaming.api.datastream.
SingleOutputStreamOperator;
06  import org.apache.flink.streaming.api.environment.
StreamExecutionEnvironment;
07  import org.apache.flink.streaming.api.functions.windowing.
WindowFunction;
08  import org.apache.flink.streaming.api.windowing.windows.GlobalWindow;
09  import org.apache.flink.util.Collector;
10  public class Demo22 {
11      public static void main(String[] args) throws Exception {
12          StreamExecutionEnvironment env =
13                  StreamExecutionEnvironment.getExecutionEnvironment();
14          DataStreamSource<Tuple3<String,Long,Integer>> dataStreamSource =
15                  env.fromElements(
16                          Tuple3.of("S01",1L,1),
17                          Tuple3.of("S01",2L,2),
18                          Tuple3.of("S01",4L,3),
```

```
19                      Tuple3.of("S01",3L,4),
20                      Tuple3.of("S01",6L,5),
21                      Tuple3.of("S01",8L,6),
22                      Tuple3.of("S01",7L,7),
23                      Tuple3.of("S02",2L,5),
24                      Tuple3.of("S02",5L,6),
25                      Tuple3.of("S02",6L,7),
26                      Tuple3.of("S02",8L,8)
27              );
28          //Window Apply
29          //WindowedStream → DataStream
30          SingleOutputStreamOperator<Tuple2<String,Integer>> applyDS =
31                  dataStreamSource
32                      .keyBy(tp -> tp.f0)
33                      .countWindow(3)
34                      .apply(new MyApplyFunc());
35          applyDS.print();
36          env.execute();
37      }
38      public static class MyApplyFunc implements
39              WindowFunction<Tuple3<String,Long,Integer>,
40                  Tuple2<String,Integer>, String, GlobalWindow>{
41          @Override
42          public void apply(String s, GlobalWindow window,
43                            Iterable<Tuple3<String, Long, Integer>> input,
44                            Collector<Tuple2<String, Integer>> out)
45                  throws Exception {
46              int sum = 0;
47              for (Tuple3<String, Long, Integer> tp: input) {
48                  sum += tp.f2;
49              }
50              out.collect(Tuple2.of(
51                      input.iterator().next().f0,
52                      new Integer(sum))
53              );
54          }
55      }
56  }
```

代码 6-22 中，34 行在 WindowedStream 上用 apply(new MyApplyFunc())构建一个自定义的 WindowFunction。MyApplyFunc 类型实现了 WindowFunction 接口，并重写了 apply 方法，内部会迭代窗口中的元素，进行求和操作。

执行结果如下：

```
3> (S02,18)
4> (S01,6)
4> (S01,15)
```

13. window join转换操作

在流处理场景下，Flink 也支持 Join 转换操作，但需要在一个窗口上进行两个数据源的 Join 转换操作。下面给出一个 window join 示例，如代码 6-23 所示。

【代码 6-23】 window join 文件：ch06\Demo23.java

```
01    package com.example.ch06;
02    import org.apache.flink.api.common.functions.JoinFunction;
03    import org.apache.flink.api.java.tuple.Tuple2;
04    import org.apache.flink.api.java.tuple.Tuple3;
05    import org.apache.flink.streaming.api.datastream.DataStream;
06    import org.apache.flink.streaming.api.datastream.DataStreamSource;
07    import org.apache.flink.streaming.api.environment.
  StreamExecutionEnvironment;
08    import org.apache.flink.streaming.api.windowing.assigners.GlobalWindows;
09    import org.apache.flink.streaming.api.windowing.triggers.CountTrigger;
10    public class Demo23 {
11        public static void main(String[] args) throws  Exception {
12            StreamExecutionEnvironment env =
13                    StreamExecutionEnvironment.getExecutionEnvironment();
14            DataStreamSource<Tuple2<String,Long>> dataStreamSource =
15                    env.fromElements(
16                            Tuple2.of("S01",1L),
17                            Tuple2.of("S01",2L),
18                            Tuple2.of("S02",2L),
19                            Tuple2.of("S02",5L),
20                            Tuple2.of("S03",6L)
21                    );
22            DataStreamSource<Tuple2<String,Integer>> dataStreamSource2 =
23                    env.fromElements(
24                            Tuple2.of("S01",10),
25                            Tuple2.of("S01",11),
26                            Tuple2.of("S02",12),
27                            Tuple2.of("S03",13)
28                    );
29            //Window Join
30            //DataStream -> JoinedStreams
31            DataStream<Tuple3<String, Long, Integer>> applyDS =
32                    dataStreamSource.join(dataStreamSource2)
```

```
33                  .where(tp -> tp.f0)
34                  .equalTo(tp2 -> tp2.f0)
35                  .window(GlobalWindows.create())
36                        .trigger(CountTrigger.of(1))
37                  .apply(new JoinFunction<Tuple2<String, Long>,
38                        Tuple2<String, Integer>,
39                        Tuple3<String, Long, Integer>>() {
40                     @Override
41                     public Tuple3<String, Long, Integer> join(
42                           Tuple2<String, Long> tp1,
43                           Tuple2<String, Integer> tp2) throws Exception {
44                        return Tuple3.of(tp1.f0, tp1.f1, tp2.f1);
45                     }
46                  });
47           applyDS.print();
48           env.execute();
49        }
50     }
```

代码6-23中，32行dataStreamSource.join(dataStreamSource2)将两个DataStream通过join转换操作生成一个JoinedStreams，并且需要通过where和equalTo来确定如何连接两个数据流。

首先，两个输入数据流先分别按Key进行分组，然后将元素划分到窗口中。窗口的划分需要使用WindowAssigner来定义，因此可以使用基于事件时间的滚动窗口、滑动窗口或会话窗口，也可以使用基于数量的滚动窗口和滑动窗口。

其次，两个数据流中的元素会被分配到各个窗口上，也就是说一个窗口会包含来自两个数据流的元素。相同窗口内的数据会以INNER JOIN的语义来相互关联，形成一个数据对。

最后，当窗口符合触发条件时，Flink框架会调用JoinFunction来对窗口内的数据对进行处理。示例执行结果如下：

```
4> (S01,1,10)
4> (S01,2,10)
4> (S01,1,10)
4> (S01,1,11)
4> (S01,2,10)
3> (S02,2,12)
3> (S02,5,12)
4> (S01,2,11)
4> (S03,6,13)
```

6.1.3 DataSinks数据输出

当数据流经过一系列的转换后，需要将计算结果进行输出，那么负责输出结果的算子称为Sink。下面给出常见的几种DataSinks用法。

1. writeAsText

下面给出将计算结果输出到文本文件中的示例，如代码 6-24 所示。

【代码 6-24】　writeAsText　文件：ch06\Demo24.java

```
01    package com.example.ch06;
02    import org.apache.flink.core.fs.FileSystem;
03    import org.apache.flink.streaming.api.datastream.DataStream;
04    import org.apache.flink.streaming.api.datastream.DataStreamSource;
05    import org.apache.flink.streaming.api.environment.
  StreamExecutionEnvironment;
06    public class Demo24{
07        public static void main(String[] args) throws  Exception{
08            //设置流计算环境
09            StreamExecutionEnvironment env =
10                    StreamExecutionEnvironment.getExecutionEnvironment();
11            env.setParallelism(1);
12            DataStreamSource<KeyValue> keyValueDataStreamSource =
13                    env.fromElements(
14                    new KeyValue("Key1", 2.2),
15                    new KeyValue("Key2", 3.2),
16                    new KeyValue("Key1", 1.5),
17                    new KeyValue("Key2", 5.7)
18            );
19            DataStream<KeyValue> sum = keyValueDataStreamSource
20                    .keyBy(e -> e.getKey())
21                    .sum("value");
22            //打印
23            sum.print();
24            //DataStreamSink
25            sum.writeAsText("./out.txt", FileSystem.WriteMode.OVERWRITE);
26            //触发任务
27            env.execute();
28        }
29    }
```

代码 6-24 中，25 行 sum.writeAsText("./out.txt", FileSystem.WriteMode.OVERWRITE)将 sum 这个 DataStream 中的数据写入到文件 out.txt 中，且 WriteMode 为 OVERWRITE。writeAsText 方法返回一个 DataStreamSink 类型。

2. writeToSocket

Flink 还支持将数据输出到 Socket 服务上，下面给出一个 writeToSocket 示例，如代码 6-25 所示。

【代码 6-25】 writeToSocket 文件：ch06\Demo25.java

```
01    package com.example.ch06;
02    import org.apache.flink.api.common.serialization.SimpleStringSchema;
03    import org.apache.flink.streaming.api.datastream.DataStream;
04    import org.apache.flink.streaming.api.datastream.DataStreamSource;
05    import org.apache.flink.streaming.api.environment.
  StreamExecutionEnvironment;
06    public class Demo25{
07        public static void main(String[] args) throws  Exception{
08            //设置流计算环境
09            StreamExecutionEnvironment env =
10                    StreamExecutionEnvironment.getExecutionEnvironment();
11            env.setParallelism(1);
12            DataStreamSource<KeyValue> keyValueDataStreamSource =
13                    env.fromElements(
14                    new KeyValue("Key1", 2.2),
15                    new KeyValue("Key2", 3.2),
16                    new KeyValue("Key1", 1.5),
17                    new KeyValue("Key2", 5.7)
18            );
19            DataStream<String> map = keyValueDataStreamSource
20                    .map(e -> e.toString() + "\n");
21            //打印
22            map.print();
23            //Socket Sink
24            map.writeToSocket("127.0.0.1",7777,new SimpleStringSchema());
25            //触发任务
26            env.execute();
27        }
28    }
```

代码 6-25 中，24 行 map.writeToSocket("127.0.0.1",7777,new SimpleStringSchema())将 map 这个 DataStream 中的数据写入到端口号为 7777 的本地 Socket 服务上，其 SerializationSchema 为 SimpleStringSchema。

为了运行此示例，需要首先开启一个 7777 的 Socket 服务，如图 6.1 所示。

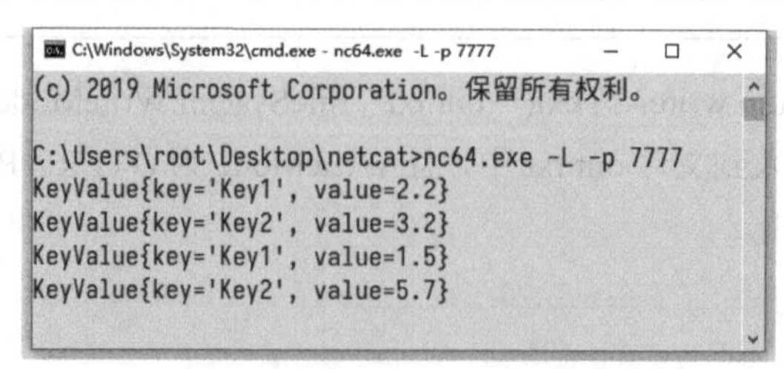

图 6.1 数据写入 Socket 示例

3. MySql JDBC Sink

Flink 也可以通过自定义的 Sink 的方式来扩展 DataSink。下面给出一个通过 addSink 方法实现的 MySql JDBC Sink 示例，如代码 6-26 所示。

【代码 6-26】 MySql JDBC Sink 文件：ch06\Demo26.java

```
01    package com.example.ch06;
02    import org.apache.flink.configuration.Configuration;
03    import org.apache.flink.streaming.api.datastream.DataStream;
04    import org.apache.flink.streaming.api.datastream.DataStreamSource;
05    import org.apache.flink.streaming.api.environment.
   StreamExecutionEnvironment;
06    import org.apache.flink.streaming.api.functions.sink.RichSinkFunction;
07    import java.sql.Connection;
08    import java.sql.DriverManager;
09    import java.sql.PreparedStatement;
10    public class Demo26{
11        public static void main(String[] args) throws  Exception{
12            //设置流计算环境
13            StreamExecutionEnvironment env =
14                    StreamExecutionEnvironment.getExecutionEnvironment();
15            env.setParallelism(1);
16            DataStreamSource<KeyValue> keyValueDataStreamSource =
17                    env.fromElements(
18                    new KeyValue("Key1", 2.2),
19                    new KeyValue("Key2", 3.2),
20                    new KeyValue("Key1", 1.5),
21                    new KeyValue("Key2", 5.7)
22            );
23            DataStream<KeyValue> result = keyValueDataStreamSource
24                    .keyBy(e -> e.getKey())
25                    .sum("value");
26            //打印
27            result.print();
28            //mysql sink
29            result.addSink(new MysqlSink());
30            //触发任务
31            env.execute();
32        }
33        static class MysqlSink extends RichSinkFunction<KeyValue> {
34            private PreparedStatement ps = null;
35            private Connection connection = null;
36            private String driver = "com.mysql.cj.jdbc.Driver";
```

```
37          private String url = "jdbc:mysql://127.0.0.1:3306/myflinkdemo?...";
 //补全参数
38          private String username = "root";
39          private String password = "root";
40          //只调用一次
41          @Override
42          public void open(Configuration parameters) throws Exception {
43              super.open(parameters);
44              //获取连接
45              Class.forName(driver);
46              connection = DriverManager.getConnection(url, username, password);
47              //执行查询
48              ps = connection.prepareStatement(
49                      "insert into `t_kv`(`ckey`,`dvalue`) values (?,?)");
50              System.out.println("==open====");
51          }
52          //释放资源
53          @Override
54          public void close() throws Exception {
55              super.close();
56              if (ps != null) {
57                  ps.close();
58              }
59              if (connection != null) {
60                  connection.close();
61              }
62          }
63          //每个 KeyValue 都会调用 invoke
64          @Override
65          public void invoke(KeyValue p, Context context) throws Exception {
66              System.out.println("==invoke====");
67              ps.setString(1, p.getKey());
68              ps.setDouble(2, p.getValue());
69              ps.executeUpdate();
70          }
71      }
72  }
```

代码 6-26 中，29 行 result.addSink(new MysqlSink())通过 addSink 方法添加了一个自定义的 MysqlSink，它继承自 RichSinkFunction。

在 open 方法中进行连接数据库的初始化操作，此只执行一次。而 invoke 方法则在有新数据进入算子时，即调用 JDBC 相关的数据库写入操作。

这里的 JDBC Sink 连接的是 MySQL 数据库，因此需要添加如下的依赖库：

```
<!-- https://mvnrepository.com/artifact/mysql/mysql-connector-java -->
<dependency>
    <groupId>mysql</groupId>
    <artifactId>mysql-connector-java</artifactId>
    <version>8.0.22</version>
</dependency>
```

4. Redis JDBC Sink

Redis 作为一个非常受欢迎的内存数据库，在很多高性能要求的场景下都会用到。Flink 也可以通过自定义的 Sink 的方式将数据写入到 Redis 中。下面给出一个 Redis JDBC Sink 示例，如代码 6-27 所示。

【代码 6-27】　Redis JDBC Sink　文件：ch06\Demo27.java

```
01   package com.example.ch06;
02   import org.apache.flink.streaming.api.datastream.DataStream;
03   import org.apache.flink.streaming.api.datastream.DataStreamSource;
04   import org.apache.flink.streaming.api.environment.
  StreamExecutionEnvironment;
05   import org.apache.flink.streaming.connectors.redis.RedisSink;
06   import org.apache.flink.streaming.connectors.redis.common.config.
  FlinkJedisPoolConfig;
07   import org.apache.flink.streaming.connectors.redis.common.mapper.*;
08   public class Demo27{
09       public static void main(String[] args) throws  Exception{
10           //设置流计算环境
11           StreamExecutionEnvironment env =
12                   StreamExecutionEnvironment.getExecutionEnvironment();
13           env.setParallelism(1);
14           DataStreamSource<KeyValue> keyValueDataStreamSource =
15                   env.fromElements(
16                   new KeyValue("Key1", 2.2),
17                   new KeyValue("Key2", 3.2),
18                   new KeyValue("Key1", 1.5),
19                   new KeyValue("Key2", 5.7)
20           );
21           DataStream<KeyValue> result = keyValueDataStreamSource
22                   .keyBy(e -> e.getKey())
23                   .sum("value");
24           //单 Redis 服务器，适用测试
25           FlinkJedisPoolConfig config = new FlinkJedisPoolConfig.Builder()
26                   .setHost("127.0.0.1")
```

```
27                  .setPort(6379)
28                  .build();
29          RedisSink<KeyValue> redisSink =
30                  new RedisSink<KeyValue>(config,new MyRedisMapper());
31          //打印
32          result.print();
33          result.addSink(redisSink);
34          //触发任务
35          env.execute();
36      }
37      private static class MyRedisMapper implements RedisMapper<KeyValue> {
38          @Override
39          public RedisCommandDescription getCommandDescription() {
40              return new RedisCommandDescription(RedisCommand.HSET, "mykeys");
41          }
42          @Override
43          public String getKeyFromData(KeyValue data) {
44              return  data.getKey();
45          }
46          @Override
47          public String getValueFromData(KeyValue data) {
48              return data.getValue().toString();
49          }
50      }
51  }
```

代码 6-27 中，33 行 result.addSink(redisSink)通过 addSink 方法添加了一个 RedisSink，它同样继承自 RichSinkFunction。而从 Redis 服务器中存取数据是通过实现 RedisMapper 接口来完成的。

这里的 RedisSink 需要添加如下的依赖库：

```
<!-- https://mvnrepository.com/artifact/org.apache.bahir/
flink-connector-redis -->
<dependency>
    <groupId>org.apache.bahir</groupId>
    <artifactId>flink-connector-redis_2.11</artifactId>
    <version>1.0</version>
</dependency>
```

5. Kafka Sink

Flink 不但可以从 Kafka 中订阅消息来读取数据，也可以将数据写入到 Kafka 中。下面给出一个 Kafka Sink 示例，如代码 6-28 所示。

【代码 6-28】　Kafka Sink　文件：ch06\Demo28.java

```
01    package com.example.ch06;
02    import org.apache.flink.calcite.shaded.com.fasterxml.jackson.core.*;
03    import org.apache.flink.calcite.shaded.com.fasterxml.jackson.databind.
  ObjectMapper;
04    import org.apache.flink.streaming.api.datastream.DataStream;
05    import org.apache.flink.streaming.api.datastream.DataStreamSink;
06    import org.apache.flink.streaming.api.datastream.DataStreamSource;
07    import org.apache.flink.streaming.api.environment.
  StreamExecutionEnvironment;
08    import org.apache.flink.streaming.connectors.kafka.FlinkKafkaProducer;
09    import org.apache.flink.streaming.connectors.kafka.
  KafkaSerializationSchema;
10    import org.apache.kafka.clients.producer.ProducerRecord;
11    import javax.annotation.Nullable;
12    import java.util.Properties;
13    public class Demo28{
14        public static void main(String[] args) throws  Exception{
15            //设置流计算环境
16            StreamExecutionEnvironment env =
17                    StreamExecutionEnvironment.getExecutionEnvironment();
18            //Kafka 数据源设置
19            Properties properties = new Properties();
20            properties.setProperty("bootstrap.servers", "localhost:9092");
21            //properties.setProperty("group.id", "mygroud");
22            //pom.xml 添加 flink-connector-kafka_2.12
23            FlinkKafkaProducer<KeyValue> stringFlinkKafkaProducer =
24                    new FlinkKafkaProducer<KeyValue>(
25                            "topic-01",
26                            new KVSerializationSchema("topic-01"),
27                            properties,
28                            FlinkKafkaProducer.Semantic.EXACTLY_ONCE);
29            DataStreamSource<KeyValue> keyValueDataStreamSource =
30                    env.fromElements(
31                            new KeyValue("Key1", 2.2),
32                            new KeyValue("Key2", 3.2),
33                            new KeyValue("Key1", 1.5),
34                            new KeyValue("Key2", 5.7)
35                    );
36            DataStream<KeyValue> result = keyValueDataStreamSource
37                    .keyBy(e -> e.getKey())
38                    .sum("value");
```

```
39          //添加 Kafka FlinkKafkaConsumer
40          DataStreamSink<KeyValue> kvSink =
41                  result.addSink(stringFlinkKafkaProducer);
42          //触发任务
43          env.execute();
44      }
45      public static class KVSerializationSchema
46              implements KafkaSerializationSchema<KeyValue> {
47          private String topic;
48          private ObjectMapper mapper;
49          public KVSerializationSchema(String topic) {
50              super();
51              this.topic = topic;
52          }
53          @Override
54          public ProducerRecord<byte[], byte[]> serialize(KeyValue kv,
55                                                   @Nullable Long aLong) {
56              byte[] bytes = null;
57              if (mapper == null) {
58                  mapper = new ObjectMapper();
59              }
60              try {
61                  bytes= mapper.writeValueAsBytes(kv);
62              } catch (JsonProcessingException e) {
63                  e.printStackTrace();
64              }
65              return new ProducerRecord<byte[], byte[]>(topic, bytes);
66          }
67      }
68  }
```

代码 6-28 中，23 行 FlinkKafkaProducer 有两个作用，一个是充当 Kafka Producer，即是 Kafka 消息发布者，可以向 Kafka 写入数据；另一个是充当 Flink Sink 作用，继承自 RichSinkFunction，因此可以通过 addSink 方法添加，将 Flink 中的数据输出到 Kafka 中。

6.2 DataSet API

Flink 除了可以对无界数据流进行处理外，还可以对有界数据流进行处理。一般来说，有界数据流处理会用到 DataSet API，许多 API 和 DataStream API 类似，下面就对常见的 DataSet API 进行详细说明。

6.2.1　DataSources 数据输入

1. readTextFile

Flink 支持从文件中读取文本数据，下面给出使用 readTextFile 方法获取数据源的示例，如代码 6-29 所示。

【代码 6-29】　readTextFile 获取数据源的　文件：ch06\Demo29.java

```
01    package com.example.ch06;
02    import org.apache.flink.api.java.DataSet;
03    import org.apache.flink.api.java.ExecutionEnvironment;
04    import org.apache.flink.api.java.operators.DataSource;
05    public class Demo29{
06        public static void main(String[] args) throws  Exception{
07            //设置批计算环境
08            ExecutionEnvironment env =
09                    ExecutionEnvironment.getExecutionEnvironment();
10            //指定数据源，读取文本文件
11            String textPath = "file:///C:/data.txt";
12            //指定数据源，读取文件
13            DataSource<String> fileDS = env.readTextFile(textPath);
14            //DataSet<String> fileDS = env.readTextFile(textPath);
15            //打印
16            fileDS.print();
17        }
18    }
```

代码 6-29 中，08 行 ExecutionEnvironment 代表一个批处理上下文环境，内部会根据设置返回 LocalEnvironment 或者 RemoteEnvironment。13 行 env.readTextFile(textPath)可以从一个文件中获取一个 String 类型的 DataSource。

14 行 env.readTextFile(textPath)也可以返回一个 DataSet<String>类型的数据源，这是由于 DataSource 底层继承自 DataSet。16 行 fileDS.print()可以将数据集中的数据进行打印。

DataStream API 也可以处理批数据，但一般来说，DataSet API 比 DataStream API 批处理效率更高。

2. readFile

通过 readFile 获取数据源是一个更通用的方法，它需要提供一个 FileInputFormat 代表输入的文件格式，例如 CsvInputFormat、RowCsvInputFormat、SerializedInputFormat、TextInputFormat 和 TypeSerializerInputFormat 等。下面给出使用 readFile 方法获取数据源的示例，如代码 6-30 所示。

【代码 6-30】 readFile获取数据源的　文件：ch06\Demo30.java

```
01    package com.example.ch06;
02    import org.apache.flink.api.java.ExecutionEnvironment;
03    import org.apache.flink.api.java.io.TextInputFormat;
04    import org.apache.flink.api.java.operators.DataSource;
05    public class Demo30{
06        public static void main(String[] args) throws  Exception{
07            //设置计算环境
08           ExecutionEnvironment env =
09                   ExecutionEnvironment.getExecutionEnvironment();
10            //从目录中读取文件
11            TextInputFormat fileFormat = new TextInputFormat(
12                   new org.apache.flink.core.fs.Path("file:///C:/logs/"));
13            DataSource<String> fileDS = env.readFile(fileFormat,
  "file:///C:/logs/");
14            //打印
15            fileDS.print();
16        }
17    }
```

代码6-30中，11行创建了一个TextInputFormat类型的fileFormat，它继承自DelimitedInputFormat，初始化时需要指定一个文件路径。

13行env.readFile(fileFormat,"file:///C:/logs/")从具体的文件路径中用TextInputFormat输入文件格式来读取文本数据。

批处理环境ExecutionEnvironment不需要执行execute方法来提交作业。

3. readCsvFile

readCsvFile会创建一个CSV reader去读取CSV格式的文件，并且可以返回一个元组类型的数据源。下面给出用readCsvFile方法获取数据源的示例，如代码6-31所示。

【代码 6-31】 readCsvFile获取数据源　文件：ch06\Demo31.java

```
01    package com.example.ch06;
02    import org.apache.flink.api.java.DataSet;
03    import org.apache.flink.api.java.ExecutionEnvironment;
04    import org.apache.flink.api.java.tuple.Tuple2;
05    public class Demo31{
06        public static void main(String[] args) throws  Exception{
07            //设置计算环境
08            ExecutionEnvironment env =
```

```
09                  ExecutionEnvironment.getExecutionEnvironment();
10          //env.addSource 不存在
11          DataSet<Tuple2<String, Double>> csvInput =
12                  env.readCsvFile("file:///C:/data2.csv")
13                  .lineDelimiter("\n")
14                  .fieldDelimiter(",")
15                  .ignoreFirstLine()
16                  .types(String.class, Double.class);
17      }
18  }
```

代码 6-31 中，12 行 env.readCsvFile("file:///C:/data2.csv")指定一个文件路径，并进行读取，它返回一个 CsvReader 对象，后续可以用 lineDelimiter 方法指定行分隔符，用 fieldDelimiter 指定列分隔符。

如果首行包含标题，可以用 ignoreFirstLine 方法进行首行忽略。最后 16 行的 types(String.class, Double.class)返回每个列的数据类型。

4. fromCollection

与 DataStream API 中提到的数据源类似，DataSet API 中也可以从集合 Collection 中获取数据源，一般用于测试场景。下面给出用 fromCollection 方法获取数据源的示例，如代码 6-32 所示。

【代码 6-32】 fromCollection 获取数据源 文件：ch06\Demo32.java

```
01  package com.example.ch06;
02  import org.apache.flink.api.java.ExecutionEnvironment;
03  import org.apache.flink.api.java.operators.DataSource;
04  import java.util.Arrays;
05  public class Demo32{
06      public static void main(String[] args) throws Exception{
07          //设置计算环境
08          ExecutionEnvironment env =
09                  ExecutionEnvironment.getExecutionEnvironment();
10          //从集合 Collection 获取，一般用于测试
11          DataSource<String> ret =
12                  env.fromCollection(
13                          Arrays.asList("hello spark",
14                                  "flink flink", "spark flink"));
15          //打印
16          ret.print();
17      }
18  }
```

代码 6-32 中，12 行 env.fromCollection 从 List 这个集合中获取数据源。其内部用 TypeExtractor.getForObject 方法获取第一个元素的类型信息，即 TypeInformation 作为集合的元素类型，因此所有的元素类型需要一致。

5. fromElements

除了从集合 Collection 中获取数据源外，还可以直接从可变参数中获取数据源。下面给出使用 fromElements 方法获取数据源的示例，如代码 6-33 所示。

【代码 6-33】 fromElements 获取数据源的 文件：ch06\Demo33.java

```
01    package com.example.ch06;
02    import org.apache.flink.api.java.ExecutionEnvironment;
03    import org.apache.flink.api.java.operators.DataSource;
04    public class Demo33{
05        public static void main(String[] args) throws  Exception{
06            //设置计算环境
07            ExecutionEnvironment env =
08                    ExecutionEnvironment.getExecutionEnvironment();
09            //从 Elements 获取，一般用于测试
10            DataSource<String> ret =
11                    env.fromElements(
12                            "hello spark",
13                             "flink flink", "spark flink");
14            //打印
15            ret.print();
16        }
17    }
```

代码 6-33 中，11 行 env.fromElements 方法可以从多个同类型的元素中直接获取数据源。内部也是用 TypeExtractor.getForObject 获取第一个元素的类型信息，该方法底层调用 fromCollection 方法获取数据源。

6. createInput

对于有界的数据流，最常见的还是数据库，因此可以通过 JDBC 对各种数据库进行数据存取。在 Flink DataSet API 中，提供了 createInput 方法扩展数据源。

下面给出使用 createInput 方法从 JDBC 中获取数据源的示例，如代码 6-34 所示。

【代码 6-34】 createInput 获取数据源的 文件：ch06\Demo34.java

```
01    package com.example.ch06;
02    import org.apache.flink.api.common.typeinfo.BasicTypeInfo;
03    import org.apache.flink.api.java.DataSet;
04    import org.apache.flink.api.java.ExecutionEnvironment;
```

```
05    import org.apache.flink.api.java.io.jdbc.JDBCInputFormat;
06    import org.apache.flink.api.java.typeutils.RowTypeInfo;
07    import org.apache.flink.types.Row;
08    public class Demo34{
09       public static void main(String[] args) throws  Exception{
10          //设置计算环境
11          ExecutionEnvironment env =
12                ExecutionEnvironment.getExecutionEnvironment();
13          //JDBC Source
14          DataSet<Row> dsMysql = env.createInput(
15                JDBCInputFormat.buildJDBCInputFormat()
16                .setDrivername("com.mysql.cj.jdbc.Driver")
17                .setDBUrl(JDBCConst.URL)
18                .setUsername(JDBCConst.USER_NAME)
19                .setPassword(JDBCConst.PASSWORD)
20                .setQuery("select * from t_kv")
21                .setRowTypeInfo(new RowTypeInfo(
22                      BasicTypeInfo.STRING_TYPE_INFO,
23                      BasicTypeInfo.BIG_DEC_TYPE_INFO))
24                .finish());
25          dsMysql.print();
26       }
27    }
```

代码6-34中，14行env.createInput方法接收一个实现InputFormat接口的对象，JDBCInputFormat类继承了 RichInputFormat，RichInputFormat 实现了 InputFormat 接口。16 行setDrivername("com.mysql.cj.jdbc.Driver")指定了 MySQL 数据库的驱动程序名称。

17 行 setDBUrl(JDBCConst.URL)用于设定数据库连接字符串。18 行 setUsername 和 19 行setPassword 用于设置数据库连接的用户名和密码。20 行 setQuery("select * from t_kv")则指定查询SQL。21 行 setRowTypeInfo 方法用于设置返回值的字段类型。

使用 JDBCInputFormat 需要加入如下依赖：

```
<dependency>
   <groupId>org.apache.flink</groupId>
   <artifactId>flink-jdbc_2.11</artifactId>
   <version>1.10.3</version>
</dependency>
```

DataSet API 中未提供 addSource 方法。

6.2.2 DataSet 转换操作

下面对常见的 DataSet 转换操作进行详细说明。

1. map

对于有界数据集来说，有时也需要对数据集上的每个元素进行处理，比如将单个文本转换成一个元组，即 1 对 1 的转换操作。下面给出 map 转换操作示例，如代码 6-35 所示。

【代码 6-35】 map 转换操作 文件：ch06\Demo35.java

```
01   package com.example.ch06;
02   import org.apache.flink.api.common.typeinfo.Types;
03   import org.apache.flink.api.java.DataSet;
04   import org.apache.flink.api.java.ExecutionEnvironment;
05   import org.apache.flink.api.java.operators.DataSource;
06   import org.apache.flink.api.java.tuple.Tuple2;
07   public class Demo35 {
08       public static void main(String[] args) throws  Exception{
09           ExecutionEnvironment env =
10                   ExecutionEnvironment.getExecutionEnvironment();
11           env.setParallelism(1);
12           DataSource<String> dataSource =
13                   env.fromElements("flink","flink","spark");
14           //map
15           DataSet<Tuple2<String, Integer>> mapDS =
16                   dataSource .map(e -> Tuple2.of(e, 1))
17                   .returns(Types.TUPLE(Types.STRING, Types.INT));
18           mapDS.print();
19       }
20   }
```

代码 6-35 中，11 行 env.setParallelism(1)设置了执行环境的并行度为 1，它会影响所有算子的并行度。16 行 dataSource.map(e -> Tuple2.of(e, 1))在 dataSource 对象上调用 map 转换操作。

map 内部是一个 Java Lambda 表达式，其中的 e 代表数据源中每个 String 类型的元素，返回一个 Tuple2 类型，其中第一个代表单词，第二个代表个数。即 flink 映射为(flink,1)。

map 转换操作除了用 Java Lambda 表达式外，还支持实现 MapFunction 和 RichMapFunction 来实现相关操作。

2. flatMap

对于有界数据集来说，有时需要对数据集上的每个元素实现 1 对 N 的转换操作，此时可以通过 flatMap 转换操作完成。下面给出 flatMap 转换操作示例，如代码 6-36 所示。

【代码 6-36】 flatMap 转换操作 文件：ch06\Demo36.java

```
01   package com.example.ch06;
02   import org.apache.flink.api.java.DataSet;
```

```
03    import org.apache.flink.api.java.ExecutionEnvironment;
04    import org.apache.flink.api.java.tuple.Tuple2;
05    import org.apache.flink.util.Collector;
06    import  org.apache.flink.api.common.typeinfo.Types;
07    public class Demo36 {
08       public static void main(String[] args) throws  Exception{
09          ExecutionEnvironment env =
10                ExecutionEnvironment.getExecutionEnvironment();
11          env.setParallelism(1);
12          DataSet<String> dataSource =
13                env.fromElements("flink spark",
14                      "spark flink","hadoop");
15          //flatMap :  DataSet → DataSet
16          DataSet<Tuple2<String,Integer>> flatMapDS =
17                dataSource.flatMap((String value,
18                                  Collector<Tuple2<String,Integer>> out) -> {
19                String[] words = value.split(" ");
20                for (String word : words) {
21                   out.collect(Tuple2.of(word, 1));
22                }
23             }).returns(Types.TUPLE(Types.STRING, Types.INT));
24          flatMapDS.print();
25       }
26    }
```

代码 6-36 中，17 行 dataSource.flatMap 方法中也是一个 Java Lambda 表达式，输入是一个 String 类型的 value，输出是一个 Collector<Tuple2<String,Integer>>类型的 out。

19~22 行是具体的转换操作逻辑，即将一个文本按照空格进行分割，迭代后返回一个 Tuple2.of(word, 1)，最后通过 out.collect 方法发送到下游算子。

3．filter

有时我们需要从数据流中筛选出符合预期的数据，这就需要对数据流进行过滤处理，即利用 filter 转换操作。下面给出 filter 转换操作示例，如代码 6-37 所示。

【代码 6-37】　filter 转换操作　文件：ch06\Demo37.java

```
01    package com.example.ch06;
02    import org.apache.flink.api.java.DataSet;
03    import org.apache.flink.api.java.ExecutionEnvironment;
04    import org.apache.flink.api.java.operators.FilterOperator;
05    public class Demo37 {
06       public static void main(String[] args) throws  Exception{
07          ExecutionEnvironment env =
```

```
08                  ExecutionEnvironment.getExecutionEnvironment();
09          env.setParallelism(1);
10          DataSet<String> dataSource =
11                  env.fromElements("flink spark",
12                          "spark flink","hadoop");
13          //flatMap : DataSet → DataSet
14          FilterOperator<String> filterDS =
15                  dataSource.filter(
16                          tp -> tp.toLowerCase()
17                                  .contains("flink"));
18          filterDS.print();
19      }
20  }
```

代码 6-37 中，15 行 dataSource.filter 方法可以根据需求从数据源中筛选出部分数据，类似于 SQL 中的 Where 操作。

4. distinct

有时需要对数据源中的重复数据进行去重操作，在有界的数据集中，支持 distinct 去重操作。下面给出 distinct 转换操作示例，如代码 6-38 所示。

【代码 6-38】 distinct 转换操作 文件：ch06\Demo38.java

```
01  package com.example.ch06;
02  import org.apache.flink.api.java.DataSet;
03  import org.apache.flink.api.java.ExecutionEnvironment;
04  import org.apache.flink.api.java.operators.DistinctOperator;
05  public class Demo38 {
06      public static void main(String[] args) throws Exception{
07          ExecutionEnvironment env =
08                  ExecutionEnvironment.getExecutionEnvironment();
09          env.setParallelism(1);
10          DataSet<String> dataSource =
11                  env.fromElements("flink","spark","flink");
12          //flatMap : DataSet → DataSet
13          DistinctOperator<String> distinctDS =
14                  dataSource.distinct();
15          distinctDS.print();
16      }
17  }
```

代码 6-38 中，14 行 dataSource.distinct()方法可以从数据源中排除重复的项目，这对于去重操作非常方便。

5. groupBy

在 SQL 语句中，如果需要对某个表中的数据进行分组计算，则需要用到 group by 语句。在 Flink DataSet API 中，也提供了类似的功能，即 groupBy。下面给出 groupBy 转换操作示例，如代码 6-39 所示。

【代码 6-39】 groupBy 转换操作 文件：ch06\Demo39.java

```
01  package com.example.ch06;
02  import org.apache.flink.api.common.functions.ReduceFunction;
03  import org.apache.flink.api.java.DataSet;
04  import org.apache.flink.api.java.ExecutionEnvironment;
05  import org.apache.flink.api.java.operators.ReduceOperator;
06  import org.apache.flink.api.java.tuple.Tuple2;
07  public class Demo39 {
08      public static void main(String[] args) throws  Exception{
09          ExecutionEnvironment env =
10                  ExecutionEnvironment.getExecutionEnvironment();
11          env.setParallelism(1);
12          DataSet<Tuple2<String,Integer>> dataSource =
13                  env.fromElements(
14                          Tuple2.of("flink", 1),
15                          Tuple2.of("flink", 2),
16                          Tuple2.of("spark", 3),
17                          Tuple2.of("spark", 1)
18                  );
19          ReduceOperator<Tuple2<String, Integer>> reduceDS = dataSource
20                  //UnsortedGrouping
21                  .groupBy(0)
22                  .reduce(new ReduceFunction<Tuple2<String, Integer>>() {
23                      @Override
24                      public Tuple2<String, Integer> reduce(
25                              Tuple2<String, Integer> tp1,
26                              Tuple2<String, Integer> tp2) throws Exception {
27                          return Tuple2.of(tp1.f0, tp1.f1 + tp2.f1);
28                      }
29                  });
30          reduceDS.print();
31      }
32  }
```

代码 6-39 中，21 行 groupBy(0)方法以数据源中的元素第一个字段为分组字段进行分组，它返回一个 UnsortedGrouping 非排序的分组 DataSet。

一般来说，groupBy 需要配合一个其他的转换操作一起使用，22 行 reduce 是一个聚合操作，可以将数据源中的元素按照业务需求进行聚合，比如求和。

6. aggregate

除了 reduce 外，还可以使用 aggregate 转换操作对分组的数据进行聚合操作。下面给出 aggregate 转换操作示例，如代码 6-40 所示。

【代码 6-40】 aggregate 转换操作 文件：ch06\Demo40.java

```
01    package com.example.ch06;
02    import org.apache.flink.api.java.DataSet;
03    import org.apache.flink.api.java.ExecutionEnvironment;
04    import org.apache.flink.api.java.aggregation.Aggregations;
05    import org.apache.flink.api.java.operators.AggregateOperator;
06    import org.apache.flink.api.java.tuple.Tuple3;
07    public class Demo40 {
08       public static void main(String[] args) throws  Exception{
09          ExecutionEnvironment env =
10                ExecutionEnvironment.getExecutionEnvironment();
11          env.setParallelism(1);
12          DataSet<Tuple3<String,Integer,Long>> dataSource =
13                env.fromElements(
14                      Tuple3.of("flink", 1,2L),
15                      Tuple3.of("flink", 2,3L),
16                      Tuple3.of("spark", 3,4L),
17                      Tuple3.of("spark", 1,5L)
18                );
19          //第三个元素求和，第二个获取 Max
20          AggregateOperator<Tuple3<String, Integer, Long>> aggregateOperator =
21                dataSource.aggregate(Aggregations.SUM, 2)
22                      .andMax(1);
23          aggregateOperator.print();
24          DataSet<Tuple3<String, Integer, Long>> aggregateOperator2 =
  dataSource
25                .groupBy(0)
26                .aggregate(Aggregations.SUM, 2).andMax(1);
27          aggregateOperator2.print();
28          DataSet<Tuple3<String, Integer, Long>> aggregateOperator3 =
  dataSource
29                .groupBy(0)
30                .sum(2).andMin(1);
31          aggregateOperator3.print();
32       }
33    }
```

代码 6-40 中，21 行 dataSource.aggregate 方法可以对数据源进行 aggregate 聚合操作，第一个参数接收一个 Aggregations 枚举值，支持 Aggregations.SUM、Aggregations.MIN 和 Aggregations.MAX。第二个参数为 aggregate 聚合的字段索引。

dataSource.aggregate(Aggregations.SUM, 2).andMax(1)即对数据源中的第二个元素求最大值，对第三个元素求和。

25 行对 dataSource 首先进行分组，然后 26 行 aggregate(Aggregations.SUM, 2).andMax(1)操作在分组的 DataSet 上执行。30 行 sum(2)等同于 aggregate(Aggregations.SUM, 2)。

目前只有 Tuple DataSet 才可以进行 aggregate 聚合操作。

7. sortGroup

sortGroup 可以对 DataSet 进行排序，这类似于 SQL 语句中的 order by 语句。下面给出 sortGroup 转换操作示例，如代码 6-41 所示。

【代码 6-41】　sortGroup 转换操作　文件：ch06\Demo41.java

```
01    package com.example.ch06;
02    import org.apache.flink.api.common.operators.Order;
03    import org.apache.flink.api.java.DataSet;
04    import org.apache.flink.api.java.ExecutionEnvironment;
05    import org.apache.flink.api.java.operators.GroupReduceOperator;
06    import org.apache.flink.api.java.tuple.Tuple2;
07    public class Demo41 {
08        public static void main(String[] args) throws  Exception{
09            ExecutionEnvironment env =
10                    ExecutionEnvironment.getExecutionEnvironment();
11            env.setParallelism(1);
12            DataSet<Tuple2<String,Integer>> dataSource =
13                    env.fromElements(
14                            Tuple2.of("flink", 1),
15                            Tuple2.of("flink", 2),
16                            Tuple2.of("flink", 3),
17                            Tuple2.of("spark", 3),
18                            Tuple2.of("spark", 1),
19                            Tuple2.of("spark", 5)
20                    );
21            GroupReduceOperator<Tuple2<String, Integer>,
22                    Tuple2<String, Integer>> firstDS =
23                    dataSource.groupBy(0)
24                    .sortGroup(1, Order.DESCENDING)
25                    .first(2);
```

```
26        firstDS.print();
27    }
28  }
```

代码 6-41 中，23 行 dataSource.groupBy(0)方法首先对 dataSource 按照 Tuple2 第一个字段进行分组，返回一个 UnsortedGrouping。然后在 24 行 sortGroup(1, Order.DESCENDING)对分组后数据集中的第二个值进行排序，排序规则是从大到小。25 行 first(2)则返回前 2 条数据。示例执行结果如下：

```
(flink,3)
(flink,2)
(spark,5)
(spark,3)
```

8. join

join 转换操作可以将两个数据集进行关联，这类似于 SQL 语句中的 inner join 语句。下面给出 join 转换操作示例，如代码 6-42 所示。

【代码 6-42】 join 转换操作 文件：ch06\Demo42.java

```
01  package com.example.ch06;
02  import org.apache.flink.api.common.functions.JoinFunction;
03  import org.apache.flink.api.java.DataSet;
04  import org.apache.flink.api.java.ExecutionEnvironment;
05  import org.apache.flink.api.java.operators.JoinOperator;
06  import org.apache.flink.api.java.tuple.Tuple2;
07  import org.apache.flink.api.java.tuple.Tuple3;
08  public class Demo42 {
09      public static void main(String[] args) throws  Exception{
10          ExecutionEnvironment env =
11                  ExecutionEnvironment.getExecutionEnvironment();
12          env.setParallelism(1);
13          DataSet<Tuple2<String,Integer>> dataSource =
14                  env.fromElements(
15                          Tuple2.of("flink", 1),
16                          Tuple2.of("spark", 2)
17                  );
18          DataSet<Tuple2<String,Integer>> dataSource2 =
19                  env.fromElements(
20                          Tuple2.of("spark", 3),
21                          Tuple2.of("flink", 5)
22                  );
23          JoinOperator.EquiJoin<Tuple2<String, Integer>,
```

```
24                Tuple2<String, Integer>, Object> withDS =
25                dataSource.join(dataSource2)
26                .where(0).equalTo(0)
27                .with(new JoinFunction<Tuple2<String, Integer>,
28                    Tuple2<String, Integer>, Object>() {
29                  @Override
30                  public Object join(Tuple2<String, Integer> tp1,
31                                    Tuple2<String, Integer> tp2)
32                      throws Exception {
33                    return Tuple3.of(tp1.f0, tp1.f1, tp2.f1);
34                  }
35                });
36            withDS.print();
37        }
38    }
```

代码 6-42 中，13~22 行分别构建了两个模拟数据集 dataSource 和 dataSource2。25 行 dataSource.join(dataSource2)对两个数据集进行 join 转换操作，返回一个 JoinOperatorSets。

26 行 where(0).equalTo(0)指定两个数据源的 join 条件，都是以第一个 Tuple2 字段为连接字段。27 行 with 方法中需要指定一个 JoinFunction，用来具体描述如何将两个数据集中的元素进行 join。33 行返回一个 Tuple3.of(tp1.f0, tp1.f1, tp2.f1)。

执行结果如下：

```
(spark,2,3)
(flink,1,5)
```

leftOuterJoin、coGroup 和 reduceGroup 等转换操作方法，具体可以参考官方说明文档。

6.2.3　DataSinks 数据输出

1. writeAsText

writeAsText 可以将 DataSet 数据集中的数据写入到一个文本文件中。下面给出 writeAsText 输出操作示例，如代码 6-43 所示。

【代码 6-43】　writeAsText　文件：ch06\Demo43.java

```
01    package com.example.ch06;
02    import org.apache.flink.api.java.DataSet;
03    import org.apache.flink.api.java.ExecutionEnvironment;
04    import org.apache.flink.api.java.operators.DataSource;
05    import org.apache.flink.api.java.tuple.Tuple2;
06    import org.apache.flink.core.fs.FileSystem;
07    public class Demo43{
```

```
08      public static void main(String[] args) throws Exception {
09          //设置计算环境
10          ExecutionEnvironment env =
11                  ExecutionEnvironment.getExecutionEnvironment();
12          env.setParallelism(1);
13          DataSource<Tuple2<String, Double>> ds = env.fromElements(
14                  Tuple2.of("Key1", 2.2),
15                  Tuple2.of("Key2", 3.2),
16                  Tuple2.of("Key1", 1.5),
17                  Tuple2.of("Key2", 5.7)
18          );
19          DataSet<Tuple2<String, Double>> sum =
20                  ds.groupBy(0)
21                  .sum(1);
22          //打印
23          sum.print();
24          //写入文本文件
25          sum.writeAsText("./out2.txt", FileSystem.WriteMode.OVERWRITE);
26          //sum.writeAsCsv("file:///./out2.txt", "\n", "|");
27      }
28  }
```

代码6-43中，13~18行构建了一个模拟的数据集，其中的元素类型为Tuple2<String, Double>；其中的String可以当作Key，用于分组。19~21行首先用groupBy(0)对第一个字段进行分组，然后求第二个字段的和。

25行sum.writeAsText("./out2.txt", FileSystem.WriteMode.OVERWRITE)将sum数据集结果写入到文件中，写入模式为OVERWRITE，代表覆盖。当然DataSet也支持用writeAsCsv方法将数据集结果写入到CSV文件中。

2. writeAsFormattedText

writeAsFormattedText可以将DataSet数据集中的数据写入到一个文本文件中，但是可以指定文本的写入格式。下面给出writeAsFormattedText输出操作示例，如代码6-44所示。

【代码6-44】 writeAsFormattedText 文件：ch06\Demo44.java

```
01  package com.example.ch06;
02  import org.apache.flink.api.java.DataSet;
03  import org.apache.flink.api.java.ExecutionEnvironment;
04  import org.apache.flink.api.java.io.TextOutputFormat;
05  import org.apache.flink.api.java.operators.DataSource;
06  import org.apache.flink.api.java.tuple.Tuple2;
07  public class Demo44{
```

```
08        public static void main(String[] args) throws  Exception {
09            //设置计算环境
10            ExecutionEnvironment env =
11                    ExecutionEnvironment.getExecutionEnvironment();
12            env.setParallelism(1);
13            DataSource<Tuple2<String, Double>> ds = env.fromElements(
14                    Tuple2.of("Key1", 2.2),
15                    Tuple2.of("Key2", 3.2),
16                    Tuple2.of("Key1", 1.5),
17                    Tuple2.of("Key2", 5.7)
18            );
19            DataSet<Tuple2<String, Double>> sum =
20                    ds.groupBy(0)
21                    .sum(1);
22            //打印
23            sum.print();
24            sum.writeAsFormattedText("file:///./out2.txt",
25                  new TextOutputFormat.TextFormatter<Tuple2<String, Double>>() {
26                      public String format(Tuple2<String, Double> value) {
27                          return value.f1 + " : " + value.f0;
28                      }
29            });
30        }
31    }
```

代码 6-44 中，13~18 行构建了一个模拟的数据集，并进行分组求和。24 行 sum.writeAsFormattedText 方法将 sum 数据集结果写入到文件中，并指定 TextFormatter，其中的 format 方法可以对输出内容进行格式化。

3. output

output 可以指定一个 OutputFormat 类型的输出格式化类，将数据集中的数据写入到外部系统中，如通过 JDBC 将数据写入数据库当中。下面给出 output 输出操作示例，如代码 6-45 所示。

【代码 6-45】　output　文件：ch06\Demo45.java

```
01    package com.example.ch06;
02    import org.apache.flink.api.java.ExecutionEnvironment;
03    import org.apache.flink.api.java.io.jdbc.JDBCOutputFormat;
04    import org.apache.flink.api.java.operators.DataSink;
05    import org.apache.flink.api.java.operators.DataSource;
06    import org.apache.flink.types.Row;
07    import java.sql.Types;
08    public class Demo45{
```

```
09      public static void main(String[] args) throws  Exception {
10          //设置计算环境
11          ExecutionEnvironment env =
12                  ExecutionEnvironment.getExecutionEnvironment();
13          env.setParallelism(1);
14          //Row类型
15          DataSource<Row> ds = env.fromElements(
16                  Row.of("Key1", 12.2),
17                  Row.of("Key2", 13.2),
18                  Row.of("Key1", 11.5),
19                  Row.of("Key2", 15.7)
20          );
21          //JDBC Sink
22          DataSink<Row> output = ds.output(
23                  JDBCOutputFormat.buildJDBCOutputFormat()
24                  .setDrivername("com.mysql.cj.jdbc.Driver")
25                  .setDBUrl(JDBCConst.URL)
26                  .setUsername(JDBCConst.USER_NAME)
27                  .setPassword(JDBCConst.PASSWORD)
28                  .setQuery("insert into `t_kv`(`ckey`,`dvalue`) values (?,?)")
29                  .setSqlTypes(new int[]{Types.VARCHAR, Types.DOUBLE})
30                  .finish());
31          output.setParallelism(4);
32          //执行
33          env.execute();
34      }
35  }
```

代码6-45中，15~20行构建了一个模拟的数据集，其类型为Row，它代表行数据，其中可以包含多个字段。22行ds.output方法接收一个OutputFormat接口的实现类，用于明确数据集的数据如何输出。

23行的JDBCOutputFormat是一个基于JDBC的OutputFormat接口实现类，可以将数据通过JDBC写入到数据库中。其中需要指定数据库驱动名称、数据库连接字符串、数据库用户名和密码以及写入数据的SQL语句等。

31行output.setParallelism(4)设置了输出DataSink的并行度为4，实现多并行写入。

6.3 迭代计算

迭代算法（Iterative Algorithms）目前在很多的数据处理领域有大量的应用，如机器学习或图分析（Graph Analysis）。迭代算法对于实现从海量数据中提取有意义的信息来说，至关重要。

随着大数据时代的到来，目前在大数据上运行迭代算法的需求越来越多，因此，Flink 应用程序通过定义一个阶跃函数（Step Function）并将其嵌入一个特殊的迭代算子来实现迭代算法，以实现大规模并行的方式执行迭代。

Flink 迭代算法有两个算子：即 Iterate 和 Delta Iterate。这两个算子在当前迭代状态下重复调用阶跃函数，直至达到某个终止条件为止。

6.3.1　全量迭代

Iterate 算子是一个全量迭代算子，即在每次迭代中，Step 函数会遍历整个输入数据集，比如第一次遍历初始数据集，后续则遍历上一次迭代的结果数据集，并计算下一个迭代版本的数据集，直至最后一个迭代版本的数据集，并输出结果。

下面给出全量迭代示例，如代码 6-46 所示。

【代码 6-46】　全量迭代　文件：ch06\Demo46.java

```
01    package com.example.ch06;
02    import org.apache.flink.api.common.functions.MapFunction;
03    import org.apache.flink.api.java.DataSet;
04    import org.apache.flink.api.java.ExecutionEnvironment;
05    import org.apache.flink.api.java.operators.IterativeDataSet;
06    //Bulk Iteration 全量迭代
07    public class Demo46 {
08        public static void main(String[] args) throws Exception{
09            final ExecutionEnvironment env = ExecutionEnvironment
10                    .getExecutionEnvironment();
11            final int MAX_ITER_NUM = 100000;
12            IterativeDataSet<Integer> myIterDS= env
13                    .fromElements(0)
14                    .iterate(MAX_ITER_NUM);
15            //计算数值积分，如函数 y=x^2 在[0,1]区间的数值积分
16            DataSet<Integer> myDS= myIterDS.map((MapFunction<Integer, Integer>)
  i -> {
17                double x = Math.random();
18                double y = Math.random();
19                return i + ((y < x * x) ? 1 : 0);
20            }).returns(Integer.class);
21            DataSet<Integer> countDS = myIterDS.closeWith(myDS);
22            //78501
23            //countDS.print();
24            countDS.map((MapFunction<Integer, Double>) count -> {
25                //Monte Carlo 方法，曲线下的点数量比重就是积分值
26                return count /(double) MAX_ITER_NUM;
```

```
27          }).returns(Double.class)
28            .print();
29        }
30    }
```

代码 6-46 中，通过 Monte Carlo 方法计算函数 y=x^2 在[0,1]区间的数值积分。11 行 final int MAX_ITER_NUM = 100000 定义了一个迭代的最大次数，这个根据实际情况来决定，如果迭代次数过大，则计算耗时非常长；如果设置的迭代次数过小，则计算的精度不够。

14 行 iterate(MAX_ITER_NUM)用 iterate 方法生成一个 IterativeDataSet 类型的 myIterDS。16 行 myIterDS.map 方法通过随机函数生成介于 0 到 1 的数，并判断 y < x * x 的值，当为 True 时，则说明生成的随机点在曲线 y=x^2 的下面，此时计数加 1。

14 行 myIterDS.closeWith(myDS)用 closeWith 终止此次迭代，并获取到最终的输出结果，实际上就是总共居于曲线 y=x^2 下的随机点个数。26 行 count/(double) MAX_ITER_NUM 则是计算随机点居于曲线 y=x^2 下的概率，即面积的近似值。

函数 y=x^2 在[0,1]区间的数值积分，其理论值为 1/3，模拟值约为 0.33162（不同的迭代次数，每次运行的值都有细微差别）。

6.3.2 增量迭代

Delta 迭代操作为了解决增量迭代需求。它是有选择地修改要迭代的元素，逐步计算，而不是全部重新计算。

这在某些情况下会使得算法更加高效，因为并不是所有的元素在每次迭代的时候都需要重新计算。这样就可以专注于热点元素进行处理，而剩余的冷元素不处理。通常情况下，只需要进行局部计算。

下面给出增量迭代示例，如代码 6-47 所示。

【代码 6-47】　增量迭代　文件：ch06\Demo47.java

```
01    package com.example.ch06;
02    import org.apache.flink.api.common.functions.FilterFunction;
03    import org.apache.flink.api.common.functions.FlatJoinFunction;
04    import org.apache.flink.api.java.DataSet;
05    import org.apache.flink.api.java.ExecutionEnvironment;
06    import org.apache.flink.api.java.operators.DeltaIteration;
07    import org.apache.flink.api.java.tuple.Tuple2;
08    import org.apache.flink.util.Collector;
09    //DeltaIteration 增量迭代
10    public class Demo47 {
11        public static void main(String[] args) throws Exception{
12            final ExecutionEnvironment env = ExecutionEnvironment
13                    .getExecutionEnvironment();
14            env.setParallelism(1);
```

```
15          DataSet<Tuple2<Long, Double>> mySolutionSet = env.fromElements(
16                  Tuple2.of(1L,1.5),
17                  Tuple2.of(2L,2.5),
18                  Tuple2.of(3L,3.5)
19          );
20          DataSet<Tuple2<Long, Double>> myDeltaSet = env.fromElements(
21                  Tuple2.of(1L,5.5),
22                  Tuple2.of(1L,4.5),
23                  Tuple2.of(2L,6.5),
24                  Tuple2.of(2L,7.8),
25                  Tuple2.of(3L,9.5),
26                  Tuple2.of(3L,7.5)
27          );
28          DeltaIteration<Tuple2<Long, Double>, Tuple2<Long, Double>>
29                  myDeltaIter = mySolutionSet.iterateDelta(myDeltaSet, 3, 0);
30          DataSet<Tuple2<Long, Double>> myWorkset = myDeltaIter.getWorkset();
31          DataSet<Tuple2<Long, Double>> myDeltas = myWorkset
32                  .join(myDeltaIter.getSolutionSet())
33                  .where(0)
34                  .equalTo(0)
35                  .with(new myflatjoin());
36          DataSet<Tuple2<Long, Double>> nextWorkset = myDeltas
37                  .filter(new myFilter());
38          myDeltaIter.closeWith(myDeltas, nextWorkset)
39                 .print();
40      }
41      private static class myflatjoin implements
42              FlatJoinFunction<Tuple2<Long, Double>,
43                      Tuple2<Long, Double>,Tuple2<Long, Double>> {
44          @Override
45          public void join(Tuple2<Long, Double> first,
46                          Tuple2<Long, Double> second,Collector<Tuple2<Long,
47                          Double>> out) throws Exception {
48              System.out.println("====1=====");
49              System.out.println(first);
50              System.out.println(second);
51              System.out.println("====2=====");
52              out.collect(Tuple2.of(first.f0,Math.max(first.f1,second.f1)));
53          }
54      }
55      private static class myFilter implements
56              FilterFunction<Tuple2<Long, Double>> {
57          @Override
```

```
58          public boolean filter(Tuple2<Long, Double> value)
59                  throws Exception {
60              System.out.println("****1****");
61              System.out.println(value);
62              System.out.println("****2****");
63              return value.f1 > 7;
64          }
65      }
66  }
```

代码 6-47 中，15 行用 env.fromElements 生成了一个名为 mySolutionSet 的 DataSet，其元素类型为 Tuple2<Long, Double>，它表示初始的解决方案集合。20 行定义了一个名为 myDeltaSet、数据类型为 Tuple2<Long, Double>的 DataSet，它代表增量迭代集合。

29 行 mySolutionSet.iterateDelta(myDeltaSet, 3, 0)在 myDeltaSet 数据集上进行增量迭代，其中第二个参数代表 maxIterations，即最大迭代次数；第三个参数为 keyPositions，即 Tuple2<Long, Double>元素中的第一个字段。

执行此示例，输出结果如下：

```
====1=====
(1,5.5)
(1,1.5)
====2=====
====1=====
(1,4.5)
(1,1.5)
====2=====
====1=====
(2,6.5)
(2,2.5)
====2=====
====1=====
(2,7.8)
(2,2.5)
====2=====
====1=====
(3,9.5)
(3,3.5)
====2=====
====1=====
(3,7.5)
(3,3.5)
====2=====
****1****
(1,5.5)
```

```
****2****
****1****
(1,4.5)
****2****
****1****
(2,6.5)
****2****
****1****
(2,7.8)
****2****
****1****
(3,9.5)
****2****
****1****
(3,7.5)
****2****
====1=====
(2,7.8)
(2,7.8)
====2=====
====1=====
(3,9.5)
(3,7.5)
====2=====
====1=====
(3,7.5)
(3,7.5)
====2=====
****1****
(2,7.8)
****2****
****1****
(3,9.5)
****2****
****1****
(3,7.5)
****2****
====1=====
(2,7.8)
(2,7.8)
====2=====
====1=====
(3,9.5)
(3,7.5)
====2=====
```

```
====1=====
(3,7.5)
(3,7.5)
====2=====
****1****
(2,7.8)
****2****
****1****
(3,9.5)
****2****
****1****
(3,7.5)
****2****
(2,7.8)
(3,7.5)
(1,4.5)
```

6.4 广播变量与分布式缓存

广播变量这个概念很早之前就有了，Spark 和 Flink 等都支持，简单来说就是一个公共的变量。分布式缓存则与并行任务有关。本节将介绍广播变量和分布式缓存。

6.4.1 广播变量

有时需要在分布式 TaskManager 节点上共同访问一份数据集，如果不借助广播变量，则需要在不同的 TaskManager 节点上生成一份副本，这样非常占用内存。而广播变量，可以理解为一个全局的变量，它可以把一个数据集广播出去，并可以在不同的 TaskManager 节点上获取到。

下面给出广播变量示例，如代码 6-48 所示。

【代码 6-48】 广播变量 文件：ch06\Demo48.java

```
01    package com.example.ch06;
02    import org.apache.flink.api.common.state.BroadcastState;
03    import org.apache.flink.api.common.state.MapStateDescriptor;
04    import org.apache.flink.api.common.state.ReadOnlyBroadcastState;
05    import org.apache.flink.api.common.typeinfo.BasicTypeInfo;
06    import org.apache.flink.streaming.api.environment.
  StreamExecutionEnvironment;
07    import org.apache.flink.streaming.api.functions.co.
  BroadcastProcessFunction;
08    import org.apache.flink.util.Collector;
```

```
09    import java.util.Arrays;
10    import java.util.List;
11    public class Demo48 {
12        final static MapStateDescriptor<String, String> SQL_INJECT_ALERT =
13                new MapStateDescriptor<>(
14                "SQL_INJECT",
15                BasicTypeInfo.STRING_TYPE_INFO,
16                BasicTypeInfo.STRING_TYPE_INFO);
17        public static void main(String[] args) throws Exception {
18            StreamExecutionEnvironment env = StreamExecutionEnvironment
19                    .getExecutionEnvironment();
20            List<String> strings = Arrays.asList("delete", "drop", "truncate",
  "alert");
21            env.socketTextStream("127.0.0.1", 7777)
22                    .connect(env.fromCollection(strings).broadcast(SQL_INJECT_A
  LERT))
23                    .process(new MyBroadcastProcessFunc())
24                    .print();
25            env.execute();
26        }
27        private static class MyBroadcastProcessFunc extends
28                BroadcastProcessFunction<String, String, String>{
29            @Override
30            public void processElement(String value, ReadOnlyContext ctx,
31                                    Collector<String> out) throws Exception {
32                ReadOnlyBroadcastState<String, String> broadcastState =
33                        ctx.getBroadcastState(SQL_INJECT_ALERT);
34                String[] words = value.split(" ");
35                for(String word : words){
36                    if (broadcastState.contains(word.toLowerCase())) {
37                        //预警输出
38                        System.out.println("SQL INJECT ALERT");
39                        out.collect(value);
40                        break;
41                    }
42                }
43            }
44            @Override
45            public void processBroadcastElement(String value, Context ctx,
46                                        Collector<String> out) throws Exception {
47                BroadcastState<String, String> broadcastState =
48                        ctx.getBroadcastState(SQL_INJECT_ALERT);
```

```
49                broadcastState.put(value, value);
50            }
51        }
52    }
```

代码 6-48 中，12 行 MapStateDescriptor<String, String>定义了一个 map State 描述器，并作为广播变量传播出去。20 行 List<String> strings = Arrays.asList("delete", "drop", "truncate", "alert")对 SQL 注入的关键词进行了描述。

22 行 connect(env.fromCollection(strings).broadcast(SQL_INJECT_ALERT))在 Socket 流上通过 broadcast 方法广播一个 SQL_INJECT_ALERT 变量，broadcast 方法返回一个 BroadcastStream，connect 方法最终返回一个 BroadcastConnectedStream。

23 行 process(new MyBroadcastProcessFunc())中的 MyBroadcastProcessFunc 为自定义的 BroadcastProcessFunction 函数，用于处理广播变量，其中 processBroadcastElement 方法会对广播变量中每个元素进行调用，而 processElement 则对每个数据流的元素进行调用。如果 BroadcastState 中包含 SQL 注入的关键词，则进行预警输出。

本实例需要开启 Socket 服务，输入示例如下所示：

```
nc64.exe -lp 7777
delete from table01
drop table table02
truncate table table03
```

输出结果如下：

```
SQL INJECT ALERT
4> delete from table01
SQL INJECT ALERT
1> drop table table02
SQL INJECT ALERT
2> truncate table table03
```

6.4.2 分布式缓存

Flink 除了广播变量外，还提供了一个分布式缓存（Distributed Cache），它可以让 Flink 应用程序在并行任务中很方便地读取本地文件，并把它放在 TaskManager 节点上，防止 Task 重复拉取数据。

开发人员可以利用 ExecutionEnvironment 注册一个分布式缓存。当 Flink 应用程序执行时，会自动将文件或者目录复制到所有 TaskManager 节点的本地文件系统中，且仅会执行一次。

下面给出分布式缓存示例，如代码 6-49 所示。

【代码 6-49】 分布式缓存 文件：ch06\Demo49.java

```
01    package com.example.ch06;
02    import org.apache.flink.api.common.functions.RichMapFunction;
```

```
03    import org.apache.flink.api.java.tuple.Tuple2;
04    import org.apache.flink.calcite.shaded.org.apache.commons.io.FileUtils;
05    import org.apache.flink.configuration.Configuration;
06    import org.apache.flink.streaming.api.environment.
  StreamExecutionEnvironment;
07    import java.io.File;
08    import java.util.ArrayList;
09    import java.util.List;
10    public class Demo49 {
11        public static void main(String[] args) throws Exception {
12            StreamExecutionEnvironment env = StreamExecutionEnvironment
13                    .getExecutionEnvironment();
14            //推荐用 HDFS 文件
15            env.registerCachedFile("file:///c:/myfile/a.txt","myCachedFile");
16            env.setParallelism(2);
17            env.socketTextStream("127.0.0.1", 7777)
18                    .map(new RichMapFunction<String, Object>() {
19                    private ArrayList<String> dataList = new ArrayList<String>();
20                        @Override
21                        public Object map(String s) throws Exception {
22                            List arr = new ArrayList<Tuple2<String,String>>();
23                            for (String word : dataList) {
24                                arr.add(Tuple2.of(word,s));
25                            }
26                            return arr;
27                        }
28                        @Override
29                        public void open(Configuration parameters) throws
  Exception {
30                            super.open(parameters);
31                            File myFile = getRuntimeContext().getDistributedCache()
32                                    .getFile("myCachedFile");
33                            List<String> lines = FileUtils.readLines(myFile);
34                            for (String line : lines) {
35                                this.dataList.add(line);
36                                System.err.println("DistributedCache#"
37                               +getRuntimeContext().getIndexOfThisSubtask()+":" +
  line);
38                            }
39                        }
40                    })
41                    .print();
```

```
42          env.execute();
43      }
44  }
```

代码 6-49 中，15 行 env.registerCachedFile("file:///c:/myfile/a.txt","myCachedFile")注册了一个分布式缓存，并命名为 myCachedFile。

18 行 map 转换操作会调用 RichMapFunction 中的 open 方法，它会调用 getRuntimeContext().getDistributedCache()获取到分布式缓存，并通过 getFile("myCachedFile")方法获取到缓存文件。

6.5 语义注解

代码注释，可以提高开发人员阅读代码的效率。同样地，语义注解类似于代码注释，由于 Flink 有时候无法解析和理解代码，需要提供一些注释来优化程序执行。目前 Flink 支持如下几种注解：

- ForwardedFields
- Non-Forwarded Fileds
- ReadFields

6.5.1 Forwarded Fileds 注解

下面给出 Forwarded Fileds 注解示例，如代码 6-50 所示。

【代码 6-50】 Forwarded Fileds 注解 文件：ch06\Demo50.java

```
01  package com.example.ch06;
02  import org.apache.flink.api.common.functions.MapFunction;
03  import org.apache.flink.api.java.functions.FunctionAnnotation;
04  import org.apache.flink.api.java.tuple.Tuple2;
05  import org.apache.flink.streaming.api.datastream.DataStreamSource;
06  import org.apache.flink.streaming.api.environment.
StreamExecutionEnvironment;
07  public class Demo50 {
08      public static void main(String[] args) throws Exception {
09          StreamExecutionEnvironment env = StreamExecutionEnvironment
10                  .getExecutionEnvironment();
11          DataStreamSource<Tuple2<String, Long>> ds1 = env.fromElements(
12                  Tuple2.of("a", 10L),
13                  Tuple2.of("b", 20L),
14                  Tuple2.of("a", 30L));
15          ds1.map(new SwapMapFunc()).print();
```

```
16          env.execute();
17      }
18      //第一个元素换到第二个位置，第二个元素换到第一个位置
19      @FunctionAnnotation.ForwardedFields("0->1; 1->0")
20      private static class SwapMapFunc implements
21              MapFunction<Tuple2<String, Long>, Tuple2<Long, String>> {
22          @Override
23          public Tuple2<Long, String> map(Tuple2<String, Long> value) {
24              return new Tuple2<>(value.f1, value.f0);
25          }
26      }
27  }
```

代码 6-50 中，19 行@FunctionAnnotation.ForwardedFields("0->1; 1->0")对 SwapMapFunc 函数进行语义注解，其意思为第一个元素换到第二个位置，第二个元素换到第一个位置。这让 Flink 框架可以进行一定程度的优化。

6.5.2 Non-Forwarded Fileds 注解

下面给出 Non-Forwarded Fileds 注解示例，如代码 6-51 所示。

【代码 6-51】　Non-Forwarded Fileds 注解　文件：ch06\Demo51.java

```
01  package com.example.ch06;
02  import org.apache.flink.api.common.functions.MapFunction;
03  import org.apache.flink.api.java.functions.FunctionAnnotation;
04  import org.apache.flink.api.java.tuple.Tuple2;
05  import org.apache.flink.streaming.api.datastream.DataStreamSource;
06  import org.apache.flink.streaming.api.environment.
StreamExecutionEnvironment;
07  public class Demo51 {
08      public static void main(String[] args) throws Exception {
09              StreamExecutionEnvironment env = StreamExecutionEnvironment
10                      .getExecutionEnvironment();
11              DataStreamSource<Tuple2<String,Long>> ds1 = env.fromElements(
12                      Tuple2.of("a", 10L),
13                      Tuple2.of("b", 20L),
14                      Tuple2.of("a", 30L));
15              ds1.map(new firstMapFunc()).print();
16              env.execute();
17          }
18          @FunctionAnnotation.NonForwardedFields("_1")
19          private static class firstMapFunc implements
```

```
20                  MapFunction<Tuple2<String, Long>, String> {
21              @Override
22              public String map(Tuple2<String, Long> value) {
23                  return  value.f0;
24              }
25          }
26      }
```

代码 6-51 中，18 行@FunctionAnnotation.NonForwardedFields("_1")对 firstMapFunc 函数进行语义注解，其意思为第 2 个字段并不进行输出，函数内部只输出第 1 个字段。

6.5.3 Read Fields 注解

下面给出 Read Fields 注解示例，如代码 6-52 所示。

【代码 6-52】 Read Fileds 注解 文件：ch06\Demo52.java

```
01    package com.example.ch06;
02    import org.apache.flink.api.common.functions.MapFunction;
03    import org.apache.flink.api.java.functions.FunctionAnnotation;
04    import org.apache.flink.api.java.tuple.Tuple2;
05    import org.apache.flink.streaming.api.datastream.DataStreamSource;
06    import org.apache.flink.streaming.api.environment.
   StreamExecutionEnvironment;
07    public class Demo52 {
08        public static void main(String[] args) throws Exception {
09            StreamExecutionEnvironment env = StreamExecutionEnvironment
10                    .getExecutionEnvironment();
11            env.setParallelism(1);
12            DataStreamSource<Tuple2<String, Long>> ds= env.fromElements(
13                    Tuple2.of("a", 10L),
14                    Tuple2.of("b", 20L),
15                    Tuple2.of("c", 30L));
16            ds.map(new ReadMapFunc()).print();
17            env.execute();
18        }
19        @FunctionAnnotation.ReadFields("0")
20        private static class ReadMapFunc implements
21                MapFunction<Tuple2<String, Long>, Tuple2<Long,String>> {
22            @Override
23            public Tuple2<Long,String> map(Tuple2<String, Long> tp) {
24                if (tp.f0.equals("a")) {
25                    return Tuple2.of(tp.f1, tp.f0);
26                } else {
```

```
27                  return Tuple2.of(tp.f1*2, tp.f0);
28              }
29          }
30      }
31  }
```

代码 6-52 中，19 行@FunctionAnnotation.ReadFields("0")对 ReadMapFunc 函数进行语义注解，其意思为第 1 个字段和第 2 个字段的值一般参与计算中，比如当作条件语句的判断，而不会修改字段的值。

注解是可选的，如果不正确，则不但不能让 Flink 优化程序，反而会降低程序执行效率。

6.6　本章小结

本章重点对 Flink DataStream API 和 DataSet API 进行详细说明。首先讲解了 DataSource 数据源、DataStream 转换操作以及 DataSink 数据汇。这三种算子是一个 Flink 应用程序的基本构成单元，因此非常重要。其次，对 Flink 中全量迭代和增量迭代的基本用法进行了介绍，这在某些机器学习场景下非常有用。最后，对广播变量与分布式缓存用法进行了介绍，并简要说明了三种语义注解用法。

第 7 章

Table API 和 SQL

前一章介绍了 Flink DataStream API 和 DataSet API，它们功能非常强大，可以从底层自定义数据处理逻辑，但是目前未统一流批处理 API。本章将重点介绍 Table API 和 SQL，特别是 SQL 可以降低 Flink 数据处理的门槛。

本章具体涉及的知识点有：

- TableEnviroment环境构建：掌握如何搭建Flink Table API和SQL编码环境。
- Table API：掌握常用的Table API用法。
- Flink SQL：掌握常用的Flink SQL用法。
- 自定义函数：掌握如何利用自定义函数来扩展SQL功能。

7.1 TableEnviroment

在 Flink 框架中，提供了两个处理关系型数据的 API，即 Table API 和 SQL。Table API 可以通过一种更加直观的方式对数据流进行多种处理，比如选择、过滤、分组、求和以及多表连接，也支持窗口操作。

而 Flink SQL 支持标准的 SQL 语法，降低了学习 Flink 的成本。基于标准的 SQL，可以迁移传统关系型数据库的知识。Flink 框架中利用 Apache Calcite 工具实现对 SQL 的解析，并用表规划器（Table Planner）对 SQL 执行计划进行优化。

Table API 和 SQL 可与 DataStream API 或 DataSet API 无缝集成。

7.1.1　开发环境构建

如果要使用 Table API 和 SQL，则需要引入一些额外的依赖库。不同的编码语言，需要引入不同的 Jar 包，依赖库如下所示：

```
<!-- Java -->
<dependency>
  <groupId>org.apache.flink</groupId>
  <artifactId>flink-table-api-java-bridge_2.11</artifactId>
  <version>1.12.0</version>
  <scope>provided</scope>
</dependency>
<!-- Scala -->
<dependency>
  <groupId>org.apache.flink</groupId>
  <artifactId>flink-table-api-scala-bridge_2.11</artifactId>
  <version>1.12.0</version>
  <scope>provided</scope>
</dependency>
```

在 Flink 中有两种表规划器，即 Blink Planner 和 Legacy Planner。目前对于生产环境来说，官方建议使用新的 Blink Planner，它也是 Flink 1.11 版本后默认的 Planner。

这两种表规划器存在一些不同点，如 Blink Planner 将批处理看作一个特殊的流处理，因此会转换成流处理作业。

在开发 Flink Table API 和 SQL 程序时，不可避免地需要在本地 IDEA 环境下进行调试，那么还需要添加如下的库依赖：

```
<!-- Blink Planner -->
<dependency>
  <groupId>org.apache.flink</groupId>
  <artifactId>flink-table-planner-blink_2.11</artifactId>
  <version>1.12.0</version>
  <scope>provided</scope>
</dependency>
<dependency>
  <groupId>org.apache.flink</groupId>
  <artifactId>flink-streaming-scala_2.11</artifactId>
  <version>1.12.0</version>
  <scope>provided</scope>
</dependency>
<!-- Legacy Planner -->
<dependency>
  <groupId>org.apache.flink</groupId>
  <artifactId>flink-table-planner_2.11</artifactId>
```

```
    <version>1.12.0</version>
    <scope>provided</scope>
  </dependency>
  <dependency>
    <groupId>org.apache.flink</groupId>
    <artifactId>flink-streaming-scala_2.11</artifactId>
    <version>1.12.0</version>
    <scope>provided</scope>
  </dependency>
```

在某一些 Table API 中，可能使用 Scala 语言实现。因此，如果调用这些特殊的 API，则需要添加如下依赖库：

```
<dependency>
  <groupId>org.apache.flink</groupId>
  <artifactId>flink-streaming-scala_2.11</artifactId>
  <version>1.12.0</version>
  <scope>provided</scope>
</dependency>
```

如果需要对原有的 Table API 或 SQL 进行扩展，实现自定义的数据处理格式（custom format）以及用户自定义函数（user-defined functions），那么还需要包含如下依赖库：

```
<!-- user-defined functions or custom format -->
<dependency>
  <groupId>org.apache.flink</groupId>
  <artifactId>flink-table-common</artifactId>
  <version>1.12.0</version>
  <scope>provided</scope>
</dependency>
```

依赖库版本需要根据自己的 Flink 版本和 Scala 版本进行调整。

至此，TableEnvironment 基本的开发环境构建完成，后续就可以在 IDEA 中进行 Table API 和 SQL 的编码工作了。

7.1.2 TableEnvironment 基本操作

Flink 中的 Table API 和 SQL 的执行上下文环境为 TableEnvironment，它是一个接口，其内部方法比较多，主要的方法如下所示：

- connect
- create
- createFunction
- createTemporaryFunction

- createTemporarySystemFunction
- createTemporaryView
- dropFunction
- dropTemporaryFunction
- dropTemporarySystemFunction
- dropTemporaryTable
- dropTemporaryView
- execute
- executeSql
- explain
- explainSql
- from
- fromTableSource
- fromValues
- getCatalog
- getCompletionHints
- getConfig
- getCurrentCatalog
- getCurrentDatabase
- insertInto
- listCatalogs
- listDatabases
- listFunctions
- listModules
- listTables
- listTemporaryTables
- listTemporaryViews
- listUserDefinedFunctions
- listViews
- loadModule
- registerCatalog
- registerFunction
- registerTable
- scan
- sqlQuery
- sqlUpdate
- unloadModule
- useCatalog
- useDatabase

这些 TableEnvironment 基本操作，第一类用于注册 Table 和 View，以及自定义的函数，可以扩展 Table API 和 SQL 功能。第二类可以执行数据转换操作，比如用 SQL 来对数据进行处理，并可以将输出结果输出到外部系统中。第三类用于查看和删除相关的 Table 和 View，以及自定义的函数。

基于 TableEnvironment 接口，扩展了 StreamTableEnvironment 和 BatchTableEnvironment 接口，分别代表 Table 对流数据处理和批数据处理，并分别由 StreamTableEnvironmentImpl 和 BatchTableEnvironmentImpl 类来实现，层级结构如图 7.1 所示。

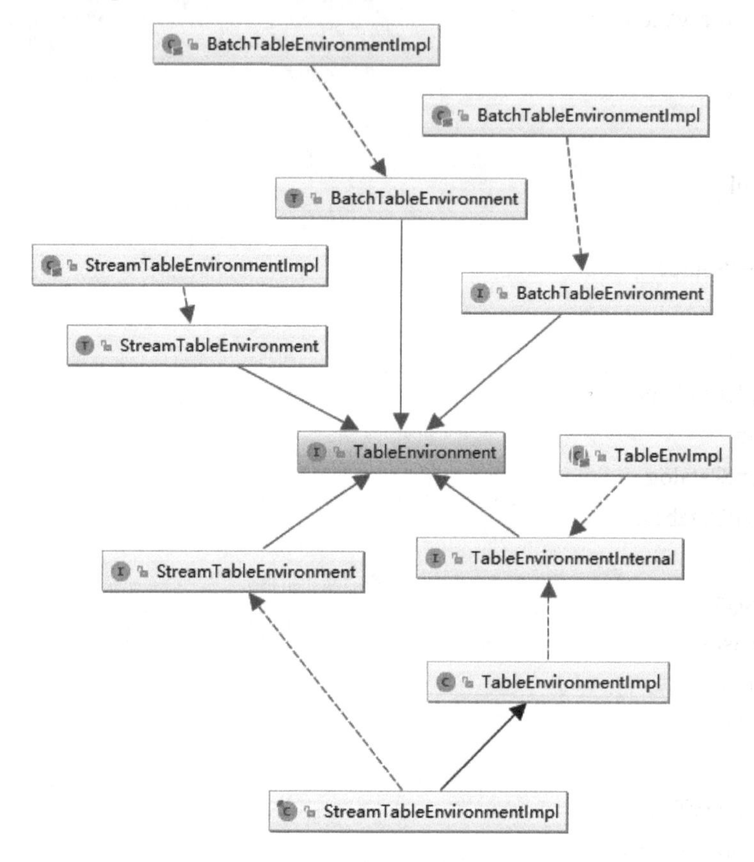

图 7.1 TableEnvironment 层级结构示意图

关于核心的 TableEnvironment 基本操作，会在后续使用示例进行详细说明。下面给出如何获取 Table API 和 SQL 的上下文执行环境，具体方法如下：

```
//流处理
StreamExecutionEnvironment senv = StreamExecutionEnvironment
                            .getExecutionEnvironment();
StreamTableEnvironment stableEnv = StreamTableEnvironment.create(senv);
//批处理
ExecutionEnvironment env = ExecutionEnvironment.getExecutionEnvironment();
BatchTableEnvironment btableEnv = BatchTableEnvironment.create(env);
```

Scala 语言中，需要导入包 org.apache.flink.table.api.scala._，否则会报错。

7.1.3 外部连接器

Flink Table API 和 SQL 可以通过 Connector 与外部文件系统进行交互，用于流批数据的读取操作。外部文件系统包含传统的关系型数据库、K-V 内存数据库、消息队列以及分布式文件系统等。

Fink 内置多种 Connector，从本质上来说，可从数据源读取数据的外部连接器是对 DynamicTableSource 或 TableSource 的封装，而可将数据写入外部系统的外部连接器则需要对 DynamicTableSink 或 TableSink 进行封装，形成可配置的外部组件。

Connector 可以在 Table API 和 SQL 中同时使用。当前支持多种数据格式，如 CSV、JSON、Avro、Parquet 和 ORC。

根据官方网站的介绍，目前内部支持的外部连接器如图 7.2 所示。

Connector	Version	Source	Sink
Filesystem		Bounded and Unbounded Scan, Lookup	Streaming Sink, Batch Sink
Elasticsearch	6.x & 7.x	Not supported	Streaming Sink, Batch Sink
Apache Kafka	0.10+	Unbounded Scan	Streaming Sink, Batch Sink
Amazon Kinesis Data Streams		Unbounded Scan	Streaming Sink
JDBC		Bounded Scan, Lookup	Streaming Sink, Batch Sink
Apache HBase	1.4.x & 2.2.x	Bounded Scan, Lookup	Streaming Sink, Batch Sink
Apache Hive	Supported Versions	Unbounded Scan, Bounded Scan, Lookup	Streaming Sink, Batch Sink

图 7.2 Flink 外部连接器种类说明图

由图 7.2 可知，Flink Table API 和 SQL 支持的外部连接器有 Filesystem、Elasticsearch、Apache Kafka、JDBC、Apache HBase、Apache Hive 以及 Amazon Kinesis Data Streams 等，在各种连接器中有的支持 Source、有的支持 Sink、有的同时支持 Source 和 Sink。不同的外部连接器，可能需要引入的依赖库如图 7.3 所示。

Connectors

Name	Version	Maven dependency	SQL Client JAR
Filesystem		Built-in	Built-in
Elasticsearch	6	flink-connector-elasticsearch6	Download
Elasticsearch	7	flink-connector-elasticsearch7	Download
Apache Kafka	0.11+ (universal)	flink-connector-kafka	Download
Apache HBase	1.4.3	flink-connector-hbase	Download
JDBC		flink-connector-jdbc	Download

图 7.3 Flink 外部连接器依赖库

不同的外部连接器，可以采用不同的数据格式，而不同的数据格式，需要的依赖库如图 7.4 所示。

Formats

Name	Maven dependency	SQL Client JAR
Old CSV (for files)	Built-in	Built-in
CSV (for Kafka)	flink-csv	Built-in
JSON	flink-json	Built-in
Apache Avro	flink-avro	Download

图 7.4 Flink 外部连接器不同数据格式依赖库

不同的数据格式，支持的外部连接器情况如图 7.5 所示。

Formats	Supported Connectors
CSV	Apache Kafka, Upsert Kafka, Amazon Kinesis Data Streams, Filesystem
JSON	Apache Kafka, Upsert Kafka, Amazon Kinesis Data Streams, Filesystem, Elasticsearch
Apache Avro	Apache Kafka, Upsert Kafka, Amazon Kinesis Data Streams, Filesystem
Confluent Avro	Apache Kafka, Upsert Kafka
Debezium CDC	Apache Kafka, Filesystem
Canal CDC	Apache Kafka, Filesystem
Maxwell CDC	Apache Kafka, Filesystem
Apache Parquet	Filesystem
Apache ORC	Filesystem
Raw	Apache Kafka, Upsert Kafka, Amazon Kinesis Data Streams, Filesystem

图 7.5　不同的数据格式支持的外部连接器一览图

有的外部连接器同时支持流数据处理和批处理系统，有的只支持流数据处理，有的只支持批处理。

另外，不同的外部连接器支持的数据更新模式也可能不同，目前的 Flink Table 数据更新模式有如下几种：

- Append模式：在Append模式下，动态表和外部连接器只能处理SQL INSERT消息，即追加模式，之前处理的数据不会被修改。因此，如果有修改相关操作，则不能用此模式。
- Retract模式：在Retract模式下，有点类似于传统数据库系统中的更新操作，也就是说它是流式计算场景下对数据更新场景的一种处理方式。即动态表和外部连接器可传递INSERT、UPDATE和DELETE消息。
- Upsert模式：在Upsert模式下，动态表和外部连接器可传递UPSERT和DELETE消息。此模式比Retract效率更高。但它需要提供一个唯一的Key，作为主键。而外部连接器必须了解唯一的Key，才能正确地处理消息。

下面给出 Flink 常见的外部连接器用法：

（1）File System Connector

该连接器可以从本地文件系统或者分布式文件系统中读写数据，Source 支持 Batch 和 Streaming Append Mode，Sink 支持 Batch 和 Streaming Append Mode。而数据格式只支持 Old CSV。关于 File System Connector 的 DDL 定义示例如下：

```
CREATE TABLE mytable (
  id INT,
  cname STRING,
addtime TIMESTAMP(3)
) WITH (
  'connector.type' = 'filesystem', 'connector.path' = 'file:///c:/data.csv',
```

```
  'format.type' = 'csv'
)
```

其中 WITH(...)中的内容为外部连接器的配置，不同的外部连接器涉及的配置不同，且必选的和可选的配置都不同。

'connector.type' = 'filesystem' 说明外部连接器的类型为文件系统，'connector.path' = 'file:///c:/data.csv'指定了外部文件系统连接器的文件路径，'format.type' = 'csv'则说明文件系统的数据格式为 CSV。

外部连接器 Connector 支持多种定义方式，如 DDL、Table API 和 YAML 配置文件，具体可参见官方网站。另外，File System Connector 对于流数据的支持，目前是实验特征。

（2）Kafka Connector

该连接器可以从 Apache Kafka Topic 中读写数据，Source 支持 Streaming Append Mode，Sink 支持 Streaming Append Mode，数据格式支持 CSV、JSON 和 Avro。

关于 Kafka Connector 的 DDL 定义示例如下：

```
CREATE TABLE mytable (
  id INT,
  cname STRING,
addtime TIMESTAMP(3)
) WITH (
  'connector.type' = 'kafka',
  'connector.version' = '0.11',
  'connector.topic' = 'topic_name',
  'connector.properties.bootstrap.servers' = 'localhost:9092',
  'connector.properties.group.id' = 'my_group_id',
  'connector.startup-mode' = 'earliest-offset',
  'format.type' = 'json'
)
```

其中'connector.type' = 'kafka'表示此外部连接器的类型为 Kafka，'connector.topic' = 'topic_name'指定 Kafka 消息主题，'connector.properties.bootstrap.servers' = 'localhost:9092'指定 Kafka 服务的地址。'format.type' = 'json'指定数据格式为 JSON。此时，JSON 数据格式需要引入如下的依赖库：

```
<dependency>
    <groupId>org.apache.flink</groupId>
    <artifactId>flink-json</artifactId>
    <version>1.12.0</version>
</dependency>
```

（3）Elasticsearch Connector

该连接器可以向 Elasticsearch 中写入数据，Source 支持 Streaming Append Mode，Sink 支持 Streaming Upsert Mode，数据格式只支持 JSON。

关于 Elasticsearch Connector 的 DDL 定义示例如下：

```
CREATE TABLE mytable (
  id INT,
  cname STRING,
addtime TIMESTAMP(3)
) WITH (
  'connector.type' = 'elasticsearch',
  'connector.version' = '7',
  'connector.hosts' = 'http://host1:9092;http://host2:9093',
  'connector.index' = 'myusers',
  'connector.document-type' = 'user',
  'format.type' ='json'
  'update-mode' = 'append',
  'connector.key-delimiter' = '$',
  'connector.key-null-literal' = 'n/a',
  'connector.failure-handler' = 'fail',
  'connector.flush-on-checkpoint' = 'true',
  'connector.bulk-flush.max-actions' = '42',
  'connector.bulk-flush.max-size' = '42 mb',
  'connector.bulk-flush.interval' = '60000',
  'connector.bulk-flush.backoff.type' = 'disabled',
  'connector.bulk-flush.backoff.max-retries' = '3',
  'connector.bulk-flush.backoff.delay' = '30000',
  'connector.connection-max-retry-timeout' = '3',
)
```

其中 'connector.type' = 'elasticsearch' 表示此外部连接器的类型为 Elasticsearch。'connector.hosts'='http://host1:9092;http://host2:9093'指定 Elasticsearch 服务的地址。'format.type' = 'json'指定数据格式为 JSON。使用此外部连接器需要引入如下的依赖项：

```
<dependency>
   <groupId>org.apache.flink</groupId>
   <artifactId>flink-connector-elasticsearch7_2.11</artifactId>
   <version>1.12.0</version>
</dependency>
```

（4）JDBC Connector

该连接器可以与 JDBC 客户端进行数据交互，进行数据的读取操作，比如 MySQL 或者 PostgreSQL 数据库。Source 支持 Batch，而 Sink 支持 Batch、Streaming Append Mode 和 Streaming Upsert Mode。

关于 JDBC Connector 的 DDL 定义示例如下：

```
CREATE TABLE mytable (
  id INT,
```

```
  cname STRING,
addtime TIMESTAMP(3)
) WITH (
  'connector.type' = 'jdbc',
  'connector.url' = 'jdbc:mysql://localhost:3306/mydb',
  'connector.table' = 'table_name',
  'connector.driver' = 'com.mysql.jdbc.Driver',
  'connector.username' = 'name',
  'connector.password' = 'password',
  'connector.read.query' = 'SELECT * FROM table_name',
  'connector.read.partition.column' = 'column_name',
  'connector.read.partition.num' = '50',
  'connector.read.partition.lower-bound' = '500',
  'connector.read.partition.upper-bound' = '1000',
  'connector.read.fetch-size' = '100',
  'connector.lookup.cache.max-rows' = '5000',
  'connector.lookup.cache.ttl' = '10s',
  'connector.lookup.max-retries' = '3',
  'connector.write.flush.max-rows' = '1000',
  'connector.write.flush.interval' = '2s',
  'connector.write.max-retries' = '3'
)
```

其中'connector.type' = 'jdbc'表示此外部连接器的类型为 JDBC。'connector.url' = 'jdbc:mysql://localhost:3306/mydb'指定了数据库的连接字符串。'connector.table' = 'table_name'指定了数据库的表名。'connector.driver' = 'com.mysql.jdbc.Driver'指定了数据库驱动程序名称。这里需要根据 JDBC 的连接情况，引入合适的数据库驱动库。

Flink Connector 还支持 HBase 和 Hive 等外部系统。

7.1.4 时间概念

前面提到，Flink 可以处理事件时间和处理时间。同样地，在 Flink Table API 和 SQL 中，也有时间的同等语义。在 Table 中，时间概念需要通过 Table 的时间属性（Time Attributes）来进行确定，它是 Table Schema 的一部分。

Table 的时间属性可以用 Create Table DDL 语法或从 DataStream 创建表时进行定义。一旦定义了时间属性，就可以引用该字段。

为了对乱序事件数据进行处理，Table API 和 SQL 程序需要知道每一行事件数据的时间戳，并且还需要定期来生成水位线 Watermark。目前可以在 CREATE TABLE DDL 或 DataStream 到 Table 的转换过程中定义事件时间属性以及 Watermark 生成策略。

目前支持的 Watermark 生成策略为：

（1）严格的单调递增水位线

```
WATERMARK FOR rowtime_column AS rowtime_column
```

以当前事件数据中最大的时间戳为水位线进行发送。当事件数据中的时间戳比水位线大时，则视为非迟到数据。

（2）单调递增水位线

```
WATERMARK FOR rowtime_column AS rowtime_column - INTERVAL '0.001' SECOND.
```

以当前事件数据中最大的时间戳减去 1 毫秒为水位线进行发送。当事件数据中的时间戳比水位线大或者相等时，则视为非迟到数据。

（3）固定延迟水位线

```
WATERMARK FOR rowtime_column AS rowtime_column - INTERVAL 'string' timeUnit.
```

以当前事件数据中最大的时间戳减去一个固定的延迟时间长度为水位线进行发送。如 WATERMARK FOR rowtime_column AS rowtime_column - INTERVAL '5' SECOND 代表一个 5 秒延迟的水位线生成策略，具体示例如下：

```
CREATE TABLE mytable (
  id INT,
  cname STRING,
  addtime TIMESTAMP(3),
  -- 指定 addtime 字段为 event time 并生成延迟 5 秒的水位线
  WATERMARK FOR addtime AS addtime - INTERVAL '5' SECOND)
) WITH (
  'connector.type' = 'jdbc',
  ...
)
```

或者可以在 Table API 中指定事件时间：

```
Table table = tEnv.fromDataStream(stream, $("id"), $("cname"),
$("addtime").rowtime());
```

如果数据源当中的时间戳字段数据类型为 STRING 类型，那么需要通过内置的函数 TO_TIMESTAMP 将其转换成 TIMESTAMP(3)类型，具体示例如下：

```
CREATE TABLE mytable (
  id INT,
  cname STRING,
  addtime STRING,
  ts_time AS TO_TIMESTAMP(addtime),
  -- 指定 ts_time 字段为 event time 并生成延迟 5 秒的水位线
  WATERMARK FOR ts_timeAS ts_time - INTERVAL '5' SECOND)
```

```
)WITH (
  'connector.type' = 'jdbc',
  ...
)
```

Table API 和 SQL 中的时间戳字段类型必须为 TIMESTAMP(3)，该字段必须是顶层字段，且支持计算列。

处理时间（Processing Time）让 Flink Table API 和 SQL 程序根据本地计算机的机器时间产生计算结果。它是最简单的时间概念，在处理过程中，不需要指定时间戳提取规则和水位线生成策略。

处理时间的示例如下所示：

```
CREATE TABLE mytable (
  id INT,
  cname STRING,
  -- 指定 addtime 字段为 processing time
  addtime as PROCTIME(),
) WITH (
  'connector.type' = 'jdbc',
  ...
)
```

或者可以在 Table API 中指定处理时间：

```
Table table = tEnv.fromDataStream(stream, $("id"), $("cname"), $("addtime").
proctime());
```

7.1.5 Temporal Tables 时态表

Temporal Tables 时态表是随时间变化而变化的表，即不同的时间点查询的数据可能不同。举例来说，张三 10 月 1 日在研发部，而在 10 月 15 日调岗到营销部，此时对于时态表而言，当查询 10 月 2 日张三所属的部门时，返回研发部；而当查询 10 月 16 日张三所属的部门时，返回营销部。

在 Flink1.12 中，DDL 直接支持事件时间和处理时间两种语义，也引出了版本表、动态表和时态表等概念。

Flink 的表有临时表和永久表之分，临时表与单个 Flink 会话的生命周期相关，永久表在多个 Flink 会话和群集中都可以访问，它需要 Catalog 以维护表的元数据。一旦永久表被创建，则全局可见。

动态表是 Table API 和 SQL 的核心概念。它与表示批处理数据的静态表不同，动态表的查询结果是随时间一直变化的，即结果是动态的。

查询动态表将生成一个连续查询，一般来说，它不会自动终止。查询结果会生成一个动态表。查询会不断更新结果并输出。

Temporal Tables 是时态表，而 Temporary Table 是临时表。

下面给出 MySQL 数据库上的 SQL 脚本，用于生成一张时态表。具体如代码 7-1 所示。

【代码 7-1】 MySQL 脚本 文件：ch07\Demo00.java

```
01  use myflinkdemo;
02  CREATE TABLE rates_history (
03     currency_time TIMESTAMP(3),
04     currency varchar(50),
05     rate DECIMAL(38, 2)
06  );
07  insert into rates_history values('2021-02-10 10:00:00','Euro',6.2);
08  insert into rates_history values('2021-02-10 10:00:10','Euro',6.5);
09  insert into rates_history values('2021-02-10 10:00:15','Euro',6.7);
10  insert into rates_history values('2021-02-10 10:00:03','US',5.9);
11  insert into rates_history values('2021-02-10 10:00:12','US',5.8);
12  insert into rates_history values('2021-02-10 10:00:16','US',5.7);
13  SELECT * FROM rates_history;
14  CREATE TABLE order_history (
15     order_time TIMESTAMP(3),
16     order_currency varchar(50),
17     amount DECIMAL(38, 2)
18  );
19  insert into order_history values('2021-02-10 10:00:03','Euro',26.2);
20  insert into order_history values('2021-02-10 10:00:12','Euro',26.5);
21  insert into order_history values('2021-02-10 10:00:15','Euro',26.7);
22  insert into order_history values('2021-02-10 10:00:05','US',25.9);
23  insert into order_history values('2021-02-10 10:00:15','US',25.8);
24  insert into order_history values('2021-02-10 10:00:18','US',25.7);
25  SELECT * FROM order_history;
```

在 MySQL 数据库中创建一个 myflinkdemo 的数据库，然后执行代码 7-1 中的 SQL 脚本，可生成相关的表和演示数据。

其中的 rates_history 表表示结算币种的汇率，它会随着时间的不同而不同，因此是一个时态表。其演示数据如图 7.6 所示。

其中的 order_history 表表示订单表，表中不同时间点的结算币种也不同，但是它只记录了结算的时间，而并未记录结算时刻、结算币种对应的汇率。order_history 表演示数据如图 7.7 所示。

```
#      currency_time     , currency, rate
2021-02-10 10:00:00.000, Euro,      6.20
2021-02-10 10:00:10.000, Euro,      6.50
2021-02-10 10:00:15.000, Euro,      6.70
2021-02-10 10:00:03.000, US,        5.90
2021-02-10 10:00:12.000, US,        5.80
2021-02-10 10:00:16.000, US,        5.70
```

图 7.6 rates_history 表示例数据

```
#      order_time        , order_currency,  amount
2021-02-10 10:00:03.000, Euro,              26.20
2021-02-10 10:00:12.000, Euro,              26.50
2021-02-10 10:00:15.000, Euro,              26.70
2021-02-10 10:00:05.000, US,                25.90
2021-02-10 10:00:15.000, US,                25.80
2021-02-10 10:00:18.000, US,                25.70
```

图 7.7 order_history 表示例数据

下面给出时态表示例，如代码 7-2 所示。

【代码 7-2】　时态表　文件：ch07\Demo01.java

```
01    package com.example.ch07;
02    import org.apache.flink.streaming.api.environment.
  StreamExecutionEnvironment;
03    import org.apache.flink.table.api.Table;
04    import org.apache.flink.table.api.bridge.java.StreamTableEnvironment;
05    import org.apache.flink.table.functions.ScalarFunction;
06    import org.apache.flink.table.functions.TemporalTableFunction;
07    import java.sql.Timestamp;
08    import static org.apache.flink.table.api.Expressions.$;
09    //时态表示例
10    public class Demo01 {
11        public static void main(String[] args) throws Exception {
12            StreamExecutionEnvironment sEnv = StreamExecutionEnvironment
13                    .getExecutionEnvironment();
14            StreamTableEnvironment tEnv = StreamTableEnvironment.create(sEnv);
15            // Mysql
16            String sourceDDL = "CREATE TABLE ratesHistory (" +
17                    " currency_time TIMESTAMP(3) ," +
18                    " currency STRING," +
19                    " rate DECIMAL(38, 2)," +
20                    " WATERMARK FOR currency_time AS currency_time" +
21                    ") WITH (" +
22                    " 'connector' = 'jdbc'," +
23                    " 'url' = 'jdbc:mysql://localhost:3306/myflinkdemo?
  characterEncoding=utf-8&useSSL=false&serverTimezone=UTC'," +
24                    " 'table-name' = 'rates_history'," +
25                    " 'username' = 'root'," +
26                    " 'password' = 'root'," +
27                    " 'driver' = 'com.mysql.cj.jdbc.Driver'," +
28                    " 'sink.buffer-flush.max-rows' = '1'" +
29                    ")";
30            tEnv.executeSql(sourceDDL);
31            Table ratesHistory = tEnv.from("ratesHistory");
32            String sourceDDL2 = "CREATE TABLE orderHistory (" +
33                   " order_time TIMESTAMP(3)," +
34                   " order_currency STRING," +
35                   " amount DECIMAL(38, 2)," +
36                   " WATERMARK FOR order_time AS order_time" +
37                   ") WITH (" +
38                   " 'connector' = 'jdbc'," +
```

```
39                " 'url' = 'jdbc:mysql://localhost:3306/myflinkdemo?
                  characterEncoding=utf-8&useSSL=false&serverTimezone=UTC'," +
40                " 'table-name' = 'order_history'," +
41                " 'username' = 'root'," +
42                " 'password' = 'root'," +
43                " 'driver' = 'com.mysql.cj.jdbc.Driver'," +
44                " 'sink.buffer-flush.max-rows' = '1'" +
45                ")";
46            tEnv.executeSql(sourceDDL2);
47            //注册时态表函数，指定 currency_time 为时间属性，currency 为主键
48            TemporalTableFunction rates = ratesHistory
49                .createTemporalTableFunction($("currency_time"), $("currency"));
50            tEnv.createTemporarySystemFunction("Rates", rates);
51            //注册 utc2local
52            tEnv.createTemporaryFunction("utc2local", UTC2Local.class);
53            //时态表查询
54            tEnv.sqlQuery("SELECT" +
55                " amount,order_time,utc2local(order_time) as o_time,order_currency,
  rate " +
56                " FROM orderHistory," +
57                " LATERAL TABLE (Rates(order_time))" +
58                " WHERE order_currency = currency")
59                .execute().print();
60        }
61        //时间差转换，多了 8 小时
62        public static class UTC2Local extends ScalarFunction {
63            public Timestamp eval(Timestamp s) {
64                long timestamp = s.getTime() - 28800000;
65                return new Timestamp(timestamp);
66            }
67        }
68    }
```

代码 7-2 中，14 行创建了一个 StreamTableEnvironment 类型的 tEnv，它代表 Table 流处理上下文环境。16 行 sourceDDL 创建了一个 Source，它通过 JDBC 外部连接器将 MySQL 数据库当中的表进行了关联，并读取数据。17 行 currency_time TIMESTAMP(3)代表货币汇率变化的时间，它是一个 TIMESTAMP(3)类型，可转换为事件时间或处理时间。

20 行 WATERMARK FOR currency_time AS currency_time 定义了 currency_time 为事件时间，且指定了水位线的生成策略。

30 行 tEnv.executeSql(sourceDDL)执行 DDL 语句，并在内存中构建了一个 ratesHistory 临时表。

31 行 Table ratesHistory = tEnv.from("ratesHistory")从内存中获取名为 ratesHistory 的 Table。

49 行 createTemporalTableFunction 方法会创建一个时态表函数，它的时态值和字段 currency_time 和 currency 有关，即指定 currency_time 为时间属性，currency 为主键。52 行 createTemporaryFunction("utc2local", UTC2Local.class)注册了一个临时 utc2local 函数，它的实现为 UTC2Local.class，是一个 ScalarFunction，在 eval 方法中将时间偏移 8 小时，来修正输出时间。

54 行 tEnv.sqlQuery 方法执行了一个关联查询的 SQL 语句，它直接将 orderHistory 表和时态表 LATERAL TABLE (Rates(order_time))进行了关联，运行此示例，结果如图 7.8 所示。

```
+----+---------+---------------------+---------------------+----------------+-------+
| op |  amount |          order_time |              o_time | order_currency |  rate |
+----+---------+---------------------+---------------------+----------------+-------+
| +I |   26.20 | 2021-02-10T18:00:03 | 2021-02-10T10:00:03 |           Euro |  6.20 |
| +I |   26.50 | 2021-02-10T18:00:12 | 2021-02-10T10:00:12 |           Euro |  6.50 |
| +I |   26.70 | 2021-02-10T18:00:15 | 2021-02-10T10:00:15 |           Euro |  6.70 |
| +I |   25.90 | 2021-02-10T18:00:05 | 2021-02-10T10:00:05 |             US |  5.90 |
| +I |   25.80 | 2021-02-10T18:00:15 | 2021-02-10T10:00:15 |             US |  5.80 |
| +I |   25.70 | 2021-02-10T18:00:18 | 2021-02-10T10:00:18 |             US |  5.70 |
+----+---------+---------------------+---------------------+----------------+-------+
6 rows in set
```

图 7.8 时态表关联输出结果

临时表可以与永久表同名，但是临时表在生效期间会覆盖永久表。

7.2 WordCount

下面给出使用 Table API 计算 WordCount 示例，如代码 7-3 所示。

【代码 7-3】 WordCount 文件：ch07\Demo02.java

```
01    package com.example.ch07;
02    import org.apache.flink.api.java.tuple.Tuple2;
03    import org.apache.flink.streaming.api.datastream.DataStream;
04    import org.apache.flink.streaming.api.environment.
  StreamExecutionEnvironment;
05    import org.apache.flink.table.api.Table;
06    import org.apache.flink.table.api.TableResult;
07    import org.apache.flink.table.api.bridge.java.StreamTableEnvironment;
08    import static org.apache.flink.table.api.Expressions.$;
09    //Table API WordCount
10    public class Demo02 {
11        public static void main(String[] args) throws  Exception{
12            StreamExecutionEnvironment env = StreamExecutionEnvironment
13                    .getExecutionEnvironment();
14            //Table 上下文执行环境
15            StreamTableEnvironment tEnv = StreamTableEnvironment.create(env);
16            DataStream<Tuple2<Integer, String>> myDS = env.fromElements(
17                    new Tuple2<>(1, "hello"),
```

```
18                  new Tuple2<>(1, "flow"),
19                  new Tuple2<>(2, "flink"),
20                  new Tuple2<>(1, "flink")
21          );
22          //DataStream -> Table
23          //$("count"), $("word")为第一个和第二个字段命名
24          Table myTable = tEnv.fromDataStream(myDS, $("count"), $("word"));
25          //Table API
26          Table table = myTable
27                  .where($("word").like("f%"))
28                  .groupBy($("word"))
29                  .select($("word"), $("count").sum().as("allCount"));
30          //打印结构
31          table.printSchema();
32          //获取执行结果
33          TableResult tResult = table.execute();
34          //打印
35          tResult.print();
36          //打印 AST 和 execution plan
37          //System.out.println(table.explain());
38      }
39  }
```

代码 7-3 中，15 行获取一个 Table 上下文执行环境 tEnv。16~21 行模拟了几条示例数据，用于后续的 WordCount 计算。24 行 Table myTable = tEnv.fromDataStream(myDS, $("count"), $("word")) 利用 tEnv.fromDataStream 方法将 myDS 转换成 Table，并指定了 Table 字段名，第一个为 count，第二个为 word。

26~29 行在 Table 上执行 where 语句用于筛选，用 groupBy 进行分组，用 select 来进行数据统计分析。31 行 table.printSchema()可以打印 table 的表结构。33 行 TableResult tResult = table.execute() 调用 table 上的 execute 方法来执行，并返回一个 TableResult 类型的值。35 行输出结果。

7.3 Table API 的操作

Table API 是 Flink 组件中最高层次的 API，它具备声明式、高性能、流批统一、标准稳定和容易扩展的特点。Table API 可分为 Table 的获取、Table 的查询与数据处理和 Table 的输出。

下面对 Table API 常见的操作进行说明。

7.3.1 获取 Table

1. createTemporaryTable

TableEnvironment 上下文环境中，有一个 connect 方法，它接收一个 ConnectorDescriptor，并

返回一个 ConnectTableDescriptor，而 ConnectTableDescriptor 有 createTemporaryTable 方法，可以创建一个临时 Table。

下面给出 createTemporaryTable 示例，如代码 7-4 所示。

【代码 7-4】　时态表　文件：ch07\Demo03.java

```
01    package com.example.ch07;
02    import org.apache.flink.streaming.api.environment.
  StreamExecutionEnvironment;
03    import org.apache.flink.table.api.DataTypes;
04    import org.apache.flink.table.api.Table;
05    import org.apache.flink.table.api.TableEnvironment;
06    import org.apache.flink.table.api.TableResult;
07    import org.apache.flink.table.api.bridge.java.StreamTableEnvironment;
08    import org.apache.flink.table.descriptors.FileSystem;
09    import org.apache.flink.table.descriptors.OldCsv;
10    import org.apache.flink.table.descriptors.Schema;
11    import static org.apache.flink.table.api.Expressions.$;
12    //获取 Table
13    public class Demo03 {
14        public static void main(String[] args) throws Exception{
15            StreamExecutionEnvironment env = StreamExecutionEnvironment
16                    .getExecutionEnvironment();
17            TableEnvironment tEnv = StreamTableEnvironment.create(env);
18            //建议替代为 executeSql(ddl)
19            tEnv.connect(
20                    new FileSystem()
21                    .path("file:///c:/wmsoft/data.csv")
22            ).inAppendMode()
23              .withFormat(new OldCsv().fieldDelimiter(","))
24              .withSchema(
25                    new Schema()
26                    .field("id", DataTypes.BIGINT())
27                    .field("cname", DataTypes.STRING())
28                    .field("num", DataTypes.BIGINT())
29                    .field("addtime", DataTypes.TIMESTAMP(3))
30            ).createTemporaryTable("mytable");
31            //from 获取 Table
32            Table mytable = tEnv.from("mytable");
33            TableResult tableResult = mytable
34                    .select($("*")).execute();
35            tableResult.print();
36        }
37    }
```

代码 7-4 中，20 行 FileSystem 继承自 ConnectorDescriptor，它是一个基于文件系统的连接描述器。21 行 path 可以指定从哪个文件中读取数据。22 行 inAppendMode()表示启用追加模式。

23 行 withFormat(new OldCsv().fieldDelimiter(","))指定读取数据的格式，即 Old CSV 格式，且字段分隔符为","。24 行 withSchema 指定 Table 的结构，即每个字段的类型和名称。30 行 createTemporaryTable("mytable")创建一个名为 mytable 的临时表。

32 行 Table mytable = tEnv.from("mytable")利用 tEnv 对象上的 from 方法，获取名为 mytable 的表 Table。一旦获取到 Table，就可以在其上执行类似 select 等查询操作。

connect 方法在 Flink 1.12 中已经标记为废弃的 API。

2. fromValues

TableEnvironment 上下文环境中，还有一个 fromValues 方法，它具备多个重载的方法可以获取 Table。下面给出 fromValues 示例，如代码 7-5 所示。

【代码 7-5】 fromValues 文件：ch07\Demo04.java

```
01    package com.example.ch07;
02    import org.apache.flink.streaming.api.environment.
   StreamExecutionEnvironment;
03    import org.apache.flink.table.api.DataTypes;
04    import org.apache.flink.table.api.Table;
05    import org.apache.flink.table.api.TableEnvironment;
06    import org.apache.flink.table.api.TableResult;
07    import org.apache.flink.table.api.bridge.java.StreamTableEnvironment;
08    import static org.apache.flink.table.api.Expressions.$;
09    import static org.apache.flink.table.api.Expressions.row;
10    //获取 Table
11    public class Demo04 {
12        public static void main(String[] args) throws Exception{
13            StreamExecutionEnvironment env = StreamExecutionEnvironment
14                    .getExecutionEnvironment();
15            TableEnvironment tEnv = StreamTableEnvironment.create(env);
16            //fromValues 获取 Table
17            Table mytable = tEnv.fromValues(
18                    DataTypes.ROW(
19                            DataTypes.FIELD("id", DataTypes.STRING()),
20                            DataTypes.FIELD("name", DataTypes.STRING()),
21                            DataTypes.FIELD("amount", DataTypes.DECIMAL(10, 2)),
22                            DataTypes.FIELD("addtime", DataTypes.TIMESTAMP(3))
23                    ),
24                    row("1", "pen", 2.5, "2021-02-05 11:10:31"),
25                    row("2", "pen", 3.5, "2021-02-05 11:30:31"),
```

```
26                  row("3", "book", 10.8, "2021-02-08 15:16:21")
27          );
28          TableResult tableResult = mytable
29                  .select($("*")).execute();
30          tableResult.print();
31      }
32  }
```

代码 7-5 中，17 行 tEnv.fromValues 可以指定数据结构以及数据，它一般用于测试场景。18 行 DataTypes.ROW 可以指定 Table 各字段的类型和字段名。24~26 行用 row 模拟了三条数据。

tEnv 对象上调用 fromValues 返回一个 Table 类型的值 mytable。

3. executeSql

TableEnvironment 上下文环境中，还可以使用 executeSql 方法来执行 Create Table 相关 DDL 语句，来获取 Table。下面给出 executeSql 示例，如代码 7-6 所示。

【代码 7-6】　executeSql　文件：ch07\Demo05.java

```
01  package com.example.ch07;
02  import org.apache.flink.streaming.api.environment.
StreamExecutionEnvironment;
03  import org.apache.flink.table.api.EnvironmentSettings;
04  import org.apache.flink.table.api.Table;
05  import org.apache.flink.table.api.TableResult;
06  import org.apache.flink.table.api.bridge.java.StreamTableEnvironment;
07  import static org.apache.flink.table.api.Expressions.$;
08  //获取 Table
09  public class Demo05 {
10      public static void main(String[] args) throws Exception{
11          StreamExecutionEnvironment env = StreamExecutionEnvironment
12                  .getExecutionEnvironment();
13          //Planner 以及执行模式设置
14          EnvironmentSettings settings = EnvironmentSettings
15                  .newInstance()
16                  //.useAnyPlanner()
17                  .useBlinkPlanner()
18                  //.inBatchMode()
19                  .inStreamingMode()
20                  .build();
21          StreamTableEnvironment tEnv = StreamTableEnvironment.create(env,
settings);
22          String path = "file:///c:/wmsoft/data.csv";
23          //SQL DDL 获取 Table
24          String ddl = "CREATE TABLE mytable (" +
```

```
25                  " id INT," +
26                  " cname STRING," +
27                  " num INT," +
28                  " addtime TIMESTAMP(3)," +
29              " WATERMARK FOR addtime AS addtime - INTERVAL '0.001' SECOND" +
30                  ") WITH (" +
31                  " 'connector.type' = 'filesystem'," +
32                  " 'connector.path' = '" + path + "'," +
33                  " 'format.type' = 'csv'" +
34                  ")";
35          tEnv.executeSql(ddl);
36          //获取
37          Table mytable = tEnv.from("mytable");
38          TableResult tableResult = mytable
39                  .select($("*")).execute();
40          tableResult.print();
41      }
42  }
```

代码 7-6 中，14 行 EnvironmentSettings 可以对环境配置进行设定，比如启用什么 Planner，可以用 BlinkPlanner、OldPlanner 或 AnyPlanner。还可以对 Table 启用 StreamingMode 或者 BatchMode。

24~34 行用 CREATE TABLE DDL 创建一个名为 mytable 的表，此表的外部连接器类型为 filesystem，并指定文件路径和数据格式。35 行 tEnv.executeSql(ddl)执行 DDL 语句，成功执行后，可以获取 Table。37 行 Table mytable= tEnv.from("mytable")可用 from 方法获取到名为 mytable 的 Table。

7.3.2 输出 Table

所谓的输出 Table，即将 Table 中的数据通过 TableSink 输出到外部系统中。这里的 TableSink 是一个接口，可支持多种文件格式，如 CSV、JDBC、HBase、Elasticsearch 和 Kafka 等。

一般来说，Batch Table 只能写入 BatchTableSink，而 Streaming Table 则可以根据当前的模式来选择 AppendStreamTableSink、RetractStreamTableSink 或 UpsertStreamTableSink。目前 Table API 或 SQL 内置的 Sink 种类并不多，如果需要扩展，可自定义 TableSink。

自 Fink 1.11 版本开始，sqlUpdate 和 insertInto 方法已经标记为废弃。

1. executeInsert

调用 Table 对象上的 executeInsert 方法，可以将 Table 中的数据输出到已注册的 TableSink 上。该方法通过名称从目录中查找 TableSink，并验证 Table 的架构与 TableSink 的架构是否一致。

下面给出 executeInsert 示例，如代码 7-7 所示。

【代码 7-7】 executeInsert 文件：ch07\Demo06.java

```
01    package com.example.ch07;
02    import org.apache.flink.streaming.api.environment.
  StreamExecutionEnvironment;
03    import org.apache.flink.table.api.Table;
04    import org.apache.flink.table.api.bridge.java.StreamTableEnvironment;
05    import static org.apache.flink.table.api.Expressions.$;
06    public class Demo06 {
07        public static void main(String[] args) throws Exception {
08            // DataGen
09            String sourceDDL = "CREATE TABLE table_gen (" +
10                    " name STRING , " +
11                    " age INT" +
12                    ") WITH (" +
13                    " 'connector' = 'datagen' ," +
14                    " 'rows-per-second'='1'," +
15                    " 'fields.age.kind'='sequence'," +
16                    " 'fields.age.start'='1'," +
17                    " 'fields.age.end' ='100'," +
18                    " 'fields.name.length'='1'" +
19                    ")";
20            // Print
21            String sinkDDL = "CREATE TABLE table_print (" +
22                    " name STRING ," +
23                    " avg_age DECIMAL(10,2)" +
24                    ") WITH (" +
25                    " 'connector' = 'print'" +
26                    ")";
27            StreamExecutionEnvironment sEnv = StreamExecutionEnvironment
28                      .getExecutionEnvironment();
29            StreamTableEnvironment tEnv = StreamTableEnvironment.create(sEnv);
30            //注册 source 和 sink
31            tEnv.executeSql(sourceDDL);
32            tEnv.executeSql(sinkDDL);
33            Table table = tEnv.from("table_gen")
34                    .groupBy($("name"))
35                    .select($("name"),
36                            $("age").avg().as("avg_age"));
37            table.executeInsert("table_print",false);
38        }
39    }
```

代码 7-7 中，09 行使用 CREATE TABLE DDL 语句来创建一个 Source Table，其中的外部连接器为 datagen，它是 Flink 内置的数据生成器，可以用于模拟数据生成。15 行'fields.age.kind'='sequence'表示 table_gen 表中 age 字段的数据生成方式为 sequence。16 行'fields.age.start'='1'表示 age 字段从 1 开始生成数据，17 行'fields.age.end'='100'表示 age 字段的值到 100 为止。

18 行'fields.name.length'='1'表示 table_gen 表中 name 字段的生成数据长度为随机的一个字符。21 行使用 CREATE TABLE DDL 语句来创建一个 Table Sink，其中的外部连接器为 print，它是 Flink 内置的一种 Table Sink，可以用于 Table 数据的控制台打印。

37 行 table.executeInsert("table_print",false)将 table 表中的数据输出到注册名为 table_print 的表中，且覆盖模式为 false。

2. executeSql

executeSql 方法不但可以创建 Table，执行 SQL 对数据进行计算，还可以执行 INSERT INTO ... SELECT ... FROM 输出 Table。下面给出 executeSql 输出 Table 示例，如代码 7-8 所示。

【代码 7-8】 executeSql 输出 Table 文件：ch07\Demo07.java

```
01    package com.example.ch07;
02    import org.apache.flink.streaming.api.environment.
  StreamExecutionEnvironment;
03    import org.apache.flink.table.api.DataTypes;
04    import org.apache.flink.table.api.Table;
05    import org.apache.flink.table.api.TableEnvironment;
06    import org.apache.flink.table.api.bridge.java.StreamTableEnvironment;
07    import static org.apache.flink.table.api.Expressions.$;
08    import static org.apache.flink.table.api.Expressions.row;
09    //INSERT...SELECT SQL 输出 Table
10    public class Demo07 {
11        public static void main(String[] args) throws Exception {
12            StreamExecutionEnvironment env = StreamExecutionEnvironment
13                    .getExecutionEnvironment();
14            TableEnvironment tEnv = StreamTableEnvironment.create(env);
15            //fromValues 获取 Table
16            Table mytable = tEnv.fromValues(
17                    DataTypes.ROW(
18                            DataTypes.FIELD("id", DataTypes.STRING()),
19                            DataTypes.FIELD("name", DataTypes.STRING()),
20                            DataTypes.FIELD("amount", DataTypes.DECIMAL(10, 2)),
21                            DataTypes.FIELD("addtime", DataTypes.TIMESTAMP(3))
22                    ),
23                    row("1", "pen", 2.5, "2021-02-05 11:10:31"),
24                    row("2", "pen", 3.5, "2021-02-05 11:30:31"),
25                    row("3", "book", 10.8, "2021-02-08 15:16:21")
```

```
26          );
27          tEnv.createTemporaryView("mytable",mytable);
28          String path = "file:///c:/wmsoft/data_out.csv";
29          String ddl = "CREATE TABLE mytable_out (" +
30                 " id STRING," +
31                 " name STRING," +
32                 " amount DECIMAL(10, 2)," +
33                 " addtime TIMESTAMP(3)" +
34                 ") WITH (" +
35                 " 'connector.type' = 'filesystem'," +
36                 " 'connector.path' = '" + path + "'," +
37                 " 'format.type' = 'csv'" +
38                 ")";
39          tEnv.executeSql(ddl);
40          //INSERT INTO ... SELECT ... FROM 输出Table
41          tEnv.executeSql("INSERT INTO mytable_out SELECT * FROM mytable");
42          Table out_table = tEnv.from("mytable_out");
43          //out_table.printSchema();
44          out_table.select($("*")).execute().print();
45      }
46  }
```

代码 7-8 中，16 行用 tEnv.fromValues 获取一个名为 mytable 的 Table。27 行 tEnv.createTemporaryView("mytable",mytable)基于 Table 创建一个临时视图。29~38 行用 DDL 创建一个输出 Table，其中的外部连接器为 filesystem。

41 行 tEnv.executeSql("INSERT INTO mytable_out SELECT * FROM mytable")将表 mytable 的数据输出到表 mytable_out 中，即文件 data_out.csv 中。

7.3.3 查询 Table

当获取 Table 后，可对 Table 进行查询，从而获取各种查询结果。下面给出查询 Table 示例，如代码 7-9 所示。

【代码 7-9】 查询 Table 文件：ch07\Demo08.java

```
01  package com.example.ch07;
02  import org.apache.flink.streaming.api.environment.
  StreamExecutionEnvironment;
03  import org.apache.flink.table.api.DataTypes;
04  import org.apache.flink.table.api.Table;
05  import org.apache.flink.table.api.TableEnvironment;
06  import org.apache.flink.table.api.TableResult;
07  import org.apache.flink.table.api.bridge.java.StreamTableEnvironment;
08  import static org.apache.flink.table.api.Expressions.*;
```

```
09    //查询 Table
10    public class Demo08 {
11        public static void main(String[] args) throws Exception{
12            StreamExecutionEnvironment env = StreamExecutionEnvironment
13                    .getExecutionEnvironment();
14            TableEnvironment tEnv = StreamTableEnvironment.create(env);
15            //fromValues 获取 Table
16            Table mytable = tEnv.fromValues(
17                    DataTypes.ROW(
18                            DataTypes.FIELD("id", DataTypes.STRING()),
19                            DataTypes.FIELD("name", DataTypes.STRING()),
20                            DataTypes.FIELD("amount", DataTypes.DECIMAL(10, 2)),
21                            DataTypes.FIELD("addtime", DataTypes.TIMESTAMP(3))
22                    ),
23                    row("1", "pen", 2.5, "2021-02-05 11:10:31"),
24                    row("2", "pen", 3.5, "2021-02-05 11:30:31"),
25                    row("3", "book", 10.8, "2021-02-08 15:16:21")
26            );
27            TableResult tableResult = mytable
28                    .select($("id"),$("name"),$("amount"))
29                    .where($("amount").isGreater(2.5))
30                    .execute();
31            //打印
32            tableResult.print();
33            tableResult = mytable
34                    .filter(
35                        and(
36                          $("name").isNotNull(),
37                          $("amount").isGreater(2.5),
38                          $("addtime").isGreater(lit("2021-02-05 11:30:31").
  toTimestamp())
39                        )
40                    )
41                    .select($("id"),$("name"),$("amount"))
42                    .execute();
43            //打印
44            tableResult.print();
45        }
46    }
```

代码 7-9 中，16~26 行用 tEnv.fromValues 获取一个名为 mytable 的 Table，其中模拟了 3 条数据。mytable 表中有 4 个字段，依次为 id、name、amount 和 addtime。

28 行用 select($("id"),$("name"),$("amount"))查询出 mytable 表中的 3 个字段，即 id、name 和 amount，它类似于 SQL select 语句。其中 $("id") 中的 $ 返回 ApiExpression。29 行 where($("amount").isGreater(2.5))类似于 SQL Where，可以筛选出 amount 字段值大于 2.5 的数据。

34~40 行用 filter 同样可以对表数据进行过滤，且可以组合多个条件，这样可以处理更加复杂的查询。

7.3.4　聚合操作

在 SQL 语句中，可以使用类似于 select name,sum(amount) group by name 的语句，对表中的数据进行聚合查询。同理，Flink Table API 也支持聚合操作。下面给出查询 Table 聚合示例，如代码 7-10 所示。

【代码 7-10】　Table 聚合　文件：ch07\Demo09.java

```
01    package com.example.ch07;
02    import org.apache.flink.streaming.api.environment.
  StreamExecutionEnvironment;
03    import org.apache.flink.table.api.DataTypes;
04    import org.apache.flink.table.api.Table;
05    import org.apache.flink.table.api.TableEnvironment;
06    import org.apache.flink.table.api.TableResult;
07    import org.apache.flink.table.api.bridge.java.StreamTableEnvironment;
08    import static org.apache.flink.table.api.Expressions.*;
09    //sum 聚合
10    public class Demo09 {
11        public static void main(String[] args) throws Exception{
12            StreamExecutionEnvironment env = StreamExecutionEnvironment
13                    .getExecutionEnvironment();
14            TableEnvironment tEnv = StreamTableEnvironment.create(env);
15            //fromValues 获取 Table
16            Table mytable = tEnv.fromValues(
17                    DataTypes.ROW(
18                            DataTypes.FIELD("id", DataTypes.STRING()),
19                            DataTypes.FIELD("name", DataTypes.STRING()),
20                            DataTypes.FIELD("amount", DataTypes.DECIMAL(10, 2)),
21                            DataTypes.FIELD("addtime", DataTypes.TIMESTAMP(3))
22                    ),
23                    row("1", "pen", 2.5, "2021-02-05 11:10:31"),
24                    row("2", "pen", 3.5, "2021-02-05 11:30:31"),
25                    row("3", "pen", 5.5, "2021-02-05 11:30:31"),
26                    row("4", "book", 10.8, "2021-02-08 15:16:21")
27            );
28            //sum 聚合
29            TableResult tableResult = mytable
```

```
30                  .filter($("amount").isGreater(2.5))
31                  .groupBy($("name"))
32                  .select($("name"),$("amount").sum().as("sum_all"))
33                  .execute();
34          tableResult.print();
35      }
36  }
```

代码 7-10 中，首先创建一个名为 mytable 的 Table，表中有 4 个字段，依次为 id、name、amount 和 addtime。30 行用 filter($("amount").isGreater(2.5))过滤出 amount 大于 2.5 的数据。31 行 groupBy($("name"))按照字段 name 进行分组。

32 行 select($("name"),$("amount").sum().as("sum_all"))查询 name 和 amount 的聚合 sum 值，并通过 as("sum_all")将聚合值重命名为 sum_all。

执行此示例，结果如图 7.9 所示。

```
+----+-----------+-------------+
| op |      name |     sum_all |
+----+-----------+-------------+
| +I |       pen |        3.50 |
| -U |       pen |        3.50 |
| +U |       pen |        9.00 |
| +I |      book |       10.80 |
+----+-----------+-------------+
4 rows in set
```

图 7.9　Table 聚合示例结果

7.3.5　多表关联

在 SQL 语句中，可以用 select...from...inner join...on...对多个表中的数据进行关联查询。同理，Flink Table API 也支持 join 多表关联操作。下面给出 Table 多表关联示例，如代码 7-11 所示。

【代码 7-11】　Table 多表关联　文件：ch07\Demo10.java

```
01  package com.example.ch07;
02  import org.apache.flink.streaming.api.environment.
  StreamExecutionEnvironment;
03  import org.apache.flink.table.api.DataTypes;
04  import org.apache.flink.table.api.Table;
05  import org.apache.flink.table.api.TableEnvironment;
06  import org.apache.flink.table.api.TableResult;
07  import org.apache.flink.table.api.bridge.java.StreamTableEnvironment;
08  import static org.apache.flink.table.api.Expressions.$;
09  import static org.apache.flink.table.api.Expressions.row;
10  //多表关联
11  public class Demo10 {
12      public static void main(String[] args) throws Exception{
13          StreamExecutionEnvironment env = StreamExecutionEnvironment
14                  .getExecutionEnvironment();
15          TableEnvironment tEnv = StreamTableEnvironment.create(env);
16          //fromValues 获取 Table
17          Table mytable = tEnv.fromValues(
```

```
18                DataTypes.ROW(
19                        DataTypes.FIELD("id", DataTypes.STRING()),
20                        DataTypes.FIELD("name", DataTypes.STRING()),
21                        DataTypes.FIELD("amount", DataTypes.DECIMAL(10, 2)),
22                        DataTypes.FIELD("addtime", DataTypes.TIMESTAMP(3))
23                ),
24                row("1", "pen", 2.5, "2021-02-05 11:10:31"),
25                row("2", "pen", 3.5, "2021-02-05 11:30:31"),
26                row("3", "pen", 5.5, "2021-02-05 11:30:31"),
27                row("4", "book", 10.8, "2021-02-08 15:16:21")
28        );
29        Table mytable2 = tEnv.fromValues(
30                DataTypes.ROW(
31                        DataTypes.FIELD("cid", DataTypes.STRING()),
32                        DataTypes.FIELD("isself", DataTypes.SMALLINT())
33                ),
34                row("1", 1),
35                row("2", 1),
36                row("4", 0)
37        );
38        //join 多表关联
39        TableResult tableResult = mytable.join(mytable2)
40                .where($("id").isEqual($("cid")))
41                .select($("id"),$("name"),$("isself"))
42                .execute();
43        tableResult.print();
44    }
45  }
```

代码7-11中，17~28行首先创建一个名为mytable的Table，表中有4个字段，依次为id、name、amount和addtime。29~37行构建了另外一个名为mytable2的Table，表中有两个字段，依次为cid和isself。

39行 TableResult tableResult = mytable.join(mytable2)通过join将mytable表和mytable2表进行关联查询。40行 where 类似于 SQL on，关联条件为 mytable.id 与 mytable2.cid 相等。

执行此示例，结果如图7.10所示。

```
+----+----------+-----------+--------+
| op |       id |      name | isself |
+----+----------+-----------+--------+
| +I |        2 |       pen |      1 |
| +I |        1 |       pen |      1 |
| +I |        4 |      book |      0 |
+----+----------+-----------+--------+
3 rows in set
```

图7.10 Table多表关联示例结果

7.3.6 集合操作

Flink Table API支持union集合操作，可以合并两个表的数据。下面给出Table集合操作示例，如代码7-12所示。

【代码 7-12】 Table 集合操作 文件：ch07\Demo11.java

```
01    package com.example.ch07;
02    import org.apache.flink.api.java.ExecutionEnvironment;
03    import org.apache.flink.table.api.DataTypes;
04    import org.apache.flink.table.api.Table;
05    import org.apache.flink.table.api.TableResult;
06    import org.apache.flink.table.api.bridge.java.BatchTableEnvironment;
07    import static org.apache.flink.table.api.Expressions.row;
08    //集合操作
09    public class Demo11 {
10        public static void main(String[] args) throws Exception{
11            ExecutionEnvironment env = ExecutionEnvironment.
  getExecutionEnvironment();
12            BatchTableEnvironment tEnv = BatchTableEnvironment.create(env);
13            //fromValues 获取 Table
14            Table mytable = tEnv.fromValues(
15                    DataTypes.ROW(
16                            DataTypes.FIELD("id", DataTypes.STRING()),
17                            DataTypes.FIELD("name", DataTypes.STRING()),
18                            DataTypes.FIELD("amount", DataTypes.DECIMAL(10, 2))
19                    ),
20                    row("1", "pen", 2.5),
21                    row("2", "pen", 3.5),
22                    row("3", "book", 10.8)
23            );
24            Table mytable2 = tEnv.fromValues(
25                    DataTypes.ROW(
26                            DataTypes.FIELD("id", DataTypes.STRING()),
27                            DataTypes.FIELD("name", DataTypes.STRING()),
28                            DataTypes.FIELD("amount", DataTypes.DECIMAL(10, 2))
29                    ),
30                    row("4", "paper", 15.5),
31                    row("3", "book", 10.8)
32            );
33            //union 集合操作
34            TableResult tableResult = mytable.union(mytable2)
35                    .execute();
36            tableResult.print();
37        }
38    }
```

代码 7-12 中，14~23 行首先创建一个名为 mytable 的 Table，表中有 3 个字段，依次为 id、name

和 amount。24~32 行构建了另外一个名为 mytable2 的 Table，但两个表的字段数量和类型一致。

34 行 TableResult tableResult = mytable.union(mytable2)通过 union 将 mytable 表和 mytable2 表进行集合操作。执行此示例，结果如图 7.11 所示。

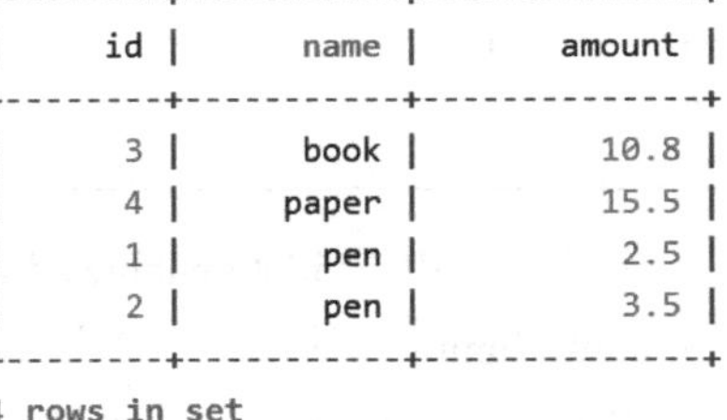

id	name	amount
3	book	10.8
4	paper	15.5
1	pen	2.5
2	pen	3.5

4 rows in set

图 7.11　Table 集合示例结果

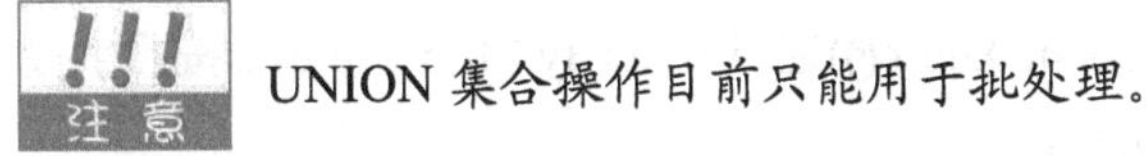

UNION 集合操作目前只能用于批处理。

7.3.7　排序操作

Flink Table API 支持 orderBy 对数据进行排序操作，可以对 Table 数据进行升序或者降序处理。下面给出 Table 排序操作示例，如代码 7-13 所示。

【代码 7-13】　Table 排序操作　文件：ch07\Demo12.java

```
01    package com.example.ch07;
02    import org.apache.flink.api.java.ExecutionEnvironment;
03    import org.apache.flink.table.api.DataTypes;
04    import org.apache.flink.table.api.Table;
05    import org.apache.flink.table.api.bridge.java.BatchTableEnvironment;
06    import static org.apache.flink.table.api.Expressions.*;
07    //orderBy 排序,只支持 Batch
08    public class Demo12 {
09        public static void main(String[] args) throws Exception{
10          ExecutionEnvironment env = ExecutionEnvironment
11                  .getExecutionEnvironment();
12           BatchTableEnvironment tEnv = BatchTableEnvironment.create(env);
13           Table mytable = tEnv.fromValues(
14                  DataTypes.ROW(
15                          DataTypes.FIELD("id", DataTypes.STRING()),
16                          DataTypes.FIELD("name", DataTypes.STRING()),
17                          DataTypes.FIELD("amount", DataTypes.DECIMAL(10, 2))
18                  ),
19                  row("1", "pen", 2.5),
20                  row("2", "pen", 3.5),
21                  row("3", "pen", 5.5),
22                  row("4", "book", 10.8)
23           );
24           mytable.execute().print();
25           Table result = mytable.addColumns(concat($("name"), "_name").
   as("addCol"));
26           result.execute().print();
27           Table amount = mytable.orderBy($("amount").desc());
```

```
28          amount.execute().print();
29      }
30  }
```

代码 7-13 中，25 行 mytable.addColumns(concat($("name"), "_name").as("addCol"))在 mytable 上调用 addColumns 方法添加一个字段，它将用内置的 concat 生成一个计算列，字段名称为 addCol。

27 行 Table amount = mytable.orderBy($("amount").desc())通过 orderBy 将 mytable 表按照字段 amount 倒序排序。执行此示例，结果如图 7.12 所示。

```
+------+----------+--------------+
|   id |     name |       amount |
+------+----------+--------------+
|    3 |      pen |          5.5 |
|    1 |      pen |          2.5 |
|    4 |     book |         10.8 |
|    2 |      pen |          3.5 |
+------+----------+--------------+
4 rows in set
+------+----------+--------------+------------+
|   id |     name |       amount |     addCol |
+------+----------+--------------+------------+
|    1 |      pen |          2.5 |   pen_name |
|    4 |     book |         10.8 |  book_name |
|    2 |      pen |          3.5 |   pen_name |
|    3 |      pen |          5.5 |   pen_name |
+------+----------+--------------+------------+
4 rows in set
+------+----------+--------------+
|   id |     name |       amount |
+------+----------+--------------+
|    4 |     book |         10.8 |
|    3 |      pen |          5.5 |
|    1 |      pen |          2.5 |
|    2 |      pen |          3.5 |
+------+----------+--------------+
4 rows in set
```

图 7.12　Table orderBy 示例结果

Flink Table orderBy 排序操作，目前只支持批处理。

7.4 DataStream、DataSet 和 Table 之间的转换

前面提到，Table API 可以与 DataStream API 和 DataSet API 无缝集成，其中的集成需要用到 DataStream、DataSet 和 Table 之间的互相转换操作。

7.4.1 DataStream to Table

下面给出 DataStream 转换到 Table 示例，如代码 7-14 所示。

【代码 7-14】 DataStream 转换到 Table 文件：ch07\Demo13.java

```
01    package com.example.ch07;
02    import org.apache.flink.api.common.eventtime.WatermarkStrategy;
03    import org.apache.flink.api.common.functions.FlatMapFunction;
04    import org.apache.flink.api.java.tuple.Tuple3;
05    import org.apache.flink.streaming.api.datastream.DataStream;
06    import org.apache.flink.streaming.api.datastream.
  SingleOutputStreamOperator;
07    import org.apache.flink.streaming.api.environment.
  StreamExecutionEnvironment;
08    import org.apache.flink.table.api.Table;
09    import org.apache.flink.table.api.TableResult;
10    import org.apache.flink.table.api.bridge.java.StreamTableEnvironment;
11    import org.apache.flink.util.Collector;
12    import static org.apache.flink.table.api.Expressions.$;
13    //获取 Table
14    public class Demo13 {
15        public static void main(String[] args) throws Exception{
16            StreamExecutionEnvironment env = StreamExecutionEnvironment
17                    .getExecutionEnvironment();
18            StreamTableEnvironment tEnv = StreamTableEnvironment.create(env);
19            DataStream<String> source = env.socketTextStream("localhost", 7777);
20            //将文本解析成元组
21            SingleOutputStreamOperator<Tuple3<String,Long,Long>> myDS =
22              source.flatMap(new FlatMapFunction<String,Tuple3<String, Long,
  Long>>() {
23                        @Override
24                        public void flatMap(String value,
25                                Collector<Tuple3<String, Long, Long>> out)
26                            throws Exception {
27                            String[] strs = value.split(",");
28                            //第一个是 key，第二个是时间戳，第三个是数值
29                            out.collect(Tuple3.of(strs[0], Long.parseLong(strs[1]),
30                                    Long.parseLong(strs[2])));
31                        }
32                    }).assignTimestampsAndWatermarks(WatermarkStrategy.
33                            <Tuple3<String, Long, Long>>forMonotonousTimestamps()
34                            .withTimestampAssigner((tp, timestamp) -> tp.f1)
35                    );
36            //fromDataStream 获取 Table
```

```
37          Table mytable = tEnv.fromDataStream(myDS,$("key"),$("ts").rowtime(),
  $("num"));
38          TableResult tableResult = mytable
39                  .select($("*")).execute();
40          tableResult.print();
41      }
42  }
```

代码 7-14 中，19 行 env.socketTextStream("localhost", 7777)从 Socket 中获取 String 类型的 DataStream。22 行用 flatMap 对 DataStream 中的元素进行处理，它按照分隔符","对文本进行分割，第一个为 Key，第二个为时间戳，第三个为值。

32 行 assignTimestampsAndWatermarks 方法指定 forMonotonousTimestamps 水位线生成策略，34 行 withTimestampAssigner 提取元素的时间戳字段，即 tp.f1。

37 行 Table mytable = tEnv.fromDataStream(myDS,$("key"),$("ts").rowtime(),$("num"))通过 fromDataStream 将 myDS 这个 DataStream 转换成 Table，并映射了字段名，即第一个字段名为 key，第二个字段名为 ts，且标记为事件时间，第三个字段名为 num。

执行此示例，结果如图 7.13 所示。

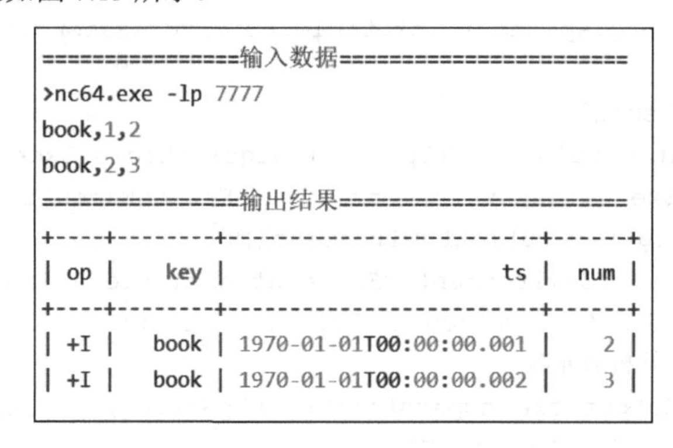

图 7.13　DataStream 转换到 Table 示例结果

7.4.2　DataSet to Table

下面给出 DataSet 转换到 Table 示例，如代码 7-15 所示。

【代码 7-15】　DataSet 转换到 Table　文件：ch07\Demo14.java

```
01  package com.example.ch07;
02  import org.apache.flink.api.java.DataSet;
03  import org.apache.flink.api.java.ExecutionEnvironment;
04  import org.apache.flink.api.java.tuple.Tuple2;
05  import org.apache.flink.table.api.Table;
06  import org.apache.flink.table.api.TableResult;
07  import org.apache.flink.table.api.bridge.java.BatchTableEnvironment;
08  import static org.apache.flink.table.api.Expressions.$;
09  //fromDataSet 获取 Table
```

```
10    public class Demo14 {
11        public static void main(String[] args) throws Exception{
12            ExecutionEnvironment env = ExecutionEnvironment.
  getExecutionEnvironment();
13            final BatchTableEnvironment tEnv = BatchTableEnvironment.
  create(env);
14            DataSet<Tuple2<Integer, String>> myDS = env.fromElements(
15                    new Tuple2<>(1, "hello"),
16                    new Tuple2<>(1, "flow"),
17                    new Tuple2<>(2, "flink"),
18                    new Tuple2<>(1, "flink")
19            );
20            Table mytable = tEnv.fromDataSet(myDS,$("count"),$("word"));
21            TableResult tableResult = mytable
22                    .select($("*")).execute();
23            tableResult.print();
24        }
25    }
```

代码 7-15 中，14~19 行用 env.fromElements 生成了 4 个模拟数据来构建的 DataSet。20 行 Table mytable = tEnv.fromDataSet(myDS,$("count"),$("word")) 通过 fromDataSet 将 myDS 这个 DataSet 转换成 Table，并映射了字段名，即第一个字段名为 count，第二个字段名为 word。

执行此示例，结果如图 7.14 所示。

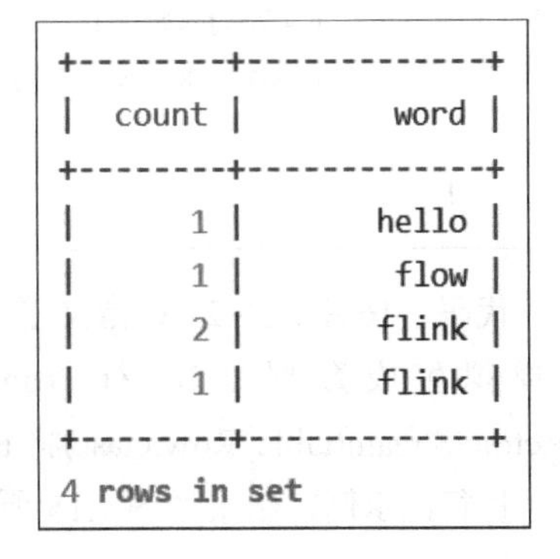

```
+--------+------------+
|  count |       word |
+--------+------------+
|      1 |      hello |
|      1 |       flow |
|      2 |      flink |
|      1 |      flink |
+--------+------------+
4 rows in set
```

图 7.14　DataSet 转换到 Table 示例结果

7.4.3　Table to DataStream

下面给出 Table 转换到 DataStream 示例，如代码 7-16 所示。

【代码 7-16】　Table 转换到 DataStream　文件：ch07\Demo15.java

```
01    package com.example.ch07;
02    import org.apache.flink.api.java.tuple.Tuple2;
03    import org.apache.flink.streaming.api.datastream.DataStream;
04    import org.apache.flink.streaming.api.environment.
  StreamExecutionEnvironment;
05    import org.apache.flink.table.api.Table;
06    import org.apache.flink.table.api.bridge.java.StreamTableEnvironment;
07    import org.apache.flink.types.Row;
08    public class Demo15 {
09        public static void main(String[] args) throws Exception {
10            // DataGen
```

```
11          String sourceDDL = "CREATE TABLE table_gen (" +
12                  " name STRING ," +
13                  " age INT " +
14                  ") WITH (" +
15                  " 'connector' = 'datagen' ," +
16                  " 'rows-per-second'='1'," +
17                  " 'fields.age.kind'='sequence'," +
18                  " 'fields.age.start'='20'," +
19                  " 'fields.age.end'  ='60'," +
20                  " 'fields.name.length'='2'" +
21                  ")";
22          StreamExecutionEnvironment sEnv = StreamExecutionEnvironment
23                  .getExecutionEnvironment();
24          StreamTableEnvironment tEnv = StreamTableEnvironment.create(sEnv);
25          tEnv.executeSql(sourceDDL);
26          Table table = tEnv.from("table_gen");
27          //Table to DataStream
28          DataStream<Tuple2<Boolean, Row>> myDS = tEnv
29                          .toRetractStream(table, Row.class);
30          myDS.print();
31          sEnv.execute();
32      }
33  }
```

代码7-16中，11~21行定义了一个DDL来创建Source Table，它的外部连接器类型为datagen，可模拟生成数据。26行Table table = tEnv.from("table_gen")可以获取Table。29行toRetractStream(table, Row.class)将table转换为DataStream。

执行此示例，结果如图7.15所示。

```
.....
1> (true,3e,20)
3> (true,a6,22)
2> (true,e8,21)
4> (true,c2,23)
1> (true,7f,24)
2> (true,63,25)
3> (true,1c,26)
4> (true,0f,27)
1> (true,88,28)
4> (true,5e,31)
3> (true,f7,30)
2> (true,ef,29)
.......
```

图7.15　Table转换到DataStream示例结果

datagen随机生成的数据，每次都可能不同。

7.4.4 Table to DataSet

下面给出 Table 转换到 DataSet 示例，如代码 7-17 所示。

【代码 7-17】 Table 转换到 DataSet 文件：ch07\Demo16.java

```
01    package com.example.ch07;
02    import org.apache.flink.api.java.DataSet;
03    import org.apache.flink.api.java.ExecutionEnvironment;
04    import org.apache.flink.table.api.Table;
05    import org.apache.flink.table.api.bridge.java.BatchTableEnvironment;
06    import org.apache.flink.types.Row;
07    public class Demo16 {
08        public static void main(String[] args) throws Exception {
09            ExecutionEnvironment env = ExecutionEnvironment
10                    .getExecutionEnvironment();
11            BatchTableEnvironment tEnv = BatchTableEnvironment.create(env);
12            String path = "file:///c:/wmsoft/data.csv";
13            //SQL DDL 获取 Table
14            String ddl = "CREATE TABLE mytable (" +
15                    "  id INT," +
16                    "  cname STRING," +
17                    "  num INT," +
18                    "  addtime TIMESTAMP(3)" +
19                    ") WITH (" +
20                    "  'connector.type' = 'filesystem'," +
21                    "  'connector.path' = '" + path + "'," +
22                    "  'format.type' = 'csv'" +
23                    ")";
24            tEnv.executeSql(ddl);
25            //获取
26            Table table = tEnv.from("mytable");
27            //Table to DataSet
28            DataSet<Row> rowDataSet = tEnv.toDataSet(table, Row.class);
29            rowDataSet.print();
30        }
31    }
```

代码 7-17 中，14~23 行定义了一个 DDL 来创建 Source Table，它的外部连接器类型为 filesystem，可从外部文件系统中读取模拟数据。26 行 Table table = tEnv.from("mytable") 可以获取 Table。28 行 DataSet<Row> rowDataSet = tEnv.toDataSet(table, Row.class)将 table 转换为 DataSet。

执行此示例，结果如图 7.16 所示。

```
2,pen,3,2020-12-12 00:00:04.0
2,rubber,3,2020-12-12 00:00:06.0
1,beer,3,2020-12-12 00:00:01.0
1,diaper,4,2020-12-12 00:00:02.0
4,beer,1,2020-12-12 00:00:08.0
3,rubber,2,2020-12-12 00:00:05.0
```

图 7.16 Table 转换到 DataSet 示例结果

7.5 window aggregate 与 non-window aggregate

aggregate 聚合操作可以分为 window aggregate 和 non-window aggregate。window aggregate 需要首先转换为一个 GroupWindow，它的 Table 格式为 GroupWindowedTable。在 Flink 框架中，GroupWindow 抽象类的层级关系图如图 7.17 所示。

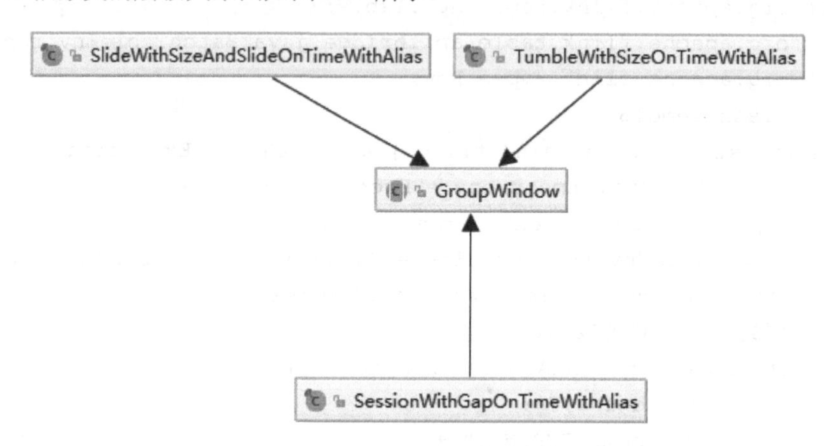

图 7.17 GroupWindow 抽象类的层级关系图

GroupWindow 一般按照时间或者行数量来进行分组，因此，它可以看作一个特殊类型的 groupBy。GroupWindow 允许对分组的窗口元素进行聚合操作。而非 window 分组的聚合操作，则为 non-window aggregate。

下面给出时间滚动窗口聚合操作示例，如代码 7-18 所示。

【代码 7-18】 时间滚动窗口聚合操作 文件：ch07\Demo17.java

```
01    package com.example.ch07;
02    import org.apache.flink.api.common.eventtime.WatermarkStrategy;
03    import org.apache.flink.api.common.functions.FlatMapFunction;
04    import org.apache.flink.api.java.tuple.Tuple3;
05    import org.apache.flink.streaming.api.datastream.DataStream;
06    import org.apache.flink.streaming.api.datastream.
  SingleOutputStreamOperator;
07    import org.apache.flink.streaming.api.environment.
  StreamExecutionEnvironment;
08    import org.apache.flink.table.api.GroupWindowedTable;
09    import org.apache.flink.table.api.Table;
10    import org.apache.flink.table.api.Tumble;
11    import org.apache.flink.table.api.bridge.java.StreamTableEnvironment;
12    import org.apache.flink.util.Collector;
13    import static org.apache.flink.table.api.Expressions.$;
```

```
14    import static org.apache.flink.table.api.Expressions.lit;
15    //Tumbling EventTime Windows Table API
16    public class Demo17 {
17        public static void main(String[] args) throws Exception {
18            StreamExecutionEnvironment sEnv = StreamExecutionEnvironment
19                    .getExecutionEnvironment();
20            StreamTableEnvironment tEnv = StreamTableEnvironment.create(sEnv);
21            //单并行
22            sEnv.setParallelism(1);
23            //socket 流数据
24            DataStream<String> source = sEnv.socketTextStream("localhost",
  7777);
25            //将文本解析成元组
26            SingleOutputStreamOperator<Tuple3<String,Long,Long>>
  tpStreamOperator =
27              source.flatMap(new FlatMapFunction<String,Tuple3<String, Long,
  Long>>() {
28                      @Override
29                      public void flatMap(String value,
30                                  Collector<Tuple3<String, Long, Long>> out)
31                            throws Exception {
32                          String[] strs = value.split(",");
33                          //第一个是 key，第二个是时间戳，第三个是数值
34                          out.collect(Tuple3.of(strs[0], Long.parseLong(strs[1]),
35                                Long.parseLong(strs[2])));
36                      }
37                  }).assignTimestampsAndWatermarks(WatermarkStrategy.
38                          <Tuple3<String, Long, Long>>forMonotonousTimestamps()
39                          .withTimestampAssigner((tp, timestamp) -> tp.f1)
40                  );
41            Table table = tEnv.fromDataStream(tpStreamOperator, $("key"),
42                    $("rs").rowtime(), $("ivalue"));
43            GroupWindowedTable gwindow = table.window(Tumble.over(lit(3L).millis())
44                       .on($("rs")).as("w"));
45            Table tableout = gwindow.groupBy($("w"), $("key"))
46                    .select($("key"), $("w").start().as("wstart"),
47                          $("w").end().as("wend"),
48                          $("w").rowtime().as("rs"),
49                          $("ivalue").sum().as("isum"));
50            tableout.execute().print();
51        }
52    }
```

代码 7-18 中，41~42 行将 tpStreamOperator 这个 DataStream 转换成一个 Table，且对字段进行映射，其中第一个字段为 key，第二个字段为 rs，且用$("rs").rowtime()标记为事件时间，第三个字段为 ivalue。

43~44 行 table.window(Tumble.over(lit(3L).millis()).on($("rs")).as("w"))将 Table 转换为一个 GroupWindowedTable，其中的 Tumble.over(lit(3L).millis())表示滚动时间窗口，窗口大小为 3 毫秒；on($("rs"))表示时间是基于 rs 字段，as("w")是 GroupWindowedTable 的别名。

45 行 gwindow.groupBy($("w"), $("key"))返回一个 WindowGroupedTable 类型的对象，它表示对窗口 w 和字段 key 进行分组。46 行的$("w").start().as("wstart")表示窗口 w 的开始时间。47 行$("w").end().as("wend")表示窗口 w 的结束时间。

48 行$("w").rowtime().as("rs")代表窗口的行时间。49 行$("ivalue").sum().as("isum")对字段 ivalue 求 sum 聚合值。

窗口聚合 groupBy 中必须包含窗口，否则报错。

执行此示例，结果如图 7.18 所示。

```
================输入数据========================
>nc64.exe -lp 7777
a,1,1
b,2,2
a,3,3
a,4,4
a,6,6
b,6,6
b,9,9
================输出结果========================
+----+----+-------------------------+-------------------------+-------------------------+-----+
| op |key |                  wstart |                    wend |                      rs |isum |
+----+----+-------------------------+-------------------------+-------------------------+-----+
| +I |  a |        1970-01-01T00:00 | 1970-01-01T00:00:00.003 | 1970-01-01T00:00:00.002 |   1 |
| +I |  b |        1970-01-01T00:00 | 1970-01-01T00:00:00.003 | 1970-01-01T00:00:00.002 |   2 |
| +I |  a | 1970-01-01T00:00:00.003 | 1970-01-01T00:00:00.006 | 1970-01-01T00:00:00.005 |   7 |
| +I |  a | 1970-01-01T00:00:00.006 | 1970-01-01T00:00:00.009 | 1970-01-01T00:00:00.008 |   6 |
| +I |  b | 1970-01-01T00:00:00.006 | 1970-01-01T00:00:00.009 | 1970-01-01T00:00:00.008 |   6 |
```

图 7.18 时间滚动窗口聚合操作示例结果

下面给出行数量滚动窗口聚合操作示例，如代码 7-19 所示。

【代码 7-19】 行数量滚动窗口聚合操作 文件：ch07\Demo18.java

```
01    package com.example.ch07;
02    import org.apache.flink.api.common.functions.FlatMapFunction;
03    import org.apache.flink.api.java.tuple.Tuple3;
04    import org.apache.flink.streaming.api.datastream.DataStream;
05    import org.apache.flink.streaming.api.datastream.
  SingleOutputStreamOperator;
```

```
06    import org.apache.flink.streaming.api.environment.
StreamExecutionEnvironment;
07    import org.apache.flink.table.api.GroupWindowedTable;
08    import org.apache.flink.table.api.Table;
09    import org.apache.flink.table.api.Tumble;
10    import org.apache.flink.table.api.bridge.java.StreamTableEnvironment;
11    import org.apache.flink.util.Collector;
12    import static org.apache.flink.table.api.Expressions.$;
13    import static org.apache.flink.table.api.Expressions.rowInterval;
14    //Tumbling Count Windows Table API
15    public class Demo18 {
16        public static void main(String[] args) throws Exception {
17            StreamExecutionEnvironment sEnv = StreamExecutionEnvironment
18                    .getExecutionEnvironment();
19            StreamTableEnvironment tEnv = StreamTableEnvironment.create(sEnv);
20            //单并行
21            sEnv.setParallelism(1);
22            //socket 流数据
23            DataStream<String> source = sEnv.socketTextStream("localhost",
7777);
24            //将文本解析成元组
25            SingleOutputStreamOperator<Tuple3<String,Long,Long>>
tpStreamOperator =
26              source.flatMap(new FlatMapFunction<String,Tuple3<String, Long,
Long>>() {
27                    @Override
28                    public void flatMap(String value,
29                            Collector<Tuple3<String, Long, Long>> out)
30                        throws Exception {
31                        String[] strs = value.split(",");
32                        //第一个是 key，第二个是时间戳，第三个是数值
33                        out.collect(Tuple3.of(strs[0], Long.parseLong(strs[1]),
34                            Long.parseLong(strs[2])));
35                    }
36                });
37            //ps 是一个额外的字段
38            Table table = tEnv.fromDataStream(tpStreamOperator, $("key"),
39                    $("rs"), $("ivalue"), $("ps").proctime());
40            //3 行触发
41            GroupWindowedTable gwindow = table.window(Tumble.over(rowInterval(3L))
42                    .on($("ps")).as("w"));
43            Table tableout = gwindow.groupBy($("w"), $("key"))
```

```
44                  .select($("key"), $("ivalue").sum().as("isum"));
45          tableout.execute().print();
46      }
47  }
```

代码 7-19 中，38~39 行将 tpStreamOperator 这个 DataStream 转换成一个 Table，且对字段进行映射，其中第一个字段为 key，第二个字段为 rs，第三个字段为 ivalue，第四个字段为追加的新字段 ps，$("ps").proctime()代表处理时间。

41~42 行 table.window(Tumble.over(rowInterval(3L)).on($("ps")).as("w"))将 Table 转换为一个 GroupWindowedTable，其中的 Tumble.over(rowInterval(3L))表示按行数量的滚动窗口，窗口大小为 3，on($("ps"))表示时间是基于 ps 字段。

43 行 gwindow.groupBy($("w"), $("key"))返回一个 WindowGroupedTable 类型的对象，它表示对窗口 w 和字段 key 进行分组。44 行 select($("key"), $("ivalue").sum().as("isum"))对字段 ivalue 求 sum 聚合值。

行数量滚动窗口中的窗口无开始时间和结束时间。

下面给出行数量滑动窗口聚合操作示例，如代码 7-20 所示。

【代码 7-20】 行数量滑动窗口聚合操作 文件：ch07\Demo19.java

```
01    package com.example.ch07;
02    import org.apache.flink.api.common.functions.FlatMapFunction;
03    import org.apache.flink.api.java.tuple.Tuple3;
04    import org.apache.flink.streaming.api.datastream.DataStream;
05    import org.apache.flink.streaming.api.datastream.
  SingleOutputStreamOperator;
06    import org.apache.flink.streaming.api.environment.
  StreamExecutionEnvironment;
07    import org.apache.flink.table.api.GroupWindowedTable;
08    import org.apache.flink.table.api.Slide;
09    import org.apache.flink.table.api.Table;
10    import org.apache.flink.table.api.bridge.java.StreamTableEnvironment;
11    import org.apache.flink.util.Collector;
12    import static org.apache.flink.table.api.Expressions.$;
13    import static org.apache.flink.table.api.Expressions.rowInterval;
14    //Slide Count Windows Table API
15    public class Demo19 {
16        public static void main(String[] args) throws Exception {
17            StreamExecutionEnvironment sEnv = StreamExecutionEnvironment
18                    .getExecutionEnvironment();
```

```
19          StreamTableEnvironment tEnv = StreamTableEnvironment.create(sEnv);
20          //单并行
21          sEnv.setParallelism(1);
22          //socket 流数据
23          DataStream<String> source = sEnv.socketTextStream("localhost",
 7777);
24          //将文本解析成元组
25          SingleOutputStreamOperator<Tuple3<String,Long,Long>>
 tpStreamOperator =
26           source.flatMap(new FlatMapFunction<String,Tuple3<String, Long,
 Long>>() {
27                   @Override
28                   public void flatMap(String value,
29                               Collector<Tuple3<String, Long, Long>> out)
30                         throws Exception {
31                      String[] strs = value.split(",");
32                      //第一个是 key，第二个是时间戳，第三个是数值
33                      out.collect(Tuple3.of(strs[0], Long.parseLong(strs[1]),
34                            Long.parseLong(strs[2])));
35                   }
36                });
37          //ps 是一个额外的字段
38          Table table = tEnv.fromDataStream(tpStreamOperator, $("key"),
39                $("rs"), $("ivalue"),$("ps").proctime());
40          //3 行触发
41          GroupWindowedTable gwindow = table.window(Slide.over(rowInterval(3L))
42                .every(rowInterval(2L))
43                .on($("ps"))
44                .as("w"));
45          Table tableout = gwindow.groupBy($("w"), $("key"))
46                .select($("key"), $("ivalue").sum().as("isum"));
47          tableout.execute().print();
48       }
49    }
```

代码 7-20 中，41~44 行 Slide.over(rowInterval(3L)).every(rowInterval(2L))表示按行数量的滑动窗口，窗口大小为 3，滑动大小为 2。

45 行 gwindow.groupBy($("w"), $("key"))返回一个 WindowGroupedTable 类型的对象，它表示对窗口 w 和字段 key 进行分组。46 行 select($("key"), $("ivalue").sum().as("isum"))对字段 ivalue 求 sum 聚合值。

下面给出时间滑动窗口聚合操作示例，如代码 7-21 所示。

【代码 7-21】 时间滑动窗口聚合操作 文件：ch07\Demo20.java

```
01    package com.example.ch07;
02    import org.apache.flink.api.common.eventtime.WatermarkStrategy;
03    import org.apache.flink.api.common.functions.FlatMapFunction;
04    import org.apache.flink.api.java.tuple.Tuple3;
05    import org.apache.flink.streaming.api.datastream.DataStream;
06    import org.apache.flink.streaming.api.datastream.
  SingleOutputStreamOperator;
07    import org.apache.flink.streaming.api.environment.
  StreamExecutionEnvironment;
08    import org.apache.flink.table.api.GroupWindowedTable;
09    import org.apache.flink.table.api.Slide;
10    import org.apache.flink.table.api.Table;
11    import org.apache.flink.table.api.bridge.java.StreamTableEnvironment;
12    import org.apache.flink.util.Collector;
13    import static org.apache.flink.table.api.Expressions.$;
14    import static org.apache.flink.table.api.Expressions.lit;
15    //Tumbling EventTime Windows Table API
16    public class Demo20 {
17        public static void main(String[] args) throws Exception {
18            StreamExecutionEnvironment sEnv = StreamExecutionEnvironment
19                    .getExecutionEnvironment();
20            StreamTableEnvironment tEnv = StreamTableEnvironment.create(sEnv);
21            //单并行
22            sEnv.setParallelism(1);
23            //socket 流数据
24            DataStream<String> source = sEnv.socketTextStream("localhost",
  7777);
25            //将文本解析成元组
26            SingleOutputStreamOperator<Tuple3<String,Long,Long>>
  tpStreamOperator =
27             source.flatMap(new FlatMapFunction<String,Tuple3<String, Long,
  Long>>() {
28                         @Override
29                         public void flatMap(String value,
30                                     Collector<Tuple3<String, Long, Long>> out)
31                               throws Exception {
32                             String[] strs = value.split(",");
33                             //第一个是 key，第二个是时间戳，第三个是数值
34                             out.collect(Tuple3.of(strs[0], Long.parseLong(strs[1]),
35                                   Long.parseLong(strs[2])));
```

```
36                    }
37                }).assignTimestampsAndWatermarks(WatermarkStrategy.
38                        <Tuple3<String, Long, Long>>forMonotonousTimestamps()
39                        .withTimestampAssigner((tp, timestamp) -> tp.f1)
40                );
41        Table table = tEnv.fromDataStream(tpStreamOperator, $("key"),
42                $("rs").rowtime(), $("ivalue"));
43        GroupWindowedTable gwindow = table.window(Slide.over(lit(3L).millis())
44                .every(lit(2L).millis())
45                .on($("rs")).as("w"));
46        Table tableout = gwindow.groupBy($("w"), $("key"))
47                .select($("key"), $("w").start().as("wstart"),
48                    $("w").end().as("wend"),
49                    $("w").rowtime().as("rs"), $("ivalue").sum().as("isum"));
50        tableout.execute().print();
51    }
52 }
```

代码 7-21 中，43~44 行 window(Slide.over(lit(3L).millis()).every(lit(2L).millis())表示基于时间的滑动窗口，窗口大小为 3 毫秒，滑动大小为 2 毫秒。

46~49 行表示对窗口 w 和字段 key 进行分组，并对字段 ivalue 求 sum 聚合值。

下面给出 non-window 聚合操作示例，如代码 7-22 所示。

【代码 7-22】 non-window 聚合操作 文件：ch07\Demo21.java

```
01  package com.example.ch07;
02  import org.apache.flink.api.common.eventtime.WatermarkStrategy;
03  import org.apache.flink.api.common.functions.FlatMapFunction;
04  import org.apache.flink.api.java.tuple.Tuple3;
05  import org.apache.flink.streaming.api.datastream.DataStream;
06  import org.apache.flink.streaming.api.datastream.
  SingleOutputStreamOperator;
07  import org.apache.flink.streaming.api.environment.
  StreamExecutionEnvironment;
08  import org.apache.flink.table.api.Table;
09  import org.apache.flink.table.api.bridge.java.StreamTableEnvironment;
10  import org.apache.flink.util.Collector;
11  import static org.apache.flink.table.api.Expressions.$;
12  //non-window aggregate
13  public class Demo21 {
14      public static void main(String[] args) throws Exception {
15          StreamExecutionEnvironment sEnv = StreamExecutionEnvironment
```

```
16                  .getExecutionEnvironment();
17          StreamTableEnvironment tEnv = StreamTableEnvironment.create(sEnv);
18          //单并行
19          sEnv.setParallelism(1);
20          //socket 流数据
21          DataStream<String> source = sEnv.socketTextStream("localhost",
  7777);
22          //将文本解析成元组
23          SingleOutputStreamOperator<Tuple3<String,Long,Long>>
  tpStreamOperator =
24           source.flatMap(new FlatMapFunction<String,Tuple3<String, Long,
  Long>>() {
25                  @Override
26                  public void flatMap(String value,
27                          Collector<Tuple3<String, Long, Long>> out)
28                      throws Exception {
29                    String[] strs = value.split(",");
30                    //第一个是 key，第二个是时间戳，第三个是数值
31                    out.collect(Tuple3.of(strs[0], Long.parseLong(strs[1]),
32                        Long.parseLong(strs[2])));
33                  }
34              }).assignTimestampsAndWatermarks(WatermarkStrategy.
35                    <Tuple3<String, Long, Long>>forMonotonousTimestamps()
36                    .withTimestampAssigner((tp, timestamp) -> tp.f1)
37              );
38          Table table = tEnv.fromDataStream(tpStreamOperator, $("key"),
39                  $("rs").rowtime(), $("ivalue"));
40          Table tableout = table.groupBy($("key"))
41                  .select($("key"),
42                      $("ivalue").sum().as("isum"),
43                      $("ivalue").count().as("icount"));
44          tableout.execute().print();
45      }
46  }
```

代码 7-22 中，40 行 table.groupBy($("key"))按照字段 key 进行分组，它返回一个 GroupedTable 类型的对象。41~43 行分别求出字段 ivalue 的 sum 聚合值和 count 聚合值。

执行此示例，结果如图 7.19 所示。

```
================输入数据=======================
>nc64.exe -lp 7777
a,1,1
a,2,2
a,3,3
a,4,4
a,5,5
a,6,6
================输出结果=======================
+----+---------+-------+----------+
| op |     key |  isum |   icount |
+----+---------+-------+----------+
| +I |       a |     1 |        1 |
| -U |       a |     1 |        1 |
| +U |       a |     3 |        2 |
| -U |       a |     3 |        2 |
| +U |       a |     6 |        3 |
| -U |       a |     6 |        3 |
| +U |       a |    10 |        4 |
| -U |       a |    10 |        4 |
| +U |       a |    15 |        5 |
| -U |       a |    15 |        5 |
| +U |       a |    21 |        6 |
```

图 7.19 non-window 聚合操作示例结果

7.6 Flink SQL 使用

Flink 支持标准的 SQL 语法，包括数据定义语言（Data Definition Language，DDL）、数据操纵语言（Data Manipulation Language，DML）以及查询语言。

目前 Flink SQL 支持的语句如下：

- SELECT
- CREATE TABLE, DATABASE, VIEW, FUNCTION
- DROP TABLE, DATABASE, VIEW, FUNCTION
- ALTER TABLE, DATABASE, FUNCTION
- INSERT
- SQL HINTS
- DESCRIBE
- EXPLAIN
- USE
- SHOW

7.6.1 使用 SQL CLI 客户端

Table API 和 SQL 可以处理 SQL 语言编写的查询语句，但是这些查询需要嵌入用 Java 或 Scala 编写的程序中。SQL 客户端提供一种简单的方式来编写、调试和提交程序到 Flink 集群上。

SQL 客户端内置在 Flink 发行版中，因此可以直接使用。可以使用以下命令启动 SQL 客户端命令行界面：

```
./bin/start-cluster.sh
./bin/sql-client.sh embedded
```

目前 SQL 客户端仅支持 embedded 模式。

SQL 命令行界面启动后，使用 help 命令列出所有可用的 SQL 语句。可输入如下 SQL 语句并按回车执行：

```
SELECT cname,sum ( cnt) AS isum FROM(
VALUES ( ' Bob',1),( 'Alice',2),( 'Alice ',3),( ' Bob',4))
As mytable(cname,cnt) GROUP BY cname;
```

SQL 客户端命令行提供三种模式进行数据查询：

- table mode

  在内存中实体化结果，并将结果用规则的分页表格可视化展示出来。执行如下命令启用：

  ```
  SET execution.result-mode=table;
  ```

- changelog mode

  不会实体化和可视化结果，而是由插入（+）和撤销（-）组成的持续查询产生结果流。执行如下命令启用：

  ```
  SET execution.result-mode=changelog;
  ```

- tableau mode

  将执行的结果以表格的形式直接显示在屏幕之上，具体显示的内容取决于作业执行模式。执行如下命令启用：

  ```
  SET execution.result-mode=tableau;
  ```

下面给出一个在 SQL CLI 客户端中执行 SQL 的示例，如图 7.20 所示。

在批处理环境下执行的查询，只能用表格模式或者 Tableau 模式进行检索。

```
Flink SQL> CREATE TABLE mytable (
>              id INT,
>              cname STRING,
>              num INT,
>              addtime TIMESTAMP(3),
>              WATERMARK FOR addtime AS addtime - INTERVAL '0.001' SECOND
>              ) WITH (
>              'connector.type' = 'filesystem',
>              'connector.path' = 'file:////home/jack/wmsoft/data.csv',
>               'format.type' = 'csv'
>             );
[INFO] Table has been created.

Flink SQL> select * from mytable;
+-----+------------+--------------------+------------+-----------------------
+
| +/- |         id |              cname |        num |               addtime
|
+-----+------------+--------------------+------------+-----------------------
+
|   + |          1 |               beer |          3 |    2020-12-12T00:00:01
|
|   + |          1 |             diaper |          4 |    2020-12-12T00:00:02
|
|   + |          2 |                pen |          3 |    2020-12-12T00:00:04
|
|   + |          2 |             rubber |          3 |    2020-12-12T00:00:06
|
|   + |          3 |             rubber |          2 |    2020-12-12T00:00:05
|
|   + |          4 |               beer |          1 |    2020-12-12T00:00:08
|
+-----+------------+--------------------+------------+-----------------------
+
Received a total of 6 rows
```

图 7.20 SQL CLI 客户端中执行 SQL 示例结果

7.6.2 在流上运行 SQL 查询

TableEnvironment 对象上的 sqlQuery 方法可以在流上执行 SQL 查询。它会以 Table 的形式返回 SELECT 的查询结果。

为了在 SQL 查询中访问到 Table，需要先在 TableEnvironment 中进行表的注册，可以通过 CREATE TABLE DDL 进行注册。

下面给出在流上执行 SQL 查询示例，如代码 7-23 所示。

【代码 7-23】 在流上执行 SQL 查询 文件：ch07\Demo22.java

```
01    package com.example.ch07;
02    import org.apache.flink.api.java.tuple.Tuple2;
03    import org.apache.flink.streaming.api.datastream.DataStream;
04    import org.apache.flink.streaming.api.environment.
  StreamExecutionEnvironment;
05    import org.apache.flink.table.api.Table;
06    import org.apache.flink.table.api.bridge.java.StreamTableEnvironment;
07    import static org.apache.flink.table.api.Expressions.$;
08    //在流上运行 SQL 查询
09    public class Demo22 {
10        public static void main(String[] args) throws Exception {
```

```
11          StreamExecutionEnvironment sEnv = StreamExecutionEnvironment
12                  .getExecutionEnvironment();
13          StreamTableEnvironment tEnv = StreamTableEnvironment.create(sEnv);
14          DataStream<Tuple2<Integer, String>> myDS = sEnv.fromElements(
15                  new Tuple2<>(1, "hello"),
16                  new Tuple2<>(1, "flow"),
17                  new Tuple2<>(2, "flink"),
18                  new Tuple2<>(1, "flink")
19          );
20          Table table = tEnv.fromDataStream(myDS, $("cnt"), $("word"));
21          Table tableout = tEnv.sqlQuery("select word,sum(cnt) as icount from " +
22                  table +" group by word");
23          tableout.execute().print();
24      }
25  }
```

代码7-23中，20行tEnv.fromDataStream(myDS, $("cnt"), $("word"))将 DataStream 转换为 Table。21 行在 TableEnvironment 对象上的 sqlQuery 方法，并将查询结果返回到一个 Table 中。

执行此示例，结果如图 7.21 所示。

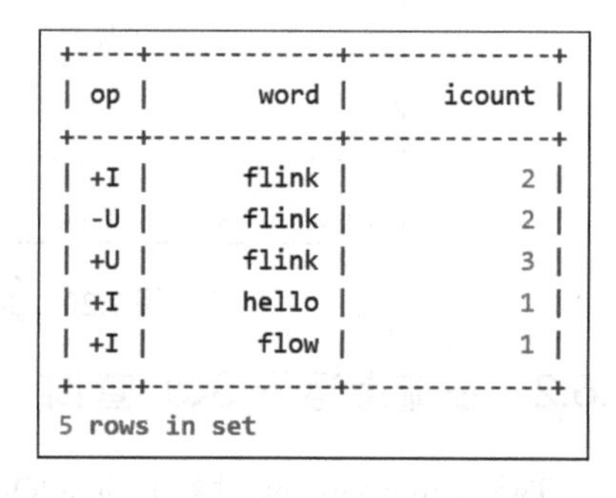

```
+----+-------------+-------------+
| op |        word |      icount |
+----+-------------+-------------+
| +I |       flink |           2 |
| -U |       flink |           2 |
| +U |       flink |           3 |
| +I |       hello |           1 |
| +I |        flow |           1 |
+----+-------------+-------------+
5 rows in set
```

图 7.21　在流上执行 SQL 查询示例结果

如果 SQL 查询包括了不支持的特性，则抛出 TableException 异常。

7.6.3 Group Windows 窗口操作

SQL 分组窗口查询是通过 GROUP BY 语句定义的，且在 GROUP BY 子句中必须带有一个窗口函数，为每个分组计算出一个结果。下面介绍支持分组窗口的函数。

（1）TUMBLE(time_attr, interval)

定义一个基于时间的滚动窗口。滚动窗口把行分配到有固定间隔时间且不重叠的窗口上。在流处理表的 SQL 查询中，分组窗口函数的 time_attr 参数必须引用一个合法的时间属性，且该属性需要指定行的处理时间或事件时间。分组窗口函数的 time_attr 参数必须是一个 TIMESTAMP 类型的属性。

滚动窗口在批处理和流处理可以定义在事件时间上，但只有流处理可以定义在处理时间上。

关于 TUMBLE 分组窗口，还有一些辅助函数可以使用：

```
TUMBLE_START(time_attr, interval)
TUMBLE_END(time_attr, interval)
```

```
TUMBLE_ROWTIME(time_attr, interval)
TUMBLE_PROCTIME(time_attr, interval)
```

下面给出 TUMBLE 分组窗口示例，如代码 7-24 所示。

【代码 7-24】　TUMBLE 分组窗口　文件：ch07\Demo23.java

```
01    package com.example.ch07;
02    import org.apache.flink.api.common.eventtime.WatermarkStrategy;
03    import org.apache.flink.api.common.functions.FlatMapFunction;
04    import org.apache.flink.api.java.tuple.Tuple3;
05    import org.apache.flink.streaming.api.datastream.DataStream;
06    import org.apache.flink.streaming.api.datastream.
  SingleOutputStreamOperator;
07    import org.apache.flink.streaming.api.environment.
  StreamExecutionEnvironment;
08    import org.apache.flink.table.api.Table;
09    import org.apache.flink.table.api.bridge.java.StreamTableEnvironment;
10    import org.apache.flink.util.Collector;
11    import static org.apache.flink.table.api.Expressions.$;
12    //Tumbling EventTime Windows SQL
13    public class Demo23 {
14        public static void main(String[] args) throws Exception {
15            StreamExecutionEnvironment sEnv = StreamExecutionEnvironment
16                    .getExecutionEnvironment();
17            StreamTableEnvironment tEnv = StreamTableEnvironment.create(sEnv);
18            //单并行
19            sEnv.setParallelism(1);
20            //socket 流数据
21            DataStream<String> source = sEnv.socketTextStream("localhost",
  7777);
22            //将文本解析成元组
23            SingleOutputStreamOperator<Tuple3<String,Long,Long>>
  tpStreamOperator =
24            source.flatMap(new FlatMapFunction<String,Tuple3<String, Long,
  Long>>() {
25                        @Override
26                        public void flatMap(String value,
27                                    Collector<Tuple3<String, Long, Long>> out)
28                              throws Exception {
29                           String[] strs = value.split(",");
30                           //第一个是 key，第二个是时间戳，第三个是数值
31                           out.collect(Tuple3.of(strs[0], Long.parseLong(strs[1]),
32                                 Long.parseLong(strs[2])));
33                        }
```

```
34                }).assignTimestampsAndWatermarks(WatermarkStrategy.
35                        <Tuple3<String, Long, Long>>forMonotonousTimestamps()
36                        .withTimestampAssigner((tp, timestamp) -> tp.f1)
37                );
38          Table table = tEnv.fromDataStream(tpStreamOperator, $("key"),
39                $("rs").rowtime(), $("ivalue"));
40          Table tableout = tEnv.sqlQuery(
41                "SELECT key," +
42                "  TUMBLE_START(rs, INTERVAL '0.003' SECOND) as wstart," +
43                "  TUMBLE_END(rs, INTERVAL '0.003' SECOND) as wend," +
44                "  SUM(ivalue) as isum FROM " + table +
45                "  GROUP BY TUMBLE(rs, INTERVAL '0.003' SECOND),key");
46          tableout.execute().print();
47      }
48  }
```

代码 7-24 中，38 行用 tEnv.fromDataStream 方法从 tpStreamOperator 中转换成一个 Table，并映射相关字段，第一个字段为 key，第二个字段为 rs 且指定了 rs 为事件时间属性，第三个字段为 ivalue。

40 行 tEnv.sqlQuery 方法将执行一个 SQL 查询语句，其中 GROUP BY TUMBLE(rs, INTERVAL '0.003' SECOND)，key 则定义了一个时间间隔为 3 毫秒的滚动窗口，且按照窗口和 key 字段进行分组。

42 行 TUMBLE_START(rs, INTERVAL '0.003' SECOND) as wstart 输出滚动窗口的开始时间，而 43 行 TUMBLE_END(rs, INTERVAL '0.003' SECOND) as wend 则输出滚动窗口的结束时间。44 行 SUM(ivalue) as isum 在滑动窗口上对 ivalue 字段进行求和操作。

（2）HOP(time_attr, slide_interval, interval)

定义一个滑动窗口，第一个参数为滑动的时间间隔，第二个参数为窗口大小。滑动窗口在批处理和流处理中可以定义在事件时间上，但只有流处理可以定义在处理时间上。

关于 HOP 分组窗口，还有一些辅助函数可以使用：

```
HOP_START(time_attr, slide_interval, interval)
HOP_END(time_attr, slide_interval, interval)
HOP_ROWTIME(time_attr, slide_interval, interval)
HOP_PROCTIME(time_attr, slide_interval, interval)
```

下面给出 HOP 分组窗口示例，如代码 7-25 所示。

【代码 7-25】 HOP 分组窗口 文件：ch07\Demo24.java

```
01  package com.example.ch07;
02  import org.apache.flink.api.common.eventtime.WatermarkStrategy;
03  import org.apache.flink.api.common.functions.FlatMapFunction;
04  import org.apache.flink.api.java.tuple.Tuple3;
05  import org.apache.flink.streaming.api.datastream.DataStream;
```

```
06   import org.apache.flink.streaming.api.datastream.
  SingleOutputStreamOperator;
07   import org.apache.flink.streaming.api.environment.
  StreamExecutionEnvironment;
08   import org.apache.flink.table.api.Table;
09   import org.apache.flink.table.api.bridge.java.StreamTableEnvironment;
10   import org.apache.flink.util.Collector;
11   import static org.apache.flink.table.api.Expressions.$;
12   //Tumbling EventTime Windows SQL
13   public class Demo24 {
14       public static void main(String[] args) throws Exception {
15           StreamExecutionEnvironment sEnv = StreamExecutionEnvironment
16                   .getExecutionEnvironment();
17           StreamTableEnvironment tEnv = StreamTableEnvironment.create(sEnv);
18           //单并行
19           sEnv.setParallelism(1);
20           //socket 流数据
21           DataStream<String> source = sEnv.socketTextStream("localhost",
  7777);
22           //将文本解析成元组
23           SingleOutputStreamOperator<Tuple3<String,Long,Long>>
  tpStreamOperator =
24            source.flatMap(new FlatMapFunction<String,Tuple3<String, Long,
  Long>>() {
25                     @Override
26                     public void flatMap(String value,
27                              Collector<Tuple3<String, Long, Long>> out)
28                          throws Exception {
29                         String[] strs = value.split(",");
30                         //第一个是 key，第二个是时间戳，第三个是数值
31                         out.collect(Tuple3.of(strs[0], Long.parseLong
  (strs[1]),
32                                 Long.parseLong(strs[2])));
33                     }
34                 }).assignTimestampsAndWatermarks(WatermarkStrategy.
35                         <Tuple3<String, Long, Long>>forMonotonousTimestamps()
36                         .withTimestampAssigner((tp, timestamp) -> tp.f1)
37                 );
38           Table table = tEnv.fromDataStream(tpStreamOperator, $("key"),
39                   $("rs").rowtime(), $("ivalue"));
40           Table tableout = tEnv.sqlQuery(
41   "SELECT key," +
42   " HOP_START(rs, INTERVAL '0.002' SECOND, INTERVAL '0.003' SECOND) as wstart," +
```

```
43  "  HOP_END(rs, INTERVAL '0.002' SECOND, INTERVAL '0.003' SECOND) as wend," +
44  "  SUM(ivalue) as isum FROM  " + table +
45  "  GROUP BY HOP(rs, INTERVAL '0.002' SECOND, INTERVAL '0.003' SECOND),key");
46            tableout.execute().print();
47        }
48  }
```

代码 7-25 中，40 行 tEnv.sqlQuery 方法将执行一个 SQL 查询语句，其中 GROUP BY HOP(rs, INTERVAL '0.002' SECOND, INTERVAL '0.003' SECOND)，key 则定义了一个时间间隔为 3 毫秒，滑动大小为 2 毫秒的滑动窗口，且按照窗口和 key 字段进行分组。

42 行 HOP_START(rs, INTERVAL '0.002' SECOND, INTERVAL '0.003' SECOND) as wstart 输出滑动窗口的开始时间，而 43 行 HOP_END(rs, INTERVAL '0.002' SECOND, INTERVAL '0.003' SECOND) as wend 则输出滑动窗口的结束时间。44 行 SUM(ivalue) as isum 在滑动窗口上对 ivalue 字段进行求和操作。

（3）SESSION(time_attr, interval)

定义一个会话时间窗口。会话时间窗口没有一个固定的持续时间，当超出会话时间，窗口内没有数据出现，该窗口会被关闭。关于 SESSION 分组窗口，还有一些辅助函数可以使用：

```
SESSION_START(time_attr, interval)
SESSION_END(time_attr, interval)
SESSION_ROWTIME(time_attr, interval)
SESSION_PROCTIME(time_attr, interval)
```

下面给出 SESSION 分组窗口示例，如代码 7-26 所示。

【代码 7-26】 SESSION 分组窗口 文件：ch07\Demo25.java

```
01    package com.example.ch07;
02    import org.apache.flink.api.common.eventtime.WatermarkStrategy;
03    import org.apache.flink.api.common.functions.FlatMapFunction;
04    import org.apache.flink.api.java.tuple.Tuple3;
05    import org.apache.flink.streaming.api.datastream.DataStream;
06    import org.apache.flink.streaming.api.datastream.
  SingleOutputStreamOperator;
07    import org.apache.flink.streaming.api.environment.
  StreamExecutionEnvironment;
08    import org.apache.flink.table.api.Table;
09    import org.apache.flink.table.api.bridge.java.StreamTableEnvironment;
10    import org.apache.flink.util.Collector;
11    import static org.apache.flink.table.api.Expressions.$;
12    //Tumbling EventTime Windows SQL
13    public class Demo25 {
14        public static void main(String[] args) throws Exception {
```

```
15            StreamExecutionEnvironment sEnv = StreamExecutionEnvironment
16                   .getExecutionEnvironment();
17            StreamTableEnvironment tEnv = StreamTableEnvironment.create(sEnv);
18            //单并行
19            sEnv.setParallelism(1);
20            //socket 流数据
21            DataStream<String> source = sEnv.socketTextStream("localhost",
  7777);
22            //将文本解析成元组
23            SingleOutputStreamOperator<Tuple3<String,Long,Long>>
  tpStreamOperator =
24             source.flatMap(new FlatMapFunction<String,Tuple3<String, Long,
  Long>>() {
25                     @Override
26                     public void flatMap(String value,
27                                 Collector<Tuple3<String, Long, Long>> out)
28                            throws Exception {
29                        String[] strs = value.split(",");
30                        //第一个是 key，第二个是时间戳，第三个是数值
31                        out.collect(Tuple3.of(strs[0], Long.parseLong
  (strs[1]),
32                               Long.parseLong(strs[2])));
33                     }
34                  }).assignTimestampsAndWatermarks(WatermarkStrategy.
35                        <Tuple3<String, Long, Long>>forMonotonousTimestamps()
36                        .withTimestampAssigner((tp, timestamp) -> tp.f1)
37                  );
38            Table table = tEnv.fromDataStream(tpStreamOperator, $("key"),
39                  $("rs").rowtime(), $("ivalue"));
40            Table tableout = tEnv.sqlQuery(
41          "SELECT key," +
42          "  SESSION_START(rs, INTERVAL '0.005' SECOND) as wstart," +
43          "  SESSION_END(rs, INTERVAL '0.005' SECOND) as wend," +
44          "  SUM(ivalue) as isum FROM  " + table +
45          "  GROUP BY SESSION(rs, INTERVAL '0.005' SECOND),key");
46            tableout.execute().print();
47        }
48    }
```

代码 7-26 中，40 行 tEnv.sqlQuery 方法将执行一个 SQL 查询语句，其中 GROUP BY SESSION(rs, INTERVAL '0.005' SECOND)，key 则定义了一个时间间隔为 5 毫秒的会话窗口，即超过 5 毫秒窗口中未收到对应的数据，则会触发窗口计算。

42 行 SESSION_START(rs, INTERVAL '0.005' SECOND) as wstart 输出会话窗口的开始时间，而 43 行 SESSION_END(rs, INTERVAL '0.005' SECOND) as wend 则输出会话窗口的结束时间。44 行 SUM(ivalue) as isum 在滑动窗口上对 ivalue 字段进行求和操作。

辅助函数必须使用与 GROUP BY 子句中的分组窗口函数完全相同的参数来调用。

7.6.4 多表关联

在关系型数据库中，可以使用 INNER JOIN 对两个表进行关联查询。类似地，Flink SQL 中也可以使用 INNER JOIN 进行多表关联查询。下面给出 SQL 多表关联示例，如代码 7-27 所示。

【代码 7-27】 SQL 多表关联 文件：ch07\Demo26.java

```
01    package com.example.ch07;
02    import org.apache.flink.streaming.api.environment.
  StreamExecutionEnvironment;
03    import org.apache.flink.table.api.DataTypes;
04    import org.apache.flink.table.api.Table;
05    import org.apache.flink.table.api.TableEnvironment;
06    import org.apache.flink.table.api.bridge.java.StreamTableEnvironment;
07    import static org.apache.flink.table.api.Expressions.row;
08    //多表关联
09    public class Demo26 {
10        public static void main(String[] args) throws Exception{
11            StreamExecutionEnvironment env = StreamExecutionEnvironment
12                    .getExecutionEnvironment();
13            TableEnvironment tEnv = StreamTableEnvironment.create(env);
14            //fromValues 获取 Table
15            Table mytable = tEnv.fromValues(
16                    DataTypes.ROW(
17                            DataTypes.FIELD("id", DataTypes.STRING()),
18                            DataTypes.FIELD("name", DataTypes.STRING()),
19                            DataTypes.FIELD("amount", DataTypes.DECIMAL(10, 2)),
20                            DataTypes.FIELD("addtime", DataTypes.TIMESTAMP(3))
21                    ),
22                    row("1", "pen", 2.5, "2021-02-05 11:10:31"),
23                    row("2", "pen", 3.5, "2021-02-05 11:30:31"),
24                    row("3", "pen", 5.5, "2021-02-05 11:30:31"),
25                    row("4", "book", 10.8, "2021-02-08 15:16:21")
26            );
27            Table mytable2 = tEnv.fromValues(
28                    DataTypes.ROW(
29                            DataTypes.FIELD("cid", DataTypes.STRING()),
30                            DataTypes.FIELD("isself", DataTypes.SMALLINT())
```

```
31                  ),
32                  row("1", 1),
33                  row("2", 1),
34                  row("3", 0)
35          );
36          //join 多表关联
37          Table tableout = tEnv.sqlQuery("SELECT id,name,isself " +
38              "FROM "+mytable+" t1 INNER JOIN "+mytable2+" t2 ON t1.id = t2.cid");
39          tableout.execute().print();
40      }
41  }
```

代码 7-27 中，15~30 行模拟了 2 个 Table 对象，第一个是 mytable，第二个是 mytable2。37 行 tEnv.sqlQuery 方法将执行一个 SQL 查询语句，其中 SELECT...FROM...INNER JOIN...ON 则可以对 mytable 和 mytable2 进行关联查询。

目前 Flink 只支持 inner join 关联查询，而不支持其他的关联查询方式，如 cross join。

7.6.5 集合操作

Flink SQL 还支持相关的集合操作。下面给出 SQL 集合操作示例，如代码 7-28 所示。

【代码 7-28】　SQL 集合操作　文件：ch07\Demo27.java

```
01  package com.example.ch07;
02  import org.apache.flink.api.java.ExecutionEnvironment;
03  import org.apache.flink.table.api.DataTypes;
04  import org.apache.flink.table.api.Table;
05  import org.apache.flink.table.api.bridge.java.BatchTableEnvironment;
06  import static org.apache.flink.table.api.Expressions.row;
07  //集合操作
08  public class Demo27 {
09      public static void main(String[] args) throws Exception{
10          ExecutionEnvironment env = ExecutionEnvironment.
getExecutionEnvironment();
11          BatchTableEnvironment tEnv = BatchTableEnvironment.create(env);
12          //fromValues 获取 Table
13          Table mytable = tEnv.fromValues(
14                  DataTypes.ROW(
15                          DataTypes.FIELD("id", DataTypes.STRING()),
16                          DataTypes.FIELD("name", DataTypes.STRING()),
17                          DataTypes.FIELD("amount", DataTypes.INT())
18                  ),
```

```
19                  row("1", "pen", 2),
20                  row("2", "pen", 3),
21                  row("3", "book", 10)
22          );
23          Table mytable2 = tEnv.fromValues(
24                  DataTypes.ROW(
25                          DataTypes.FIELD("id", DataTypes.STRING()),
26                          DataTypes.FIELD("name", DataTypes.STRING()),
27                          DataTypes.FIELD("amount", DataTypes.INT())
28                  ),
29                  row("4", "paper", 15),
30                  row("3", "book", 10)
31          );
32          //in 集合操作
33          Table tableout = tEnv.sqlQuery("SELECT id,name,amount " +
34              "FROM "+mytable+"  WHERE id IN ( SELECT id FROM  "+mytable2+")");
35          tableout.execute().print();
36      }
37  }
```

代码 7-28 中，13~31 行模拟了 2 个 Table 对象，第一个是 mytable，第二个是 mytable2。37 行 tEnv.sqlQuery 方法将执行一个 SQL 查询语句，其中 SELECT...FROM...WHERE...IN...则从 mytable 中查询出 id 在 mytable2 表中的相关数据。

7.6.6 去重操作

去重操作对于某些需要精确计算的场景来说至关重要。去重可对重复的行记录进行相关的删除操作，从而只保留一条数据。

在 Flink 某些场景下，上游的作业不能实现精确一次的要求，在故障恢复时，可能会出现重复的记录。重复的记录会影响下游分析作业的正确性，如 SUM 或 COUNT 计算。

Flink 使用 ROW_NUMBER 方法进行去重操作。本质上来说，去重操作是一个特殊的 Top-N 查询，只是 N 是 1 而已，记录则是以事件时间或处理时间进行排序的。下面给出 SQL 去重操作示例，如代码 7-29 所示。

【代码 7-29】 SQL 去重操作 文件：ch07\Demo28.java

```
01  package com.example.ch07;
02  import org.apache.flink.api.common.eventtime.WatermarkStrategy;
03  import org.apache.flink.api.common.functions.FlatMapFunction;
04  import org.apache.flink.api.java.tuple.Tuple3;
05  import org.apache.flink.streaming.api.datastream.DataStream;
06  import org.apache.flink.streaming.api.datastream.
  SingleOutputStreamOperator;
```

```
07    import org.apache.flink.streaming.api.environment.
  StreamExecutionEnvironment;
08    import org.apache.flink.table.api.Table;
09    import org.apache.flink.table.api.bridge.java.StreamTableEnvironment;
10    import org.apache.flink.util.Collector;
11    import static org.apache.flink.table.api.Expressions.$;
12    public class Demo28 {
13        public static void main(String[] args) throws Exception {
14            StreamExecutionEnvironment sEnv = StreamExecutionEnvironment
15                    .getExecutionEnvironment();
16            StreamTableEnvironment tEnv = StreamTableEnvironment.create(sEnv);
17            //单并行
18            sEnv.setParallelism(1);
19            //socket流数据
20            DataStream<String> source = sEnv.socketTextStream("localhost",
  7777);
21            //将文本解析成元组
22            SingleOutputStreamOperator<Tuple3<String,Long,Long>>
  tpStreamOperator =
23            source.flatMap(new FlatMapFunction<String,Tuple3<String, Long,
  Long>>() {
24                        @Override
25                        public void flatMap(String value,
26                                    Collector<Tuple3<String, Long, Long>> out)
27                              throws Exception {
28                            String[] strs = value.split(",");
29                            //第一个是key，第二个是时间戳，第三个是数值
30                            out.collect(Tuple3.of(strs[0], Long.parseLong(strs[1]),
31                                  Long.parseLong(strs[2])));
32                        }
33                    }).assignTimestampsAndWatermarks(WatermarkStrategy.
34                            <Tuple3<String, Long, Long>>forMonotonousTimestamps()
35                            .withTimestampAssigner((tp, timestamp) -> tp.f1)
36                    );
37           tEnv.createTemporaryView("mytable",tpStreamOperator, $("key"),
38                   $("rs").rowtime(), $("ivalue"));
39            //根据key和rs字段去重
40            Table tableout = tEnv.sqlQuery("SELECT key,rs,ivalue " +
41                 "FROM ( SELECT *, ROW_NUMBER() OVER (PARTITION BY key,rs " +
42                 "ORDER BY rs ASC) as row_num FROM mytable) WHERE row_num = 1");
43            tableout.execute().print();
44        }
45    }
```

代码 7-29 中，Flink SQL 去重操作需要用到 ROW_NUMBER()内置方法，它从第一行开始，依次为每一行分配一个唯一且连续的编码，即行号。PARTITION BY key,rs 指定分区的列，一般为确定去重的键，即什么字段值可以确定唯一的行。ORDER BY rs ASC 指定 rs 为排序的列，且字段 rs 必须为时间属性。目前 Flink 支持事件时间和处理时间。WHERE row_num = 1 则代表了 TOP-1，即去重。

7.6.7 Top-N 操作

和去重操作类似，Top-N 查询也是使用率非常高的一种查询，如需要查询销量最好的前 10 种商品。下面给出 Top-N 操作示例，如代码 7-30 所示。

【代码 7-30】 Top-N 操作 文件：ch07\Demo29.java

```
01    package com.example.ch07;
02    import org.apache.flink.api.common.eventtime.WatermarkStrategy;
03    import org.apache.flink.api.common.functions.FlatMapFunction;
04    import org.apache.flink.api.java.tuple.Tuple3;
05    import org.apache.flink.streaming.api.datastream.DataStream;
06    import org.apache.flink.streaming.api.datastream.
  SingleOutputStreamOperator;
07    import org.apache.flink.streaming.api.environment.
  StreamExecutionEnvironment;
08    import org.apache.flink.table.api.Table;
09    import org.apache.flink.table.api.bridge.java.StreamTableEnvironment;
10    import org.apache.flink.util.Collector;
11    import static org.apache.flink.table.api.Expressions.$;
12    //TOP-N
13    public class Demo29 {
14        public static void main(String[] args) throws Exception {
15            StreamExecutionEnvironment sEnv = StreamExecutionEnvironment
16                    .getExecutionEnvironment();
17            StreamTableEnvironment tEnv = StreamTableEnvironment.create(sEnv);
18            //单并行
19            sEnv.setParallelism(1);
20            //socket 流数据
21            DataStream<String> source = sEnv.socketTextStream("localhost",
  7777);
22            //将文本解析成元组
23            SingleOutputStreamOperator<Tuple3<String,Long,Long>>
  tpStreamOperator =
24             source.flatMap(new FlatMapFunction<String,Tuple3<String, Long,
  Long>>() {
25                    @Override
26                    public void flatMap(String value,
```

```
27                               Collector<Tuple3<String, Long, Long>> out)
28                        throws Exception {
29                    String[] strs = value.split(",");
30                    //第一个是 key，第二个是时间戳，第三个是数值
31                    out.collect(Tuple3.of(strs[0],
  Long.parseLong(strs[1]),
32                           Long.parseLong(strs[2])));
33                }
34            }).assignTimestampsAndWatermarks(WatermarkStrategy.
35                    <Tuple3<String, Long, Long>>forMonotonousTimestamps()
36                    .withTimestampAssigner((tp, timestamp) -> tp.f1)
37            );
38        tEnv.createTemporaryView("mytable",tpStreamOperator, $("key"),
39                $("rs").rowtime(), $("ivalue"));
40        //根据 ivalue 字段取 TOP3
41        Table tableout = tEnv.sqlQuery("SELECT key,rs,ivalue " +
42                "FROM ( SELECT *, ROW_NUMBER() OVER (PARTITION BY key " +
43                "ORDER BY ivalue DESC) as row_num FROM mytable) " +
44                "WHERE row_num <= 3");
45        tableout.execute().print();
46    }
47 }
```

代码 7-30 中，Top-N 操作同样需要用到 ROW_NUMBER()内置方法。ORDER BY ivalue DESC 指定 ivalue 为排序的列，WHERE row_num <= 3 代表 TOP-3，即查询出 ivalue 最高的 TOP-3 记录。

目前仅 Blink 计划器支持 Top-N。

7.6.8 数据写入

Flink SQL 对数据进行 ETL 处理后，一般需要将处理后的数据写到外部系统中。下面给出 SQL 数据写入操作示例，如代码 7-31 所示。

【代码 7-31】 SQL 数据写入操作 文件：ch07\Demo30.java

```
01    package com.example.ch07;
02    import org.apache.flink.api.common.eventtime.WatermarkStrategy;
03    import org.apache.flink.api.common.functions.FlatMapFunction;
04    import org.apache.flink.api.java.tuple.Tuple3;
05    import org.apache.flink.streaming.api.datastream.DataStream;
06    import org.apache.flink.streaming.api.datastream.
  SingleOutputStreamOperator;
07    import org.apache.flink.streaming.api.environment.
  StreamExecutionEnvironment;
```

```
08    import org.apache.flink.table.api.bridge.java.StreamTableEnvironment;
09    import org.apache.flink.util.Collector;
10    import static org.apache.flink.table.api.Expressions.$;
11    //数据写入
12    public class Demo30 {
13        public static void main(String[] args) throws Exception {
14            StreamExecutionEnvironment sEnv = StreamExecutionEnvironment
15                    .getExecutionEnvironment();
16            StreamTableEnvironment tEnv = StreamTableEnvironment.create(sEnv);
17            //单并行
18            sEnv.setParallelism(1);
19            //socket 流数据
20            DataStream<String> source = sEnv.socketTextStream("localhost",
  7777);
21            //将文本解析成元组
22            SingleOutputStreamOperator<Tuple3<String,Long,Long>>
  tpStreamOperator =
23             source.flatMap(new FlatMapFunction<String,Tuple3<String, Long,
  Long>>() {
24                        @Override
25                        public void flatMap(String value,
26                                Collector<Tuple3<String, Long, Long>> out)
27                            throws Exception {
28                          String[] strs = value.split(",");
29                          //第一个是 key，第二个是时间戳，第三个是数值
30                          out.collect(Tuple3.of(strs[0], Long.parseLong
  (strs[1]),
31                                  Long.parseLong(strs[2])));
32                        }
33                    }).assignTimestampsAndWatermarks(WatermarkStrategy.
34                          <Tuple3<String, Long, Long>>forMonotonousTimestamps()
35                          .withTimestampAssigner((tp, timestamp) -> tp.f1)
36                    );
37          tEnv.createTemporaryView("mytable",tpStreamOperator, $("key"),
38                  $("rs"), $("ivalue"));
39           //不能存在
40           String path = "file:///c:/wmsoft/data_out2.csv";
41           //SQL DDL 获取 Table
42           String ddl = "CREATE TABLE table_out (" +
43                   "  id STRING," +
44                   "  rs BIGINT," +
45                   "  num BIGINT" +
46                   ") WITH (" +
```

```
47                  "  'connector.type' = 'filesystem'," +
48                  "  'connector.path' = '" + path + "'," +
49                  "  'format.type' = 'csv'" +
50                  ")";
51           tEnv.executeSql(ddl);
52           //INSERT INTO FROM
53           tEnv.executeSql("INSERT INTO table_out(id,cname,num) " +
54                  " SELECT key,rs,ivalue FROM mytable").print();
55       }
56   }
```

代码 7-31 中，数据写入可执行 INSERT...INTO...SELECT...FROM...语句来完成，执行的方式是调用 executeSql 方法。

7.7 自定义函数

Table API 和 SQL 均支持自定义函数，这样可以更加灵活地处理数据。目前 Table API 和 SQL 支持的自定义函数包括：

- Scalar Function
- Table Function
- Aggregation Function

下面分别对这三种自定义函数进行说明。

7.7.1 Scalar Function

Scalar Function 是一个标量函数，即支持将多个（可以为 0）标量值生成唯一的 1 个标量值。实现自定义 Scalar Function，需要继承 org.apache.flink.table.functions.ScalarFunction 并且实现一个或者多个求值方法。

求值方法必须以 public 进行限定，而且函数名字必须是 eval。下面给出 Scalar Function 示例，如代码 7-32 所示。

【代码 7-32】 Scalar Function 文件：ch07\Demo31.java

```
01   package com.example.ch07;
02   import org.apache.flink.streaming.api.environment.
  StreamExecutionEnvironment;
03   import org.apache.flink.table.api.EnvironmentSettings;
04   import org.apache.flink.table.api.Table;
05   import org.apache.flink.table.api.bridge.java.StreamTableEnvironment;
06   import org.apache.flink.table.functions.FunctionContext;
```

```
07   import org.apache.flink.table.functions.ScalarFunction;
08   import java.sql.Timestamp;
09   public class Demo31{
10       public static void main(String[] args) throws Exception {
11           EnvironmentSettings settings = EnvironmentSettings
12                   .newInstance()
13                   .useBlinkPlanner()
14                   .inStreamingMode()
15                   .build();
16           StreamExecutionEnvironment sEnv = StreamExecutionEnvironment
17                   .getExecutionEnvironment();
18           sEnv.setParallelism(1);
19           StreamTableEnvironment tEnv = StreamTableEnvironment.create(sEnv,
   settings);
20           String sinkDDL = "CREATE TABLE rst (" +
21                   " id STRING," +
22                   " key AS concat('c',id)," +
23                   " ts BIGINT," +
24                   " ts2 AS to_ts(ts)," +
25                   " WATERMARK FOR ts2 AS ts2 - INTERVAL '0.001' SECOND" +
26                   ") WITH (" +
27                   "'connector' = 'datagen'," +
28                   "'rows-per-second'='10'," +
29                   "'fields.ts.kind'='sequence'," +
30                   "'fields.ts.start'='1513135677000'," +
31                   "'fields.ts.end'  ='1513135777000'," +
32                   "'fields.id.length'='1'" +
33                   ")";
34           //注册 ScalarFunction
35           tEnv.createTemporarySystemFunction("to_ts", ToEventTimeFunc.class);
36           tEnv.executeSql(sinkDDL);
37           Table table2 = tEnv.sqlQuery("SELECT key, count(key) as cunt, " +
38 "HOP_START(ts2, INTERVAL '0.05' SECOND, INTERVAL '0.1' SECOND) as wstart, " +
39 "HOP_END(ts2, INTERVAL '0.05' SECOND, INTERVAL '0.1' SECOND) as wend," +
40 "HOP_ROWTIME(ts2, INTERVAL '0.05' SECOND, INTERVAL '0.1' SECOND) as rt " +
41 "FROM rst GROUP BY key,HOP(ts2, INTERVAL '0.05' SECOND,INTERVAL '0.1' SECOND)");
42           table2.execute().print();
43       }
44       public static class ToEventTimeFunc extends ScalarFunction {
45           @Override
46           public void open(FunctionContext context) throws Exception {
47               super.open(context);
48           }
```

```
49          public Timestamp eval(Long mills) {
50              //Timestamp scurrtest = new Timestamp(System.currentTimeMillis());
51              //System.out.println(mills);
52              Timestamp ts = new Timestamp(mills);
53              return ts;
54          }
55      }
56  }
```

代码 7-32 中，44 行自定义一个名为 ToEventTimeFunc 的 ScalarFunction。49 行定义了核心的 eval 方法，即 Timestamp eval(Long mills)，它接收一个 Long 类型的输入参数，并返回一个 Timestamp 类型的值。

35 行 tEnv.createTemporarySystemFunction("to_ts", ToEventTimeFunc.class) 注册自定义的 ToEventTimeFunc 函数，并命名为 to_ts。36 行 tEnv.executeSql(sinkDDL)执行的 sinkDDL 语句中，使用了自定义的 to_ts 函数，即 24 行的 ts2 AS to_ts(ts)。当转换成 Timestamp 类型后，才可以指定时间属性和生成水位线，即 25 行的 WATERMARK FOR ts2 AS ts2 - INTERVAL '0.001' SECOND。

7.7.2 Table Function

跟自定义 ScalarFunction 一样，自定义 Table Function 的输入参数也可以多个（或者 0 个）标量值。但它可以返回任意多行。返回的每一行可以包含 1 到多个列。

要定义一个 Table Function 需要继承 org.apache.flink.table.functions.TableFunction，可以通过实现多个名为 eval 的方法对求值方法进行重载。TableFunction 通过 collect(T)方法来发送数据到下游算子中。

下面给出 Table Function 示例，如代码 7-33 所示。

【代码 7-33】　Table Function　文件：ch07\Demo32.java

```
01  package com.example.ch07;
02  import com.example.ch03.ClickEvent;
03  import org.apache.flink.streaming.api.datastream.DataStreamSource;
04  import org.apache.flink.streaming.api.environment.
StreamExecutionEnvironment;
05  import org.apache.flink.table.api.DataTypes;
06  import org.apache.flink.table.api.Table;
07  import org.apache.flink.table.api.bridge.java.StreamTableEnvironment;
08  import org.apache.flink.table.expressions.TimePointUnit;
09  import org.apache.flink.table.functions.FunctionContext;
10  import org.apache.flink.table.functions.ScalarFunction;
11  import org.apache.flink.table.functions.TableFunction;
12  import org.apache.flink.table.types.DataType;
13  import org.apache.flink.types.Row;
14  import java.sql.Timestamp;
15  import java.util.HashMap;
```

```
16  import java.util.Map;
17  import static org.apache.flink.table.api.Expressions.*;
18  public class Demo32 {
19      public static void main(String[] args) throws Exception {
20          StreamExecutionEnvironment env = StreamExecutionEnvironment
21                  .getExecutionEnvironment();
22          env.setParallelism(1);
23          StreamTableEnvironment tEnv = StreamTableEnvironment.create(env);
24          DataStreamSource<ClickEvent> mySource = env.fromElements(
25                  new ClickEvent("user1", 1L, 1),
26                  new ClickEvent("user1", 2L, 2),
27                  new ClickEvent("user1", 4L, 3),
28                  new ClickEvent("user1", 3L, 4),
29                  new ClickEvent("user1", 5L, 5),
30                  new ClickEvent("user1", 6L, 6),
31                  new ClickEvent("user1", 7L, 7),
32                  new ClickEvent("user1", 8L, 8)
33          );
34          tEnv.createTemporaryView("rst", mySource, $("Key"),
35                  $("DateTime").as("ts2"),$("Value"));
36          Table table = tEnv.from("rst");
37          //注册 ToNameFunc
38          tEnv.createTemporaryFunction("to_name", ToNameFunc.class);
39          //注册 SplitTableFunc
40          tEnv.createTemporaryFunction("to_tsc", SplitTableFunc.class);
41          DataType tstype = DataTypes.TIMESTAMP(3)
42                  .bridgedTo(Timestamp.class);
43          //类型转换
44          table =  table.addColumns($("ts2").cast(tstype).as("ts"));
45          table.execute().print();
46          table = table.addColumns(call("to_name",$("Key"))
47                  .as("cname"));
48          table.execute().print();
49          table =  table.addColumns(concat($("Key"),"_",$("cname"))
50                  .as("col3"));
51          table.execute().print();
52          table =  table.dropColumns($("cname"));
53          table.execute().print();
54          table =  table.addOrReplaceColumns(ifThenElse($("Value").isGreater(3),
55                ">3","<=3").as("ifThenElse"));
56          table.execute().print();
57          table =  table.addOrReplaceColumns($("ts").toDate().as("date"));
58          table.execute().print();
59          table = table.addOrReplaceColumns(timestampDiff(TimePointUnit.DAY,
60                $("date"),lit("2016-06-18").toDate()).as("timestampDiff"));
```

```
61          table.execute().print();
62          table =  table.addOrReplaceColumns(currentTimestamp().as("now"));
63          table.execute().print();
64      }
65      public static class ToNameFunc extends ScalarFunction {
66          private Map<String,String> map = new HashMap<>();
67          @Override
68          public void open(FunctionContext context) throws Exception {
69              super.open(context);
70              map.put("user1", "张三");
71          }
72          public String eval(String s) {
73              return  map.get(s);
74          }
75      }
76      public static class SplitTableFunc extends TableFunction<Row> {
77          public void eval(Long mills) {
78              Timestamp ts = new Timestamp(mills);
79              collect(Row.of(ts, mills));
80          }
81      }
82  }
```

代码 7-33 中，76 行自定义一个名为 SplitTableFunc 的 TableFunction。77 行定义了核心的 eval 方法，即 eval(Long mills)，它接收一个 Long 类型的输入参数，并返回一个 collect(Row.of(ts, mills)) 类型的值，其中 ts 为 mills 对应的 Timestamp 值。

44 行 table.addColumns($("ts2").cast(tstype).as("ts"))通过 addColumns 添加新的字段，它对字段 ts2 使用 cast 进行类型转换，将其转换为 DataTypes.TIMESTAMP(3)。46 行 table.addColumns(call("to_name",$("Key")).as("cname"))用 call 调用自定义的 ToNameFunc 函数，它根据 key 去查找一个名字，这里演示只用了一个映射，即 user1 返回"张三"。

7.7.3 Aggregation Function

Aggregation Function 是自定义聚合函数，它把一个表聚合成一个标量值。Aggregation Function 需要继承 org.apache.flink.table.functions.AggregateFunction 来实现，且必须实现如下方法：

- createAccumulator()：创建一个空的accumulator数据结构，存储聚合的中间结果。
- accumulate()：对于每一行数据，会调用accumulate()方法来更新accumulator。
- getValue()：当所有的数据都处理完成后，通过调用getValue()方法来计算和返回最终的结果。

下面给出 Aggregation Function 示例，如代码 7-34 所示。

【代码 7-34】 Aggregation Function 文件：ch07\Demo33.java

```
01    package com.example.ch07;
02    import org.apache.flink.streaming.api.environment.
  StreamExecutionEnvironment;
03    import org.apache.flink.table.api.DataTypes;
04    import org.apache.flink.table.api.Table;
05    import org.apache.flink.table.api.bridge.java.StreamTableEnvironment;
06    import org.apache.flink.table.functions.AggregateFunction;
07    import static org.apache.flink.table.api.Expressions.row;
08    public class Demo33{
09        public static void main(String[] args) throws Exception {
10            StreamExecutionEnvironment env = StreamExecutionEnvironment
11                    .getExecutionEnvironment();
12            StreamTableEnvironment tEnv = StreamTableEnvironment.create(env);
13            Table mytable = tEnv.fromValues(
14                    DataTypes.ROW(
15                            DataTypes.FIELD("id", DataTypes.STRING()),
16                            DataTypes.FIELD("name", DataTypes.STRING()),
17                            DataTypes.FIELD("amount", DataTypes.DOUBLE()),
18                            DataTypes.FIELD("addtime", DataTypes.TIMESTAMP(3))
19                    ),
20                    row("1", "pen", 2.5, "2021-02-05 11:10:31"),
21                    row("1", "pen", 3.5, "2021-02-05 11:30:31"),
22                    row("3", "book", 8.2, "2021-02-08 15:16:21"),
23                    row("3", "book", 10.8, "2021-02-08 15:16:21")
24            );
25            tEnv.createTemporaryView("mytable", mytable);
26            tEnv.createTemporarySystemFunction("avgTemp", new AvgTemp());
27            Table sqlResult = tEnv.sqlQuery("SELECT id,avgTemp(amount) as myAVG " +
28                    "FROM mytable GROUP BY id");
29            sqlResult.execute().print();
30        }
31        public static class AvgTempAcc {
32            public Double sum = 0.0;
33            public Integer count = 0;
34            public AvgTempAcc() {
35            }
36            public AvgTempAcc(Double sum, Integer count) {
37                this.sum = sum;
38                this.count = count;
39            }
40        }
```

```
41      public static class AvgTemp extends
42              AggregateFunction<Double, AvgTempAcc> {
43          @Override
44          public AvgTempAcc createAccumulator() {
45              return new AvgTempAcc();
46          }
47          public void accumulate(AvgTempAcc acc, Double temp) {
48              acc.sum += temp;
49              acc.count += 1;
50          }
51          @Override
52          public Double getValue(AvgTempAcc acc) {
53              return acc.sum / acc.count;
54          }
55      }
56  }
```

代码7-33中，31行AvgTempAcc是一个类，其数据结构中包含两个字段，即sum和count，它就是一个accumulator。

41行定义了一个AvgTemp的AggregateFunction。45行在createAccumulator方法中，生成一个空的AvgTempAcc对象，用于存储数据。在accumulate方法中，每次有新元素到达，就累计sum值和count计数值，最后在getValue方法中，调用acc.sum / acc.count求出均值。

7.8 本章小结

使用Flink Table和SQL API可以对数据进行类似表一样的处理，这样更加方便使用。特别是随着社区对SQL API的加强，未来预期可以用SQL来实现大部分DataStream API和DataSet API相关功能，且逐渐真正统一流批处理API。

第 8 章 并行

对于大数据处理来说，不可避免地需要对数据进行并行处理，并需要通过扩展服务器提升并行计算能力。在 Flink 当中，任务的并行可以用并行度来衡量。如果要想优化 Flink 对数据的处理，则需要根据 Flink 集群架构，合理设置当前作业的并行度。

本章主要涉及的知识点有：

- Flink并行度：掌握Flink并行度的基本概念。
- Flink并行度设置：掌握几种Flink并行度设置。

8.1 Flink 并行度

一般来说，Flink 应用程序构建的数据流图由多个算子组成。而算子在执行时会以多个并行子任务的方式来执行，这样就具备了分布式计算的能力。

Flink 并行度（Parallelism）就是任务的并行实例的数量，它是一个整数。并行度的设定必须根据 Flink 集群当中的资源情况来合理配置，若设置得过小，则不能发挥集群的优势；若设置得过大，则会导致资源不够，从而导致作业无法完成并报错。

举例来说，一个公司目前有一个项目需要完成，当前可参与项目的人数为 6，如果并行度设置为 1，则当前同一时刻只能有一个人来参与项目，而不能并发工作，因此会导致项目周期变长。如果设置为 7，则由于公司的人员不够，不能以 7 个并行的人员来参与项目。

前面提到，Flink 划分的 Task 会被发到 TaskManager Slot 中处理。一般来说，Slot 数量和 TaskManager 的 CPU Core 数量成正比。因此，配置项 taskmanager.numberOfTaskSlots 的推荐值就是 CPU Core 的数目。

8.2 TaskManager 和 Slot

当 Flink 需要调度执行时，需要将子任务分配到任务槽中，这个过程涉及将 Flink 作业图转换成物理执行图。一般来说，TaskManager 可以看作是一个独立的 JVM 进程，其中可以运行一个或者多个子任务。

每个任务槽都会独立抢占 TaskManager 节点上的计算资源。举例来说，如果一个 TaskManager 节点上有 3 个任务槽，那么 Flink 资源管理器会平均分配其托管内存，即每个任务槽占有 1/3 的托管内存。

独立的资源分配意味着：子任务不会与其他作业的子任务在托管内存资源上产生竞争，每个子任务独占分配给自己的托管内存进行计算。一般来说，每个 TaskManager 节点上可能有多个任务槽，多个子任务共享任务槽资源，可以减少每个子任务对资源的开销。

关于并行度参数可以在提交作业时，通过设置并行度参数来动态修改。如果设置的并行度过大，超过 Flink 集群中可用的任务槽数，则会出现资源不足的情况，这样会导致作业执行失败。

任务槽目前并没有对 CPU 进行资源隔离，而仅将托管内存进行了隔离。另外 Flink 集群所需的任务槽数与作业中使用的最高并行度（Parallelism）数量一致。

假设我们有一个 Flink 集群，其中有两个 TaskManager 节点负责执行具体的计算任务，每个 TaskManager 上有 3 个任务槽，即共有 6 个任务槽。

在子任务共享任务槽的情况下，Source/map 算子链、KeyBy/window/apply 算子和 Sink 算子可以共享同一个任务槽，而 Flink 调度器可以最大化地进行资源利用，即同时将各算子调度到 6 个任务槽上运行，让资源得到充分利用，从而提高计算性能。理论上该作业的并行度为最大的任务槽数 6。图 8.1 给出了共享任务槽后的执行示意图。

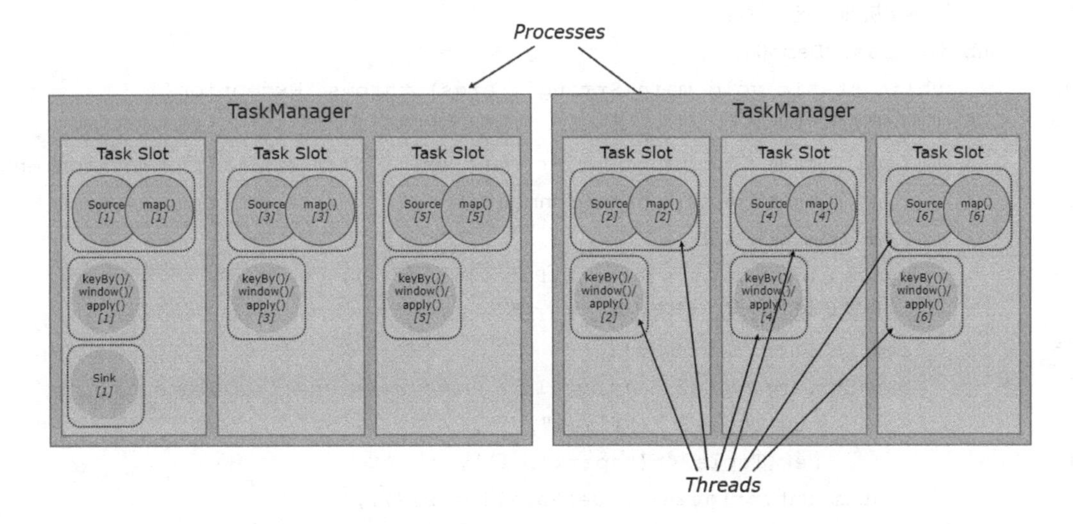

图 8.1 子任务共享任务槽示意图（来自官方网站）

在图 8.1 中，也给出了进程、线程、任务槽、算子、并行度和算子链之间的关系。即一个 TaskManager 为一个进程，一个进程中有多个任务槽对资源进行独立抢占和隔离。每个任务槽可以同时运行多个子任务，而子任务可以是一个并行的算子实例，它在 TaskManager 进程的线程中运行。

8.3 并行度的设置

并行度可以进行多种方式的设置，并行度优先级从高到低依次如下：

- 算子设置并行度。
- env设置并行度。
- 配置文件默认并行度。

8.3.1 执行环境层面

Flink 应用程序必须依赖执行上下文环境，而执行上下文环境可以通过设置并行度来修改所有算子上的默认并行度。并行度可以通过调用 setParallelism(N)来设置。下面给出执行环境设置并行度示例，如代码 8-1 所示。

【代码 8-1】 执行环境设置并行度 文件：ch08\Demo01.java

```
01    package com.example.ch08;
02    import org.apache.flink.api.java.tuple.Tuple2;
03    import org.apache.flink.streaming.api.datastream.DataStream;
04    import org.apache.flink.streaming.api.datastream.
  SingleOutputStreamOperator;
05    import org.apache.flink.streaming.api.environment.
  StreamExecutionEnvironment;
06    //执行环境层面设置并行度
07    public class Demo01 {
08        public static void main(String[] args) throws  Exception{
09            //获取执行环境
10            final StreamExecutionEnvironment env = StreamExecutionEnvironment
11                    .getExecutionEnvironment();
12            //获取默认的并行度
13            System.out.println(env.getParallelism());
14            //设置环境并行度，影响各算子并行度
15            env.setParallelism(1);
16            DataStream<Tuple2<String, Integer>> wc = env.fromElements(
17                    new Tuple2<>("flink", 1),
18                    new Tuple2<>("spark", 1));
19            System.out.println(wc.getParallelism());
20            SingleOutputStreamOperator<Tuple2<String, Integer>> filterDS =
```

```
21                wc.filter(item -> item.f0.contains("flink"));
22            System.out.println(filterDS.getParallelism());
23            filterDS.print();
24            //执行
25            env.execute();
26        }
27    }
```

代码 8-1 中，10 行 StreamExecutionEnvironment env 定义了一个流执行上下文环境 env。13 行 System.out.println(env.getParallelism())获取默认的并行度。

15 行 env.setParallelism(1)设置了流执行上下文环境上的并行度为 1，它会影响后续算子的并行度，即都为 1。因此，22 行 System.out.println(filterDS.getParallelism())输出的 filterDS 算子的并行度修改为 1。

运行此示例，输出结果如下：

```
4 //这个默认值在不同环境下是不同的
1
1
(flink,1)
```

8.3.2 操作算子层面

除了可以在执行环境层面设置全局的并行度外，还可以单独在操作算子上设置并行度。操作算子的并行度同样在算子上调用 setParallelism(N)方法设置，它可以覆盖执行环境层面的并行度设置。

下面给出操作算子层面并行度示例，如代码 8-2 所示。

【代码 8-2】 操作算子层面行度 文件：ch08\Demo02.java

```
01    package com.example.ch08;
02    import org.apache.flink.api.java.tuple.Tuple2;
03    import org.apache.flink.streaming.api.datastream.DataStream;
04    import org.apache.flink.streaming.api.datastream.
  SingleOutputStreamOperator;
05    import org.apache.flink.streaming.api.environment.
  StreamExecutionEnvironment;
06    //算子层面设置并行度
07    public class Demo02 {
08        public static void main(String[] args) throws  Exception{
09            //获取执行环境
10            final StreamExecutionEnvironment env = StreamExecutionEnvironment
11                    .getExecutionEnvironment();
12            //设置环境并行度，影响各算子并行度
13            env.setParallelism(1);
14            //非并行算子的并行度只能为1,wc.setParallelism(2)报错
```

```
15          DataStream<Tuple2<String, Integer>> wc = env.fromElements(
16                  new Tuple2<>("flink", 1),
17                  new Tuple2<>("spark", 1));
18          System.out.println(wc.getParallelism());
19          SingleOutputStreamOperator<Tuple2<String, Integer>> filterDS =
20              wc.filter(item -> item.f0.contains("flink")).setParallelism(3);
21          //算子并行度覆盖环境并行度，为 3
22          System.out.println(filterDS.getParallelism());
23          filterDS.print();
24          //执行
25          env.execute();
26      }
27  }
```

代码 8-2 中，10 行 StreamExecutionEnvironment env 定义了一个流执行上下文环境 env，虽然 13 行 env.setParallelism(1)设置了流执行上下文环境上的并行度为 1，但 20 行 wc.filter(item -> item.f0.contains("flink")).setParallelism(3)对 filter 算子单独设置了算子并行度为 3，此时 filter 算子的并行度为 3。

因此，22 行 System.out.println(filterDS.getParallelism())输出的 filterDS 算子的并行度修改为 3。

运行此示例，则输出结果如下：

```
1
3
(flink,1)
```

8.3.3 客户端层面

在客户端提交 Flink 应用程序时，也可以设置并行度。如可以在 Flink 的 CLI 命令行中通过参数-p 来设置并行度。具体示例如下：

```
./bin/flink run -p 3 ../examples/hello-java-1.0-SNAPSHOT.jar
```

8.3.4 系统层面

系统层面的并行度设置，会针对所有的执行环境生效，可以通过 parallelism.default 配置项来进行设置，具体在 conf/flink-conf.yaml 文件中设置，如默认的系统并行度为 3 的设置示例为：

```
parallelism.default: 3
```

8.3.5 最大并行度

设置最大并行度，可以调用 setMaxParallelism(N)方法，其调用和 setParallelism(N)一致。

最大的并行度设置过大，可能会导致性能降低。

8.4 并行度案例分析

合理地设置 Flink 的并行度，这对于优化程序非常重要。下面给出并行度案例，如代码 8-3 所示。

【代码 8-3】 并行度 文件：ch08\Demo03.java

```
01    package com.example.ch08;
02    import org.apache.flink.api.common.typeinfo.TypeHint;
03    import org.apache.flink.api.java.tuple.Tuple2;
04    import org.apache.flink.api.java.utils.ParameterTool;
05    import org.apache.flink.streaming.api.datastream.DataStreamSource;
06    import org.apache.flink.streaming.api.datastream.
  SingleOutputStreamOperator;
07    import org.apache.flink.streaming.api.environment.
  StreamExecutionEnvironment;
08    //com.example.ch08.Demo03 --mapp 1
09    //并行度案例分析
10    public class Demo03 {
11        public static void main(String[] args) throws  Exception{
12            //参数处理
13            ParameterTool params = ParameterTool.fromArgs(args);
14            //获取执行环境
15            final StreamExecutionEnvironment env = StreamExecutionEnvironment
16                    .getExecutionEnvironment();
17            //获取默认的并行度
18            System.out.println(env.getParallelism());
19            //是否开启算子链
20            System.out.println(env.isChainingEnabled());
21            DataStreamSource<Long> ds = env.generateSequence(1, 30);
22            SingleOutputStreamOperator<Tuple2<String, Long>> mapDS =
23                    ds.map(item -> Tuple2.of("flink",item))
24                            .returns(new TypeHint<Tuple2<String, Long>>(){});
25            //决定是否形成算子链
26            if (params.has("mapp")) {
27                //不形成算子链
28                mapDS.setParallelism(1);
29            } else {
30                //形成算子链
31            }
32            mapDS.keyBy(tp->tp.f0).sum("f1").print();
```

```
33          //此 JSON 执行计划并不如实反应算子链情况
34          String json = env.getExecutionPlan();
35          System.out.println(json);
36           //执行
37           env.execute();
38       }
39   }
```

代码 8-3 中，13 行 ParameterTool params = ParameterTool.fromArgs(args)用 ParameterTool 工具对参数 args 进行解析。20 行 System.out.println(env.isChainingEnabled())打印当前流计算上下文环境是否开启算子链功能，默认是启动的，即返回 True。

26 行 if (params.has("mapp"))判断输入参数 args 是否包含 mapp 参数，如果有，则设置 mapDS 算子的并行度为 1，否则不设置算子并行度。

34 行 String json = env.getExecutionPlan()可以获取 Flink 应用程序的执行计划 JSON，此 JSON 输入如下：


```
{
  "nodes" : [ {
    "id" : 1,
    "type" : "Source: Sequence Source",
    "pact" : "Data Source",
    "contents" : "Source: Sequence Source",
    "parallelism" : 4
  }, {
    "id" : 2,
    "type" : "Map",
    "pact" : "Operator",
    "contents" : "Map",
    "parallelism" : 4,
    "predecessors" : [ {
      "id" : 1,
      "ship_strategy" : "FORWARD",
      "side" : "second"
    } ]
  }, {
    "id" : 4,
    "type" : "Keyed Aggregation",
    "pact" : "Operator",
    "contents" : "Keyed Aggregation",
    "parallelism" : 4,
    "predecessors" : [ {
```

```
      "id" : 2,
      "ship_strategy" : "HASH",
      "side" : "second"
    } ]
  }, {
    "id" : 5,
    "type" : "Sink: Print to Std. Out",
    "pact" : "Data Sink",
    "contents" : "Sink: Print to Std. Out",
    "parallelism" : 4,
    "predecessors" : [ {
      "id" : 4,
      "ship_strategy" : "FORWARD",
      "side" : "second"
    } ]
  } ]
}
```

将此 JSON 复制到 Flink Plan Visualizer 进行可视化，如图 8.2 所示。

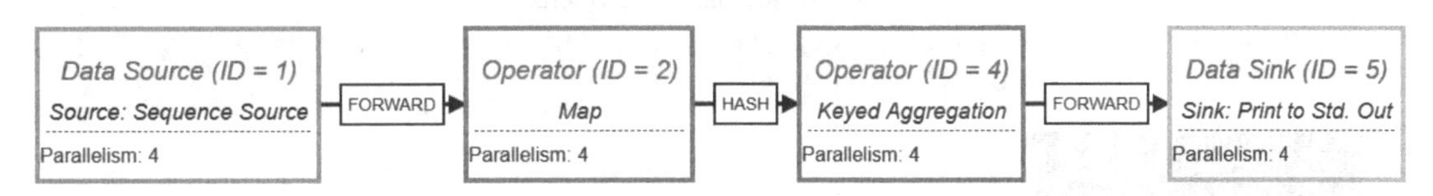

图 8.2 执行计划可视化流程示意图

此 JSON 执行计划并不如实反应算子链的情况。

前面提到，Flink 两个算子，可优化形成算子链的条件如下：

- 上下游算子的并行度一致。
- 下游节点的入度为 1 。
- 上下游算子都在同一个 Slot Group 中。
- 下游算子的 chain 策略为 ALWAYS。
- 上游算子的 chain 策略为 ALWAYS 或 HEAD。
- 两个算子间数据分区方式是 forward。
- 用户没有禁用chain。

将代码 8-3 的 Flink 程序打包为 Jar 包，并在 Flink WebUI 上提交作业，如果不指定参数--mapp 1，则输出的执行计划示意图如图 8.3 所示。

由图 8.3 可知，默认情况下，Keyed Aggregation 算子和 Sink 算子由于并行度一致，都为 4，且符合算子链形成条件，被优化成一个算子链。同理，Source 和 Map 也构成一个算子链。而当指定参数--mapp 1，即示例参数截图如图 8.4 所示。

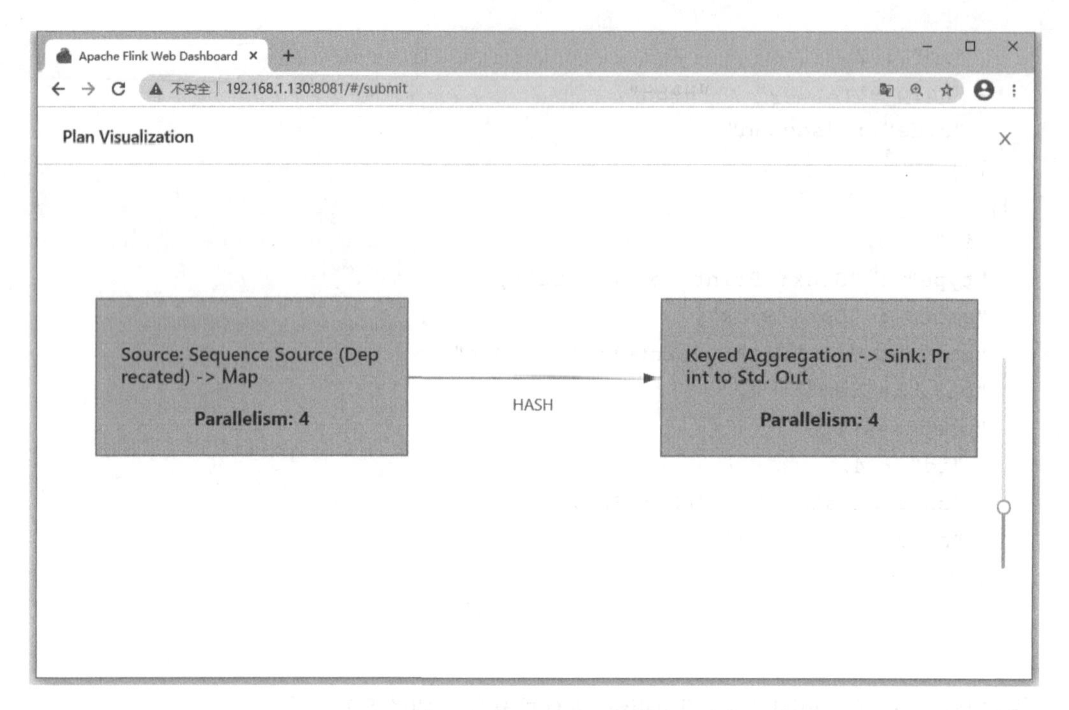

图 8.3　有算子链的执行计划图

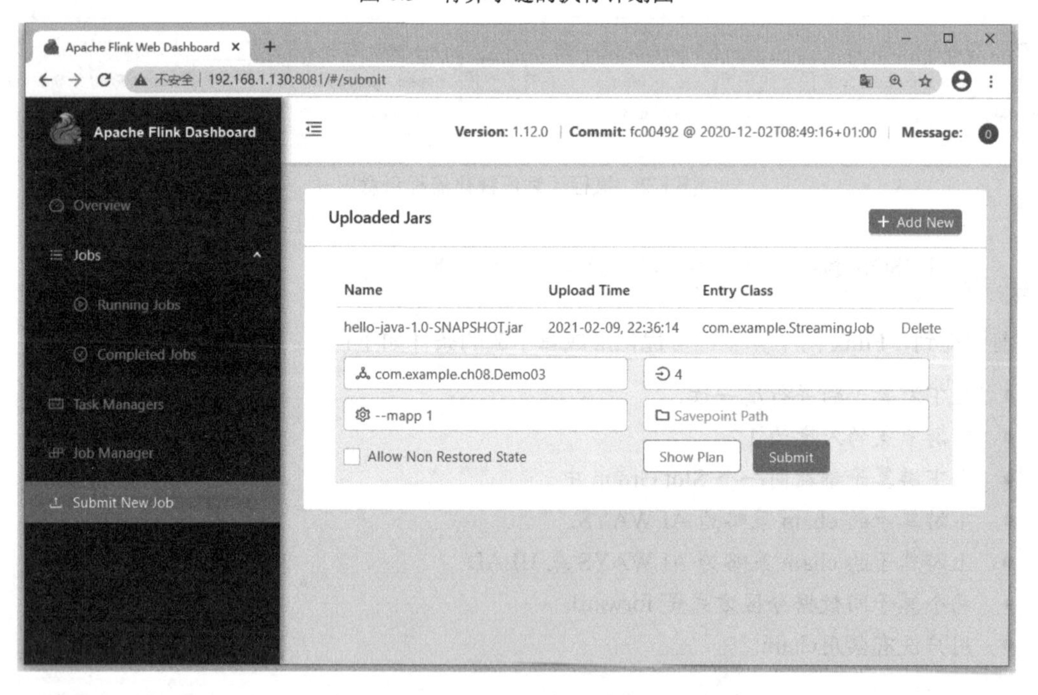

图 8.4　提交作业示例参数

在图 8.4 中，此时指定 mainClass 为 com.example.ch08.Demo03，参数 args 为--mapp 1，并行度为 4。若单击[Show Plan]，则输出的执行计划示意图如图 8.5 所示。

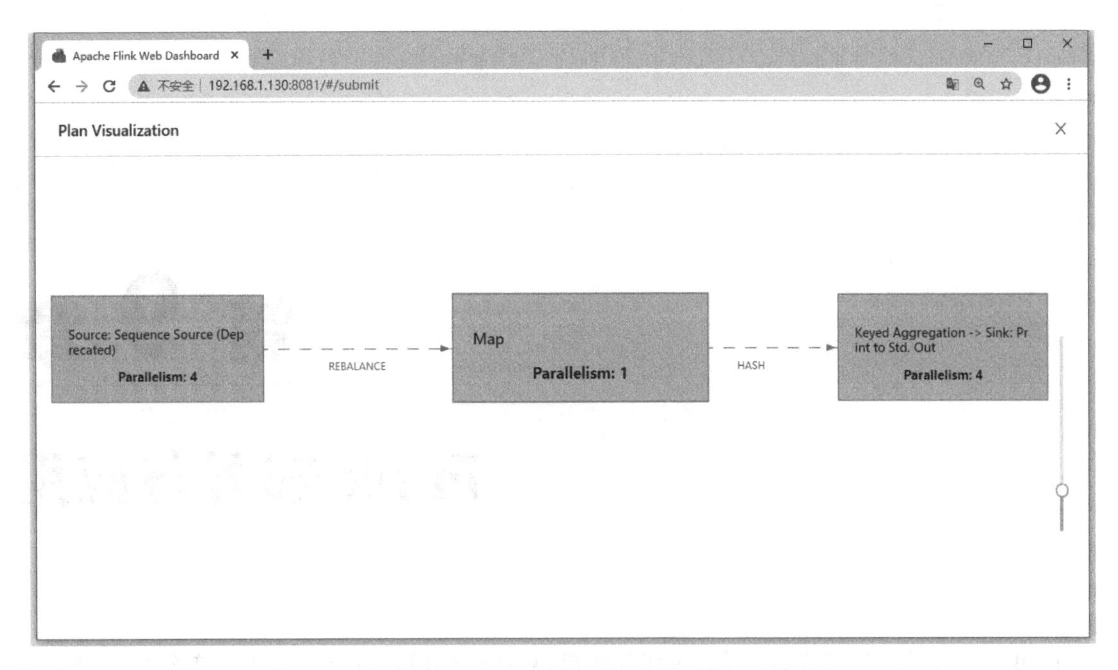

图 8.5 不同并行度不构成算子链的执行计划示意图

由图 8.5 可知，Source 和 Map 不再构成一个算子链，这是由于这两个算子并行度不一致。Source 并行度为 4，而 Map 算子的并行度为 1。

8.5 本章小结

在 Flink 当中，任务的并行可以用并行度来衡量。合理设置并行度非常重要，当我们对 Flink 集群进行扩容时，也需要及时挑战并行度。

第 9 章

Flink 部署与应用

Flink 应用程序开发完成后，需打包部署到 Flink 分布式集群中运行。本章将首先对 Flink 几种部署方式进行阐述，并简要介绍如何搭建高可用的 Flink 集群；其次将对 Flink 的安全管理进行介绍；最后给出 Flink 集群升级的基本方法。

本章主要涉及的知识点有：

- Flink集群部署：掌握Standalone Cluster、Yarn Cluster和K8S Cluster集群的部署方法。
- Flink安全管理：了解基本的Flink安全认证方法。
- Flink集群升级：掌握Flink集群中的任务重启、状态维护以及版本升级的基本过程。

9.1 Flink 集群部署

Flink 作为一个分布式计算引擎，作业需要部署到 Flink 集群中运行。Flink 目前支持多种集群部署方式，但常用的集群部署方式有：

- Standalone Cluster。
- Yarn Cluster。
- Kubernetes Cluster。

下面分别对这三种集群部署方式进行说明。

9.1.1 Standalone Cluster 部署

Flink Standalone Cluster 集群的部署，首先需要搭建一个 Flink Standalone Cluster 集群环境。安装的前提条件有：

- JDK1.8+
  Flink框架需要基于JDK1.8+才能正确运行，因此必须在服务器上成功安装JDK1.8+，且设置了JAVA_HOME环境变量。
- SSH环境
  Flink Standalone Cluster集群各节点之间需要进行数据通信，这里需要借助SSH配置互信机制，实现免密码登录。

Standalone Cluster 集群中各 Flink 的安装路径和配置文件必须一致。

部署的详细步骤如下：

步骤01 从官方网站下载 flink-1.12.0-bin-scala_2.11.tgz 文件，切换到/root/wmsoft 目录下，并解压：

```
tar -zxvf flink-1.12.0-bin-scala_2.11.tgz
```

步骤02 解压后，切换到 conf 目录下，用如下命令进行配置：

```
vim flink-conf.yaml
```

步骤03 修改 jobmanager.rpc.address，内容如下：

```
jobmanager.rpc.address: 192.168.1.70
```

步骤04 其他参数可以根据实际情况进行修改，比如 taskmanager.numberOfTaskSlots 和 jobmanager.heap.size 等。

步骤05 修改 conf 目录下的 masters 文件，用如下命令修改：

```
vim masters
```

修改内容为：

```
192.168.1.70:8081
```

步骤06 修改 conf 目录下的 slaves 文件，用如下命令修改：

```
vim slaves
```

修改内容为：

```
192.168.1.80
192.168.1.90
```

步骤07 复制本机/root/wmsoft/flink-1.12.0 整个目录至远程主机/root/wmsoft/目录下，在 master 节点上执行如下命令：

```
scp -r /root/wmsoft/flink-1.12.0/  root@192.168.1.80:/root/wmsoft/
scp -r /root/wmsoft/flink-1.12.0/  root@192.168.1.90:/root/wmsoft/
```

步骤08 启动 Flink Standalone Cluster，命令如下：

```
./start-cluster.sh
```

成功启动集群后，则输出如下界面，如图 9.1 所示。

```
[root@hadoop01 flink-1.12.0]# cd bin
[root@hadoop01 bin]# ./start-cluster.sh
Starting cluster.
Starting standalonesession daemon on host hadoop01.
Starting taskexecutor daemon on host hadoop02.
Starting taskexecutor daemon on host hadoop03.
[root@hadoop01 bin]#
```

图 9.1 逻辑数据流示意图

步骤 09 打开浏览器，在地址栏输入 http://hadoop01:8081，单击[Task Manager]菜单项可显示如下界面（见图 9.2）。

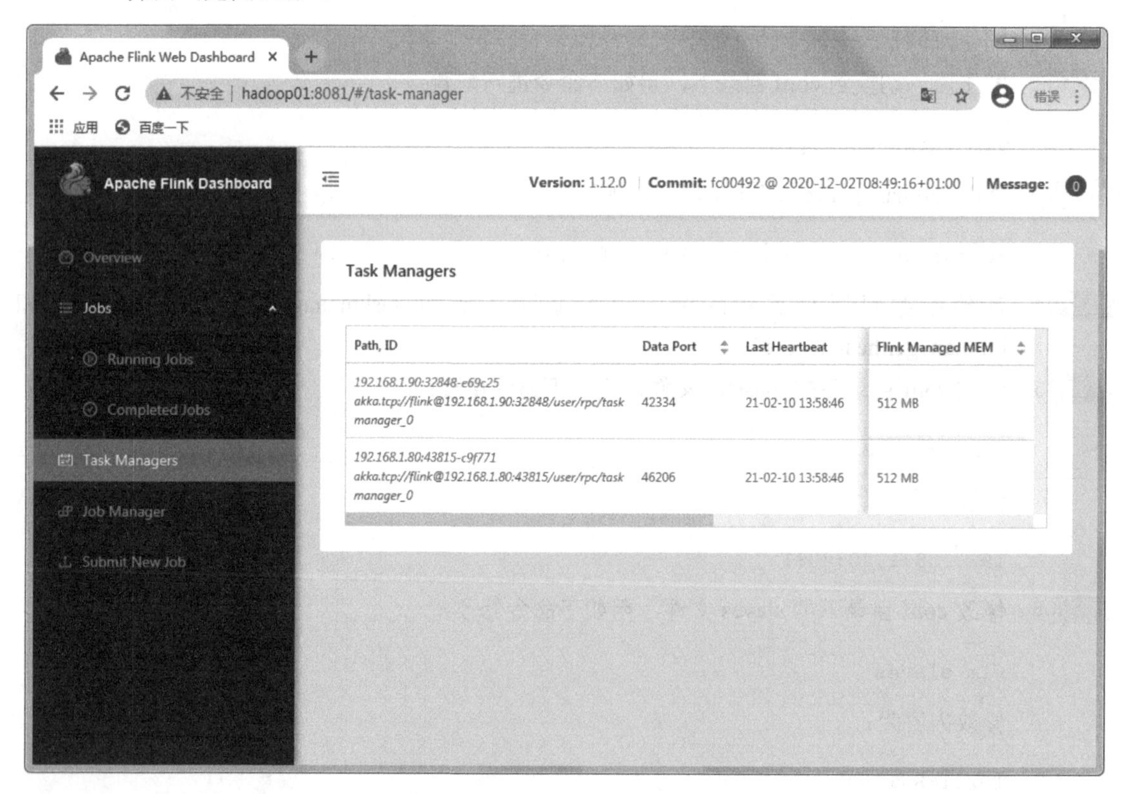

图 9.2 Flink Standalone Cluster TaskManager 列表

由图 9.2 可知，此 Fink Standalone Cluster 在 192.168.1.80 和 192.168.1.90 两台服务器上分别启动了 Task Manager 服务。

也可以将 192.168.1.70 作为 slaves 列表中的一个，这样既充当 master 节点，也充当 slave 节点。

此时，我们就可以通过 Web UI 提交打包后的 Flink 应用程序，如图 9.3 所示。

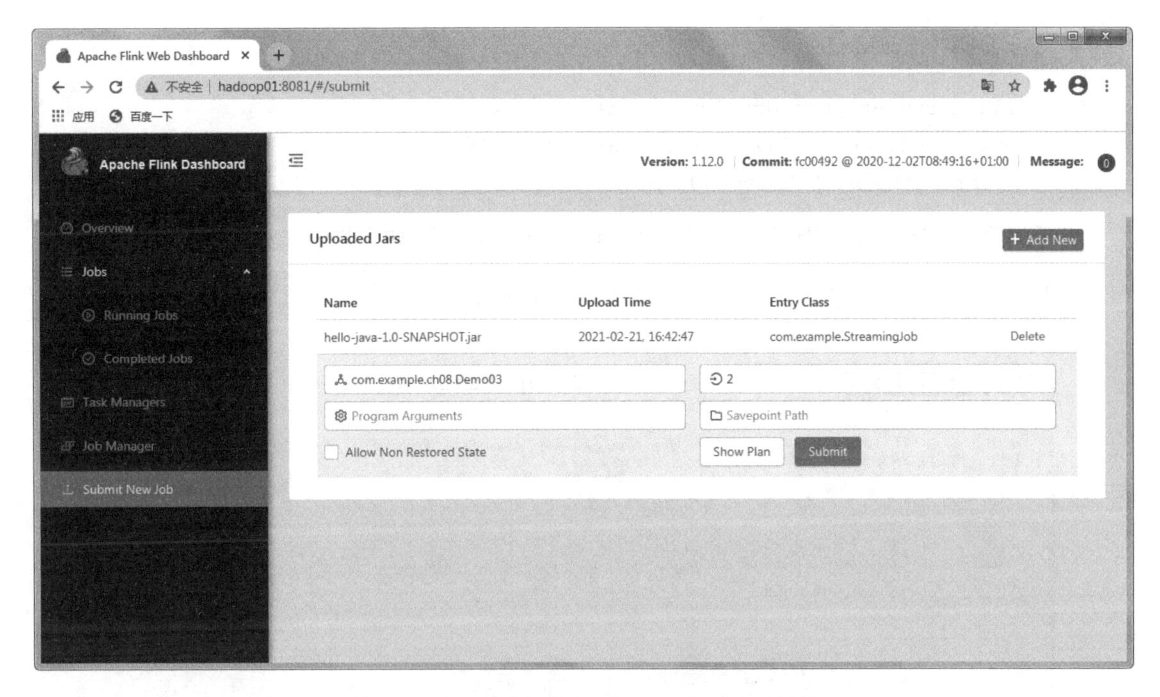

图 9.3　Flink Standalone Cluster 提交应用界面

9.1.2　Yarn Cluster 部署

Flink 还可以基于 Hadoop Yarn 资源管理器来搭建 Fink Yarn Cluster 集群，它的一个好处是可以共用一些服务器资源。关于 Hadoop 集群的搭建这里不再赘述，可自行通过官方网站进行学习。

首先启动 Hadoop 相关服务，切换到 Hadoop 安装目录下，执行如下命令：

```
./start-yarn.sh
./start-dfs.sh
```

为了让 Flink 可以在 CLASSPATH 中找到 Hadoop，需要设置如下环境变量：

```
export HADOOP_CLASSPATH=`hadoop classpath`
```

切换到 Flink 安装目录下，不同的运行模式执行的命令不同，如下：

- Session Mode

```
#启动 YARN Session
./yarn-session.sh --detached
#提交作业
./flink run  /root/wmsoft/hello-java-1.0-SNAPSHOT.jar -c
com.example.ch08.Demo03 -p 1
```

- Application Mode

```
./flink run-application -t yarn-application
/root/wmsoft/hello-java-1.0-SNAPSHOT.jar   \
 -c com.example.ch08.Demo03 -p 1
```

- Per-Job Cluster Mode

```
./flink run -t yarn-per-job --detached
/root/wmsoft/hello-java-1.0-SNAPSHOT.jar   \
 -c com.example.ch08.Demo03 -p 1
```

打开浏览器，输入 http://hadoop01:8088/cluster/apps，可显示如下界面（见图 9.4）。

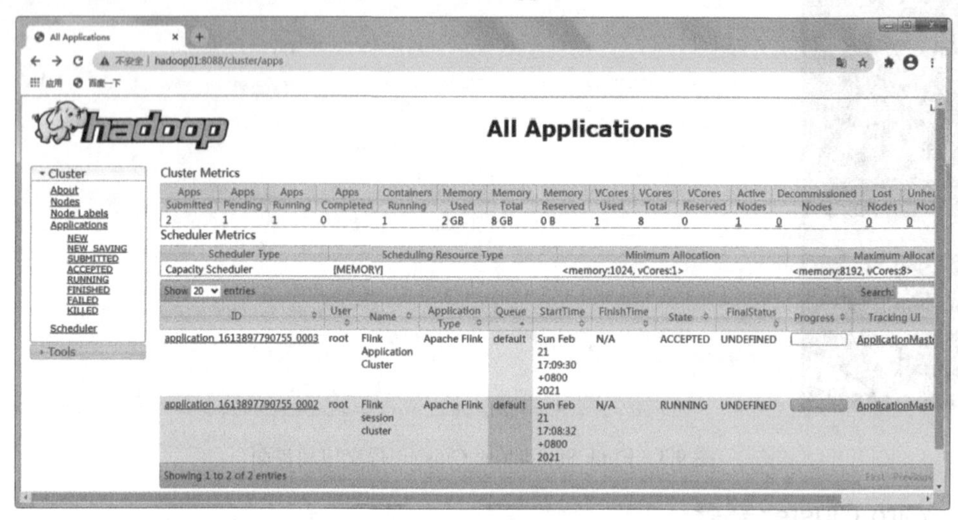

图 9.4 Yarn Cluster 部署 Flink 应用界面

9.1.3 Kubernetes Cluster 部署

Kubernetes Cluster 集群部署相对来说比较复杂，这里为了搭建 Kubernetes 环境，可以访问 https://minikube.sigs.k8s.io/docs/start/来安装 minikube。

在 Window 操作系统下，下载 minikube-installer.exe 进行安装。一旦安装完成后，可以在命令行输入 minikube start 进行启动，首次启动会自动安装依赖，如图 9.5 所示。

```
C:\Windows\system32\cmd.exe
Microsoft Windows [版本 10.0.18363.1316]
(c) 2019 Microsoft Corporation。保留所有权利。

C:\Users\root>minikube start
* Microsoft Windows 10 Enterprise 10.0.18363 Build 18363 上的 minikube v1.17.1
* 自动选择 virtualbox 驱动
* 正在下载 VM boot image...
    > minikube-v1.17.0.iso.sha256: 65 B / 65 B [-------------] 100.00% ? p/s 0s
    > minikube-v1.17.0.iso: 212.69 MiB / 212.69 MiB [] 100.00% 5.15 MiB p/s 41s
* Starting control plane node minikube in cluster minikube
* Downloading Kubernetes v1.20.2 preload ...
    > preloaded-images-k8s-v8-v1....: 491.22 MiB / 491.22 MiB  100.00% 5.29 MiB
* Creating virtualbox VM (CPUs=2, Memory=2200MB, Disk=20000MB) ...
! This VM is having trouble accessing https://k8s.gcr.io
* To pull new external images, you may need to configure a proxy: https://minikube.sig
s.k8s.io/docs/reference/networking/proxy/
* 正在 Docker 20.10.2 中准备 Kubernetes v1.20.2…
  - Generating certificates and keys ...
  - Booting up control plane ...
  - Configuring RBAC rules ...
* Verifying Kubernetes components...
* Enabled addons: storage-provisioner, default-storageclass
* kubectl not found. If you need it, try: 'minikube kubectl -- get pods -A'
* Done! kubectl is now configured to use "minikube" cluster and "default" namespace by
 default

C:\Users\root>
```

图 9.5 minikube start 界面

当安装完成后，在命令行执行如下命令：

```
minikube start
minikube dashboard
```

再通过浏览器打开 Kubernetes Web 页面，如图 9.6 所示。

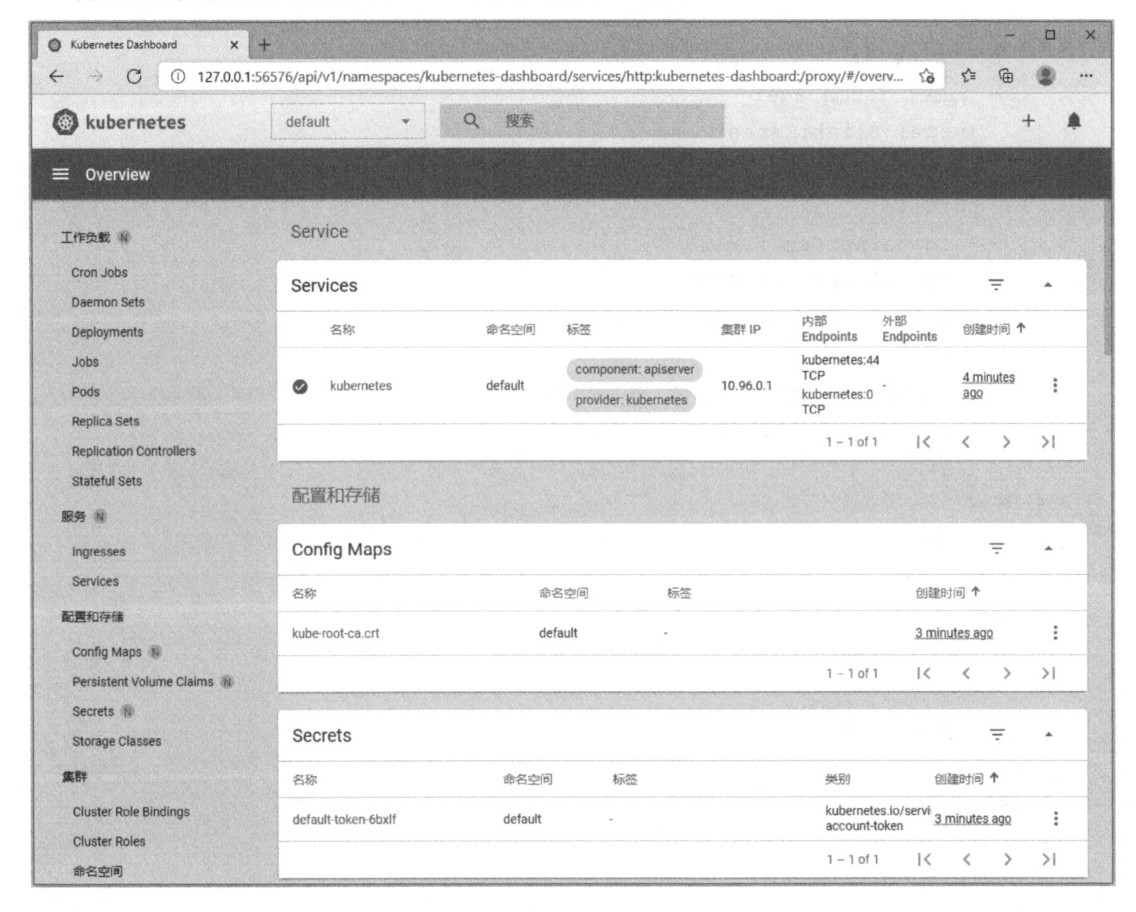

图 9.6 Kubernetes Web 界面

为了快速搭建 Flink 集群环境，这里首先给出 Flink Job Manager 配置文件 jmr.yaml，具体如下所示：

```
apiVersion: apps/v1
kind: Deployment
metadata:
  name: jobmanager
  labels:
    app: jobmanager
spec:
  replicas: 1
  selector:
    matchLabels:
```

```
      app: jobmanager
  template:
    metadata:
      labels:
        app: jobmanager
    spec:
      containers:
      - name: jobmanager
        image: flink:latest
        imagePullPolicy: IfNotPresent
        ports:
        - containerPort: 6123
        - containerPort: 8081
        args: ["jobmanager"]
        env:
        - name: JOB_MANAGER_RPC_ADDRESS
          value: jobmanager
---
#端口映射
apiVersion: v1
kind: Service
metadata:
  name: jobmanager
  labels:
    app: jobmanager
spec:
  type: NodePort
  ports:
  - port: 8081
    targetPort: 8081
    nodePort: 30001
    protocol: TCP
    name: http
  - port: 6123
    targetPort: 6123
    protocol: TCP
    name: rpc
  - port: 6124
    targetPort: 6124
    protocol: TCP
    name: blob
  - port: 6125
    targetPort: 6125
```

```
    protocol: TCP
    name: query
  - port: 6126
    targetPort: 6126
    protocol: TCP
    name: ui

  selector:
    app: jobmanager
---
```

在命令行执行如下命令，创建 JobManger Pod：

```
kubectl apply -f jmr.yaml
```

同理，下面给出 Flink Task Manager 配置文件 tmr.yaml，具体如下所示：

```
apiVersion: apps/v1
kind: Deployment
metadata:
  name: taskmanager
  labels:
    app: taskmanager
spec:
  replicas: 1
  selector:
    matchLabels:
      app: taskmanager
  template:
    metadata:
      labels:
        app: taskmanager
    spec:
      containers:
      - name: taskmanager
        image: flink:latest
        imagePullPolicy: IfNotPresent
        ports:
        - containerPort: 6121
          name: data
        - containerPort: 6122
          name: rpc
        - containerPort: 6125
          name: query
        args: ["taskmanager"]
```

```
      env:
      - name: JOB_MANAGER_RPC_ADDRESS
        value: jobmanager
```

在命令行执行如下命令，创建 Task Manger Pod：

```
kubectl apply -f tmr.yaml
```

成功执行上述命令后，可在 K8S 中的 Pods 列表中查看到创建的镜像，如图 9.7 所示。

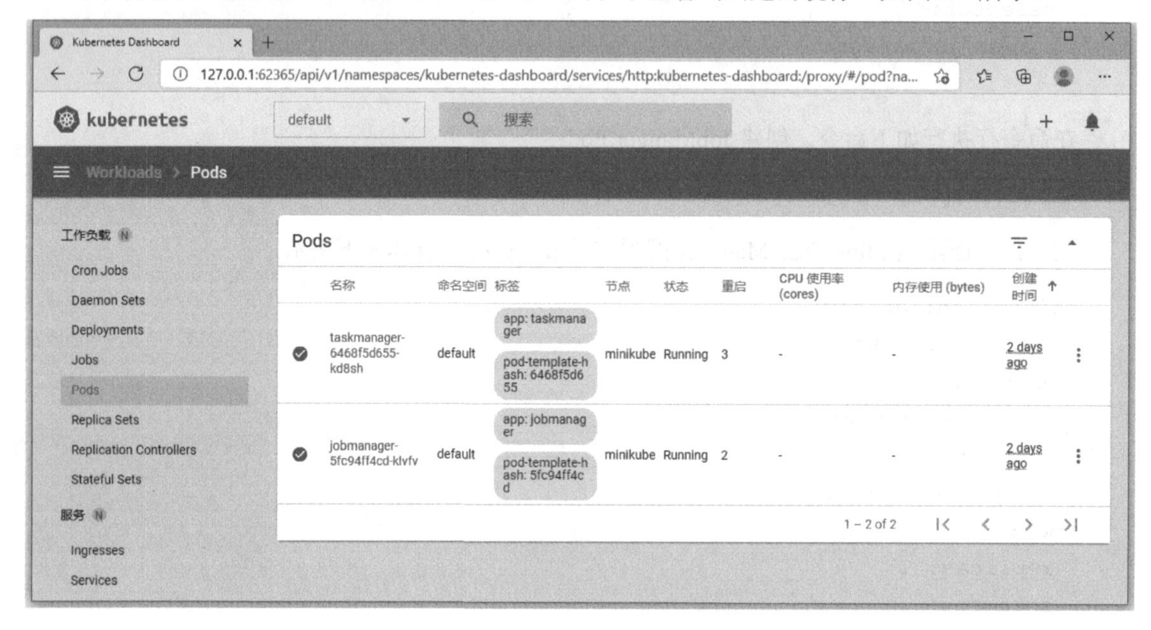

图 9.7　Kubernetes Pods 列表界面

执行如下命令，可在具体的 Pod 镜像中执行相关 bash 操作：

```
kubectl exec -it jobmanager-5fc94ff4cd-klvfv -- /bin/bash
```

成功执行后，再切换到具体镜像操作系统中，它和操作一台 Linux 系统类似：

```
root@jobmanager-5fc94ff4cd-klvfv:/opt/flink# pwd
/opt/flink
root@jobmanager-5fc94ff4cd-klvfv:/opt/flink# cd bin
root@jobmanager-5fc94ff4cd-klvfv:/opt/flink/bin# start-cluster.sh
Starting cluster.
[INFO] 1 instance(s) of standalonesession are already running on
jobmanager-5fc94ff4cd-klvfv.
Starting standalonesession daemon on host jobmanager-5fc94ff4cd-klvfv.
```

退出镜像命令行，回到 CMD 窗口中执行如下命令，查询服务列表：

```
minikube service list
```

成功执行后，列表界面如图 9.8 所示。

由图 9.8 可知，名称为 jobmanager 的 Pod 中代表了 Flink Cluster 集群中的主节点，其服务 URL 表示外部可访问的地址。因此，可以打开浏览器，输入 http://192.168.99.100:30001。显示的界面如图 9.9 所示。

```
C:\Users\root\.minikube\cache\windows\v1.20.2>minikube service list
|----------------------|---------------------------|--------------|-----------------------------|
|      NAMESPACE       |           NAME            | TARGET PORT  |             URL             |
|----------------------|---------------------------|--------------|-----------------------------|
| default              | hello-minikube            |         8080 | http://192.168.99.100:32082 |
| default              | jobmanager                | http/8081    | http://192.168.99.100:30001 |
|                      |                           | rpc/6123     | http://192.168.99.100:30437 |
|                      |                           | blob/6124    | http://192.168.99.100:32653 |
|                      |                           | query/6125   | http://192.168.99.100:32069 |
|                      |                           | ui/6126      | http://192.168.99.100:31151 |
| default              | kubernetes                | No node port |
| kube-system          | kube-dns                  | No node port |
| kubernetes-dashboard | dashboard-metrics-scraper | No node port |
| kubernetes-dashboard | kubernetes-dashboard      | No node port |
|----------------------|---------------------------|--------------|-----------------------------|
```

图 9.8　Kubernetes 服务列表界面

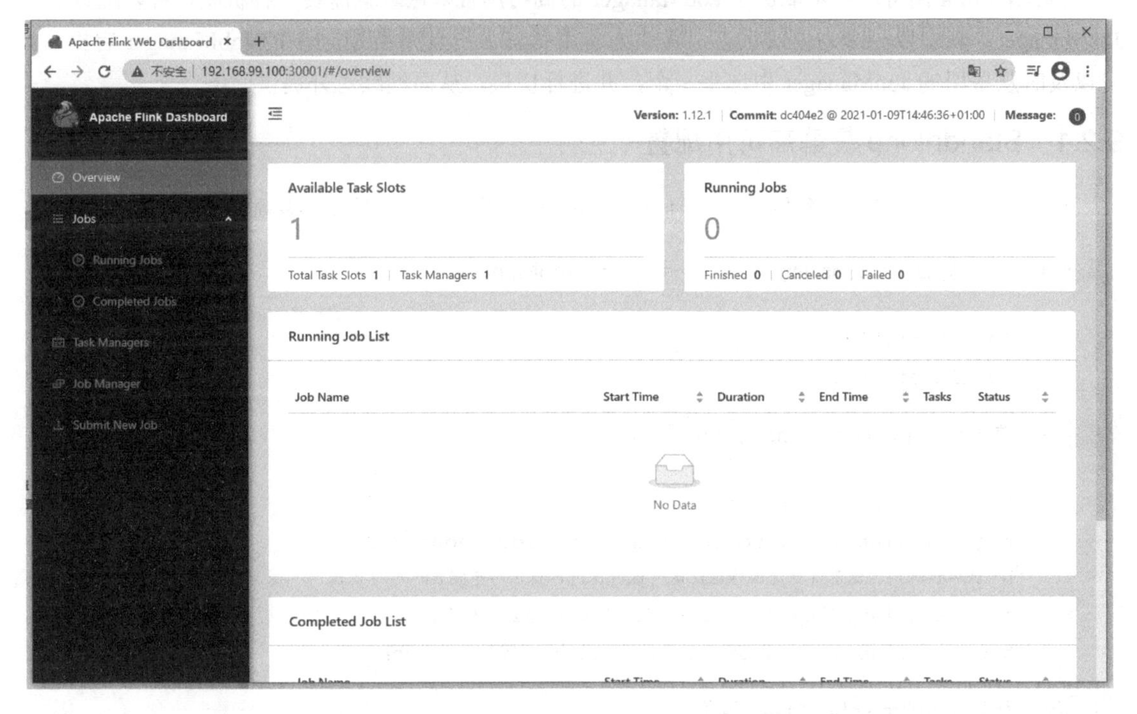

图 9.9　Kubernetes 部署 Flink Cluster 界面

使用 Minikube 搭建 Flink Cluster，可能需要调用 minikube tunnel 以暴露 Flink LoadBalancer 服务。而提交 Flink 作业的命令如下：

```
# 1) 启动 Kubernetes session
$ ./kubernetes-session.sh -Dkubernetes.cluster-id=my-k8s-flink-cluster
# 2) 提交作业
$ ./bin/flink run --target kubernetes-session \
```

```
    -Dkubernetes.cluster-id=my-k8s-flink-cluster \
    ./examples/streaming/TopSpeedWindowing.jar
# 3) 停止 Kubernetes session
$ kubectl delete deployment/my-k8s-flink-cluster
```

目前 Per-Job 模式在 K8S 上不支持。

9.2 Flink 高可用配置

分布式集群的高可用是一个非常重要的功能，它能够最大程度地保证服务的稳定运行。Flink 作为一个分布式集群架构，JobManager 担当 Master 角色，如果 JobManager 宕机，则 Flink 集群无法对外提供服务。

因此，Flink 高可用基本取决于 JobManager 的高可用性。这时就需要一种机制，可以配置多个 JobManager，其中以一个为生效状态，其他为备用状态。一旦充当 Master 的 JobManager 宕机后，可以及时从备用的 JobManager 中选举一个，并进行切换，从而继续对外提供服务。

9.2.1 Standalone 集群高可用配置

Standalone 集群高可用配置需要用到 ZooKeeper 高可用服务，具体步骤如下：

步骤 01 需要配置 conf/masters 文件，指定多个 JobManager：

```
localhost:8081
localhost:8082
```

步骤 02 在 conf/flink-conf.yaml 文件配置如下：

```
high-availability: zookeeper
high-availability.zookeeper.quorum: localhost:2181
high-availability.zookeeper.path.root: /flink
high-availability.cluster-id: /my_cluster_id
high-availability.storageDir: hdfs:///flink/myha
```

步骤 03 配置 conf/zoo.cfg 文件内容为：

```
server.0=localhost:2888:3888
```

步骤 04 启动 zookeeper 服务：

```
bin/start-zookeeper-quorum.sh
```

步骤 05 启动 Flink 高可用集群：

```
bin/start-cluster.sh
```

虽然 Flink 自带 ZooKeeper，但官方还是建议搭建独立的 ZooKeeper 服务。

9.2.2 Yarn Session 集群高可用配置

一般来说，只有 Flink Yarn Session 模式才具备 JobManager 的高可用配置。Yarn 不会启动多个 JobManager 来实现高可用，而是通过重启的方式实现一定程度的高可用。具体步骤如下：

步骤 01 修改 Yarn 最大重启次数，即修改配置文件 yarn-site.xml 如下：

```
<property>
    <name>yarn.resourcemanager.am.max-attempts</name>
    <value>7</value>
</property>
```

步骤 02 conf/flink-conf.yaml 文件的配置如下：

```
high-availability.storageDir: hdfs://hadoop01:9000/flink/myha-yarn
high-availability.zookeeper.quorum: hadoop01:2181,hadoop02:2181,
hadoop03:2181
high-availability.zookeeper.path.root: /myflink-yarn
yarn.application-attempts: 7
```

步骤 03 配置 conf/zoo.cfg 文件内容为：

```
server.0=localhost:2888:3888
```

步骤 04 启动 zookeeper 服务：

```
bin/start-zookeeper-quorum.sh
```

步骤 05 启动 Flink Yarn Session 高可用集群：

```
bin/yarn-session.sh -n 2
```

9.3 Flink 安全管理

作为一个分布式环境来说，Flink 集群的节点可能分布在网络的不同节点上，有些服务可能还需要公开到互联网上。因此，在生产环境下，Flink 的安全性也是非常重要的。

9.3.1 认证目标

一般来说，开启安全认证的 Flink 集群是通过 Kerberos 认证服务进行鉴权服务的，它也是目前大数据生态中比较通用的安全认证协议。Flink Kerberos 安全基础架构的主要目标是：

- 通过连接器为群集中的作业启用安全数据访问。
- 向ZooKeeper提供身份验证。
- 验证Hadoop组件。

在生产环境中，流式作业需要长时间稳定运行，并且能够在作业的整个生命周期中进行身份验证以保护数据。而 Kerberos 认证不会在该时间段内过期。

9.3.2 认证配置

1. Hadoop安全认证

修改 Hadoop 集群的配置文件 core-site.xml，启用 Kerberos 认证：

```
<configuration>
 ...
 <property>
  <name>hadoop.security.authentication</name>
  <value>kerberos</value>
 </property>
 <property>
  <name>hadoop.security.authorization</name>
  <value>true</value>
 </property>
 <property>
  <name>hadoop.rpc.protection</name>
  <value>authentication</value>
 </property>
 <property>
  <name>hadoop.security.auth_to_local</name>
  <value>DEFAULT</value>
 </property>
</configuration>
```

修改 flink 的配置文件 conf/flink-conf.yaml：

```
security.kerberos.login.use-ticket-cache: true
security.kerberos.login.keytab: /usr/local/flink/flink.keytab
security.kerberos.login.principal: flink/cluster2-host3
yarn.log-aggregation-enable: true
security.kerberos.login.contexts:Client , KafkaClient
```

2. JAAS安全认证

JAAS 安全认证，即 Java Authentication Authorization Service，它提供了一种灵活和可伸缩的机制，来保证客户端或服务器端 Java 程序的安全。JAAS 能够将一些标准的安全机制，如 Kerberos，以一种通用的、可配置的方式集成到系统中。

9.3.3 SSL 配置

在分布式集群安全性中，不但需要关注不同节点间通信的安全性问题，还需要考虑数据网络传输的安全性问题。一般来说，网络的数据都是明文传输的，因此对于敏感数据，可考虑用 SSL 进行加密传输。Flink 内外组件数据传播的示意图如图 9.10 所示。

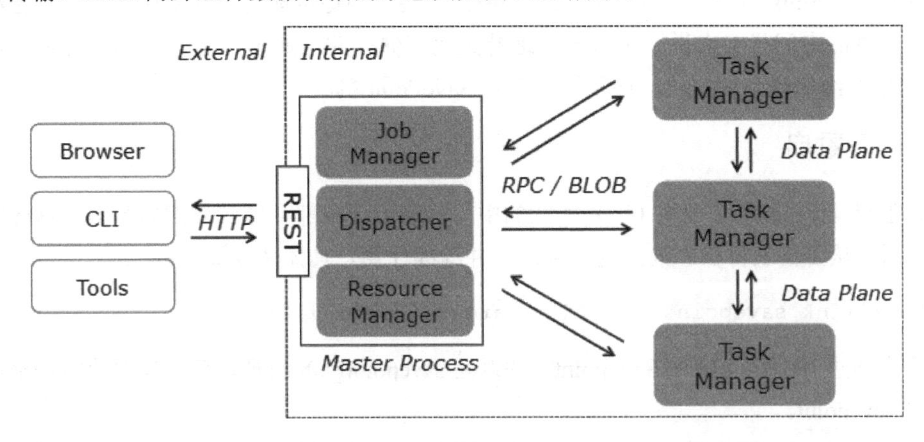

图 9.10 Flink 内外组件数据传播示意图（来自官方网站）

由图 9.10 可知，Flink 内部节点间的数据传播一般通过 RPC 协议进行传播，而外部则通过 HTTP 协议进行数据传播，因此具有一定的安全隐患。下面给出 conf/flink-conf.yaml 启用所有内部连接 SSL 功能的设置：

```
security.ssl.internal.enabled:true
security.ssl.internal.keystore: /path/myfile.keystore
security.ssl.internal.keystore-password: my_keystore_pwd
security.ssl.internal.key-password: my_pwd
security.ssl.internal.truststore: /path/myfile.truststore
security.ssl.internal.truststore-password: my_truststore_pwd
```

启用所有的 REST 外部连接 SSL 功能：

```
security.ssl.rest.enabled: true
security.ssl.rest.keystore: /path/myfile.keystore
security.ssl.rest.keystore-password: my_keystore_pwd
security.ssl.rest.key-password: my_pwd
security.ssl.rest.truststore: /path/myfile.truststore
security.ssl.rest.truststore-password: my_truststore_pwd
security.ssl.rest.authentication-enabled: false
```

还有一些细节 SSL 控制选项：

```
taskmanager.data.ssl.enabled
blob.service.ssl.enabled
akka.ssl.enabled
```

9.4 Flink 集群升级

前面提到，Flink 流处理程序一旦上线，往往需要长期稳定地对外提供服务。对于已经处理过的数据而产生的中间状态来说，必须合理地持久化存储，并可通过一定的机制进行恢复，这对于 Flink 集群的升级来说至关重要，这种机制就是 SavePoint 机制。

9.4.1 任务重启

可以通过 savepoint 命令将 Flink 作业的中间状态数据全部存储到外部磁盘上，这样就可以在任务重启后，从磁盘上将状态数据进行恢复，并继续计算。具体命令如下：

```
./bin/flink savepoint :jobId [:targetDirectory]
```

此命令创建 ID 为:jobId 的 Savepoint，并返回 savepointPath 路径。后续需要此路径来还原和删除相应的 Savepoint。

在进行 Savepoint 操作时，任务不会终止。因此还需要通过执行如下命令来取消任务，从而阻止 Flink 应用程序来处理数据，并停止 Checkpoint 操作，这就能保证 Savepoint 存储的是最新的状态数据，取消命令如下：

```
./bin/flink cancel :jobId
./bin/flink cancel -s :savepointPath :jobId
/bin/flink cancel -m :jobmgr -s :savepointPath :jobId
```

最后，重新启动作业：

```
./bin/flink run -s :savepointPath [:runArgs]
```

9.4.2 状态维护

Flink 应用程序当中的算子不少都是有状态的算子。默认情况下，Flink 框架会自动为每个算子生成唯一的算子 ID 来标识算子，这样在重启作业时，可以根据算子 ID 来恢复对应的状态数据。

但是内部自动生成的算子 ID，可能会随着代码的改变而发生变化，这样就无法正确地进行状态恢复。因此，强烈建议为每个算子手动设置唯一的 UUID。具体方法为：

```
operation.uid("算子 ID")
```

如果修改代码的时候，输入或者输出的类型发生了改变，那么从状态恢复的数据可能也会有问题。因此，在设计输入输出的数据结构时，要考虑周全。

9.4.3 版本升级

除了 Flink 应用程序修改需要进行 Savepoint 外，当需要对 Flink 集群的版本进行升级时也需要用到 Savepoint。此时关键的 2 步操作如下：

（1）执行 Savepoint 操作。

（2）升级 Flink 版本，并启动新集群，从 Savepoint 恢复执行作业。

版本升级可选择原地升级和卷影升级，前者需要停止 Flink 集群，而卷影升级通过搭建一个新的 Flink 集群，这样可以不停止老版本集群的情况下完成升级。

9.5　本章小结

本章首先介绍了 Flink 中的 Standalone Cluster、Yarn Cluster 和 K8S Cluster 三种集群部署模式。其次介绍了如何搭建具备高可用的 Flink 集群。最后阐述了 Flink 的安全管理配置和集群升级方法。

第 10 章

Flink 项目实战

本章将以一个实战项目来说明如何完整地开发一个简单的 Flink 应用程序。一般来说，Flink 应用程序只处理数据，即对数据进行 ETL 处理，它并不负责数据的展现，即实时报表这部分需要单独进行开发。

本章主要涉及的知识点有：

- Flink如何进行实时数据清洗：掌握如何使用Table API和SQL来实时处理数据。
- Flink实时处理结果的可视化展现：掌握Flink如何通过Web Socket将数据实时发送到报表上进行可视化展现。

10.1　实时数据清洗（实时 ETL）

10.1.1　需求分析

本实战项目以 Word Count 为原型，有一个模拟的数据源随机生成流数据，其中包含 word 字段和 count 字段，word 字段代表单词，count 字段代表该单词的个数。这里需要实时统计单词的个数。

Flink 对实时数据进行处理后，需要通过 Web Socket 协议将数据实时推送到 HTML 页面中，进行图形化展现。

10.1.2　项目架构设计

本实战项目关于 Flink ETL 中各组件的架构示意图如图 10.1 所示。

由图 10.1 可知，Flink ETL 中关于数据源、数据 ETL 算子和数据输出都由 Flink 框架完成，数据源用的是 DataGen 外部连接器，可以模拟大量的流数据。

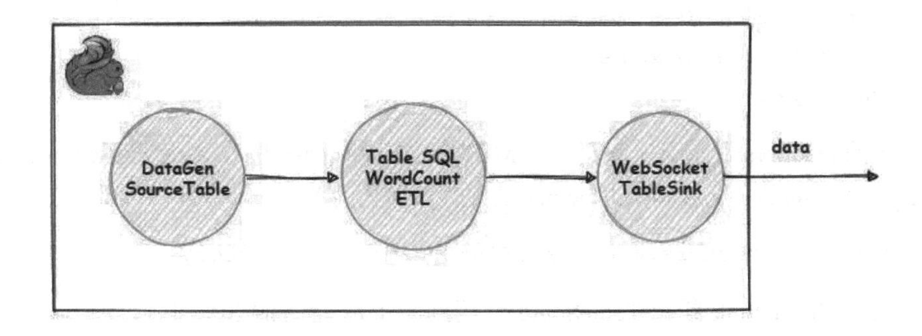

图 10.1　Flink ETL 中各组件的架构示意图

而实时 ETL 计算部分，主要利用 Table API 和 SQL 来进行处理，最终将结果通过 WebSocket TableSink 发送到外部实时报表系统中，其中的协议是 Web Socket，这样实时性更好。

10.1.3　项目代码实现

由于 Flink 内置的外部连接器并不支持 Web Socket，因此需要自定义一个外部连接器。而外部连接器需要单独的一个项目来进行实现，这里命名为 flink-connector-websocket。下面给出 flink-connector-websocket 项目的代码结构图，如图 10.2 所示。

图 10.2　flink-connector-websocket 项目的代码结构图

该项目中用到 websocket 协议，需要引入如下依赖项：

```
<dependency>
    <groupId>org.java-websocket</groupId>
    <artifactId>Java-WebSocket</artifactId>
```

```
    <version>1.5.1</version>
    <scope>provided</scope>
</dependency>
```

在项目中的 resouces 目录下，新建一个 META-INF.services 目录，然后再新建一个名称为 org.apache.flink.table.factories.Factory 的文件，其内容为：

```
com.example.connectors.WebSocketSinkDynamicTableFactory
```

Flink 自定义 TableSink 或者 TableSource，用到了 Java 语言的 SPI 机制，即 Service Provider Interface，它是一种将服务接口与服务实现分离，以达到解耦和大大提升程序可扩展性的机制。

SPI 通过本地的注册发现获取到具体的实现类，从而实现可插拔的扩展性。它会扫描 org.apache.flink.table.factories.Factory 文件的内容，并搜寻 DynamicTableSinkFactory 接口实现类 com.example.connectors.WebSocketSinkDynamicTableFactory，此类会在内部调用 WebSocketDynamicTableSink。

下面给出 WebSocketSinkDynamicTableFactory 示例，如代码 10-1 所示。

【代码 10-1】 自定义 TableFactory 文件：ch10/WebSocketSinkDynamicTableFactory.java

```
01    package com.example.connectors;
02    import org.apache.flink.configuration.ConfigOption;
03    import org.apache.flink.configuration.ConfigOptions;
04    import org.apache.flink.configuration.ReadableConfig;
05    import org.apache.flink.table.connector.sink.DynamicTableSink;
06    import org.apache.flink.table.factories.DynamicTableSinkFactory;
07    import org.apache.flink.table.factories.FactoryUtil;
08    import org.apache.flink.table.types.DataType;
09    import java.util.HashSet;
10    import java.util.Set;
11    public class WebSocketSinkDynamicTableFactory implements
12              DynamicTableSinkFactory {
13       public static final String IDENTIFIER = "websocket";
14       public static final ConfigOption<String> PROPS_WS_SERVER = ConfigOptions
15               .key("ws.server.url")
16               .stringType()
17               .noDefaultValue()
18               .withDescription("Required WebSocket Server URL");
19       public static final ConfigOption<Integer> SINK_PARALLELISM =
  ConfigOptions
20               .key("sink.parallelism")
21               .intType()
22               .defaultValue(1)
23               .withDescription("Required Sink Parallelism");
24       @Override
```

```
25      public DynamicTableSink createDynamicTableSink(Context context) {
26          final FactoryUtil.TableFactoryHelper helper = FactoryUtil
27                  .createTableFactoryHelper(this, context);
28          //参数验证
29          helper.validate();
30          final ReadableConfig options = helper.getOptions();
31          final String ws_server = options.get(PROPS_WS_SERVER);
32          final int sink_parallelism = options.get(SINK_PARALLELISM);
33          final DataType dataType = context.getCatalogTable()
34                 .getSchema()
35                 .toPhysicalRowDataType();
36          return new WebSocketDynamicTableSink(dataType,
37                 ws_server,sink_parallelism);
38      }
39      @Override
40      public String factoryIdentifier() {
41          return IDENTIFIER;
42      }
43      @Override
44      public Set<ConfigOption<?>> requiredOptions() {
45          final Set<ConfigOption<?>> options = new HashSet<>();
46          options.add(PROPS_WS_SERVER);
47          options.add(SINK_PARALLELISM);
48          return options;
49      }
50      @Override
51      public Set<ConfigOption<?>> optionalOptions() {
52          final Set<ConfigOption<?>> options = new HashSet<>();
53          return options;
54      }
55  }
```

代码 10-1 中，WebSocketSinkDynamicTableFactory 实现了 DynamicTableFactory，该接口中必须实现一个 createDynamicTableSink 方法，它返回一个 DynamicTableSink。其中的 factoryIdentifier 方法返回外部连接器的标识符，即 websocket。

14~18 行用 ConfigOptions 定义了一个连接器配置项 ws.server.url，它是一个字符串类型，代表 websocket 的服务器地址。19~23 行定义了一个连接器配置项 sink.parallelism，它是一个 int 类型的值，默认值为 1。

44 行的 requiredOptions 方法定义的连接器配置项为必选的，而 51 行 optionalOptions 方法中定义的连接器配置项为可选的。

下面给出 WebSocketDynamicTableSink 示例，如代码 10-2 所示。

【代码 10-2】 自定义 TableSink 文件：ch10/WebSocketDynamicTableSink.java

```
01    package com.example.connectors;
02    import org.apache.flink.streaming.api.functions.sink.SinkFunction;
03    import org.apache.flink.table.connector.ChangelogMode;
04    import org.apache.flink.table.connector.sink.DynamicTableSink;
05    import org.apache.flink.table.connector.sink.SinkFunctionProvider;
06    import org.apache.flink.table.data.RowData;
07    import org.apache.flink.table.types.DataType;
08    public class WebSocketDynamicTableSink implements DynamicTableSink {
09       protected final DataType dataType;
10       protected final String ws_server;
11       protected int sink_parallelism = 1;
12       public WebSocketDynamicTableSink(DataType dataType,String ws_server,
13                                   int sink_parallelism) {
14          this.dataType = dataType;
15          this.ws_server = ws_server;
16          this.sink_parallelism = sink_parallelism;
17       }
18       @Override
19       public ChangelogMode getChangelogMode(ChangelogMode requestedMode) {
20    //       return ChangelogMode.newBuilder()
21    //               .addContainedKind(RowKind.INSERT)
22    //               .addContainedKind(RowKind.UPDATE_BEFORE)
23    //               .addContainedKind(RowKind.UPDATE_AFTER)
24    //               .addContainedKind(RowKind.DELETE)
25    //               .build();
26         return requestedMode;
27       }
28       @Override
29       public SinkRuntimeProvider getSinkRuntimeProvider(Context context) {
30          DataStructureConverter converter = context
31                 .createDataStructureConverter(dataType);
32          final SinkFunction<RowData> sinkFunction =
33                 new MySocketClientSink<RowData>(converter,
34                 ws_server);
35          return SinkFunctionProvider.of(sinkFunction, sink_parallelism);
36       }
37       @Override
38       public DynamicTableSink copy() {
39          final WebSocketDynamicTableSink copy = new WebSocketDynamicTableSink(
40                 dataType,
41                 ws_server,
42                 sink_parallelism);
```

```
43          return copy;
44       }
45       @Override
46       public String asSummaryString() {
47          return "WebSocket table sink";
48       }
49    }
```

代码 10-2 中，19 行 getChangelogMode 方法获取到此 DynamicTableSink 支持的 Changelog 模式，它可以用 addContainedKind 方法手动添加支持的 RowKind，也可以直接返回输入参数 requestedMode。

在 29 行 getSinkRuntimeProvider 方法中，创建了一个名为 MySocketClientSink 的 SinkFunction。它负责具体的 Sink 操作。

下面给出 MySocketClientSink 示例，如代码 10-3 所示。

【代码 10-3】　MySocketClientSink　文件：ch10/MySocketClientSink.java

```
01    package com.example.connectors;
02    import org.apache.flink.annotation.PublicEvolving;
03    import org.apache.flink.configuration.Configuration;
04    import org.apache.flink.streaming.api.functions.sink.RichSinkFunction;
05    import org.apache.flink.table.connector.sink.DynamicTableSink;
06    import org.apache.flink.table.data.RowData;
07    import org.apache.flink.util.SerializableObject;
08    import java.io.IOException;
09    import java.net.URI;
10    @PublicEvolving
11    public class MySocketClientSink<IN> extends RichSinkFunction<IN> {
12       private static final long serialVersionUID = 1L;
13       private final SerializableObject lock = new SerializableObject();
14       private final DynamicTableSink.DataStructureConverter converter;
15       private final String wsRUL;
16       private transient MyWebSocketClient client;
17       public MySocketClientSink(DynamicTableSink.DataStructureConverter
18                          converter, String strURL) {
19          this.converter = converter;
20          wsRUL = strURL;
21       }
22       @Override
23       public void open(Configuration parameters) throws Exception {
24          try {
25             synchronized (lock) {
26                createConnection();
```

```
27              }
28          } catch (IOException e) {
29              e.printStackTrace();
30          }
31      }
32      private void createConnection() throws Exception{
33          client = new MyWebSocketClient(new URI(wsRUL));
34          client.connect();
35      }
36      @Override
37      public void invoke(IN value, Context context) throws Exception {
38          RowData rowData = (RowData)value;
39          String rowKind = rowData.getRowKind().shortString();
40          System.out.println("rowKind:"+rowKind);
41          Object data = converter.toExternal(value);
42          String outStr = "";
43          outStr = data.toString();
44          try {
45              if(client!=null){
46                  //发送数据;
47                  client.send(outStr);
48              }
49          } catch (Exception e) {
50              e.printStackTrace();
51          }
52      }
53      @Override
54      public void close() throws Exception {
55          System.out.println("close");
56          synchronized (lock) {
57              lock.notifyAll();
58              if (client != null) {
59                  client.close();
60              }
61          }
62      }
63  }
```

代码 10-3 中，MySocketClientSink 继承自 RichSinkFunction，它可以在 open 方法中初始化一个 MyWebSocketClient，即自定义的 WebSocketClient，它负责与 WebSocketServer 进行通信。

37 行的 invoke 方法则在事件数据到达后进行触发。38 行 RowData rowData = (RowData)value 将输入的数据 value 进行类型转换，转换为 RowData 类型。39 行 String rowKind = rowData.getRowKind().shortString()可以获取当前数据的 RowKind。

如果是 RowKind.INSERT，则输出"+I"。如果是 RowKind.UPDATE_BEFORE，则输出"-U"。如果是 RowKind.UPDATE_AFTER，则输出"+U"。如果 RowKind.DELETE，则输出"-D"。

41 行 converter.toExternal(value)将利用 converter 对数据进行格式转换。47 行 client.send(outStr)将数据发送到 WebSocket Server 上。

下面给出 MyWebSocketClient 示例，如代码 10-4 所示。

【代码 10-4】 MyWebSocketClient 文件：ch10/MyWebSocketClient.java

```
01   package com.example.connectors;
02   import org.java_websocket.client.WebSocketClient;
03   import org.java_websocket.handshake.ServerHandshake;
04   import java.net.URI;
05   public class MyWebSocketClient extends WebSocketClient {
06      public MyWebSocketClient(URI serverURI) {
07         super(serverURI);
08      }
09      @Override
10      public void onOpen(ServerHandshake handshakedata) {
11         //首次连接发送登录消息
12         String loginJSON ="{\"id\":\"Flink01\",\"login\":true}";
13         send(loginJSON);
14         System.out.println("open connection");
15      }
16      @Override
17      public void onMessage(String message) {
18         System.out.println("received:" + message);
19      }
20      @Override
21      public void onClose(int code, String reason, boolean remote) {
22         System.out.println("closed by Reason:" + reason);
23      }
24      @Override
25      public void onError(Exception ex) {
26         ex.printStackTrace();
27      }
28   }
```

代码 10-4 中，MyWebSocketClient 继承自 WebSocketClient，其中需要重载多个方法，如 onOpen 方法在首次建立连接后，可以发送一个登录消息，并给出一个 ID，这样当 WebSocket 服务器往客户端广播消息时，可以根据 ID 进行分区。

而 onMessage 方法则在本 WebSocket Client 收到消息后触发，这样可以进行相应的业务处理。这里只是简单地打印。

当 flink-connector-websocket 项目代码实现后，就可以用 Maven 进行打包，可以双击[package]项进行打包，如图 10.3 所示。

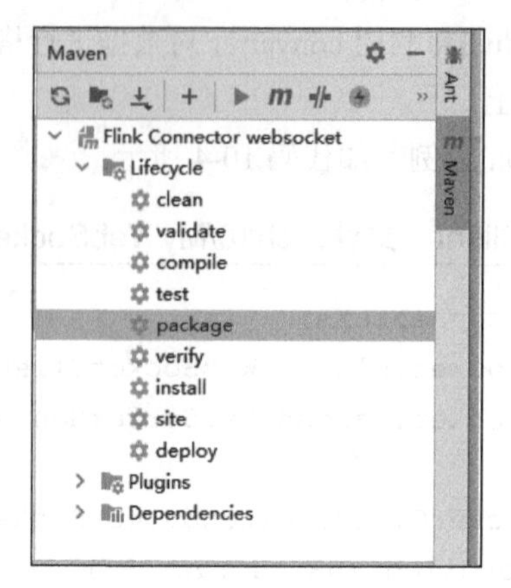

图 10.3　项目 maven 命令项

当 flink-connector-websocket 项目成功打包后，显示的输出信息如图 10.4 所示。

```
[INFO] Using 'UTF-8' encoding to copy filtered resources.
[INFO] skip non existing resourceDirectory C:\src\flink-connector-websocket\src\test\resourc
[INFO]
[INFO] --- maven-compiler-plugin:3.1:testCompile (default-testCompile) @ flink-connector-web
[INFO] No sources to compile
[INFO]
[INFO] --- maven-surefire-plugin:2.12.4:test (default-test) @ flink-connector-websocket ---
[INFO] No tests to run.
[INFO]
[INFO] --- maven-jar-plugin:2.4:jar (default-jar) @ flink-connector-websocket ---
[INFO] Building jar: C:\src\flink-connector-websocket\target\flink-connector-websocket-1.0.j
[INFO]
[INFO] --- maven-shade-plugin:3.1.1:shade (default) @ flink-connector-websocket ---
[INFO] Excluding org.slf4j:slf4j-api:jar:1.7.15 from the shaded jar.
[INFO] Excluding org.apache.logging.log4j:log4j-slf4j-impl:jar:2.12.1 from the shaded jar.
[INFO] Excluding org.apache.logging.log4j:log4j-api:jar:2.12.1 from the shaded jar.
[INFO] Excluding org.apache.logging.log4j:log4j-core:jar:2.12.1 from the shaded jar.
[INFO] Replacing original artifact with shaded artifact.
[INFO] Replacing C:\src\flink-connector-websocket\target\flink-connector-websocket-1.0.jar w
[INFO] ------------------------------------------------------------------------
[INFO] BUILD SUCCESS
[INFO] ------------------------------------------------------------------------
[INFO] Total time:  5.478 s
[INFO] Finished at: 2021-02-09T21:01:47+08:00
[INFO] ------------------------------------------------------------------------
```

图 10.4　项目 maven 成功打包

将成功打包的 flink-connector-websocket-1.0.jar 放入 Flink 实时 ETL 处理项目的 libs 目录下，并添加为库。同理，也将 Java-WebSocket-1.5.1-with-dependencies.jar 库放到 libs 目录下，如图 10.5 所示。

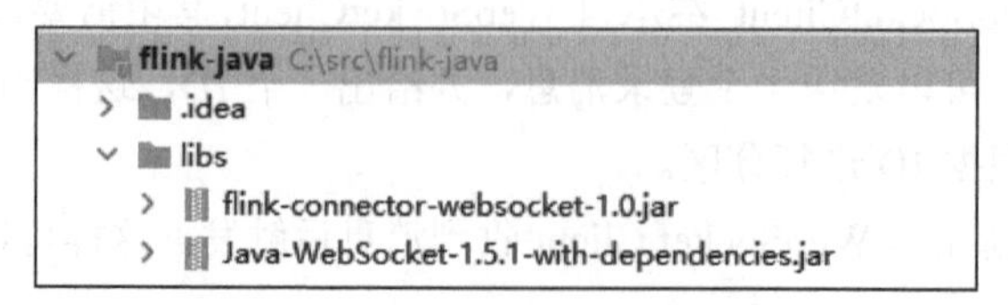

图 10.5　项目外部依赖库目录

除此之外，还需要在项目的pom.xml文件中显式地引入上述配置的依赖项。这个依赖项的scope为system。而systemPath则指定外部依赖项的具体路径，具体配置如下所示：

```
    <dependency>
        <groupId>org.java-websocket</groupId>
        <artifactId>Java-WebSocket</artifactId>
        <version>1.5.1</version>
        <scope>system</scope>
    <systemPath>${project.basedir}/libs/Java-WebSocket-1.5.1-with-dependencies
.jar</systemPath>
    </dependency>

    <dependency>
        <groupId>com.exmaple</groupId>
        <artifactId>flink-connector-websocket</artifactId>
        <version>1.0</version>
        <scope>system</scope>
    <systemPath>${project.basedir}/libs/flink-connector-websocket-1.0.jar</sys
temPath>
    </dependency>
```

下面给出Flink实时ETL的示例，如代码10-5所示。

【代码10-5】 Flink实时ETL 文件：ch10/DemoDashBoard.java

```
01    package com.example.ch10;
02    import org.apache.flink.streaming.api.environment.
   StreamExecutionEnvironment;
03    import org.apache.flink.table.api.bridge.java.StreamTableEnvironment;
04    //实战项目
05    public class DemoDashBoard {
06        public static void main(String[] args) throws  Exception{
07            StreamExecutionEnvironment env = StreamExecutionEnvironment
08                    .getExecutionEnvironment();
09            env.setParallelism(1);
10            StreamTableEnvironment tEnv = StreamTableEnvironment.create(env);
11            //模拟数据
12            String sqlDG =  "CREATE TABLE table_dg (" +
13                    " id INT," +
14                    " cnt INT," +
15                    " word AS CONCAT('C',CAST(cnt AS VARCHAR))" +
16                    " ) WITH (" +
17                    "'connector' = 'datagen'," +
18                    "'rows-per-second'='1'," +
```

```
19                "'fields.id.kind'='sequence'," +
20                "'fields.id.start'='1'," +
21                "'fields.id.end'='1000'," +
22                "'fields.cnt.min'='1'," +
23                "'fields.cnt.max'='7'" +
24                ")"
25                ;
26         //自定义 websocket connector
27         String sqlPrint ="CREATE TABLE table_print (" +
28                " word STRING," +
29                " cnt INT," +
30                " primary key(cnt) NOT ENFORCED" +
31                "  ) WITH (" +
32                "  'connector' = 'websocket'," +
33                "  'ws.server.url' = 'ws://localhost:8182'," +
34                "  'sink.parallelism' = '2'" +
35                "  )";
36         tEnv.executeSql(sqlDG);
37         tEnv.executeSql(sqlPrint);
38         //输出数据
39         tEnv.executeSql("insert into table_print " +
40                "select word,sum(cnt) as icnt " +
41                "from table_dg group by word");
42     }
43 }
```

代码 10-5 中，12~24 行用 DDL 定义了一个 TableSource。17 行'connector' = 'datagen'表示数据是用 datagen 生成。18 行'rows-per-second'='1'表示每秒生成 1 行记录。27 行、35 行同样用 DDL 生成了一个 TableSink。其中'connector' = 'websocket'，这是上述自定义的 Web Socket 外部连接器。33 行'ws.server.url' = 'ws://localhost:8182'指定了 websocket 服务器地址。34 行'sink.parallelism' = '2'指定了 Sink 算子的并行度为 2。

39 行 tEnv.executeSql 执行的 SQL 语句如下：

```
insert into table_print select word,sum(cnt) as icnt from table_dg group by word
```

这个 SQL 语句用于 ETL 逻辑处理，实现了单词的个数统计。

10.2 实时数据报表

10.2.1 需求分析

Flink 实时 ETL 处理后，通过 Web Socket 协议进行数据通信。对于实时数据报表而言，需要对数据进行可视化操作，这里用柱状图对统计结果进行展现，即实时显示单词的个数。

10.2.2 项目架构设计

实时数据报表的展现以 HTML 页面为主，由于 Flink 自定义的 WebSocket TableSink 是一个 WebSocket Client，因此还需要一个 WebSocket Server，这里用 NodeJS 实现，关于如何搭建 NodeJS 开发环境，这里不再赘述。

HTML 页面中，用 JavaScript 构建 WebSocket Client，并与 WebSocket Server 建立通信管道，后续如果 WebSocket Server 从 Flink WebSocket TableSink 中接收到数据，会广播到除 Flink WebSocket TableSink 外的其他 WebSocket Client 节点。

实时数据报表架构示意图如图 10.6 所示。

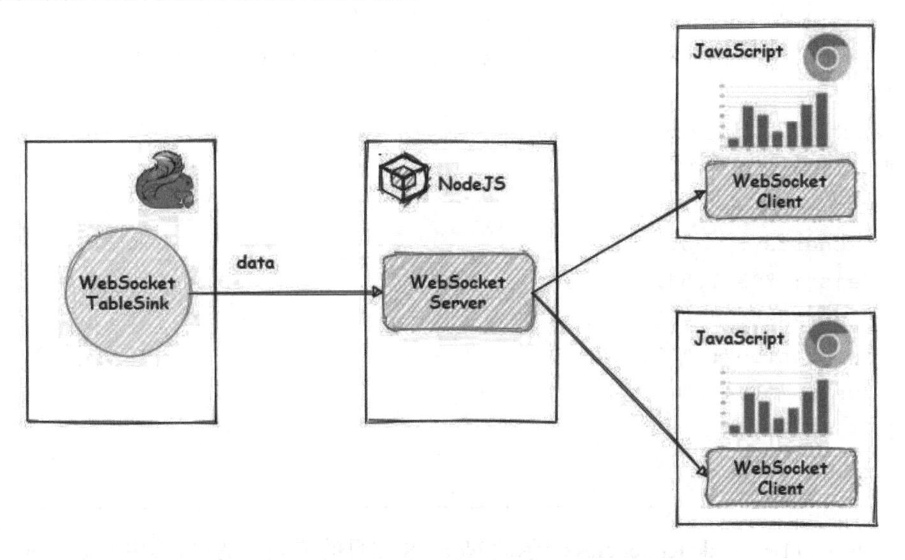

图 10.6 实时数据报表架构示意图

10.2.3 项目代码实现

这里用 Visual Studio Code 进行实时数据报表的项目开发，在 Visual Studio Code 中显示项目的目录结构如图 10.7 所示。

其中的 wsserver.js 为 NodeJS 构建的 WebSocket Server。而 index.html 则是实时数据报表的展现页面，其中用到数据可视化库 echarts.min.js 和 JS 通用库 jquery.min.js。node_modules 目录用来存放一些 Node 依赖库。

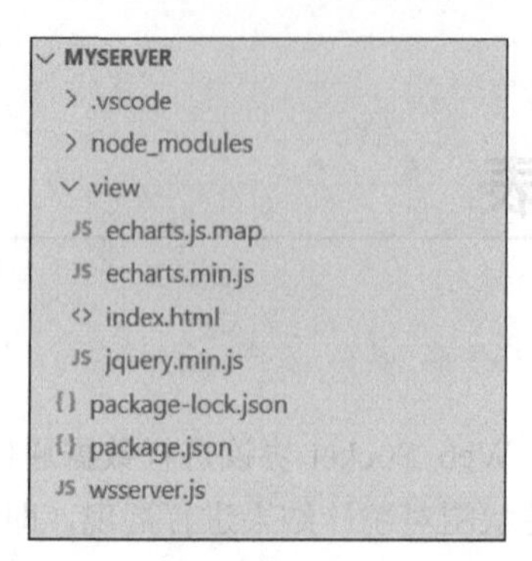

图 10.7 实时数据报表项目结构图

下面给出 package.json 的设置，如代码 10-6 所示。

【代码 10-6】 package.json 文件：ch10/myserver/package.json

```
01    {
02      "name": "myserver",
03      "version": "1.0.0",
04      "description": "",
05      "main": "index.js",
06      "scripts": {
07        "test": "echo \"Error: no test specified\" && exit 1"
08      },
09      "author": "jackwang",
10      "license": "ISC",
11      "dependencies": {
12        "echarts": "^5.0.1",
13        "ejs": "^3.1.5",
14        "express": "^4.17.1",
15        "socket.io": "^3.1.0",
16        "ws": "^7.4.2"
17      }
18    }
```

代码 10-6 中，11 行的 dependencies 表示此 NodeJS 项目的依赖库清单，其中有 express、socket.io 和 ws 等。

下面给出 wsserver.js 的示例，如代码 10-7 所示。

【代码 10-7】 wsserver.js 文件：ch10/myserver/wsserver.js

```
01    //node wsserver.js
02    var WebSocketServer = require('ws').Server;
03    //端口 8182
04    var wss = new WebSocketServer({ port: 8182 });
05    let clients =[];
```

```
06    wss.on('connection', function (ws) {
07        console.log('服务端：客户端已连接');
08        //client
09        ws.on('message', function (message) {
10            //打印消息
11            //console.log(message);
12            try{
13                if (message.indexOf("{")>=0){
14                    const result = JSON.parse(message);
15                    if (result.login) {
16                        ws.socketId = result.id;
17                        clients.push(ws);
18                    } else {
19                        clients.forEach(s => {
20                            if (s.socketId != "Flink01" && s.readyState == 1){
21                                s.send(JSON.stringify(result.content));
22                            }
23                        });
24                    }
25               }
26               else{
27                clients.forEach(s => {
28                    if (s.socketId != "Flink01" && s.readyState == 1) {
29                        s.send(message);
30                    }
31                });
32               }
33            }catch(ex){
34                console.log(ex);
35            }
36        });
37        ws.on("close", message => {
38              console.log(ws.socketId ,"退出连接");
39        });
40    });
```

代码 10-7 中，02 行 var WebSocketServer = require('ws').Server 引入 ws 依赖库中的 Server，它代表一个 WebSocketServer。04 行 var wss = new WebSocketServer({ port: 8182 })初始化一个端口号为 8182 的 WebSocket Server 实例。

05 行 let clients =[]存储所有的 WebSocket Client。06 行在客户端连接到服务器后会调用。09 行 ws.on('message', function (message) 表示服务器收到的 WebSocket Client 发送的消息，当第一次连接时，Flink WebSocket TableSink 会发送一个登录的 JSON 数据，即：

```
"{\"id\":\"Flink01\",\"login\":true}"
```

当首次登录后，此时 13 行 if (message.indexOf("{")>=0)会返回 True。14 行 const result = JSON.parse(message)对 JSON 文本消息 message 进行解析，获取到 socketId，并加入到 clients 数组中。当 Flink ETL 发送正式的业务数据后，会执行 27~31 行的逻辑，即循环遍历 socketId 不为 Flink01 的客户端，并调用 s.send(message)向客户端发送消息。

执行如下命令启动 WebSocket Server：

```
node .\wsserver.js
```

下面给出实时数据报表展现示例，如代码 10-8 所示。

【代码 10-8】 实时数据报表展现 文件：ch10/myserver/view/index.html

```
01    <!DOCTYPE html>
02    <html lang="en">
03    <head>
04       <meta charset="UTF-8">
05       <title>Flink Real Time Monitor</title>
06       <script src='jquery.min.js'></script>
07       <script src="echarts.min.js"></script>
08    </head>
09    <body>
10       <div id="allCount"></div>
11       <div id="main" style="width: 600px;height:400px;"></div>
12       <script type="text/javascript">
13          var myChart = echarts.init(document.getElementById('main'));
14          var option = {
15             title: {
16                text: 'Flink Real Time Demo'
17             },
18             tooltip: {},
19             legend: {
20                data:['WC']
21             },
22             xAxis: {
23                data: []
24             },
25             yAxis: { scale:true},
26             series: [{
27                name: 'WC',
28                type: 'bar',
29                data: []
30             }]
31          };
```

```
32          myChart.setOption(option);
33          ////////////////////////////////////////////
34          //WebSocket 实例化
35          var ws = new WebSocket("ws://localhost:8182");
36          ws.onopen = function (e) {
37             var msg = JSON.stringify({
38                   "id":"UIClient01",
39                   "login":true,
40              });
41             ws.send(msg);
42          }
43          ws.onmessage=function(evt){
44             console.log(evt.data);
45             var newData = evt.data.split(",");
46             var oldData = option.xAxis.data;
47             var isUpdate = false;
48             for (var i = 0; i < oldData.length; i++) {
49                if (option.xAxis.data[i] == newData[0]){
50                   option.series[0].data[i] = newData[1];
51                   isUpdate = true;
52                    break;
53                }
54             }
55             if (!isUpdate){
56                option.xAxis.data.push(newData[0]);
57                option.series[0].data.push(newData[1]);
58             }
59             myChart.setOption(option);
60          }
61       </script>
62    </body>
63    </html>
```

代码 10-8 中，35 行 var ws = new WebSocket("ws://localhost:8182")创建了一个连接端口号为 8182 的 WebSocket Client。36~42 行在 ws.onopen 方法中向服务器发送登录 JSON 数据，来标识自己的 ID。

43 行 ws.onmessage 在服务器向客户端发送消息时进行触发。发送的消息类似于"C6,846"，即按照逗号分隔，第一个元素代表单词，第二个元素代表单词个数。

后续会以单词作为 Key，用来更新或者插入新的值，用于更新图形显示。在浏览器打开 index.html 后，运行一段时间后，显示的界面如图 10.8 所示。

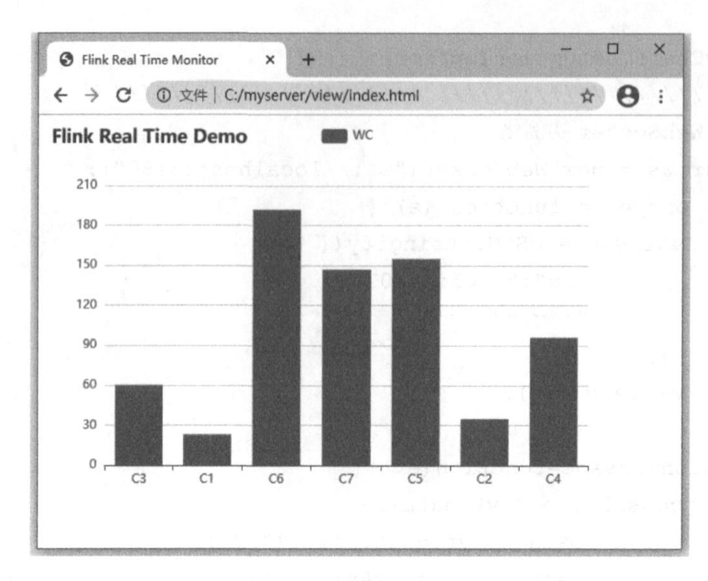

图 10.8 实时数据报表

此实战项目并未启动检查点机制。

10.3 本章小结

本章通过一个类似单词计数的实战项目，来说明如何完整地开发一个简单的 Flink 应用程序。其中涉及 Flink ETL 处理、自定义 TableSink 和 NodeJS 实现 WebSocket Server 等知识，最终将实时数据显示在 HTML 页面上，进行可视化展现。